计算机“十二五”规划教材

中文版 Word 2010
文档处理项目教程

冯宇 邹劲松 白冰 主编

上海科学普及出版社

图书在版编目（CIP）数据

中文版 Word 2010 文档处理项目教程 / 冯宇，邹劲松，白冰主编. -- 上海 ：上海科学普及出版社，2015.2

ISBN 978-7-5427-6346-4

Ⅰ. ①中… Ⅱ. ①冯… ②邹… ③白… Ⅲ. ①文字处理系统－高等职业教育－教材 Ⅳ. ①TP391.12

中国版本图书馆 CIP 数据核字（(2015)第 007611 号

责任编辑 徐丽萍

中文版 Word 2010 文档处理项目教程

冯宇 邹劲松 白冰 主编

上海科学普及出版社出版发行

（中山北路 832 号 邮政编码 200070）

http://www.pspsh.com

各地新华书店经销	冯兰庄兴源印刷厂印制
开本 787×1092 1/16	印张 14 字数 332 800
2015 年 2 月第 1 版	2023 年 8 月第 2 次印刷

ISBN 978-7-5427-6346-4 定价：32.00 元

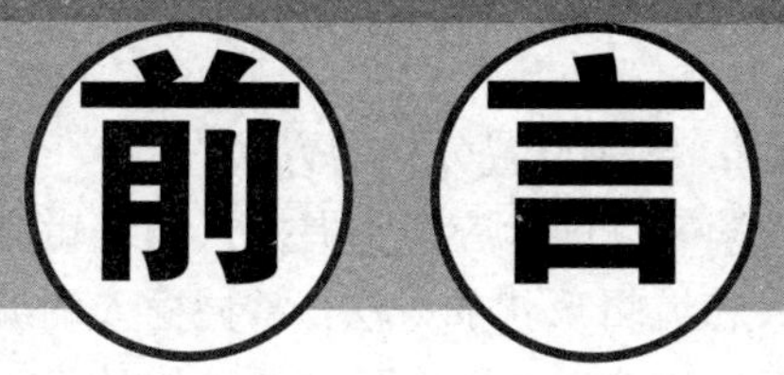

前言 Foreword

Word 2010是目前应用最为广泛的文字处理软件，它具有强大的文字处理和排版功能，被广泛应用于需要进行图文编排的各种办公领域。它带有众多功能强大的文档格式设置工具，能帮助用户创建具有专业水准的各种文档，还能有效地组织和编写文档。Word 2010还包括功能强大的编辑和修订工具，以便用户与他人轻松地开展协作。掌握Word文档处理制作，已经成为各行各业办公人员必备的基本技能。

本书特点

为帮助广大读者快速掌握Word 2010各项功能，我们特组织专家和一线骨干老师编写了《中文版Word 2010文档处理项目教程》一书。本书主要有以下几个特点：

（1）全面介绍Word 2010的基本功能及实际应用，以各种重要技术为主线，然后对每种技术中的重点内容进行详细介绍。

（2）运用全新的项目任务的写作手法和写作思路，使读者在学习本书之后能够快速掌握Word操作技能，真正成为Word文档处理的行家里手。

（3）全面讲解Word 2010各种应用，内容丰富，步骤讲解详细，实例效果精美，读者通过学习能够真正解决实际工作和学习中遇到的难题。

（4）以实用为教学出发点，以培养读者实际应用能力为目标，通过通俗易懂的文字和手把手的教学方式讲解Word软件操作中的要点与难点，使读者全面掌握Word应用知识。

本书结构安排

本书结构安排如下：

项目一　Word 2010快速入门。通过对本项目的学习，读者应能熟悉启动和退出Word 2010的操作方法；认识Word 2010的工作界面；熟练掌握新建、保存、打开和关闭Word文档的方法；掌握自定义Word工作界面的方法。

项目二　文档的输入与编辑。通过对本项目的学习，读者应能熟练掌握定位光标的方法；掌握Word不同类型内容的输入方法；掌握移动、复制和粘贴文本的方法；掌握撤销、恢复与重复操作；熟练掌握查找和替换操作。

项目三　文档的美化。通过对本项目的学习，读者应能掌握设置字体基本格式的方法；掌握设置字符间距的方法；掌握设置文本效果及边框和底纹等特殊效果；掌握设置段落格式的方法，如设置缩进、行间距、段间距和段落对齐方式等；掌握设置段落边框和底纹的方法；掌握设置项目符号和编号的方法。

项目四　文档的特殊排版。通过对本项目的学习，读者应能熟悉中文版式的设置方法；

掌握设置首字下沉的方法；掌握更改文字方向的方法；掌握设置分栏的方法。

项目五　Word 文档图文混排。通过对本项目的学习，读者应能掌握插入和编辑文本框的方法；掌握插入和编辑艺术字的方法；掌握插入和编辑形状的方法；掌握插入和编辑图片的方法；了解 SmartArt 图形的种类，掌握其插入和编辑方法；了解图表的种类，掌握其插入和编辑方法。

项目六　Word 表格的应用。通过对本项目的学习，读者应能掌握创建表格的方法；掌握插入或删除表格对象的方法；掌握合并或拆分单元格的方法；掌握调整表格大小和位置，设置行高和列宽的方法；掌握设置单元格对齐方式和文字方向的方法；掌握为表格添加边框和底纹，应用快速样式的方法；掌握表格数据的计算与排序方法；掌握文本与表格相互转换的方法。

项目七　使用样式与模板。通过对本项目的学习，读者应能掌握套用快速样式的方法；掌握新建、修改、查看和删除样式的方法；掌握管理样式的方法；掌握将文档保存为模板的方法；掌握套用 Word 模板和套用自定义模板的方法。

项目八　文档审阅与安全设置。通过对本项目的学习，读者应能掌握校对文档的方法；掌握在文档中插入、编辑与删除批注的方法；掌握修订文档和文档安全设置的方法。

项目九　长文档的编辑。通过对本项目的学习，读者应能掌握书签的使用方法；掌握查看文档结构的方法；掌握使用导航窗格浏览并定位文档的方法；掌握创建索引和目录的方法；掌握插入题注的方法；掌握插入脚注和尾注的方法。

项目十　文档的页面设置与打印。通过对本项目的学习，读者应能掌握设置页边距、纸张大小和方向的方法；掌握插入分隔符的方法；掌握添加与设置行号的方法；掌握为文档设置背景、添加水印、设置边框的方法；掌握插入页眉和页脚的方法；掌握打印文档的方法。

本书编写人员

本书由渤海船舶职业学院的冯宇、重庆水利电力职业技术学院的邹劲松和白冰担任主编，由广州市花都区理工职业技术学校的赵地、湖南女子学院的张炎欣和李梅担任副主编。其中，冯宇编写了项目一、五和八，邹劲松编写了项目二和九，白冰编写了项目三和六，赵地编写了项目十，李梅编写了项目四，张炎欣编写了项目七。本书的相关资料和售后服务可扫封底的二维码或登录 www.bjzzwh.com 下载获得。

本书适合对象

本书既可作为应用型本科院校、职业院校的教材，也可作为电脑学校的 Word 教学用书，也适合于希望尽快掌握 Word 2010 文档处理技能的电脑初、中级学员阅读。

本书在编写过程中难免有疏漏和不当之处，敬请各位专家及读者不吝赐教。

编　者

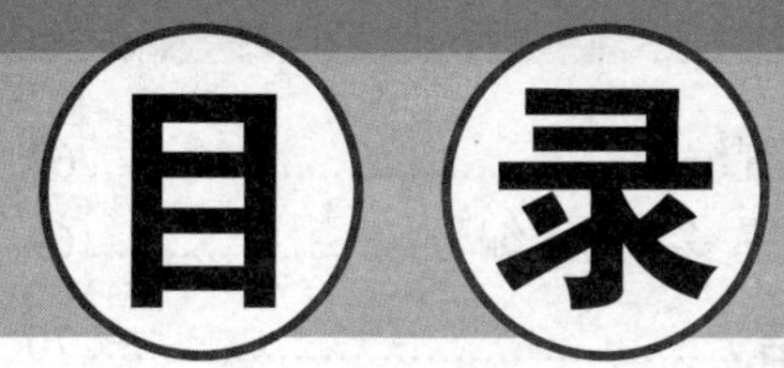

Contents

项目一 Word 2010快速入门

项目二 文档的输入与编辑

项目三 文档的美化

项目四　文档的特殊排版

项目五　Word文档图文混排

项目六 Word表格的应用

项目七 使用样式与模板

项目八 文档审阅与安全设置

项目九　长文档的编辑

项目十　文档的页面设置与打印

项目一　Word 2010 快速入门

项目概述

Word 是 Office 套装办公软件的重要成员，它是目前应用最广泛的文字处理软件。Word 具有强大的文字处理和排版功能，被广泛应用于日常办公或出版工作中。熟练掌握 Word 软件，可以在很大程度上提高工作效率。本项目将带领读者认识 Word 2010，并介绍软件的基本操作。

项目重点

- 熟悉启动和退出 Word 2010 的操作方法。
- 认识 Word 2010 的工作界面。
- 熟练掌握新建、保存、打开和关闭 Word 文档的方法。
- 掌握自定义 Word 工作界面的方法。

项目目标

- 能够轻松启动和退出 Word 2010。
- 熟悉 Word 2010 的工作界面，了解各部分的功能。
- 能够熟练掌握 Word 2010 的基本操作。
- 能够根据需要自定义 Word 的工作界面。

任务一　初识 Word 2010

任务概述

要想使用 Word 2010 进行文档处理，首先需要启动软件，并熟悉软件的组成部分，了解各组成部分的功能。不使用软件时，可以退出。本任务将详细介绍 Word 的启动与退出操作，并详细介绍其工作界面的组成部分，以及各组成部分的功能。

任务重点与实施

一、启动 Word 2010

启动 Word 2010 的方法有多种，常用的有以下几种：

方法 1：通过“开始”菜单启动

单击“开始”菜单，选择“所有程序”| Microsoft Office | Microsoft Office Word 2010 命令，如图 1-1 所示。

方法 2：通过双击已有文档启动

直接双击已有的 Word 2010 文档（如图 1-2 所示），也可以启动 Word 2010。

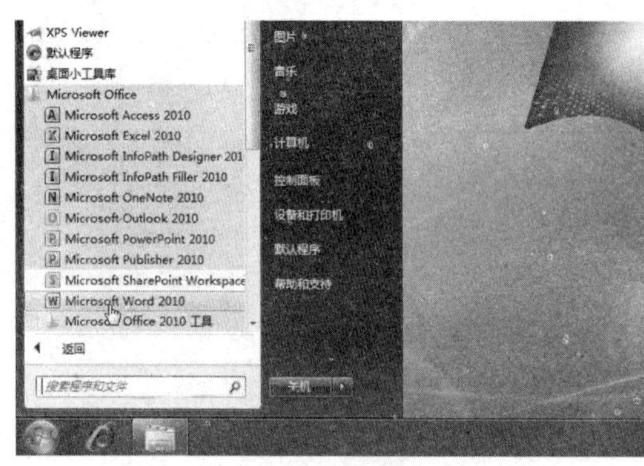

图 1-1　单击 Microsoft Office Word 2010 命令

图 1-2　双击 Word 文档

方法 3：通过快捷方式启动

Step 01 在“开始”菜单中选择 Microsoft Office Word 2010 命令并右击，在弹出的快捷菜单中选择“发送到”|“桌面快捷方式”命令，创建 Word 2010 快捷键启动方式图标，如图 1-3 所示。

Step 02 以后只需双击桌面上 Word 2010 快捷方式图标（如图 1-4 所示），即可启动程序。

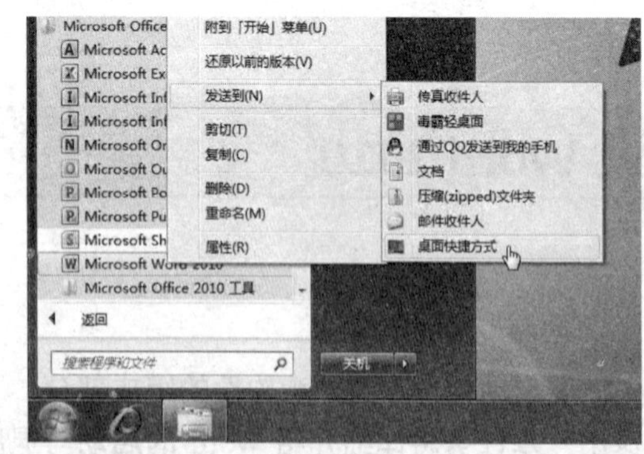

图 1-3　选择“发送到”|“桌面快捷方式”命令

图 1-4　双击快捷方式图标

专家指导 Expert guidance

在“开始”菜单中右击 Microsoft Office Word 2010 命令，在弹出的快捷菜单中选择“锁定到任务栏”命令，还可将其程序图标放到桌面下方的任务栏中。

二、退出 Word 2010

退出 Word 2010 的方法主要有以下两种：

方法 1：选择“退出”命令退出

单击“文件”按钮，在左窗格中选择“退出”命令，如图 1-5 所示。

方法 2：选择“关闭所有窗口”命令

在桌面任务栏中右击 Word 2010 图标，在弹出的快捷菜单中选择“关闭所有窗口”命令，如图 1-6 所示。

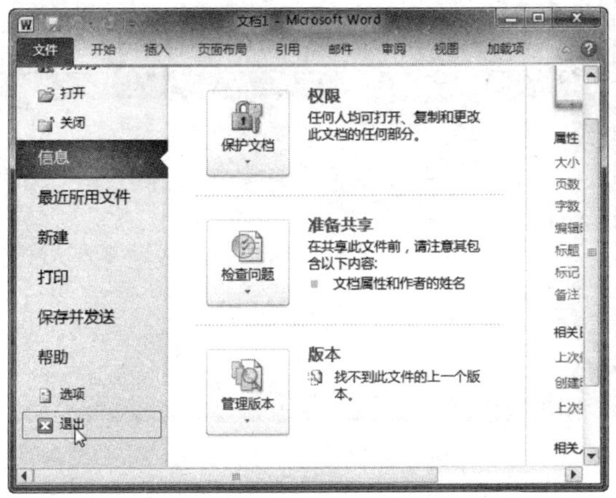

图 1-5　选择“退出”命令

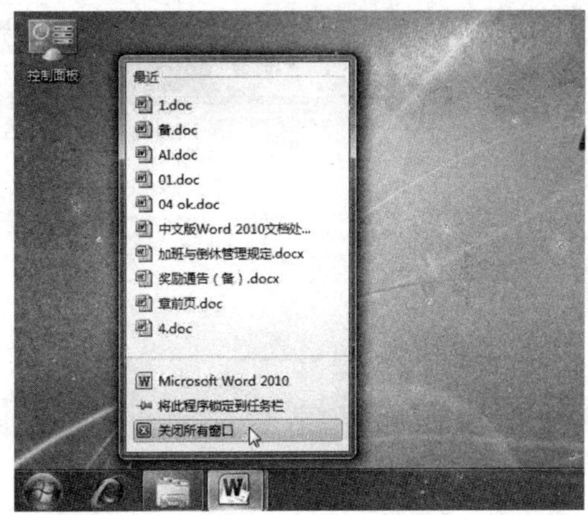

图 1-6　选择“关闭所有窗口”命令

三、认识 Word 2010 工作界面

启动 Word 2010 程序后，即可打开 Word 2010 窗口。在使用软件之前，应先熟悉其工作界面，了解各部分的功能，这样在以后进行操作时才会更加高效、快捷。图 1-7 所示即为 Word 2010 的工作界面。

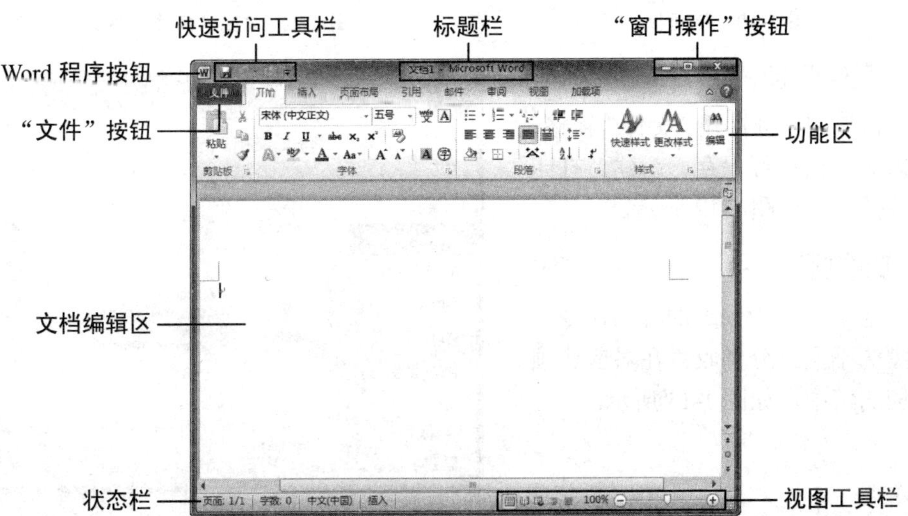

图 1-7　Word 2010 工作界面

1. Word 程序按钮

Word 程序按钮位于窗口的左上角，单击它将弹出一个下拉菜单，其中包含了“还原”、“移动”、“关闭”等命令，选择其中的命令，可以执行相应的操作，如图 1-8 所示。

2. 快速访问工具栏

通过该工具栏可以快速对文档进行保存、恢复和撤销等操作。快速访问工具栏上的工具按钮可根据需要进行添加。单击其右侧的▾按钮，在弹出的下拉菜单中选择需要添加的工具即可，如图 1-9 所示。

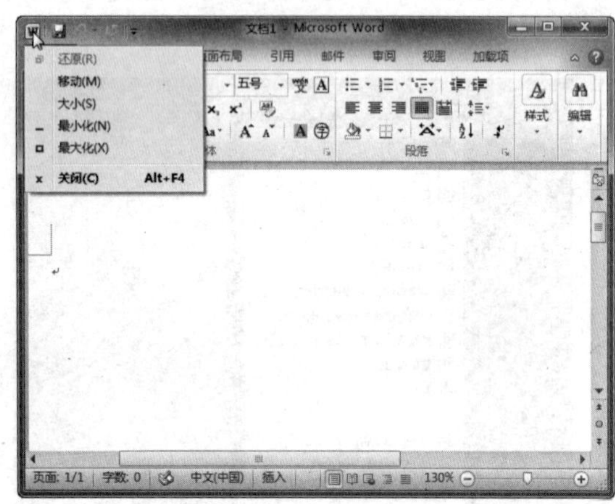

图 1-8 Word 程序按钮　　图 1-9 快速访问工具栏

3. 标题栏

标题栏用于显示当前的文档标题与类型，如图 1-10 所示。

4.“窗口操作”按钮

通过“窗口操作”按钮可以对窗口执行最小化、最大化和关闭操作，如图 1-11 所示。

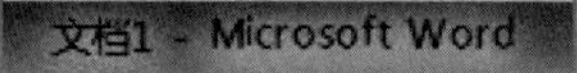

图 1-10 标题栏

图 1-11 “窗口操作”按钮

5.“文件”按钮

单击该按钮，可打开“文件”窗格，从中可以对文档执行保存、新建、打印和发送等操作，如图 1-12 所示。

6. 功能区

功能区包含了 Word 的各项命令，按照类型的不同，分别收集在对应选项卡下对应的组中，如图 1-13 所示。

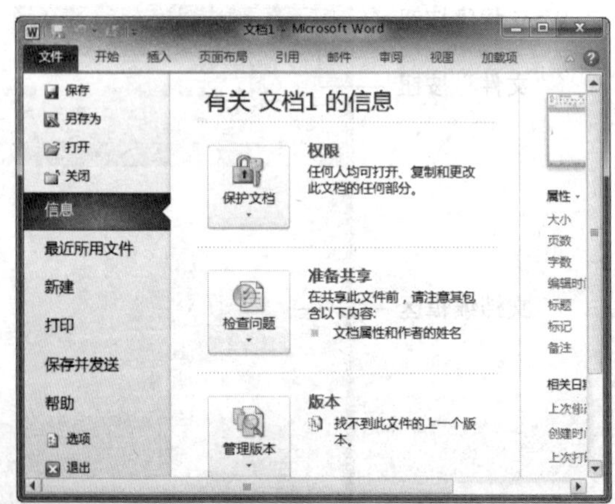

图 1-12 “文件”窗格

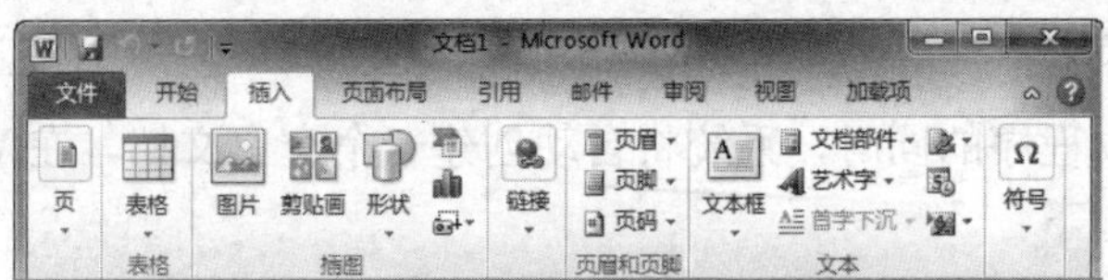

图 1-13　功能区

7. 状态栏

状态栏用于显示文档页数、字数和语言等信息，如图 1-14 所示。

8. 视图栏

视图栏用于切换视图方式，以及设置文档的显示比例，如图 1-15 所示。

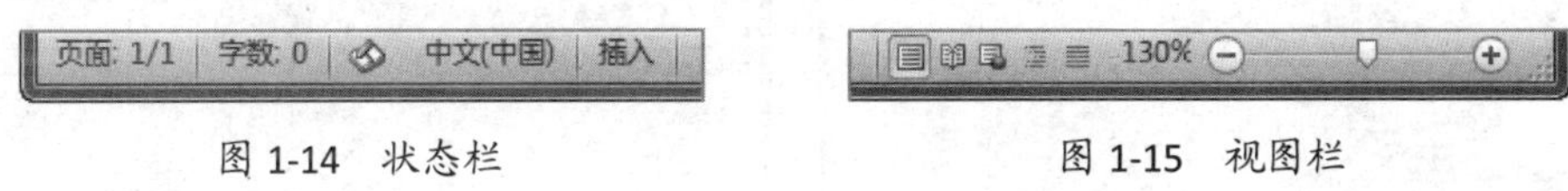

图 1-14　状态栏　　　　图 1-15　视图栏

9. 文档编辑区

文档编辑区用于显示文档内容，是进行文档编辑的主要区域，如图 1-16 所示。

图 1-16　文档编辑区

任务二　Word 文档的基本操作

任务概述

Word 文档的基本操作包括新文档的创建、保存，文档的打开与关闭等，本任务将分别对其进行详细介绍。

任务重点与实施

一、新建文档

新建文档主要是建立空白文档，也可以通过模板或根据现有内容来创建文档，这样可以提高工作效率。

1．新建空白文档

启动 Word 2010 程序的同时，系统将自动创建一个空白文档。在 Word 2010 工作界面中新建文档的方法如下：

方法 1：通过“新建”命令新建文档

Step 01 单击“文件”按钮，在左窗格中选择“新建”命令，在“可用模板”列表中选择“空白文档”选项，然后单击“创建”按钮，如图 1-17 所示。

Step 02 此时，即可创建出一个空白文档，如图 1-18 所示。

图 1-17　选择“空白文档”选项

图 1-18　创建空白文档

方法 2：通过“新建”按钮新建文档

新建操作是用户经常用到的操作，因此可以在快速访问工具栏中添加“新建”按钮，单击“新建”按钮，也可以快速新建空白文档。

当创建多个空白文档时，其默认的名称按创建的先后顺序，依次以“文档 2”、“文档 3”……等进行命名。

当 Word 窗口为当前工作窗口时，按【Ctrl+N】组合键，可以快速创建空白文档。

2．根据现有内容新建文档

根据现有内容新建文档的具体操作方法如下：

Step 01 单击“文件”按钮，在左窗格中选择“新建”命令，在“可用模板”列表中选择“根据现有内容新建”选项，然后单击“创建”按钮，如图 1-19 所示。

图 1-19　选择“根据现有内容新建”选项

Step 02 在弹出的对话框中选择现有文档，如“停薪留职协议.docx”文档，然后单击“新建”按钮，如图 1-20 所示。

Step 03 此时，即可根据选择的现有文档“停薪留职协议.docx”创建一个新文档，如图 1-21 所示。

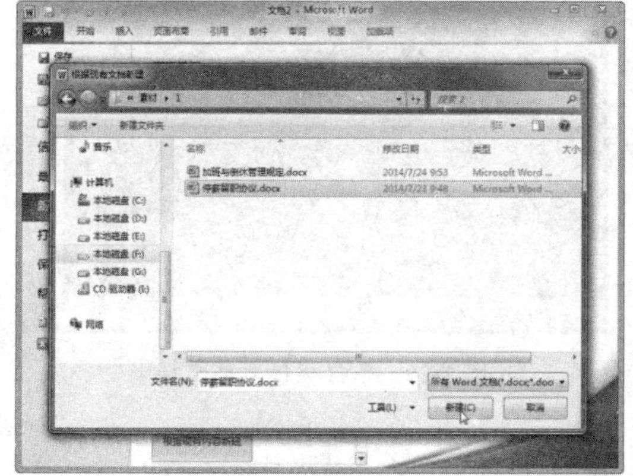

图 1-20　选择现有文档

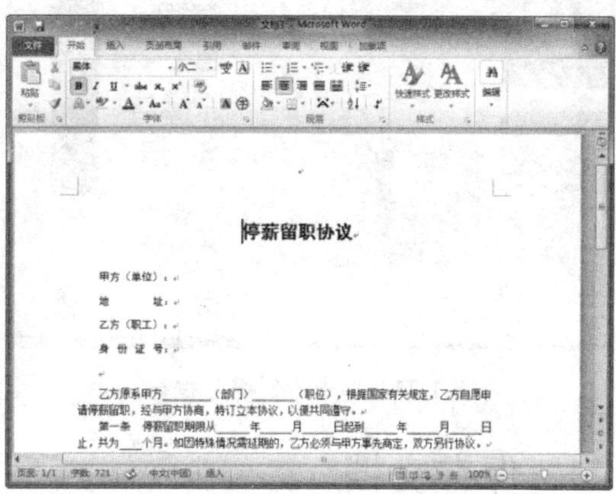

图 1-21　新建带内容文档

3．根据模板新建文档

利用模板可以创建信函、报告及简历等文档，用户只需从中进行适当的修改即可，具体操作方法如下：

Step 01 单击“文件”按钮，在左窗格中选择“新建”命令，在“可用模板”列表中选择“样本模板”选项，如图 1-22 所示。

Step 02 在“样本模板”列表中选择需要的模板，在右侧预览框中可以查看所选样式的名称和效果，如图 1-23 所示。

图 1-22　选择“样本模板”选项

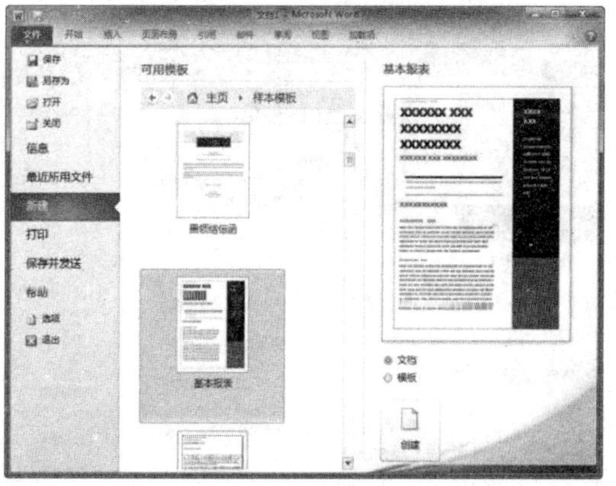

图 1-23　选择模板样式

在连接互联网的情况下，单击“文件”按钮，在左窗格中选择“新建”命令，在“可用模板”列表中的“Office.com 模板”栏中提供了在线模板，用户可以根据需要查找并下载自己所需的模板。

Step 03 单击预览框下的“创建”按钮，如图 1-24 所示。

Step 04 此时，即可创建出基于所选模板的文档，如图 1-25 所示。

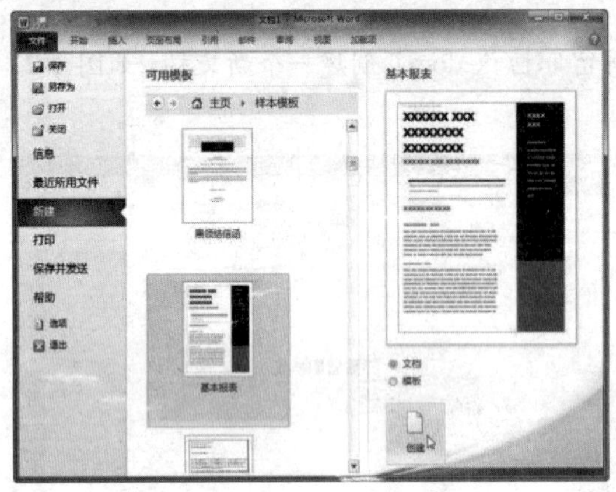

图 1-24 单击“创建”按钮

图 1-25 根据模板新建文档

二、保存文档

在 Word 2010 中编辑好的文档一定要及时进行保存，以免因为意外情况造成丢失，以致影响工作。Word 2010 默认的保存格式为 DOCX，也可以保存为其他格式。

1. 保存新建文档

新建文件并进行编辑后，若需要保存，可按以下操作方法进行保存：

Step 01 单击“文件”按钮，在左窗格中选择“保存”命令（也可直接按【Ctrl+S】组合键），如图 1-26 所示。

Step 02 在弹出的“另存为”对话框中选择保存路径，输入文件名称，选择保存类型，然后单击“保存”按钮即可，如图 1-27 所示。

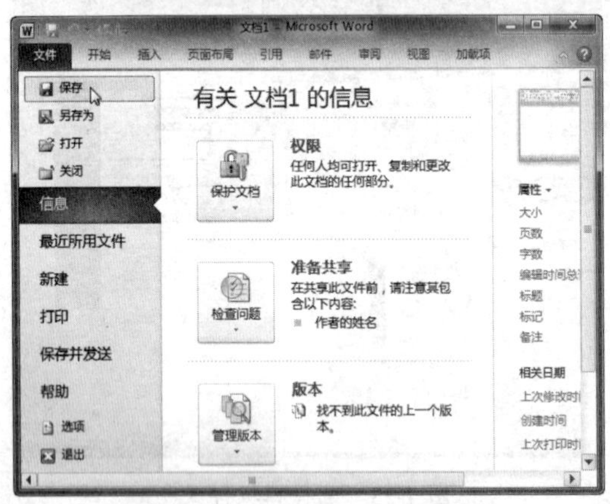

图 1-26 选择“保存”命令

图 1-27 设置保存选项

专家指导 Expert guidance

Word 2010 的一些新功能在 Word 2003 版本的文档中是不能使用的。若想启用这些新功能，可转化文档：选择”文件”按钮，选择“信息”命令，单击“转换”按钮，弹出 Microsoft Word 提示信息框，单击“确定”按钮即可。

2. 保存已存在文档

在对已存在的文档进行编辑修改后，可以直接进行保存，也可将其另存为一个新文档。

（1）直接保存文档

单击快速工具栏中的“保存”按钮，即可直接保存文档，如图 1-28 所示。

在对已有文件进行编辑修改后，按【Ctrl+S】组合键，也可以直接保存文档。

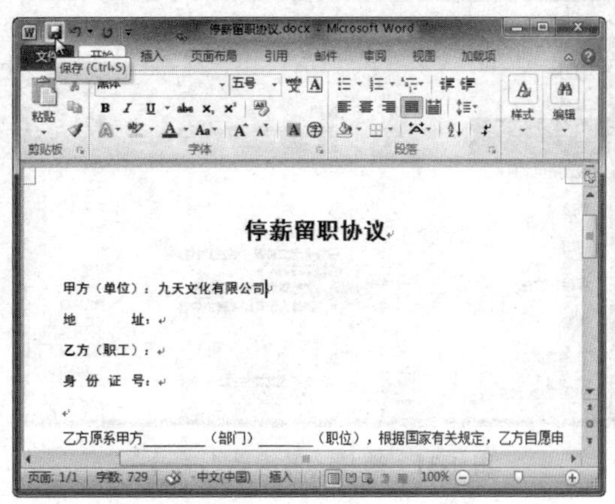

图 1-28　单击“保存”按钮

（2）另存文档

如果不希望将修改后的文件保存到之前的文档中，可以将该文档另存为一个新文档，方法如下：

Step 01 单击“文件”按钮，在左窗格中选择“另存为”命令，如图 1-29 所示。

Step 02 在弹出的“另存为”对话框中选择保存路径，输入文件名称，选择保存类型，然后单击“保存”按钮即可，如图 1-30 所示。

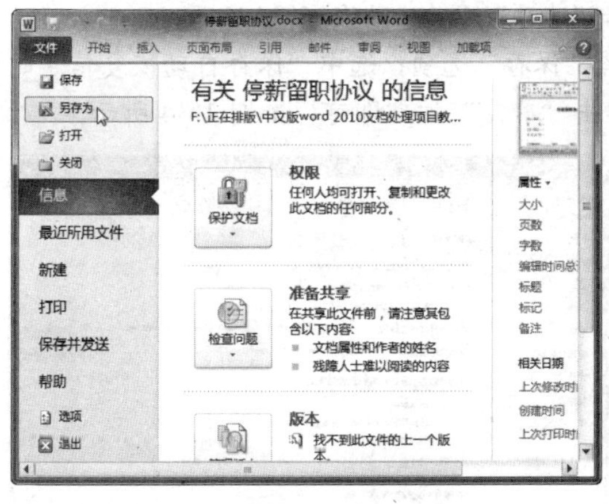

图 1-29　选择“另存为”选项

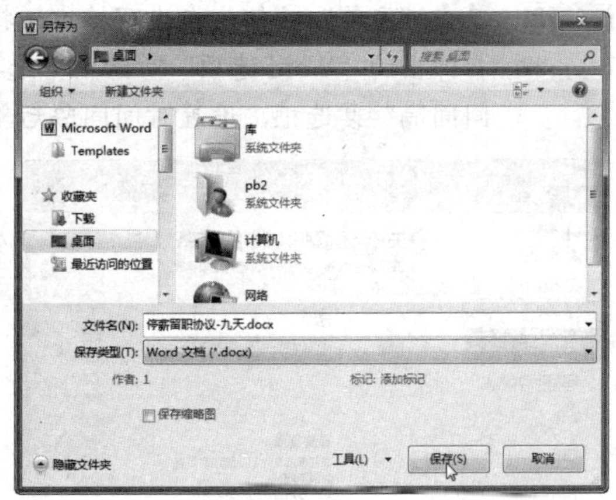

图 1-30　设置另存选项

3. 保存为 Word 2003 格式

由于目前许多办公人员仍在使用 Word 2003 版本，为了便于其打开 Word 2010 创建的文档，可将文档保存为 Word 2003 格式，具体操作方法如下：

Step 01 单击“文件”按钮，在左窗格中选择“另存为”命令，如图 1-31 所示。

Step 02 在弹出的“另存为”对话框中选择保存路径，单击“保存类型”下拉按钮，在弹出的下拉列表中选择“Word 97-2003 文档（*.doc）”选项，然后单击“保存”按钮即可，如图 1-32 所示。

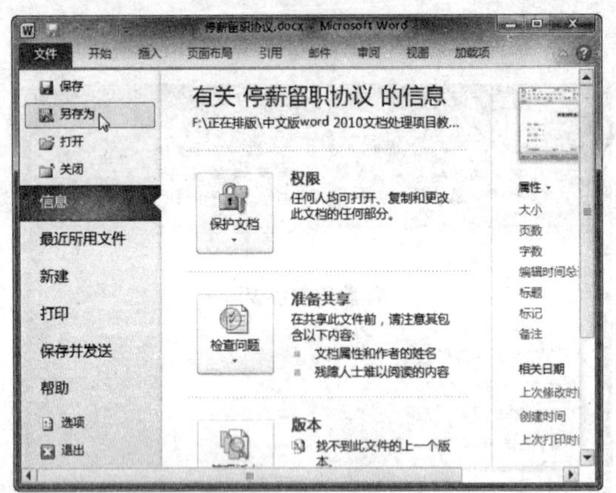

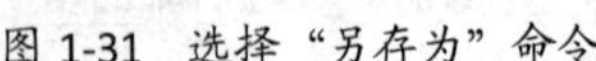

图 1-31 选择“另存为”命令

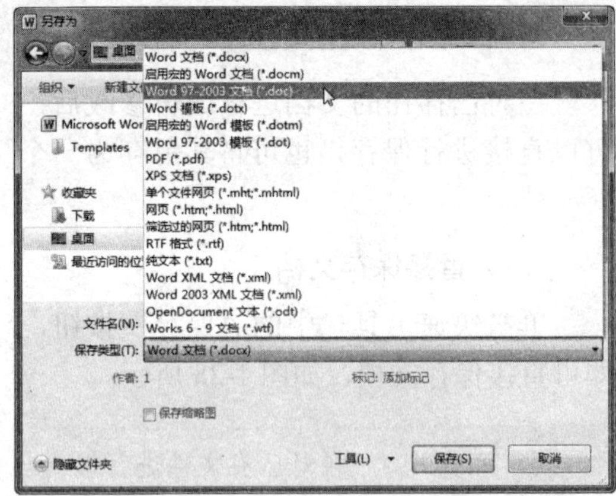

图 1-32 选择保存格式

在“保存类型”下拉列表中提供了多种格式供用户选择，如 PDF、网页、纯文本，用户可以根据需要进行选择。

4．设置自动保存文档

为了避免断电等意外情况造成对文档编辑操作的丢失，往往要不断地进行保存。其实使用 Word 2010 提供的自动保存功能可以实现定时自动保存，具体操作方法如下：

Step 01 单击“文件”按钮，在左窗格中选择“选项”命令，如图 1-33 所示。

Step 02 在弹出的“Word 选项”对话框中选择“保存”选项，选中“保存自动恢复信息时间间隔”复选框，设置时间间隔后单击“确定”按钮即可，如图 1-34 所示。

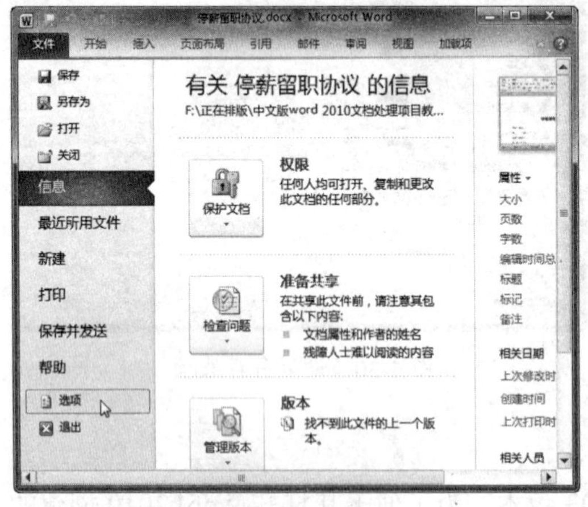

图 1-33 选择“选项”命令

图 1-34 设置自动保存选项

三、打开文档

当需要查看或编辑文档时，需要先将其打开。打开文档的具体操作方法如下：

方法 1：通过“打开”命令打开文件

Step 01 单击“文件”按钮，在左窗格中选择“打开”命令，如图 1-35 所示。

Step 02　在弹出的对话框中选择要打开的文档，如“员工手册.docx”文档，然后单击“打开”按钮，如图 1-36 所示。

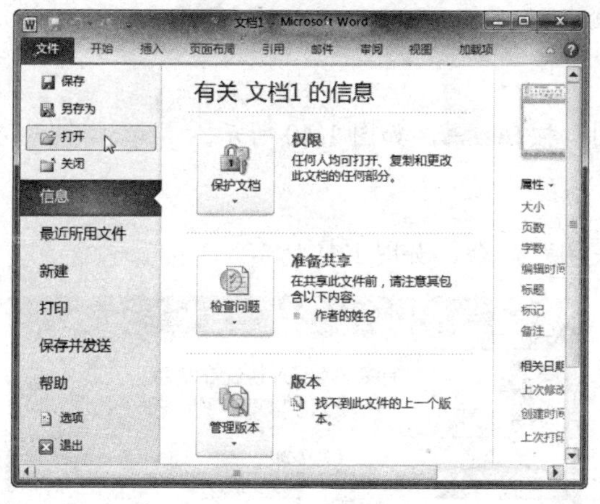

图 1-35　选择“打开”命令

图 1-36　选择打开文档

在 Word 窗口中按【Ctrl+O】组合键，也会弹出“打开”对话框。单击“打开”右侧的下拉按钮，还可以选择打开方式（如图 1-37 所示），如“以只读方式打开”、“以副本方式打开”和“打开并修复”等。

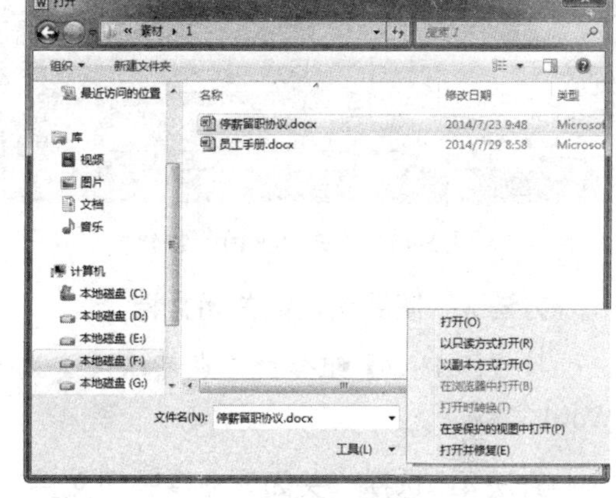

图 1-37　选择文档打开方式

方法 2：通过双击打开文件

打开文档所在的文件夹，双击要打开的文件（如图 1-38 所示），即可将其打开。

方法 3：打开最近所用文件

选择”文件”按钮，在“最近所用文件”列表框中列出了最近打开过的文档，选择要打开的文档即可，如图 1-39 所示。

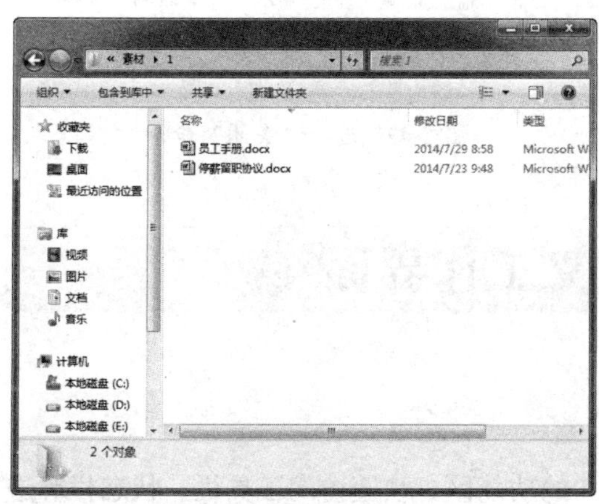

图 1-38　双击打开文件

图 1-39　选择最近打开的文档

四、关闭文档

如果想关闭文档，可以采用以下几种方法：

方法 1：单击“关闭”按钮关闭文档

单击 Word 2010 工作界面右上角的“关闭”按钮，如图 1-40 所示。

方法 2：通过”文件”按钮关闭文档

单击“文件”按钮，在左窗格中选择“关闭”命令，如图 1-41 所示。

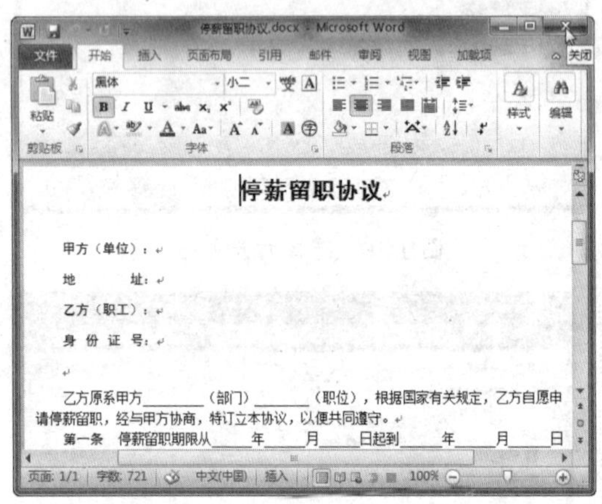

图 1-40　单击“关闭”按钮

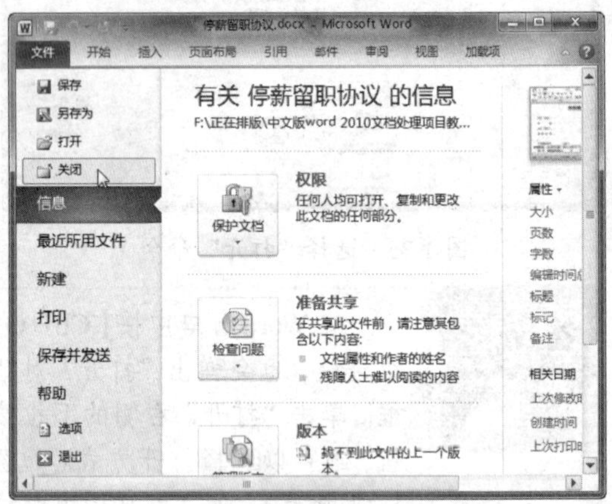

图 1-41　选择“关闭”选项

方法 3：使用快捷键关闭文档

按【Ctrl+W】组合键，也可以快速关闭 Word 文档。

方法 4：选择“关闭”命令关闭文件

单击窗口左上角的程序按钮，在弹出的下拉菜单中选择“关闭”命令，如图 1-42 所示。

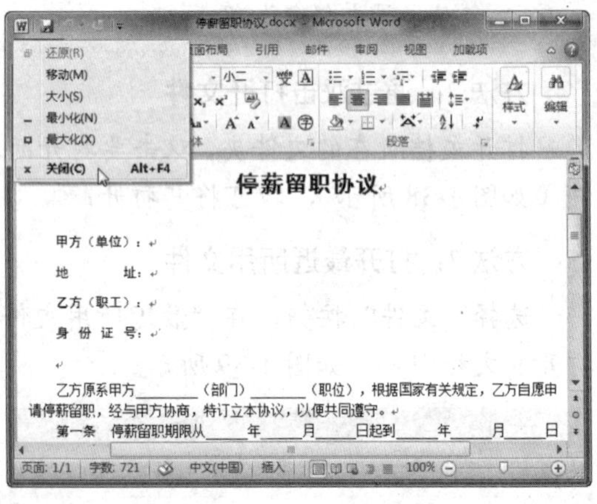

图 1-42　选择“关闭”命令

按【Alt+F4】组合键，也可以快速关闭 Word 窗口。

任务三　自定义工作界面

任务概述

用户可以根据自己的使用习惯对 Word 2010 的功能区、快速访问工具栏、状态栏等进行自定义设置，以便使用。本任务将对这些知识进行详细介绍。

任务重点与实施

一、自定义功能区

自定义功能区可以实现新建选项卡和组、移动组或命令等操作，具体操作方法如下：

Step 01 在 Word 窗口中单击“文件”按钮，在左窗格中选择“选项”命令，如图 1-43 所示。

Step 02 在弹出的“Word 选项”对话框的左窗格中选择“自定义功能区”选项，在右窗格中单击“新建选项卡”按钮，如图 1-44 所示。

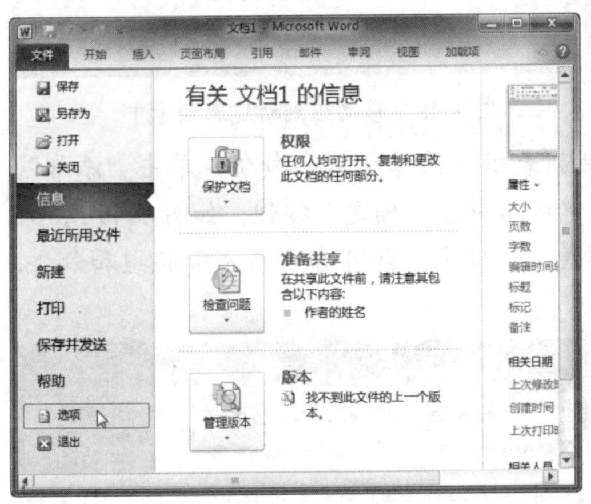

图 1-43 选择“选项”命令

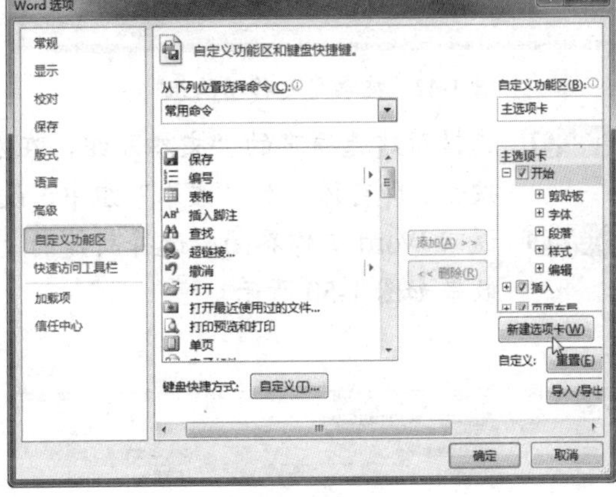

图 1-44 单击“新建选项卡”按钮

Step 03 此时，将出现一个新建的选项卡和新建的组。选择该选项卡，单击“重命名”按钮，如图 1-45 所示。

Step 04 在弹出的对话框中输入选项卡名称。采用同样的方法重命名选项卡下的组，如图 1-46 所示。

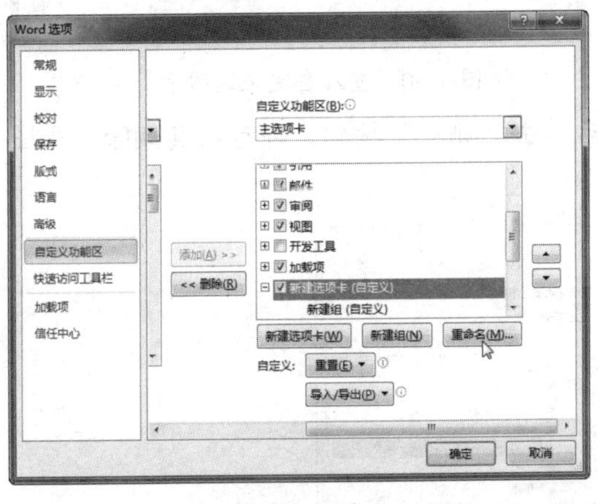

图 1-45 单击“重命名”按钮

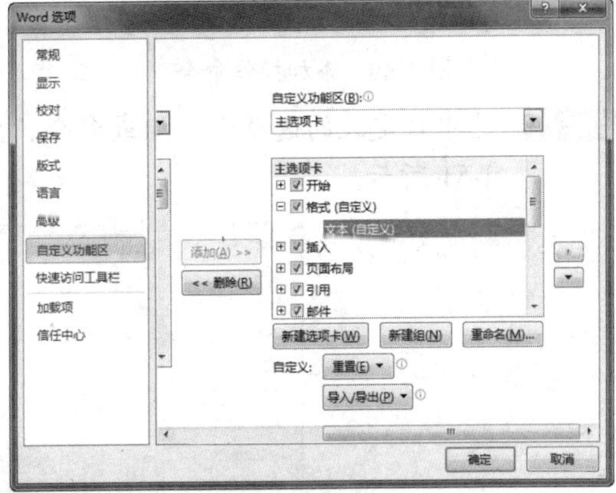

图 1-46 重命名组

Step 05 选择需要移动的组，如选择“开始”选项卡中的“字体”组，将其拖到新建的选项卡中，如图 1-47 所示。

Step 06 此时，即可将“字体”组移到新建的“格式”选项卡中。采用同样的方法移动其他组，如图 1-48 所示。

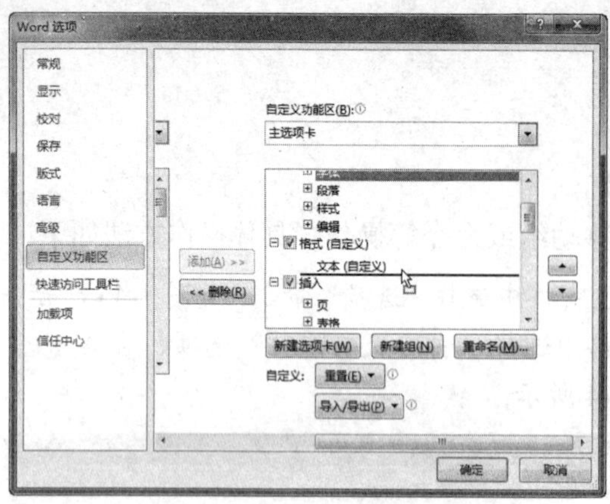

图 1-47　拖动需要移动的组

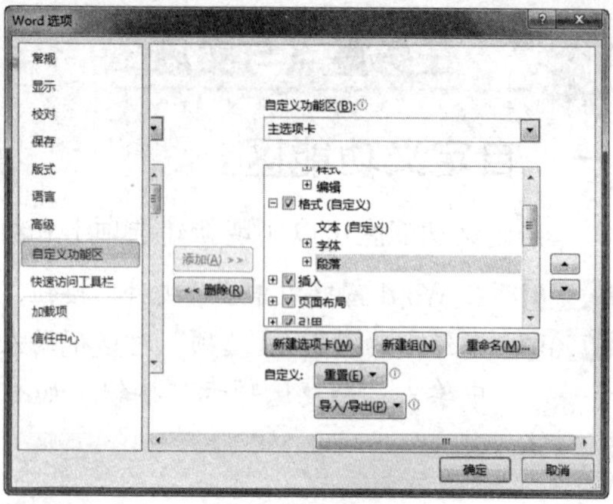

图 1-48　移动组到新建选项卡中

Step 07 选择新建选项下的“文本”组，在左侧列表框中选择所需的命令，单击“添加”按钮，即可添加到“文本”组中，设置完成后单击“确定”按钮，如图 1-49 所示。

Step 08 返回 Word 工作界面，选择新建的“格式”选项卡，即可查看新添加的组和命令，效果如图 1-50 所示。

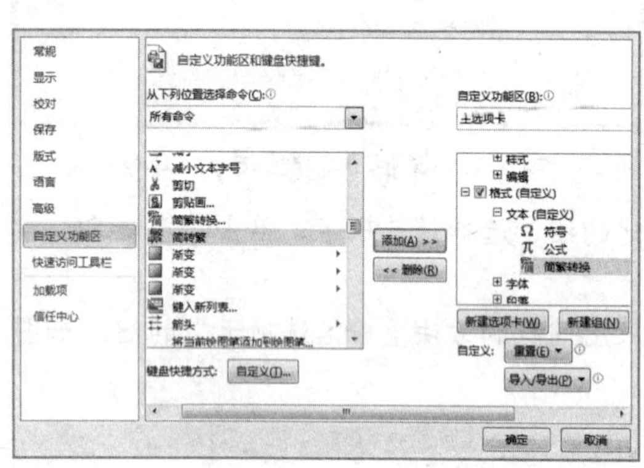

图 1-49　添加操作命令

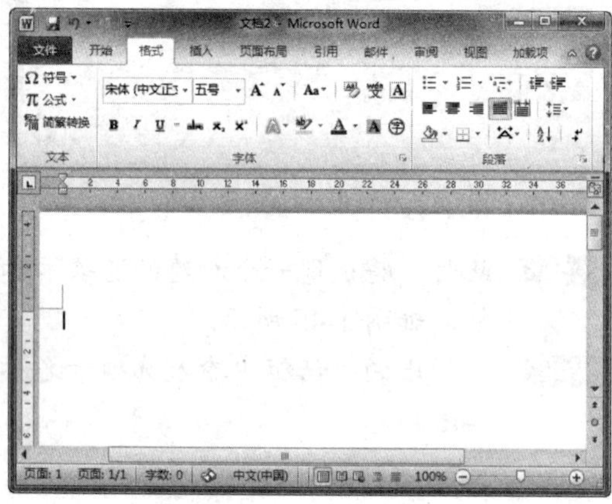

图 1-50　查看自定义选项卡

Step 09 选中自定义的选项卡、组或命令，然后单击“删除”按钮，即可将其删除，如图 1-51 所示。

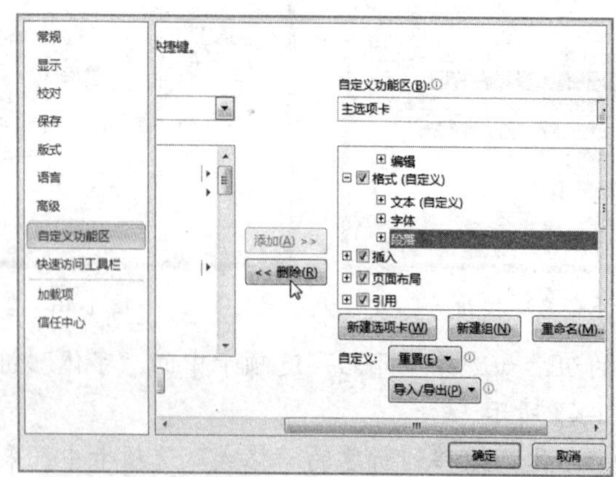

图 1-51　删除自定义选项卡、组和命令

Step 10 若想恢复 Word 默认的功能区，则单击“自定义”选项区中的“重置”下拉按钮，在弹出的下拉列表中选择“重置所有自定义项”选项，如图 1-52 所示。

Step 11 在弹出的提示信息框中单击“是”按钮，即可删除自定义项，如图 1-53 所示。

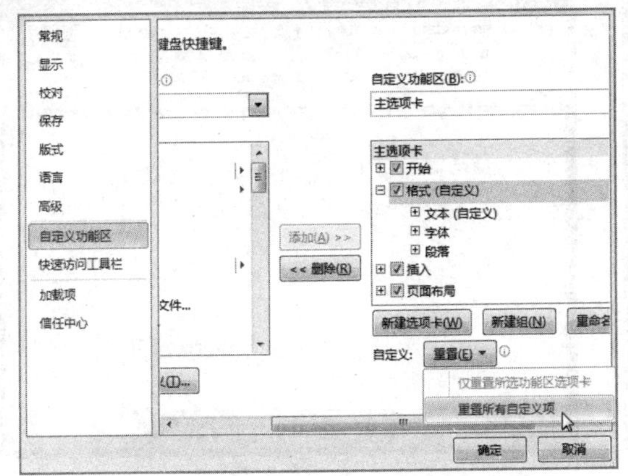

图 1-52　重置自定义项

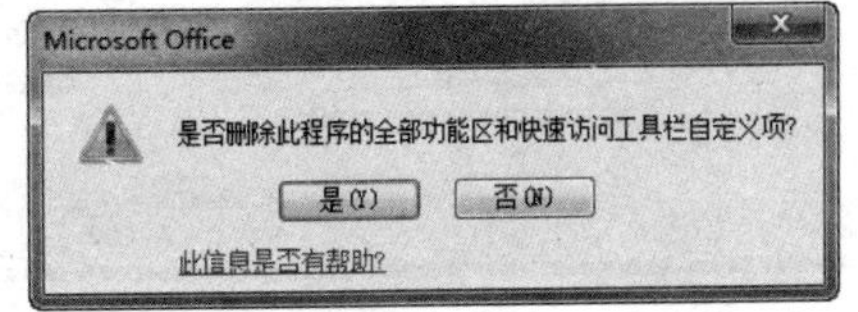

图 1-53　确认删除自定义项

二、自定义快速访问工具栏

用户可以根据需要将常用的命令添加到快速访问工具栏中，也可以将不常用的命令从快速访问工具栏中删除。下面将分别介绍添加和删除命令操作。

1. 添加命令

在快速访问工具栏中添加命令的具体操作方法如下：

Step 01 单击快速访问工具栏右侧的▾按钮，在弹出的下拉菜单中选择“新建”命令，如图 1-54 所示。

Step 02 此时，快速访问工具栏中添加了“新建”按钮。如果快速访问工具栏的下拉菜单中没有所需的命令，可选择“其他命令”选项。如图 1-55 所示。

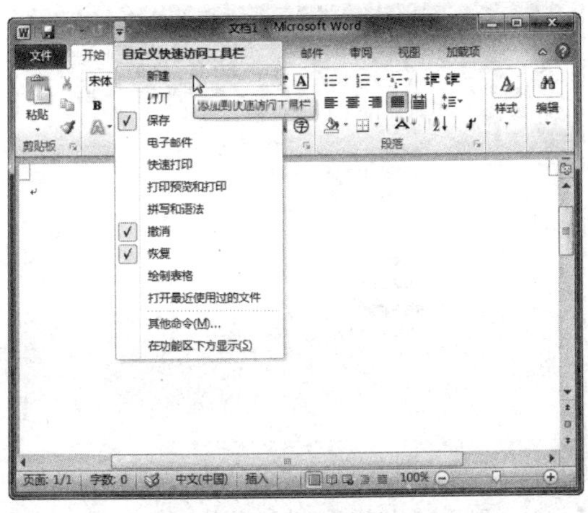

图 1-54　选择“新建”选项

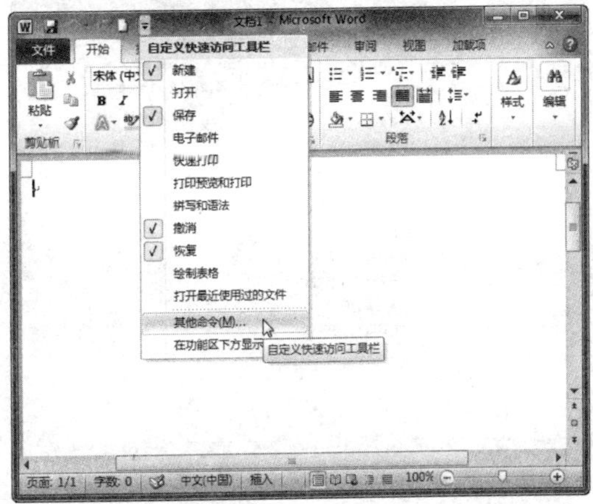

图 1-55　选择“其他命令”选项

Step 03 在弹出的对话框中选择要添加的命令，如选择“插入来自文件的图片”，单击“添加”按钮，然后单击“确定”按钮，如图 1-56 所示。

Step 04 此时，即可看到在快速访问工具中已经添加了“插入来自文件的图片”按钮，如图 1-57 所示。

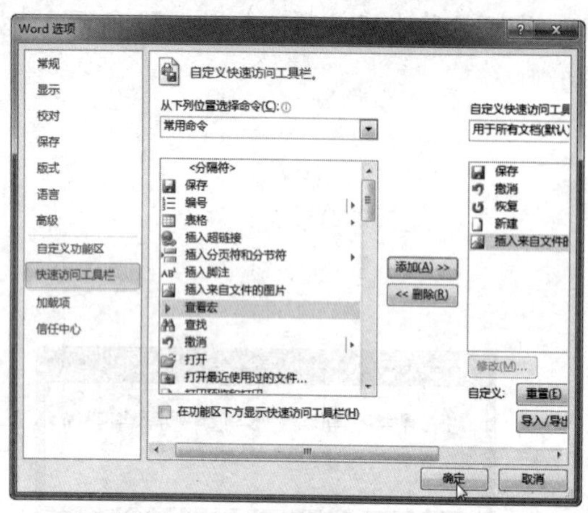

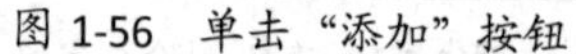
图 1-56 单击“添加”按钮

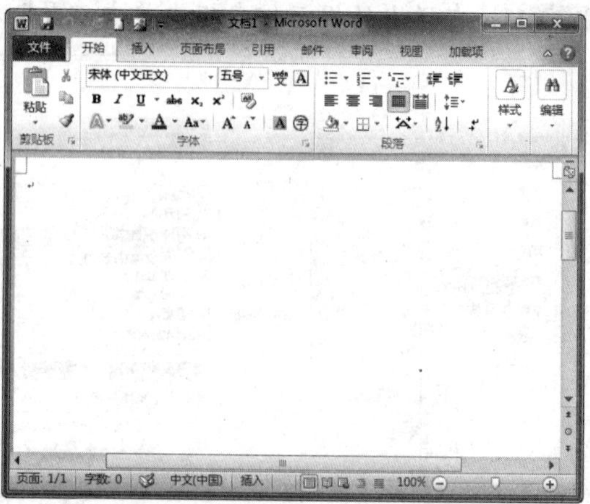

图 1-57 添加命令

在功能区中右击某个按钮，在弹出的快捷菜单中选择“添加到快速访问工具栏”命令，也可以将其添加到快速访问工具栏中。

2. 删除命令

在快速访问工具栏中删除命令的具体操作方法如下：

Step 01 单击自定义快速访问工具栏右侧的 ▾ 按钮，在弹出的下拉菜单中取消选择“新建”命令，如图 1-58 所示。

Step 02 此时，在快速访问工具栏中已经删除了“新建”按钮。在快速访问工具栏的下拉菜单中选择“其他命令”命令，如图 1-59 所示。

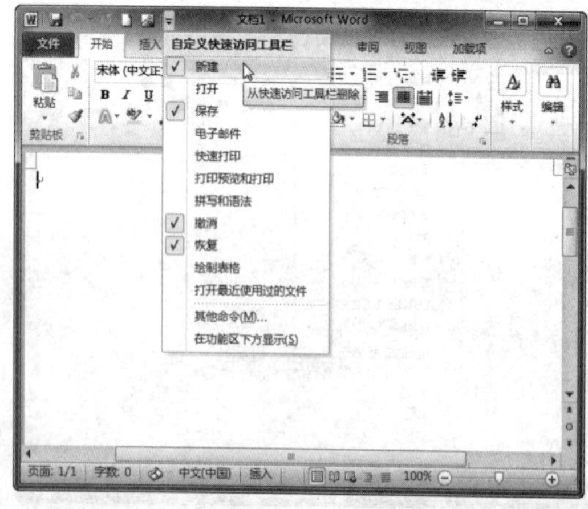

图 1-58 取消选择“新建”命令

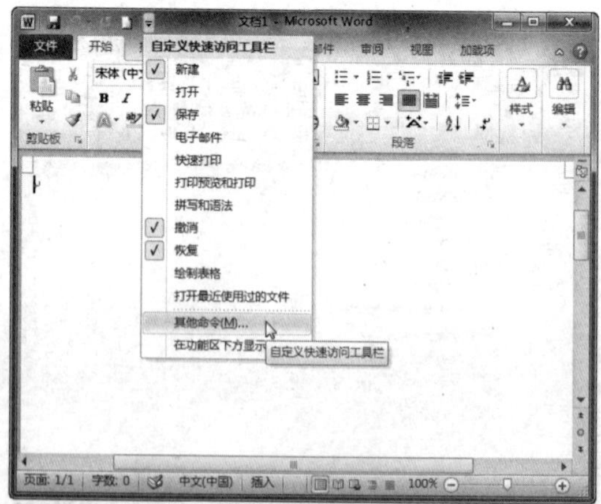

图 1-59 选择“其他命令”命令

Step 03 在弹出的对话框中选择“插入来自文件的图片”选项，单击“删除”按钮，然后单击“确定”按钮，如图 1-60 所示。

Step 04　此时，即可看到在快速访问工具中已删除“插入来自文件的图片”按钮，如图 1-61 所示。

图 1-60　单击“删除”按钮

图 1-61　删除命令

三、自定义状态栏

状态栏中显示了当前的文档状态，包括页码、页数和字数等信息。用户可以自定义状态栏，设置需要显示和不需要显示的信息，具体操作方法如下：

右击状态栏，在弹出的快捷菜单中选择需要显示的选项，取消选择不需要显示的选项即可，如图 1-62 所示。

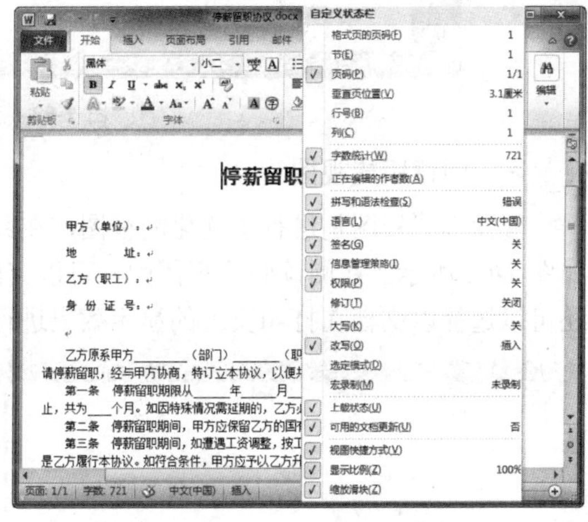

图 1-62　自定义状态栏

四、切换视图显示方式

Word 2010 提供了显示文档的多种方式，它是通过视图来实现的。

1．Word 文档视图方式

Word 2010 的视图方式包括页面视图、阅读版式视图、Web 版式视图、大纲视图和草稿视图，不同的视图方式适用于不同的场合。下面对各种视图方式进行简要介绍。

➢　**页面视图**

页面视图用于显示文档内容在整个页面中的分布状况，它是 Word 中使用频率最高的视图，如图 1-63 所示。在页面视图中显示的文档格式与打印出来的文档格式是一样的，分页符被形象的页边界所代替；页面视图中的所有文字、图形，栏显示及页眉、页脚都显示在其打印位置上。在页面视图中可实时浏览编辑的效果。

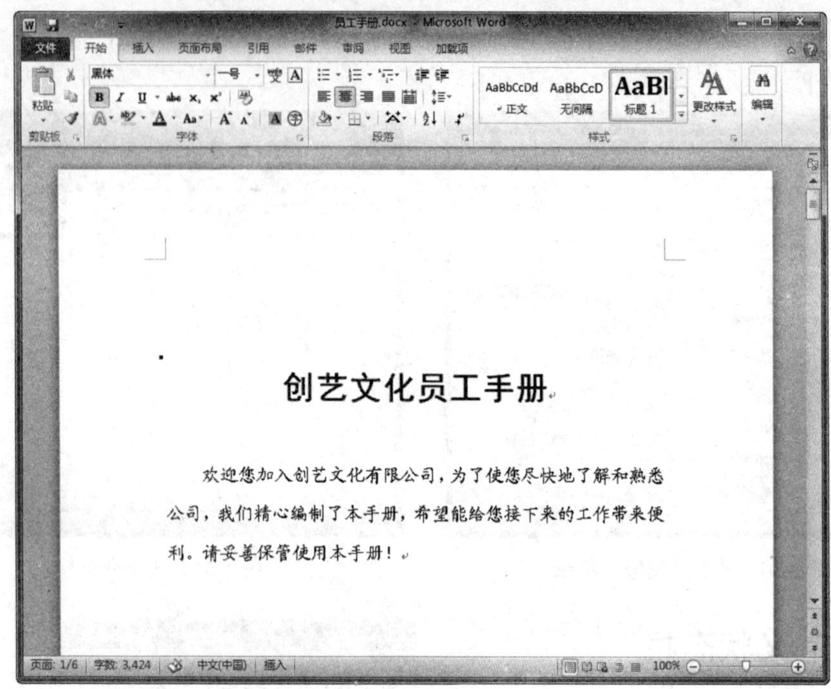

图 1-63　页面视图

➢　**阅读版式视图**

阅读版式视图是进行了优化的视图，在此视图下用户可以利用最大空间来阅读文档，如图 1-64 所示。在阅读版式视图中，可以突出显示内容、修订、添加批注以及审阅修订，还可以选择以文档在打印页上的显示效果进行查看。

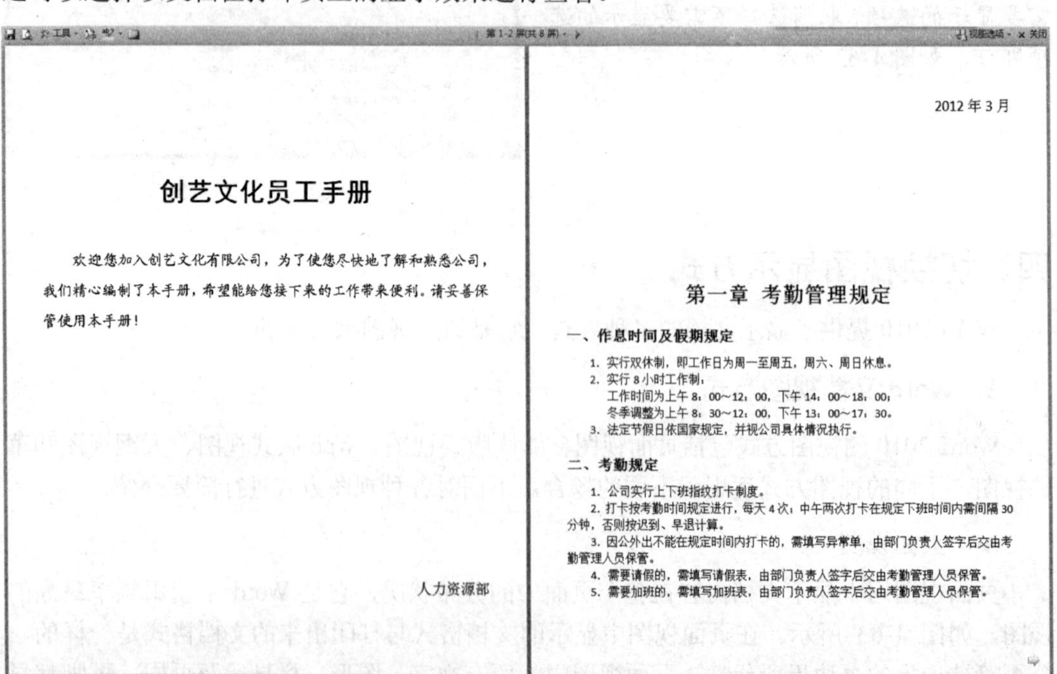

图 1-64　阅读版式视图

➢ **Web 版式视图**

Web 版式视图是优化了的联机阅读版式，在 Web 版式视图下可以查看网页格式文档的外观，如图 1-65 所示。不管文字显示比例多大，每一行文字的多少总是由窗口的大小而决定，而不是显示为实际打印的形式。

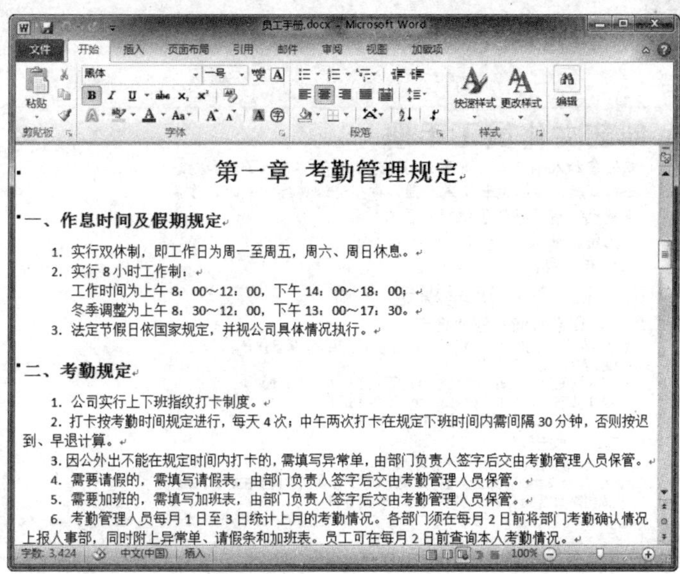

图 1-65　阅读版式视图

➢ **大纲视图**

大纲视图是一种用缩进文档标题的方式来表示其在文档中级别的显示方式，如图 1-66 所示。大纲视图能方便地在文档中进行页面跳转、修改标题，以及通过移动标题来重新安排大量文本等操作，最适合于文档结构的重组工作。另外，也可以使用大纲视图处理主控文档。

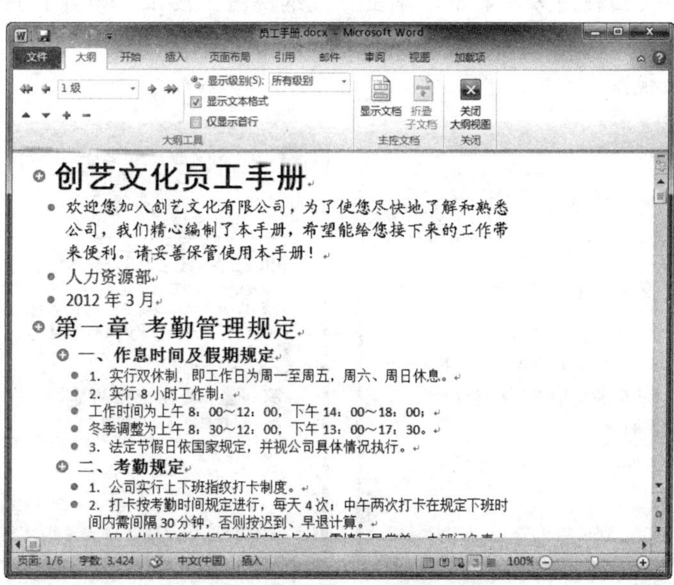

图 1-66　大纲视图

> ➢ **草稿视图**

草稿视图取消了页面边距、分栏、页眉页脚和图片等元素，仅显示标题和正文，是最节省系统硬件资源的视图方式，如图 1-67 所示。

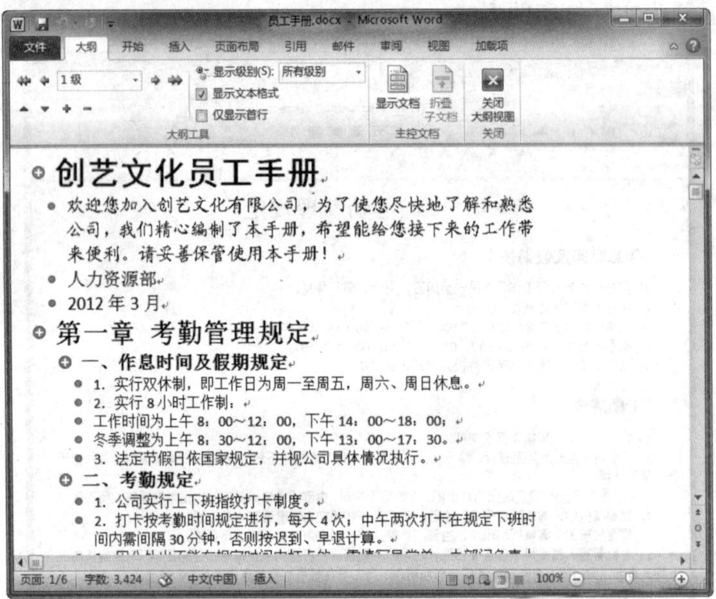

图 1-67 草稿视图

2. 切换文档视图方式

若要切换文档的视图方式，可采用以下两种方法：

方法 1：通过“视图”选项卡下的视图按钮切换

Step 01 选择“视图”选项卡，此时“文档视图”组中默认选中的是“页面视图”按钮，即文档以页面视图方示显示，单击“大纲视图”按钮，如图 1-68 所示。

Step 02 此时，即可切换到大纲视图，如图 1-69 所示。单击“关闭大纲视图”按钮，即可返回页面视图。

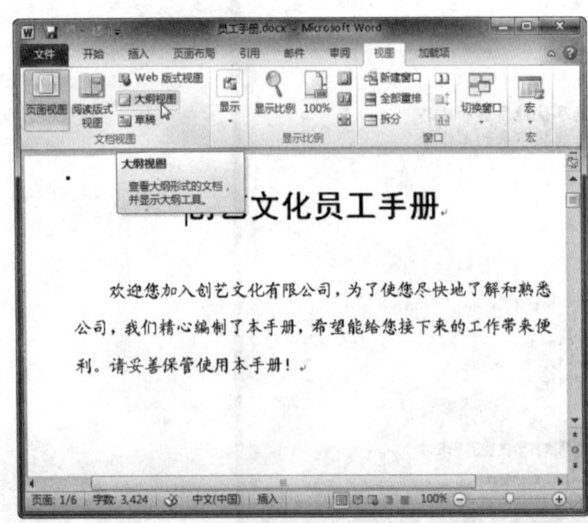

图 1-68 单击“大纲视图”按钮

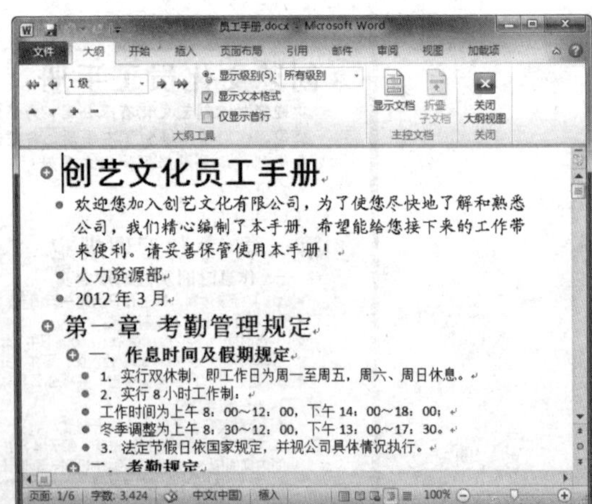

图 1-69 大纲视图

方法 2：通过视图栏中的视图按钮切换

Step 01 通过视图栏中的视图按钮也可以切换视图的显示方式，如单击“草稿视图”按钮，如图 1-70 所示。

Step 02 此时，即可切换到大纲视图，如图 1-71 所示。单击“关闭大纲视图”按钮，即可返回页面视图。

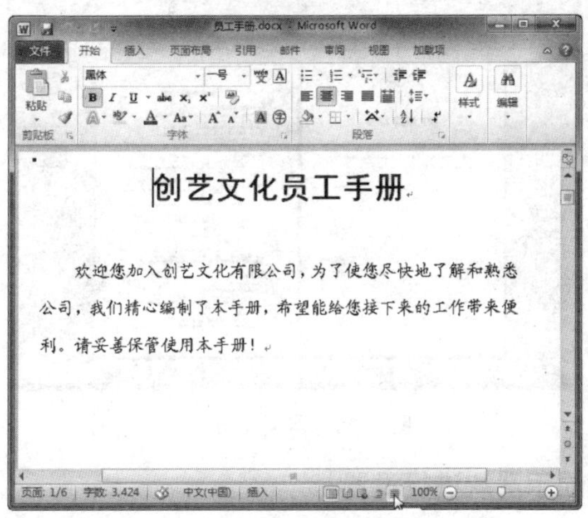

图 1-70　单击“草稿视图”按钮

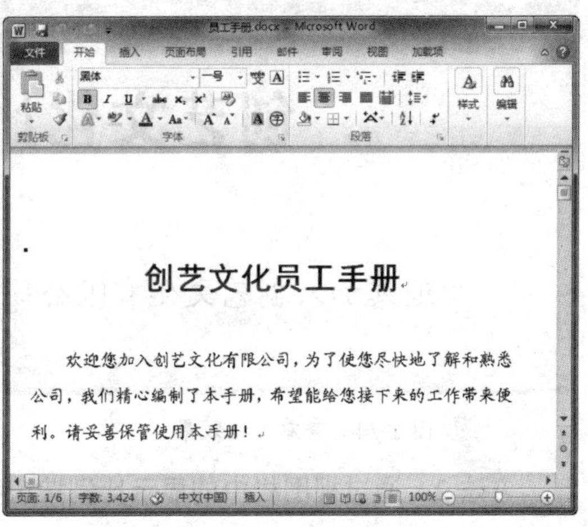

图 1-71　草稿视图

五、设置显示比例

用户可以调整文档的显示比例，以便进行查看和编辑操作。设置文档显示比例的方法主要有以下几种：

方法 1：通过“视图”选项卡下的显示比例按钮设置

Step 01 选择“视图”选项卡，然后单击“显示比例”组中的“显示比例”按钮，如图 1-72 所示。

Step 02 在弹出的对话框中可以设置显示比例，如选择 200%，在“预览”区域中可以预览效果，单击“确定”按钮，如图 1-73 所示。

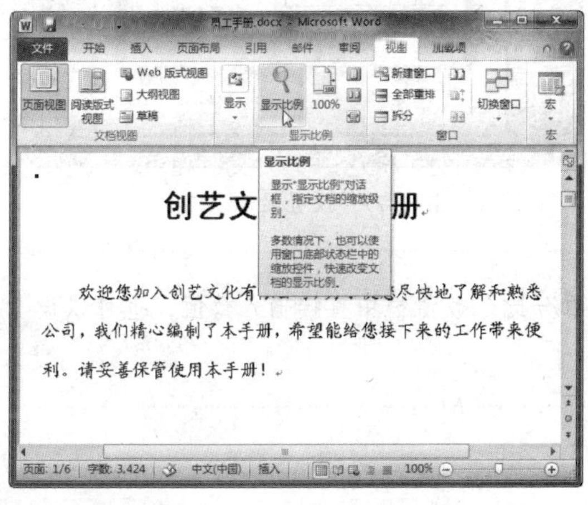

图 1-72　单击“显示比例”按钮

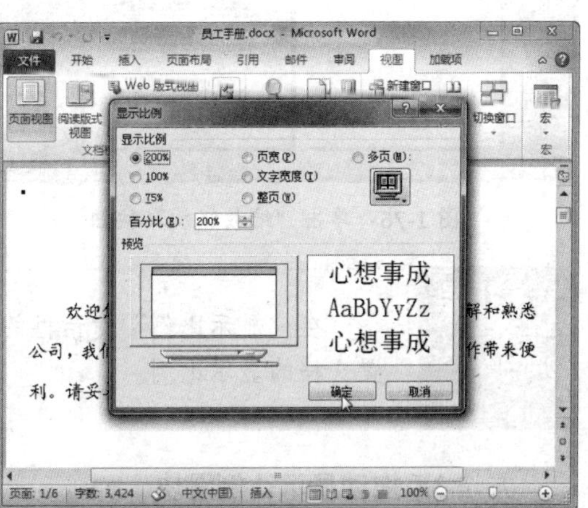

图 1-73　设置显示比例

Step 03 此时文档将以 200%的比例显示文档，效果如图 1-74 所示。

Step 04 也可以单击“显示比例”组中的其他按钮，如单击“双页”按钮，文档将以双页显示，如图 1-75 所示。

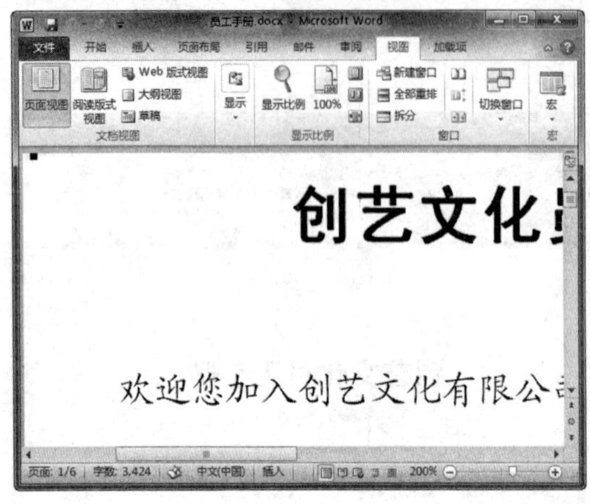

图 1-74 查看文档效果

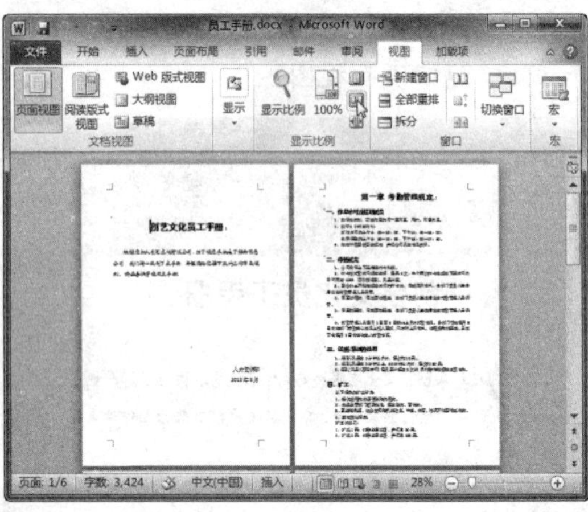

图 1-75 双页显示

方法 2：通过视图栏中的显示比例按钮和显示滑块进行设置

Step 01 通过视图栏中的“缩放级别”按钮也可以设置文档的显示比例，单击“缩放级别”按钮，如图 1-76 所示。

Step 02 在弹出的“显示比例”对话框中进行设置，然后单击“确定”按钮即可，如图 1-77 所示。

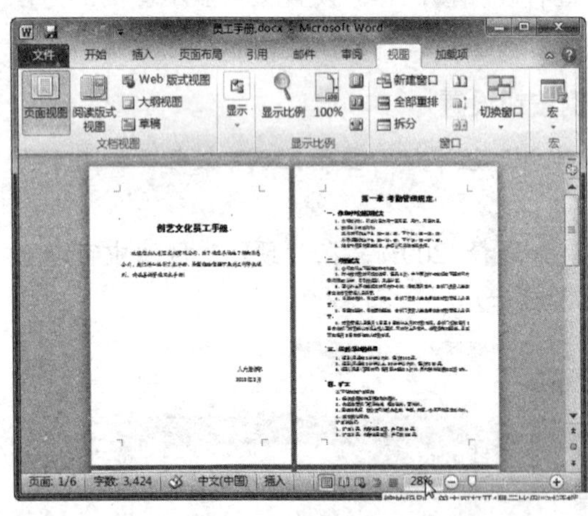

图 1-76 单击“缩放级别”按钮

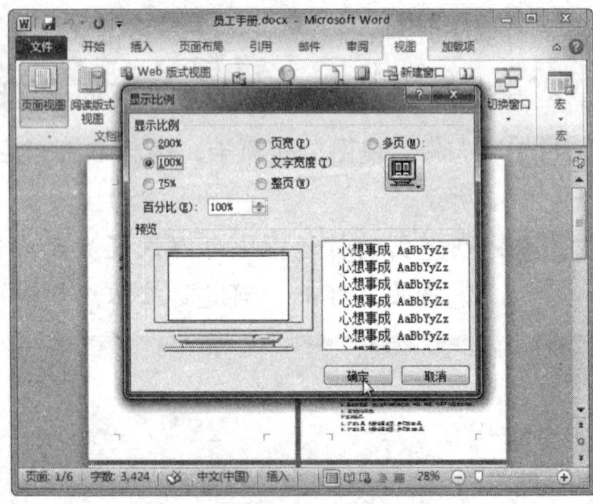

图 1-77 设置显示比例

在“显示比例”对话框的“百分比”数值框中直接输入数值，也可以设置文档的显示比例。

方法 3：拖动显示比例滑块

直接拖动视图栏中的显示比例滑块，同样可以设置文档的显示比例，如图 1-78 所示。

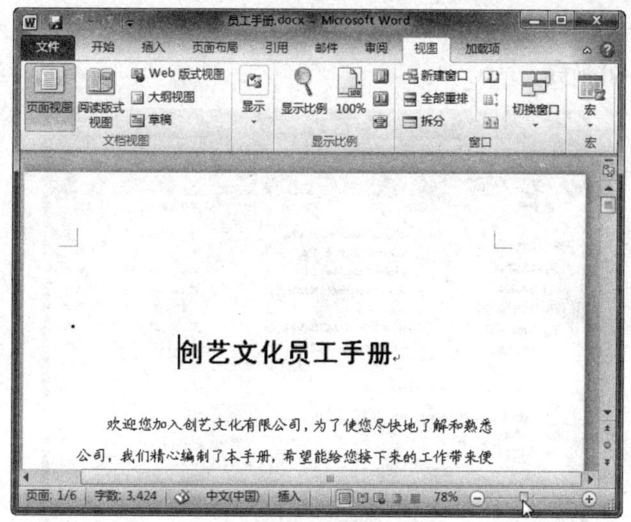

图 1-78　设置显示比例

项目小结

本项目主要介绍了启动和退出 Word 2010 的方法、Word 2010 工作界面的组成及各部分的功能、文档的基本操作、自定义工作界面的方法。通过对本项目的学习，读者应重点掌握以下知识：

（1）启动和退出 Word 2010 的方法。

（2）Word 2010 的工作界面及各组成部分的功能。

（3）文档的新建、保存、打开与关闭操作。

（4）根据需要自定义工作界面。

项目习题

（1）将“员工手册.docx”文件另存为名为“创艺文化员工手册”的 PDF 格式文件。

操作提示：

① 在”文件”按钮下左窗格中选择“另存为”命令，如图 1-79 所示。

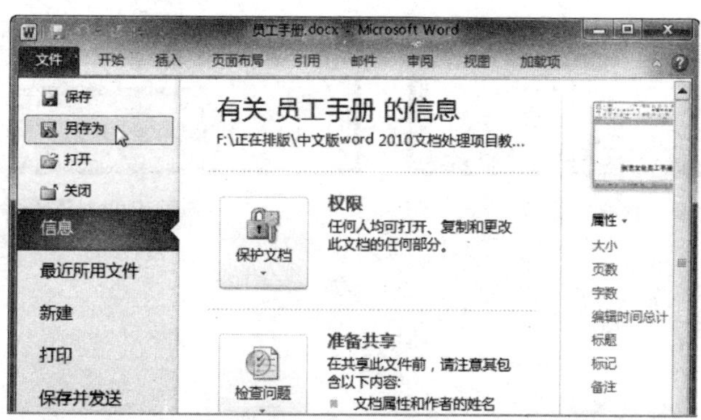

图 1-79　选择“另存为”命令

② 在弹出的对话框中设置保存路径，输入文件名称，设置文件类型，然后单击“保存”按钮，如图 1-80 所示。

图 1-80　设置保存选项

（2）在快速访问工具栏中添加“打开”和“查看文档结构图”按钮。

操作提示：

① 单击快速访问工具栏右侧的▾按钮，在弹出的下拉菜单中选择“打开”命令，如图 1-81 所示。

② 单击快速访问工具栏右侧的下拉按钮，选择“其他命令”选项，在弹出的对话框中选择“查看文档结构图”选项，单击“添加”按钮，然后单击“确定”按钮，如图 1-82 所示。

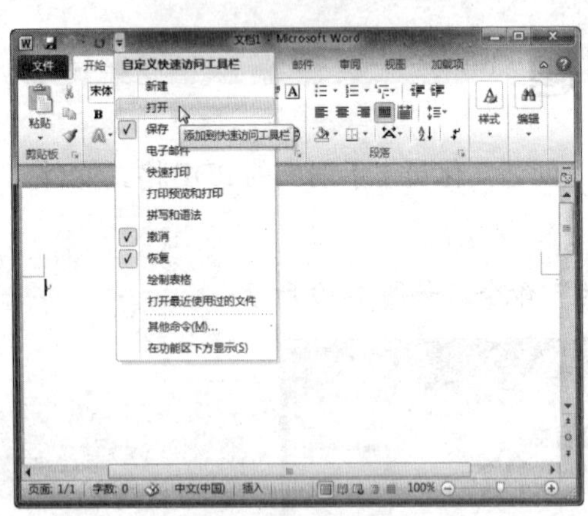

图 1-81　选择“打开”命令

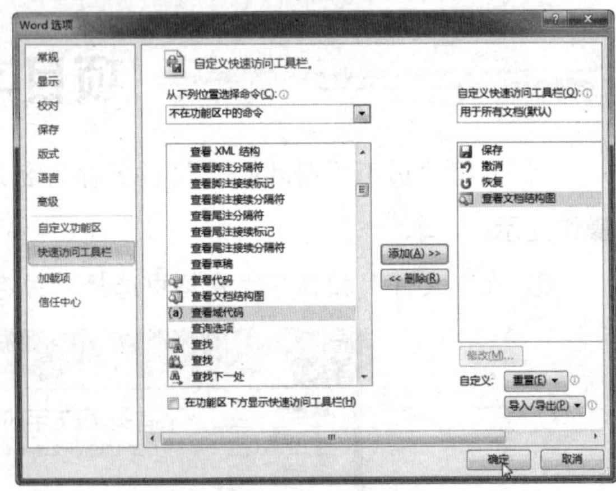

图 1-82　添加命令

项目二　文档的输入与编辑

项目概述

若要使用 Word 制作办公文档，应先输入文档的内容，包括文字、标点符号、数字、特殊符号、公式，以及时间和日期等。输入完成后，若有不满意的地方，还可以根据需要对其进行编辑修改。

项目重点

- 熟练掌握定位光标的方法。
- 掌握 Word 不同类型内容的输入方法。
- 掌握移动、复制和粘贴文本的方法。
- 掌握撤销、恢复与重复操作。
- 熟练掌握查找和替换操作。

项目目标

- 能够使用 Word 2010 输入不同类型的内容。
- 能够熟练地对文档内容进行编辑。

任务一　输入文档内容

任务概述

文本是文档的主体，制作文档首先要输入文本，然后才能进行各种编辑操作。本任务将为读者介绍光标的定位方法，以及不同类型内容的输入方法。

任务重点与实施

一、定位光标

打开 Word 文档后，会发现在文档的开始位置有一个闪烁的竖线，这就是光标，其作用是确定插入文本的位置。下面将详细介绍定位光标的各种方法。

1. 用鼠标定位光标

用鼠标定位光标既简单又方便，具体操作方法如下：

Step01 打开“停薪留职协议.docx”素材文件，此时光标自动定位到第一行的开始位置，如图 2-1 所示。

Step02 将鼠标指针移至光标要定位到的位置，单击鼠标左键即可，如图 2-2 所示。

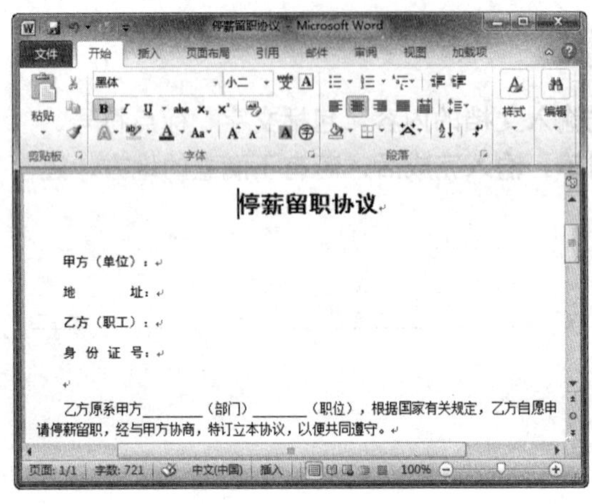

图 2-1　光标自动定位

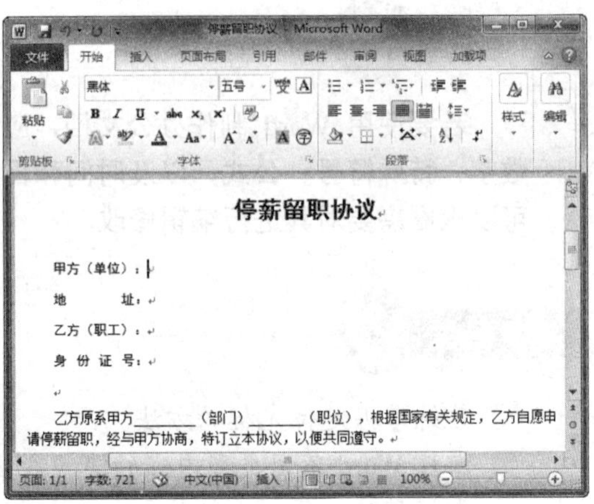

图 2-2　定位到所需位置

2. 用键盘定位光标

使用键盘上的光标移动键（即【↑】、【↓】、【←】、【→】方向键）也可以方便地移动光标，方法如下：

➢ **向左或向右移动一个字符**

按【←】或【→】键，可将光标向左或向右移动一个字符。

➢ **向上或向下移动一个字符**

按【↑】或【↓】键，可将光标向上或向下移动一个字符。

➢ **移到段落开始位置**

按【Ctrl+↑】或【Ctrl+↓】组合键，可将光标移到本段落或下一段落的开始位置。

➢ **移到行首或行尾**

按【Home】或【End】键，可将光标移到本行的行首或行尾位置。

➢ **向左或向右移动一个词**

按【Ctrl+←】或【Ctrl+→】组合键，可将光标向左或向右移动一个词。

➢ **向上或向下移动一屏**

按【PageUp】或【PageDown】键，可将光标向上或向下移动一屏。

➢ **移到屏幕顶端或底端**

按【Ctrl+PageUp】或【Ctrl+PageDown】组合键，可将光标移到屏幕的顶端或底端。

➢ **移到文档开头或结尾**

按【Ctrl+Home】或【Ctrl+End】组合键，可将光标移到文档的开头或结尾位置。

在空白 Word 文档中，可以双击鼠标左键来定位插入点光标的位置；当打开以前编辑过的文档时，按【Shift+F5】组合键可以直接将光标定位到上次编辑的位置。

二、输入文本

文本主要包括文字、数字、字母和标点符号等，在 Word 2010 中输入文本的操作方法如下：

Step 01 启动 Word 2010，切换到自己熟悉的输入法，如图 2-3 所示。

Step 02 在文档中输入文本，输入完成后按【Enter】键，将光标切换到下一行，如图 2-4 所示。

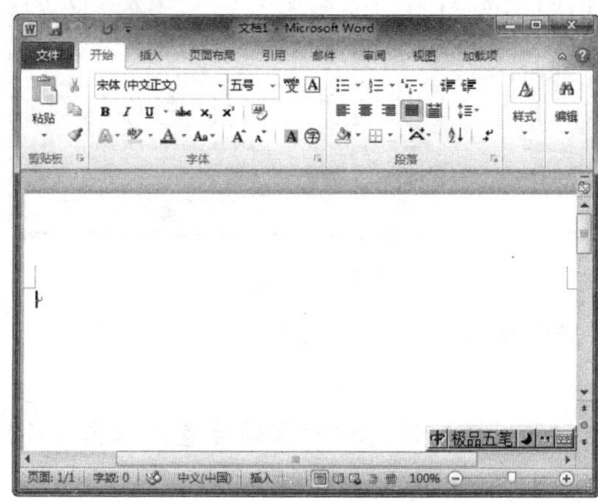

图 2-3　切换输入法

图 2-4　输入文本并换行

Step 03 继续输入内容，在输入过程中如果不按【Enter】键，文本占满一行后会自动切换到下一行，如图 2-5 所示。

Step 04 采用同样的方法输入文档的其他文本，如图 2-6 所示。

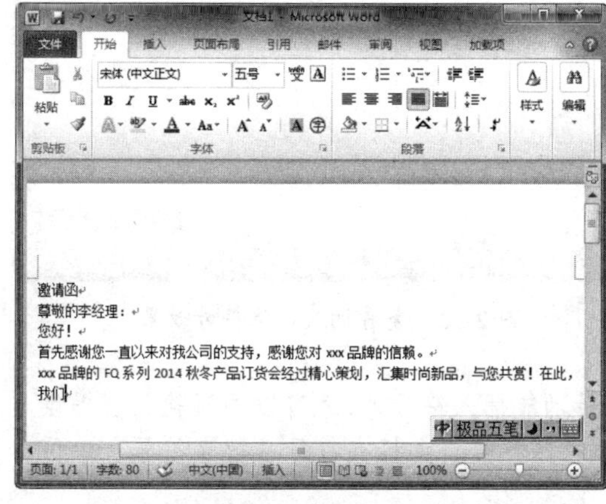

图 2-5　输入文本

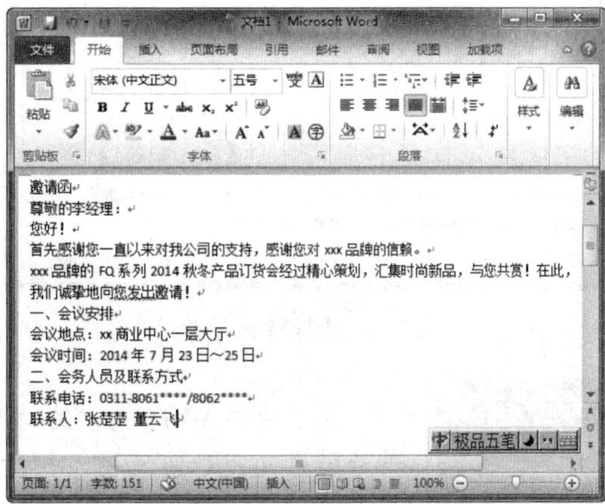

图 2-6　输入其他文本

三、插入特殊符号

在制作文档时，经常会遇到普通文本以外的特殊符号，如“®、≌”等，这些符号可通过 Word 提供的特殊符号功能进行输入。插入特殊符号的具体操作方法如下：

Step 01 定位光标，选择“插入”选项卡，单击“符号”组中的“符号”下拉按钮，选择“其他符号”选项，如图 2-7 所示。

Step 02 弹出“符号”对话框，在“子集”下拉列表框中选择“拉丁语-1 增补”选项，如图 2-8 所示。

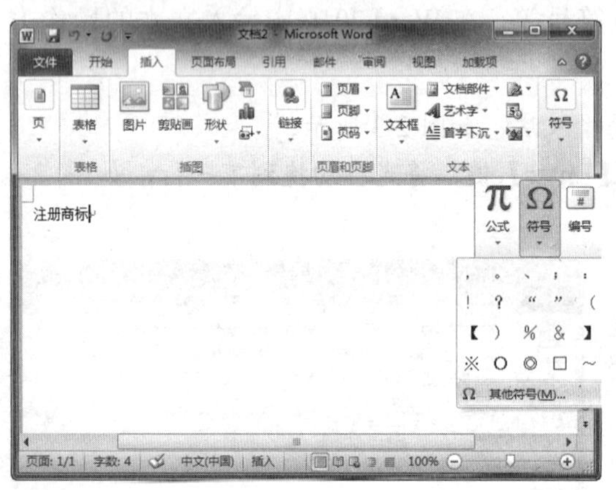

图 2-7　选择“其他符号”选项

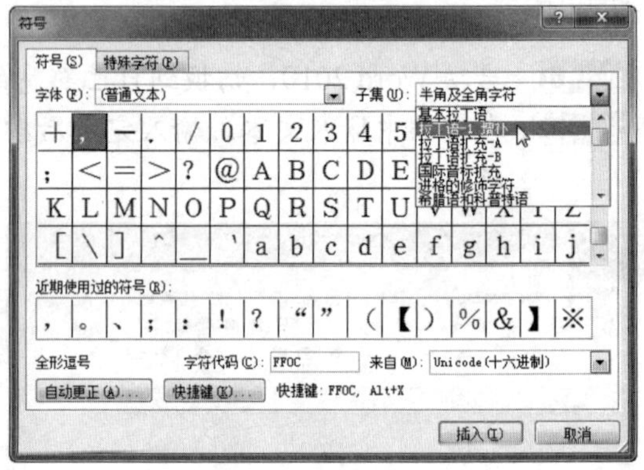

图 2-8　选择子集

Step 03 在“拉丁语-1 增补”列表框中选择所需的特殊符号“®”，然后单击“插入”按钮，如图 2-9 所示。

Step 04 单击“关闭”按钮，即可以将特殊符号“®”插入到文档所需的位置，如图 2-10 所示。

图 2-9　选择特殊符号

图 2-10　查看插入特殊符号效果

除了使用 Word 提供的特殊符号功能插入符号外，还可以通过输入法提供的软键盘功能来快速输入一些常用特殊符号，如标点符号、数字符号、单位符号等。

四、插入公式

在制作文档时，有时会需要输入一些公式，使用 Word 2010 可以轻松实现这一操作。在 Word 文档中插入公式的具体操作方法如下：

Step 01 定位光标，选择“插入”选项卡，单击“符号”组中的“公式”按钮，如图 2-11 所示。

Step 02 此时，在文档编辑区中将插入“在此处键入公式”下拉列表框，并自动切换到“设计”选项卡，如图 2-12 所示。

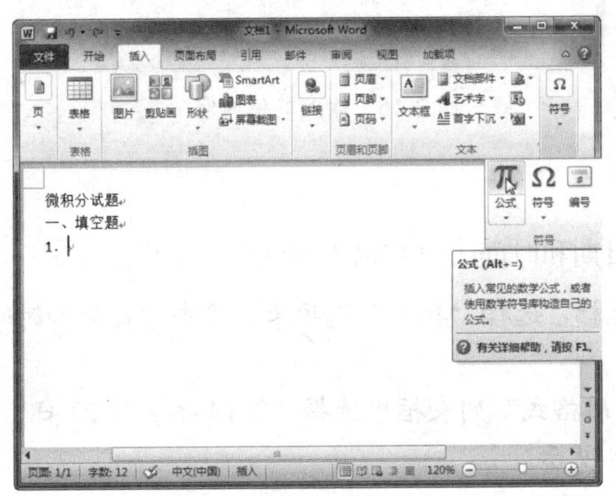

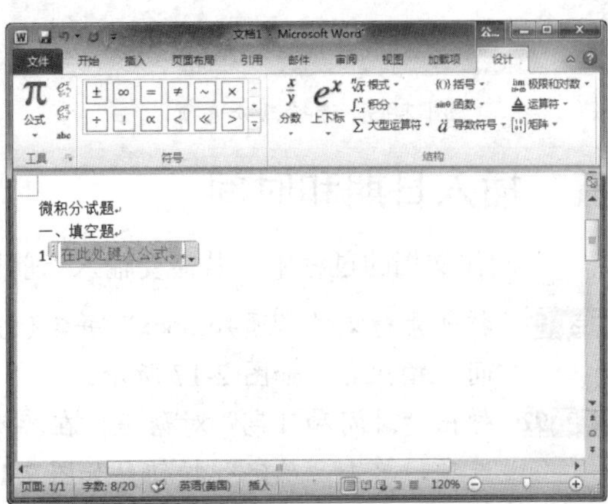

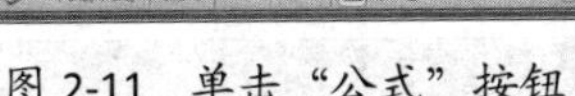
图 2-11　单击“公式”按钮

图 2-12　插入公式下拉列表框

Step 03 在“设计”选项卡区中单击“积分”下拉按钮，在弹出的下拉列表中选择所需的积分选项，如图 2-13 所示。

Step 04 在积分上限输入框内输入 b，在下限输入框内输入 a，在积分函数输入框内输入 f'（x+b），如图 2-14 所示。

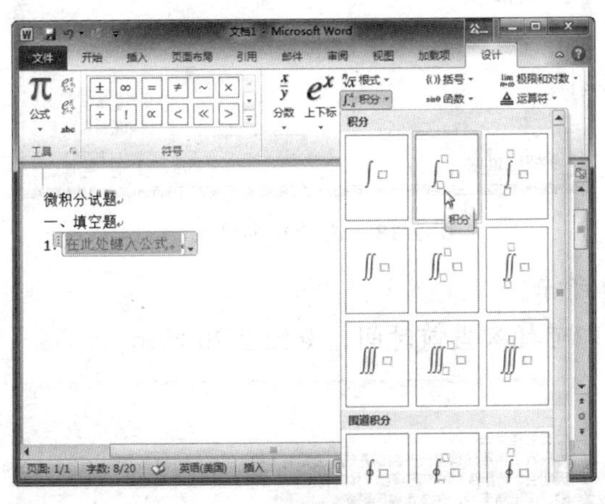

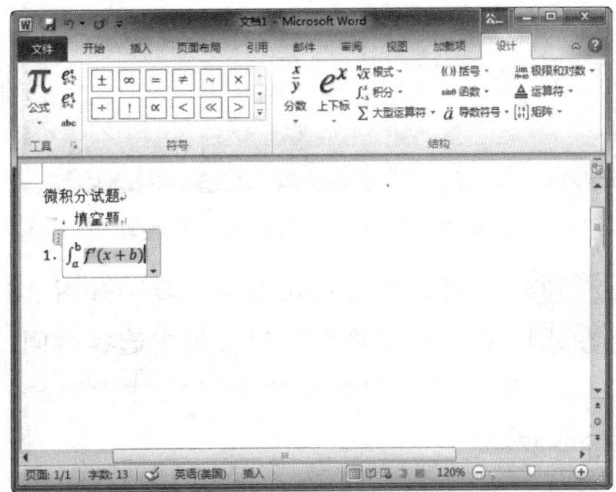

图 2-13　选择积分选项

图 2-14　输入公式内容

Step 05 单击“积分”下拉按钮，在弹出的下拉列表中选择“X 的微分”选项，如图 2-15 所示。

Step 06 完成公式的输入后，单击文档空白部分，输入其他内容，如图 2-16 所示。

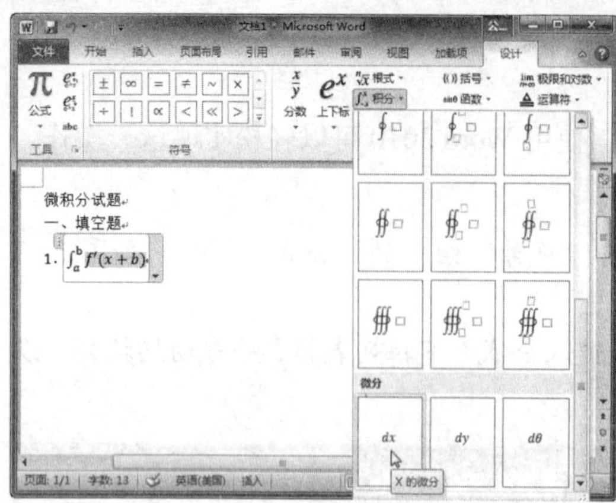

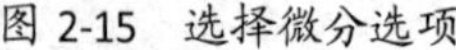
图 2-15　选择微分选项

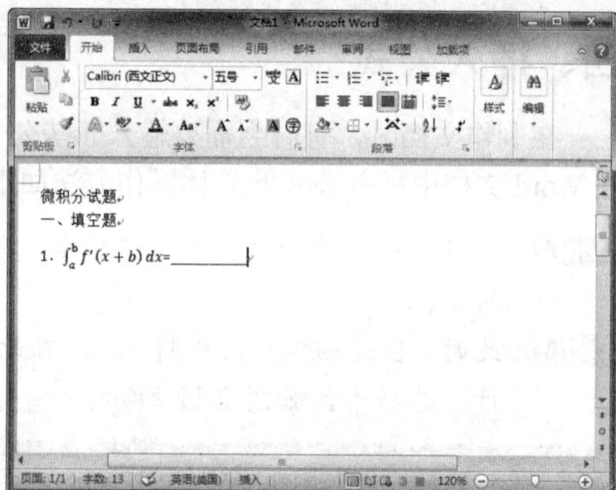

图 2-16　输入其他内容

五、插入日期和时间

在制作文档的过程中，若需要输入当前日期和时间，可按以下方法进行操作：

Step 01 打开素材文件“通知.docx”并定位光标，选择“插入”选项卡，单击“日期和时间”按钮，如图 2-17 所示。

Step 02 弹出“时间和日期”对话框，在“可用格式”列表框中选择“2014 年 7 月 23 日”选项，单击“确定”按钮，如图 2-18 所示。

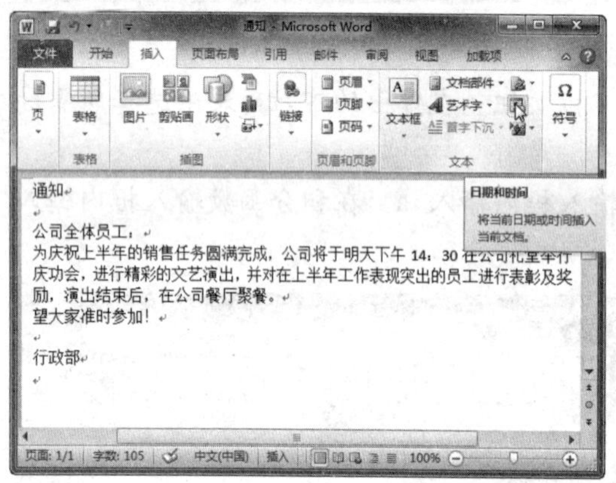

图 2-17　单击“日期和时间”按钮

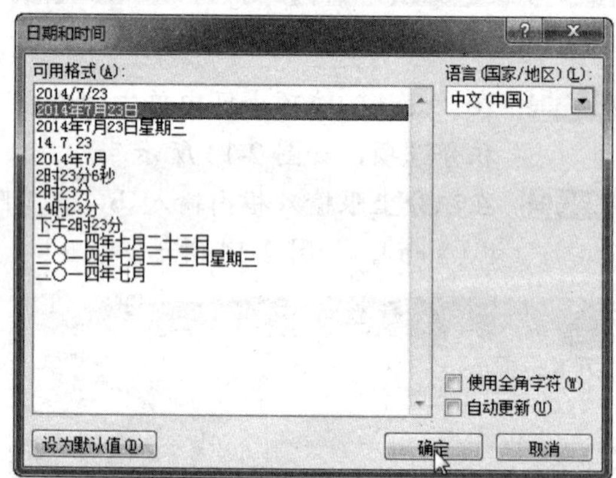

图 2-18　选择日期格式

Step 03 此时，即可插入当前日期，如图 2-19 所示。

Step 04 在“可用格式”列表框中选择时间，即可插入当前时间，如图 2-20 所示。

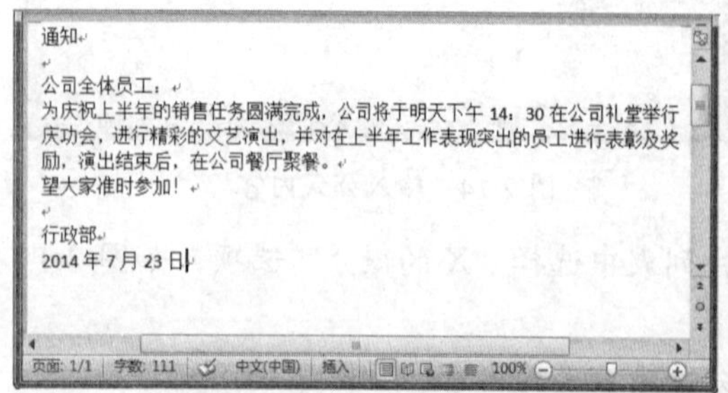

图 2-19　插入当前日期

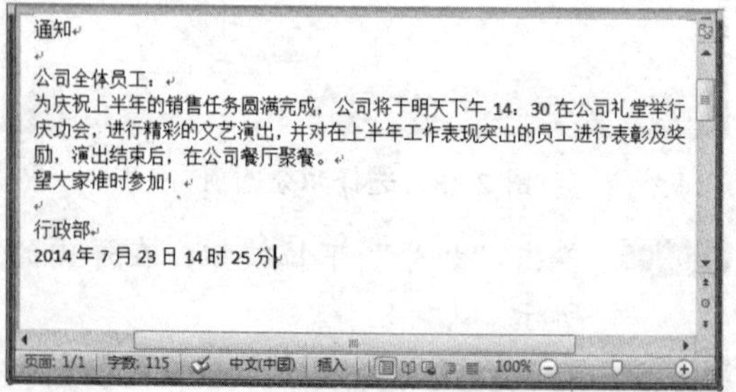

图 2-20　选择日期格式

Word 提供的插入时间和日期功能，使用的是计算机的系统时间，因此在插入之前，应确认系统时间是否准确。

任务二　编辑文本

任务概述

输入完文本后，就可以开始编辑文本了，编辑操作主要包括选择文本、移动文本、复制文本、粘贴文本、修改文本、查找与替换等。

任务重点与实施

一、选择文本

在对文本进行编辑操作之前，需要先选择文本，使用鼠标和键盘都可以选择文本。下面详细介绍选择文本的方法。

➢　**选择任意文本**

当鼠标指针呈 I 形状时，按住鼠标左键并拖动，选中所需的文本后松开鼠标，如图 2-21 所示。

➢　**选择单个词组**

将鼠标指针移到要选择词组的前面或中间位置，双击该词组，即可快速将其选中，如图 2-22 所示。

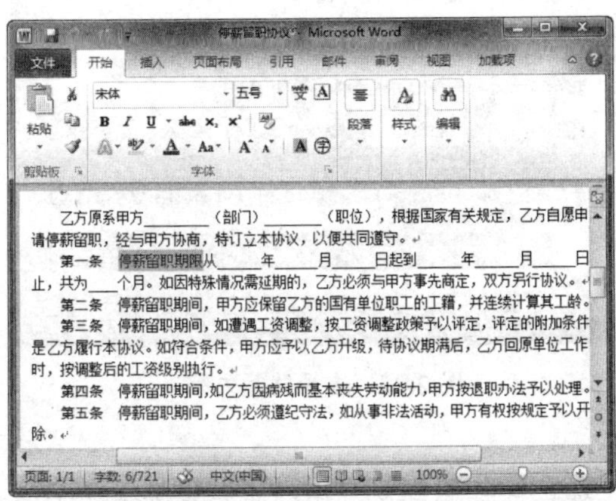

图 2-21　选择任意文本

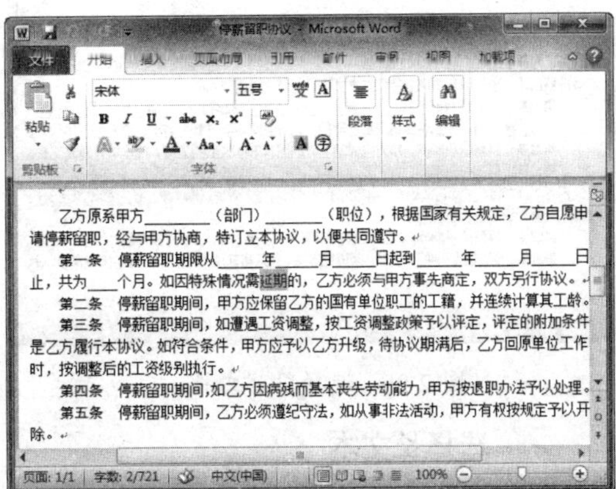

图 2-22　选择单个词组

➤ **选择单行文本**

将鼠标指针移到要选择的单行文本左侧空白区域，当指针呈↗形状时单击鼠标左键，即可选中该行文本，如图 2-23 所示。

➤ **选择多行文本**

将鼠标指针移到要选择行的左侧空白区域，当指针呈↗形状时按住鼠标左键并向下拖动，到达想要选择的位置松开鼠标，即可选中多行文本，如图 2-24 所示。

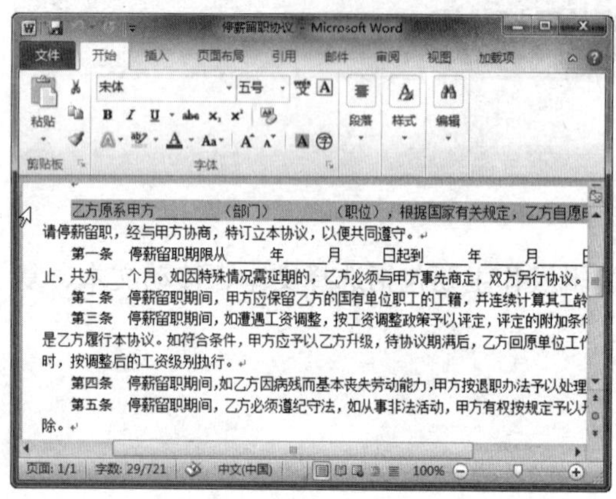

图 2-23 选择单行文本

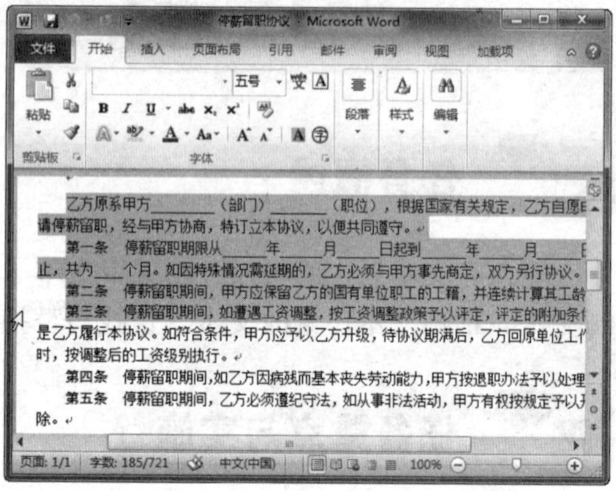

图 2-24 选择多行文本

➤ **选择段落文本**

将鼠标指针移到要选择的段落左侧空白区域，当指针呈↗形状时双击鼠标左键，即可选中该段落中的文本，如图 2-25 所示。

➤ **选择整篇文档**

将鼠标指针移到文档左侧空白区域，当指针呈↗形状时，连续三次单击鼠标左键，即可选择整篇文档（按【Ctrl+A】组合键也可以选择整篇文档），如图 2-26 所示。

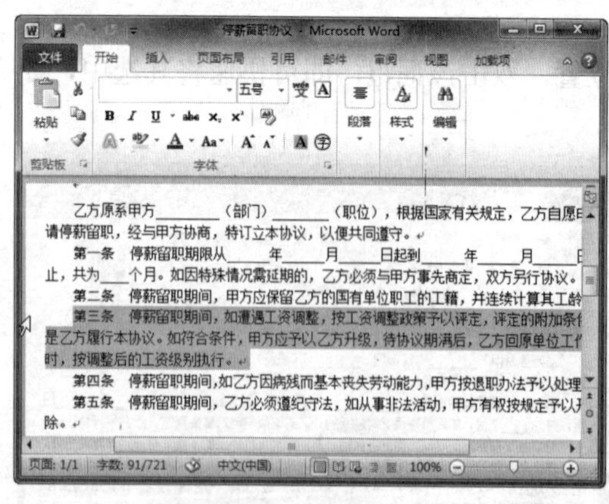

图 2-25 选择段落文档

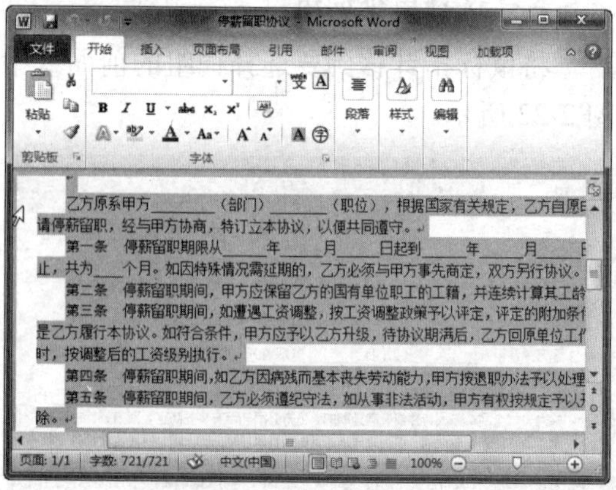

图 2-26 选择整篇文档

➤ **选择长文本**

将鼠标指针移到要选文本的起始位置单击，然后拖动滚动条，找到要选择文本的末尾位置，在按住【Shift】键的同时单击该位置，如图 2-27 所示。

➢ **选择不连续的文本**

选中要选择的第一处文本，在按住【Ctrl】键的同时选择其他文本，即可选择不连续的文本，如图 2-28 所示。

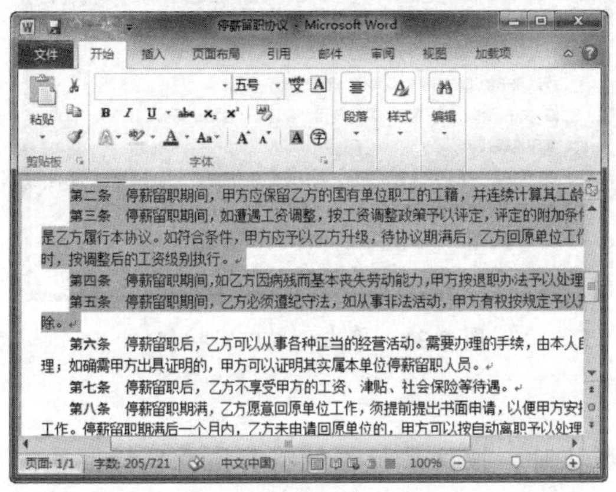

图 2-27　选择长文本

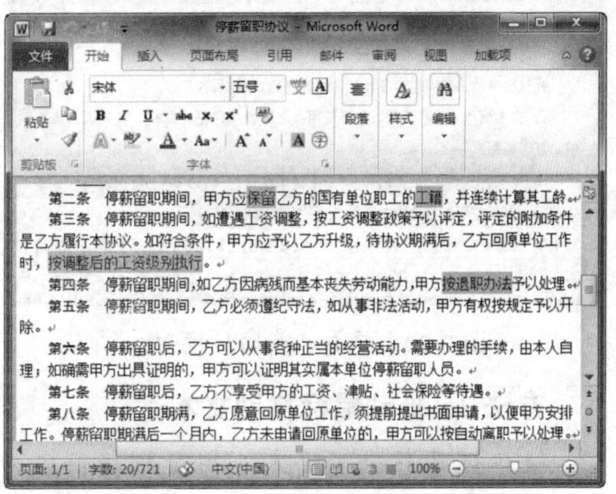

图 2-28　选择不连续的文本

➢ **选择文本块**

将鼠标指针移到要选择的文本的起始位置，当指针呈 I 形状时，按住【Alt】键的同时拖动鼠标至所要选择文档的末尾后松开鼠标，即可选择文本块，如图 2-29 所示。

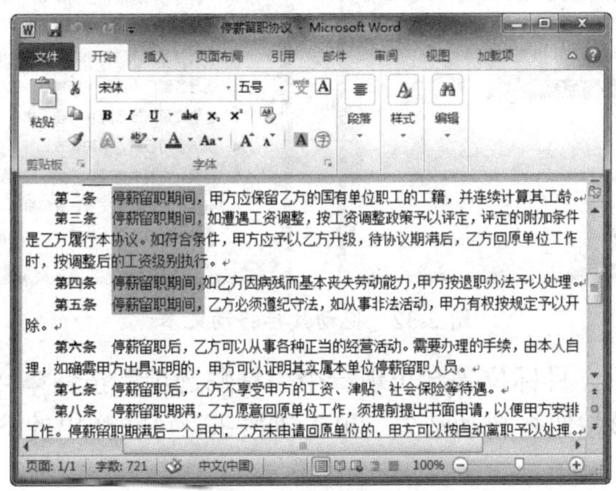

图 2-29　选择文本块

二、移动文本

移动文本是指将文档中某处的文本放置到其他位置，原位置文本消失。移动文本常用于调整语句或段落的先后顺序，下面将详细介绍其操作方法。

方法 1：使用功能区按钮移动文本

Step 01　打开素材文件“行政秘书工作内容.docx”，选择要移动的文本，单击“开始”选项卡下“剪贴板”组中的“剪切”按钮，如图 2-30 所示。

Step 02　将光标定位到需要移动到的位置，单击“开始”选项卡下“剪贴板”组中的“粘贴”按钮，如图 2-31 所示。

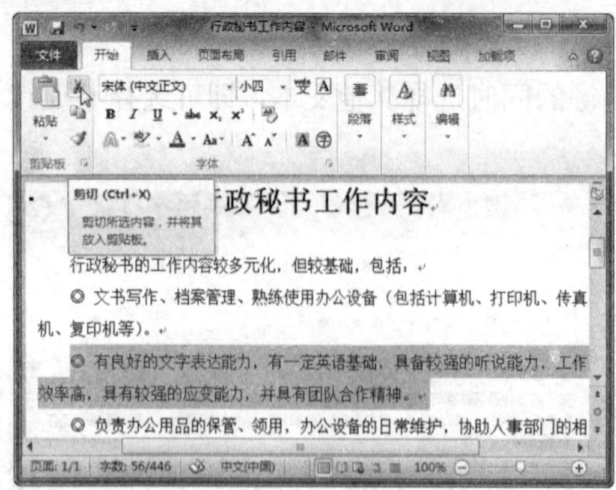
图 2-30 单击“剪切”按钮

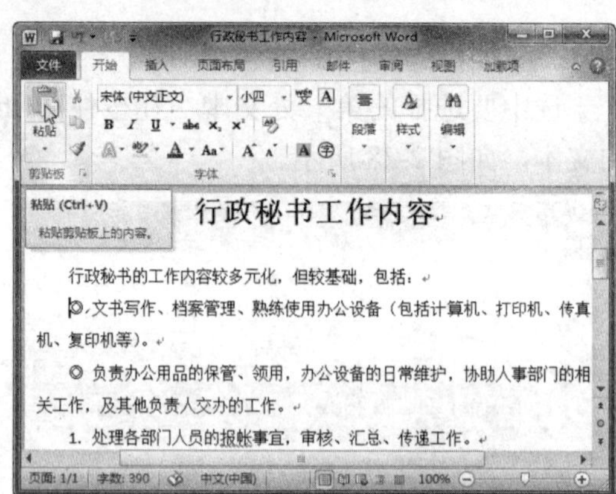
图 2-31 单击“粘贴”按钮

方法 2：拖动鼠标移动文本

选中所要移动的文本，当鼠标指针变为形状时，按住鼠标左键将其拖至目标位置，当指针变为形状时松开鼠标，即可移动文本的位置，如图 2-32 所示。

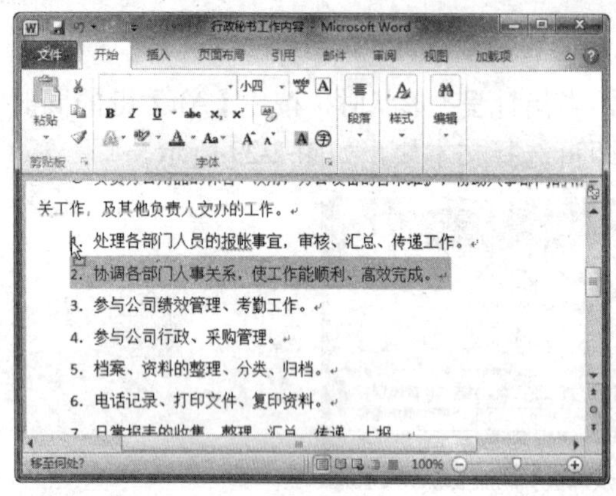

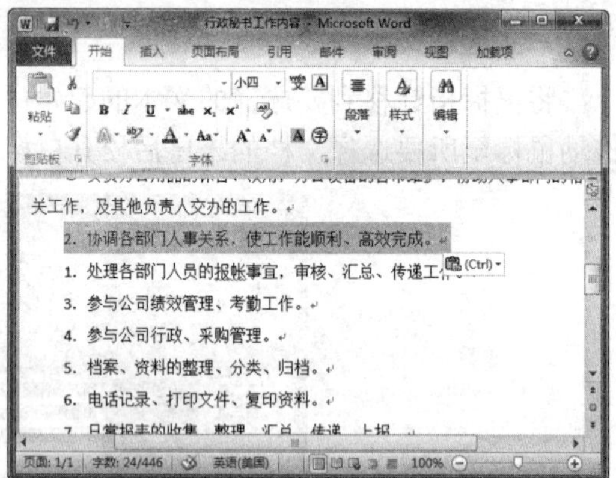
图 2-32 拖动鼠标移动文本

执行完粘贴操作后，目标位置会出现一个“粘贴选项”按钮(Ctrl)，在执行其他操作（如输入文本）后，该按钮会自动消失。单击该按钮，可在弹出的下拉菜单中选择文本格式，如图 2-33 所示。

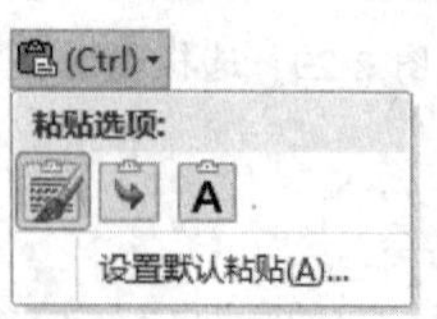

图 2-33 粘贴选项

在“粘贴选项”下拉列表中，各选项的含义如下：

- **“保留源格式”单选按钮**：选中该单选按钮，被粘贴内容保留原始内容的格式。
- **“合并格式”单选按钮**：选中该单选按钮，被粘贴内容保留原始内容的格式，并且合并应用目标位置的格式。
- **“仅保留文本”单选按钮**：选中该单选按钮，被粘贴内容清除原始内容和目标位置的所有格式，仅保留文本。

➢ **设置默认粘贴：**选择该选项，将弹出如图 2-34 所示的“Word 选项”对话框。在左窗格中选择“高级”选项，在右窗格中可设置剪切、复制和粘贴的相关属性选项。

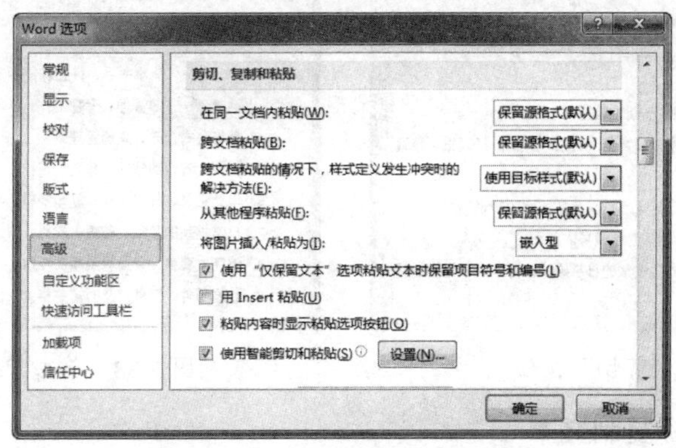

图 2-34　“Word 选项”对话框

方法 3：利用快捷菜单移动文本

选中需要移动的文本并右击，在弹出的快捷菜单中选择“剪切”命令剪切文本，如图 2-35 所示。在目标位置右击，在弹出的快捷菜单中选择“粘贴”命令粘贴文本（如图 2-36 所示），即可移动文本的位置。

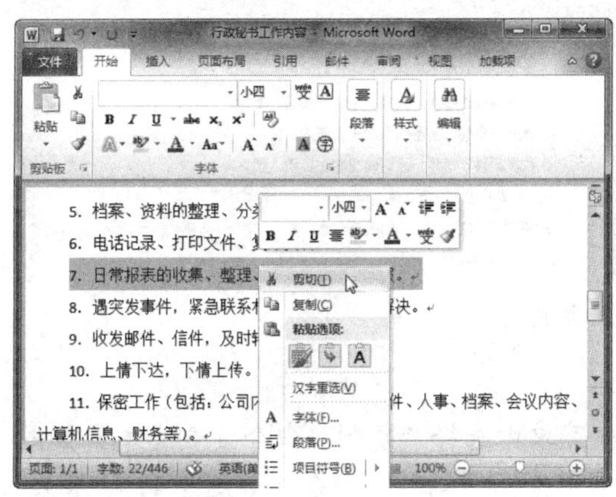

图 2-35　选择“剪切”命令

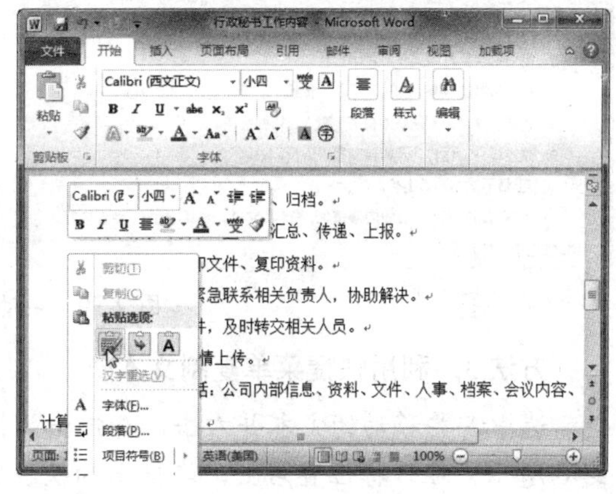

图 2-36　选项“粘贴”命令

方法 4：利用组合键移动文本

选中需要移动的文本，按【Ctrl+X】组合键剪切文本，在目标位置按【Ctrl+V】组合键粘贴，即可移动文本的位置。

三、复制文本

方法 1：使用功能区按钮复制文本

Step 01　选择要复制的文本，单击“开始”选项卡下“剪贴板”组中的“复制”按钮，如图 2-37 所示。

Step 02　将光标定位到需要粘贴的位置，单击“开始”选项卡下“剪贴板”组中的“粘贴”按钮，如图 2-38 所示。

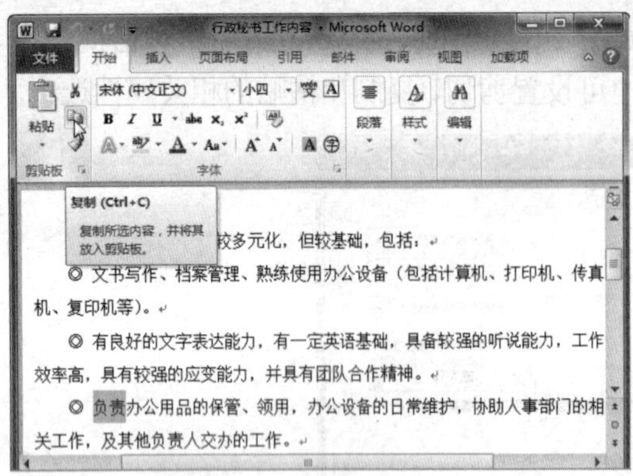

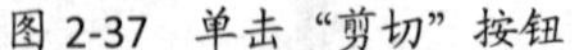
图 2-37　单击“剪切”按钮

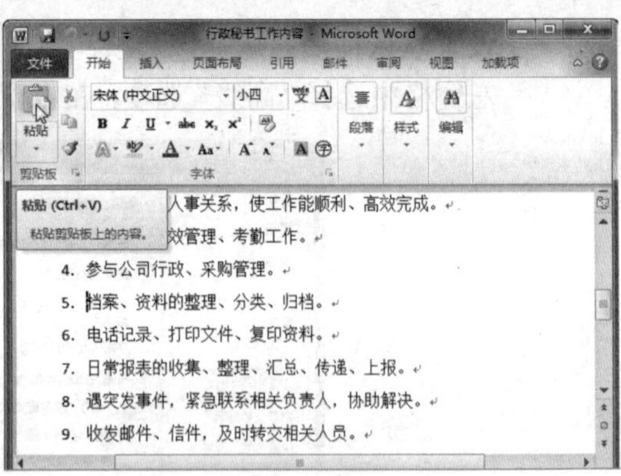

图 2-38　单击“粘贴”按钮

方法 2：拖动鼠标复制文本

选中需要复制的文本，当鼠标指针呈 形状时，按住【Ctrl】键的同时拖到鼠标到所需位置，当指针变为 形状时松开鼠标，即可复制文本，如图 2-39 所示。

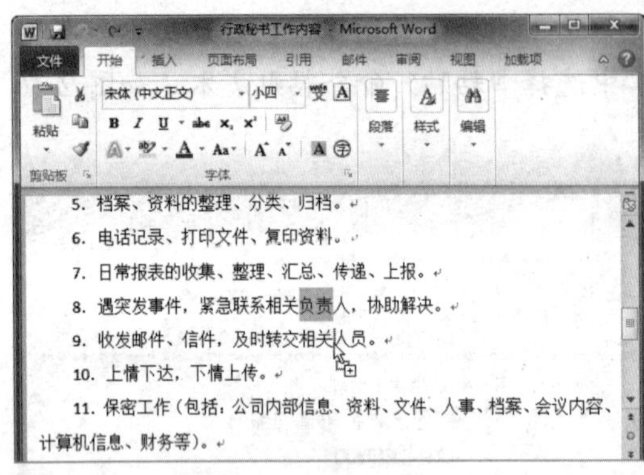

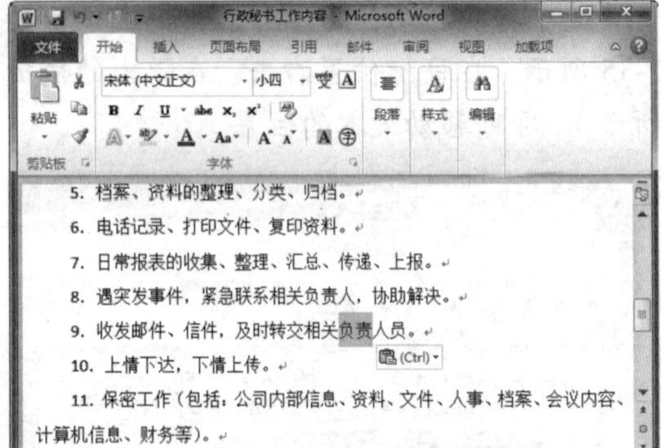

图 2-39　拖动鼠标复制文本

方法 3：利用快捷菜单复制文本

选中需要移动的文本并右击，在弹出的快捷菜单中选择“复制”命令复制文本，如图 2-40 所示。在目标位置右击，在弹出的快捷菜单中选择“粘贴”命令（如图 2-41 所示），即可复制文本。

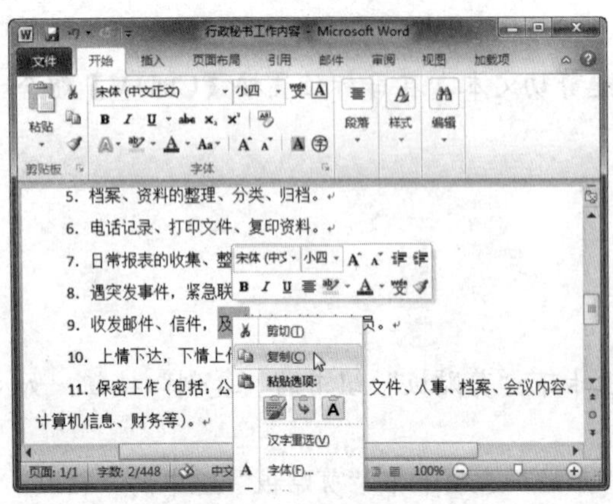

图 2-40　选择“复制”命令

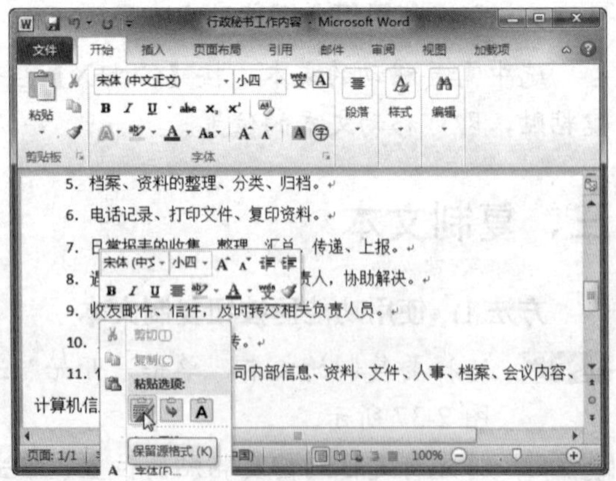

图 2-41　选项“粘贴”命令

方法 4：利用组合键复制文本

选中需要移动的文本，按【Ctrl+C】组合键复制文本，在目标位置按【Ctrl+V】组合键粘贴，即可复制文本。

复制或剪切的内容，将被保存到“剪贴板”任务窗格中。单击“开始”选项卡下“剪贴板”组右下角的按钮，即会弹出“剪贴板”任务窗格，其中的列表中显示了复制或剪切的内容。单击内容右侧的下拉按钮，可以选择粘贴或删除内容，如图 2-42 所示。

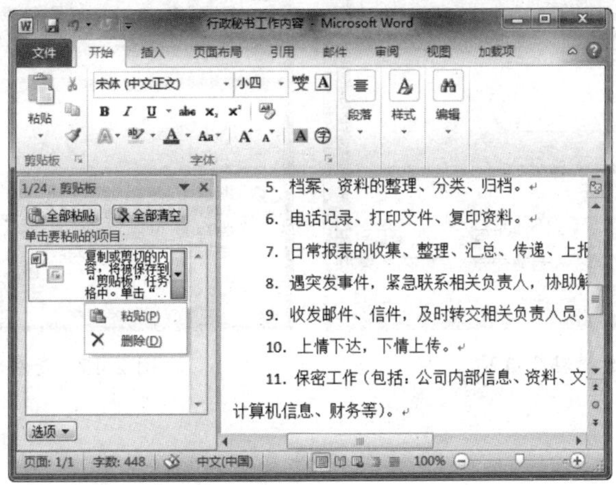

图 2-42　“剪贴板”任务窗格

四、选择性粘贴文本

有时用户需要将网页中的文本复制到文档中，但复制时总是连同网页的格式，包括字体格式、超链接等一起复制，与文档中的格式很不协调。在剪切或复制文本后，在粘贴文本时可以选择文本的格式。下面将详细介绍如何选择性粘贴文本，具体操作方法如下：

Step 01　打开网页，选择需要复制的文本并右击，在弹出的快捷菜单中选择“复制”命令，如图 2-43 所示。

Step 02　将光标定位到需要粘贴的位置，单击“开始”选项卡下“剪贴板”组中的“粘贴”下拉按钮，选择“选择性粘贴”命令，如图 2-44 所示。

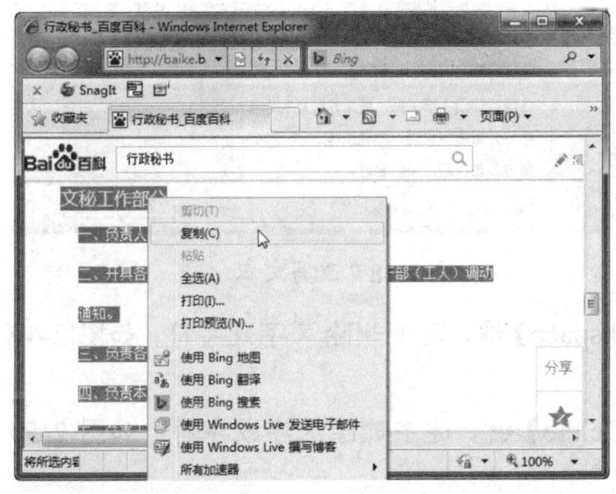

图 2-43　复制网页内容

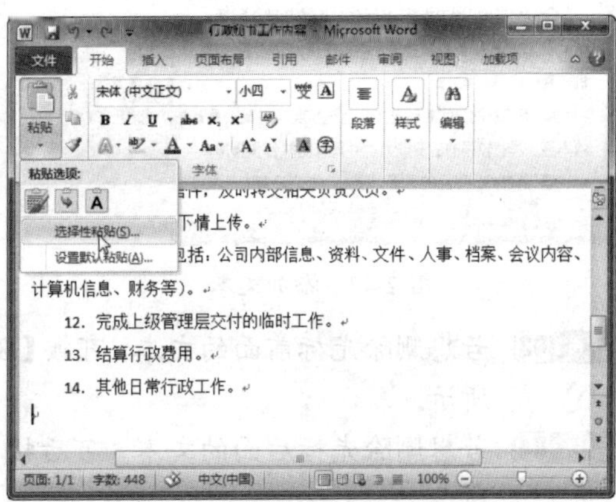

图 2-44　选择“选择性粘贴”命令

Step 03 弹出“选择性粘贴”对话框，选择“无格式文本”选项，单击“确定”按钮，如图 2-45 所示。

Step 04 将光标定位到需要粘贴文本的位置，单击“开始”选项卡下“剪贴板”组中的“粘贴”下拉按钮，选择“选择性粘贴”命令，效果如图 2-46 所示。

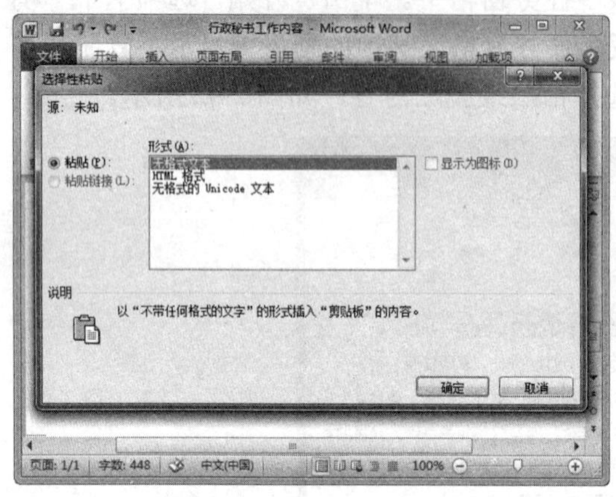

图 2-45 选择粘贴选项

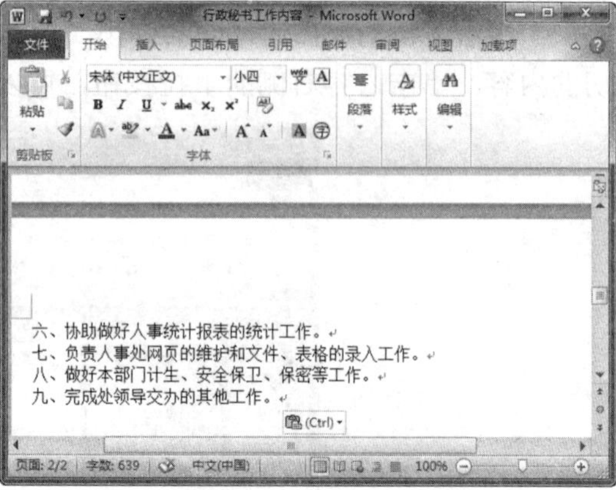

图 2-46 查看粘贴效果

五、修改文本

在输入文档内容时难免会出现失误，如多字、少字或错字等，同时对文档内容也可能经常要反复斟酌修改，因此修改文本是非常重要的操作。修改文本的具体操作方法如下：

Step 01 若想添加文本，可将光标定位于要插入文本的位置，直接输入文本即可，如图 2-47 所示。

Step 02 若要改写文本，可选中要修改的内容，然后输入新内容即可，如图 2-48 所示。

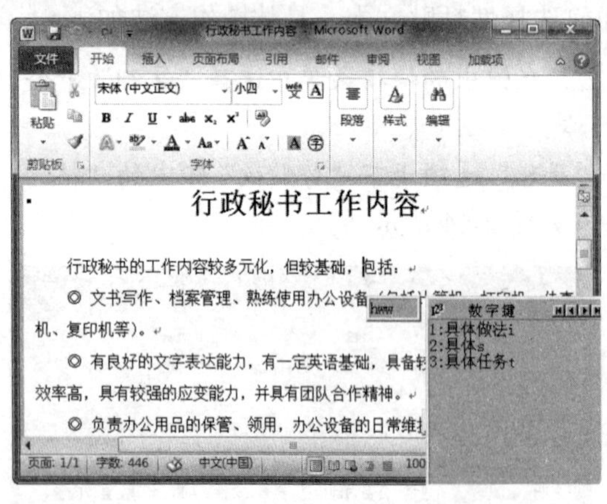

图 2-47 添加文本

图 2-48 改写文本

Step 03 若想删除光标前面的文本，可按【Backspace】键，逐个删除汉字或字符，如图 2-49 所示。

Step 04 若想删除光标后面的文本，可后按【Delete】键，逐个删除汉字或字符，如图 2-50 所示。

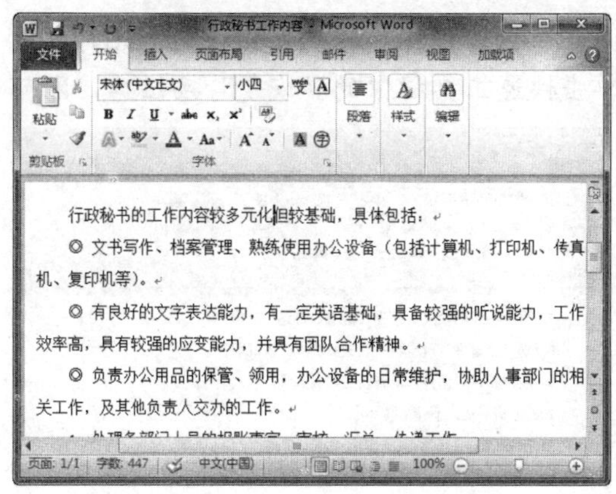

图 2-49　删除前面文本

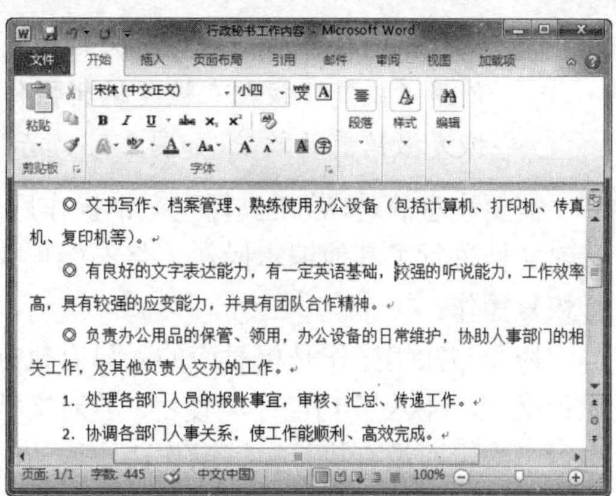

图 2-50　删除后面文本

按【Insert】键可以让 Word 切换到“改写”状态，即在光标处输入信息时，其后面的文字将直接被替换。

若需要删除的内容较多，可在选中内容后直接按【Backspace】或【Delete】键。

六、撤销与恢复、重复操作

在编辑文档的过程中，用户可以通过 Office 提供的撤销、恢复与重复功能来实现快速撤销、恢复与重复当前操作，从而提高工作效率。

1．撤销与恢复

在工作中，用户经常需要处理大量 Word 文档，有时也会很快速地输入大量文字，但在输入或编辑文档时如果出现了错误的操作，不一定需要重新再编辑，使用“撤销”命令来撤销就会十分方便。撤销与恢复操作的具体操作方法如下：

Step 01　选中“管理层”文本，按【Delete】键删除，如图 2-51 所示。

Step 02　单击快速访问工具栏中的“撤销”按钮，即可撤销删除操作，如图 2-52 所示。

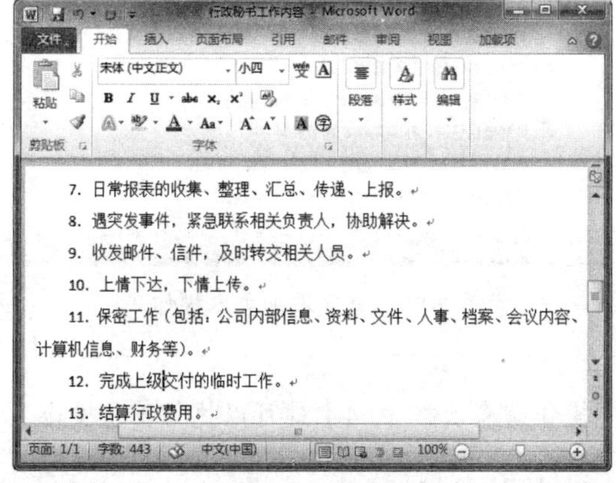

图 2-51　删除文本

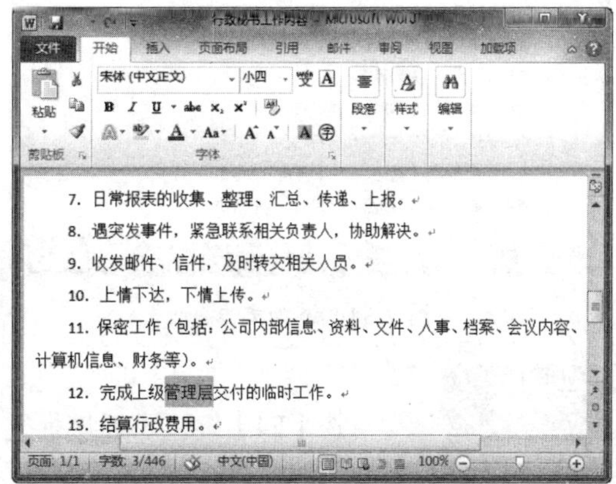

图 2-52　撤销删除操作

Step 03 执行撤销操作后，发现对文档的编辑是正确的，即撤销操作是错误的，此时可以使用“恢复”按钮来恢复编辑操作。单击快速工具栏中的“恢复”按钮，即可恢复撤销前的效果，如图 2-53 所示。

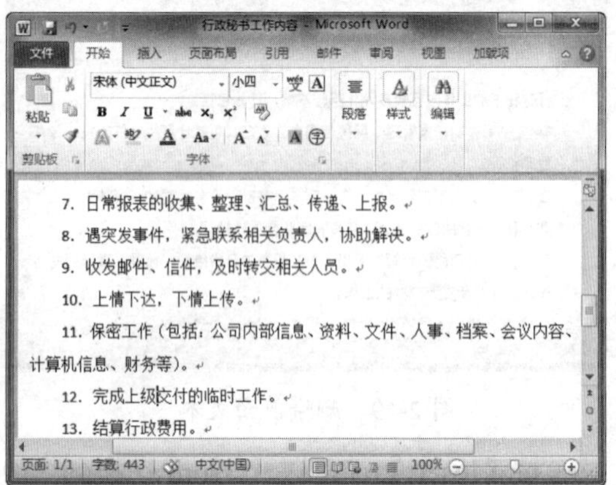

图 2-53 执行恢复操作

需要注意的是，若在执行完撤销操作后，又对文档进行了其他编辑操作，将不能再执行恢复操作。

恢复与撤销操作是相对应的，只有执行撤销操作，“恢复”功能才能使用。若对文档进行了编辑而没有执行撤销操作，快速访问工具栏将不显示“恢复”按钮，而是显示“重复”按钮。

在进行撤销操作时，只是撤销上一步的操作。若想撤销多步操作，可多次单击“撤销”按钮，或单击其右侧的下拉按钮，在弹出的下拉列表中选择要撤销到的状态即可。

专家指导 Expert guidance

也可以按【Ctrl+Z】组合键撤销上一步操作，连续按【Ctrl+Z】组合键撤销多步操作；按【Ctrl+Y】组合键恢复上一步操作，连续按【Ctrl+Y】组合键恢复多步操作。

2. 重复操作

重复操作主要用于重复上一步操作，具体操作方法如下：

Step 01 添加文本“负责”，如图 2-54 所示。

Step 02 将光标定位到需要添加的文本前，单击“重复”按钮，可重复添加文本操作。多次单击可重复操作多次，如图 2-55 所示。

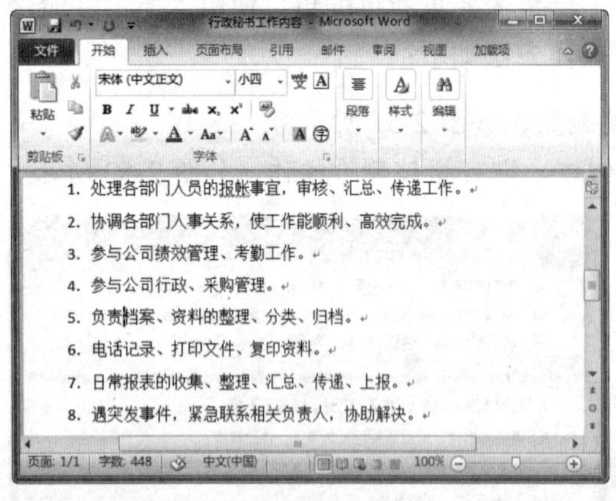

图 2-54 添加文本

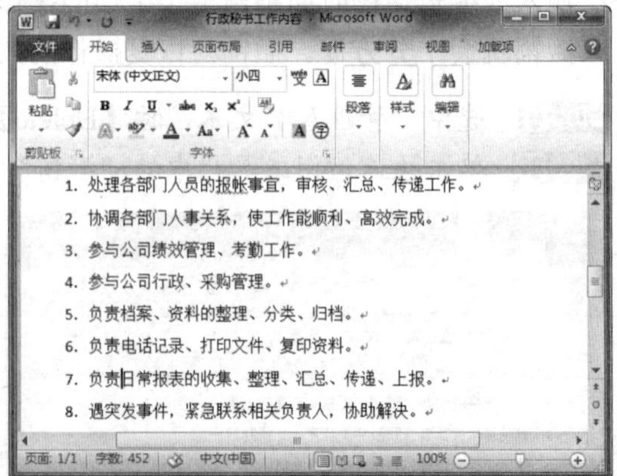

图 2-55 重复添加文本操作

专家指导 Expert guidance

按【F4】键，也可以执行重复操作，多次按【F4】键可以执行重复操作多次。

七、查找和替换文本

在一篇文档中，若需要查找文档中的某个内容，或更改在文档中多次出现的某个字或词，仅靠手动逐个查找或替换既费时、费力，还可能会有遗漏。使用 Word 2010 提供的查找与替换功能能够节省操作时间，从而提高工作效率。

1. 查找文本

如果想要在一篇文档中查找所需要的内容，就需要使用 Word 2010 的查找功能，具体操作方法如下：

Step 01 打开素材文件“加班与倒休管理规定.docx”，单击“编辑”组中的“查找”按钮，如图 2-56 所示。

Step 02 在搜索框中输入所需查找的内容，如“倒休”，即可自动查找该文本并将其高亮显示，如图 2-57 所示。

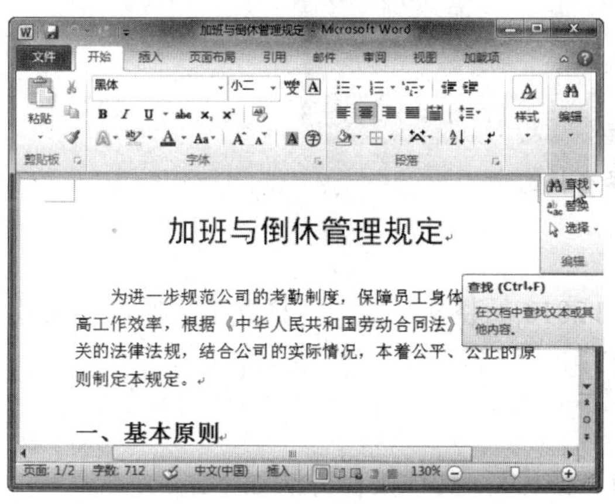

图 2-56　单击“查找”按钮

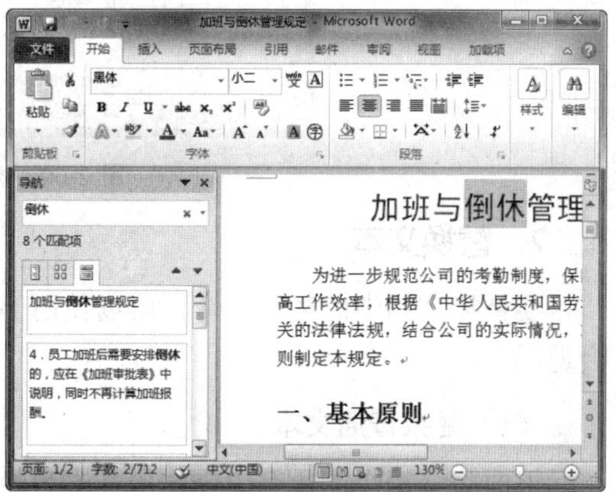

图 2-57　输入查找内容

Step 03 单击“导航”窗格中的▲或▼按钮，可查找上一处或下一处内容，如图 2-58 所示。

Step 04 在单击文本搜索框右侧的×按钮，可结束搜索并保持在选定的搜索结果位置，如图 2-59 所示。

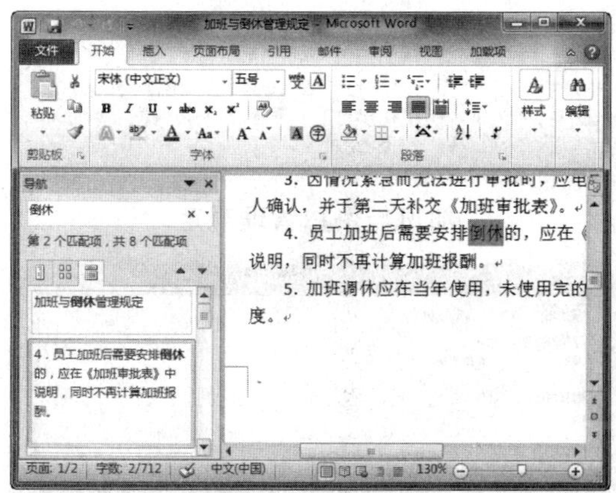

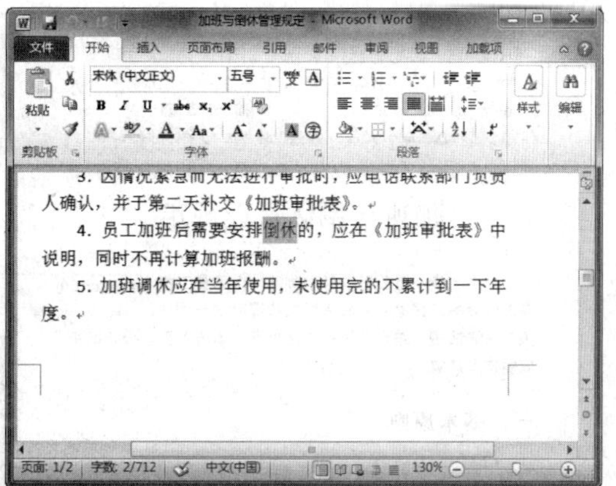

图 2-58　查找下一处内容　　　　　　　　图 2-59　结束搜索

“导航”窗格中提供了 3 种不同的浏览模式：“浏览您的文档中的标题”、“浏览您的文档中的页面”和“浏览您的当前搜索的结果”。

在文档窗口中按【Ctrl+F】组合键，也可以快速打开“导航”窗格。单击“导航”窗格搜索文本框右侧的下拉按钮，在弹出的下拉菜单中可以选择更多的查找选项，如图 2-60 所示。

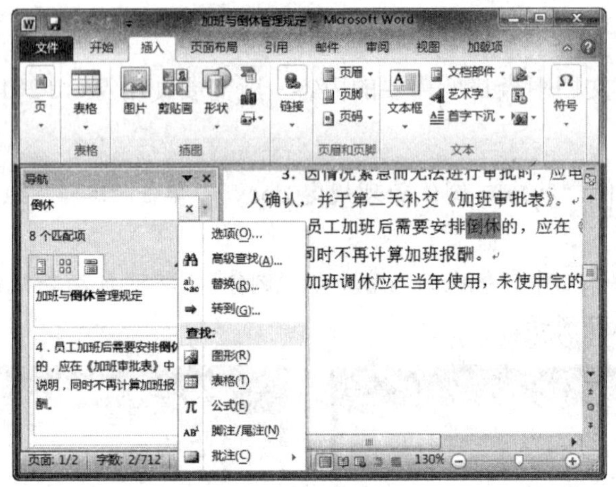

图 2-60　选择查找选项

2. 替换文本

要替换文档中的某些内容，可以使用 Word 2010 的替换功能，这样既节省时间，又不会遗漏。

（1）替换普通文本

下面将文档中的所有“倒休”文本替换为“调休”，具体操作方法如下：

Step 01 打开素材文件“加班与倒休管理规定.docx”，单击“编辑”组中的“替换”按钮，如图 2-61 所示。

Step 02 在弹出的“查找和替换”对话框中输入查找文本“倒休”和替换文本“调休”，然后单击“查找下一处”按钮，如图 2-62 所示。

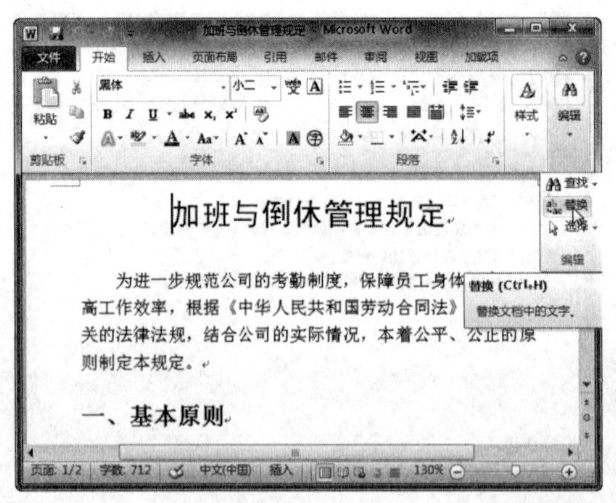

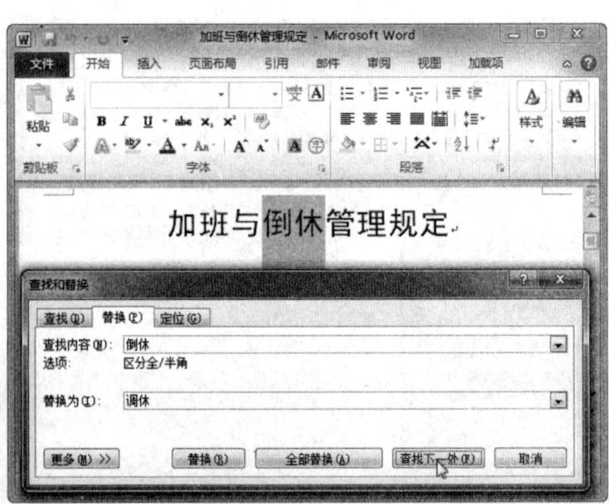

图 2-61 单击“查找”按钮　　　　图 2-62 输入查找内容

Step03 单击“替换”按钮，替换文本并选中下一处，如图 2-63 所示。若不需要替换，则单击“查找下一处”按钮；若要替换全部，则单击“全部替换”按钮。

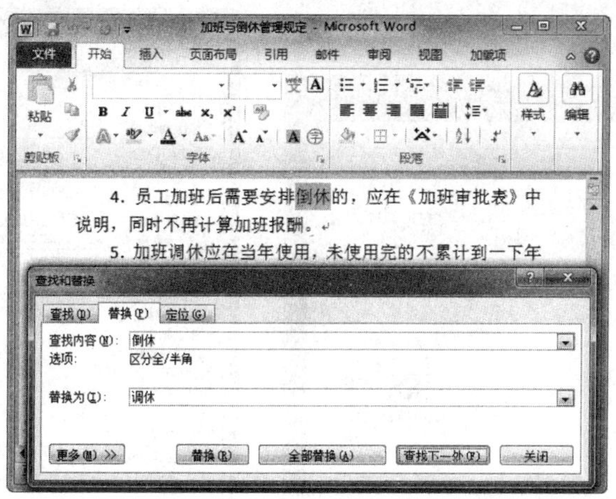

图 2-63 替换并选中下一处

选中文本后再打开“查找和替换”对话框，则选中的文本将添加到“查找内容”文本框中；如果在“替换为”文本框中不输入内容，单击“替换”或“全部替换”按钮，则会删除文本。

（2）替换文本格式

使用替换功能可以更改文档某部分内容的格式，如将“倒休”一词的格式由宋体替换为黑体，具体操作方法如下：

Step01 打开素材文件“加班与倒休管理规定.docx”，单击“编辑”组中的“替换”按钮，弹出“查找和替换”对话框，如图 2-64 所示。

Step02 输入查找内容，将光标定位到“替换为”文本框中，单击“更多”按钮，如图 2-65 所示。

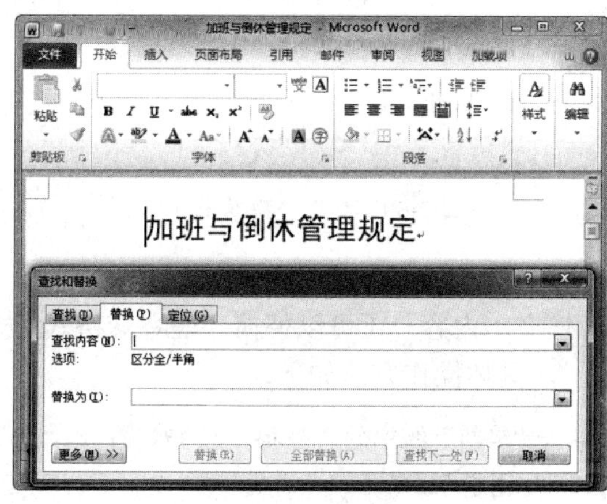

图 2-64 “查找和替换”对话框

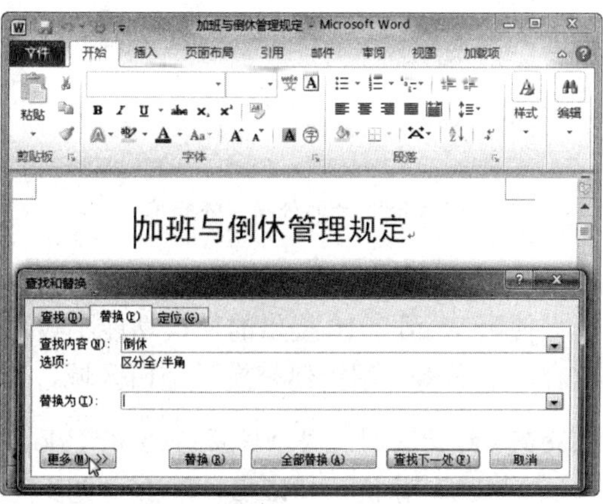

图 2-65 单击“更多”按钮

Step 03 单击“格式”下拉按钮，在弹出的下拉列表中选择“字体”选项，如图 2-66 所示。

Step 04 在弹出的“字体”对话框中设置字体、加粗和下划线等，然后单击“确定”按钮，如图 2-67 所示。

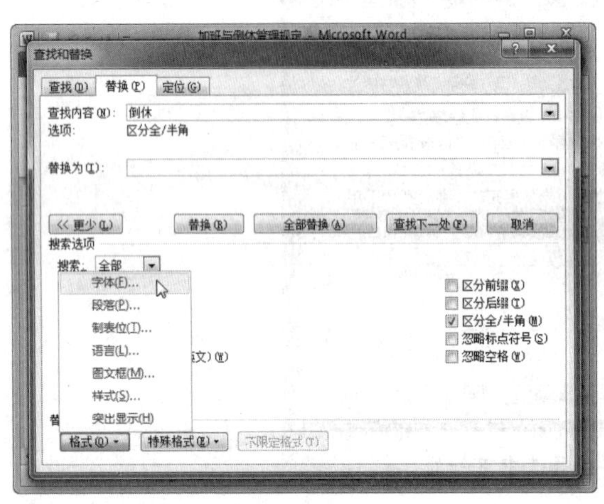

图 2-66　选择“字体”选项

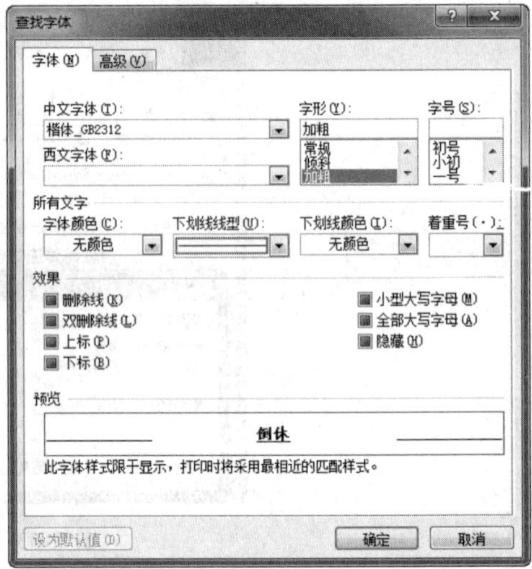

图 2-67　设置字体格式

Step 05 返回“查找和替换”对话框，单击“全部替换”按钮，然后单击“确定”按钮，如图 2-68 所示。

Step 06 单击“关闭”按钮，关闭“查找和替换”对话框，即可查看文本格式替换效果，如图 2-69 所示。

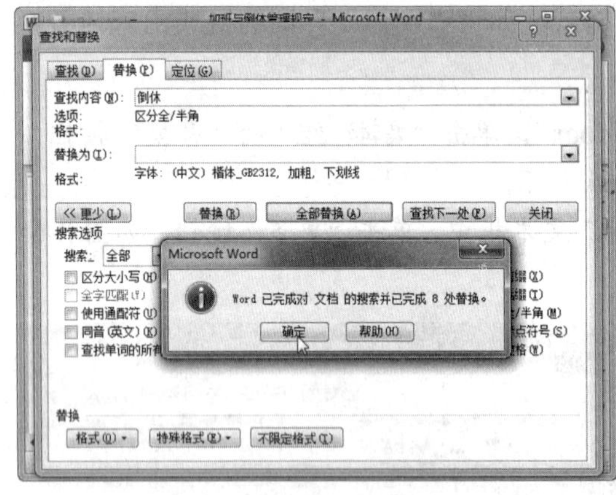

图 2-68　全部替换字体格式

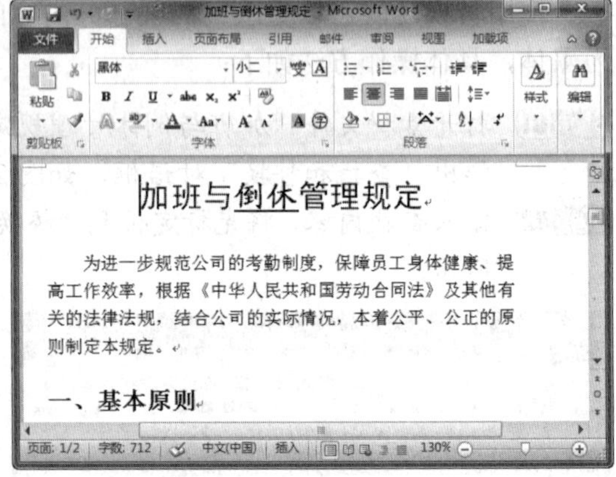

图 2-69　查看替换效果

（3）替换特殊格式

使用 Word 2010 提供的替换功能不仅可以替换文本内容，还可以替换一些特殊格式的内容。下面将介绍如何替换“空白区域”为“无”，具体操作方法如下：

Step 01 打开素材文件“停薪留值协议.docx”，单击“编辑”组中的“替换”按钮，弹出“查找和替换”对话框，单击“更多”按钮，如图 2-70 所示。

Step02 单击“特殊格式”下拉按钮，在弹出的下拉列表中选择“空白区域”选项，如图2-71所示。

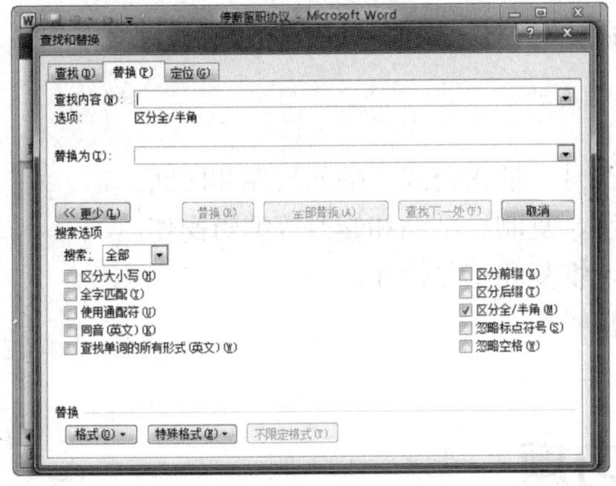

图 2-70　定位光标

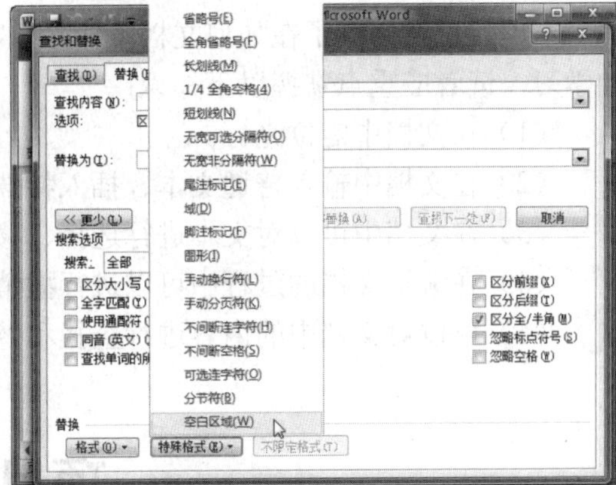

图 2-71　选择“空白区域”选项

Step03 “替换为”文本框中设置为空，单击“查找下一处”按钮，可以看到查找到的空白区域，如图2-72所示。

Step04 单击“替换”按钮，即可将空白区域删除，并自动定位到下一处空白区域，如图2-73所示。单击“关闭”按钮，关闭“查找和替换”对话框。

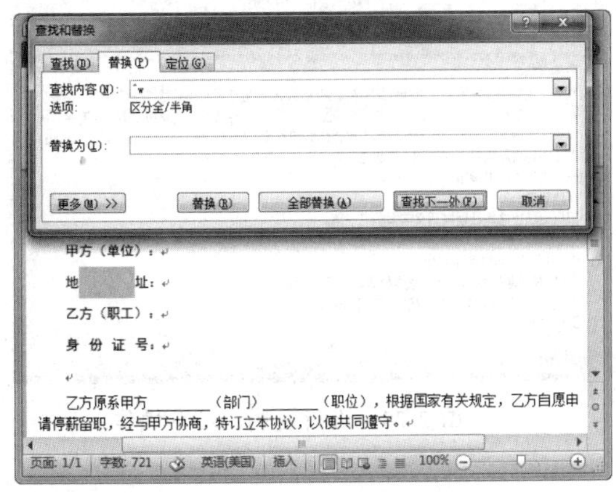

图 2-72　查找空白区域

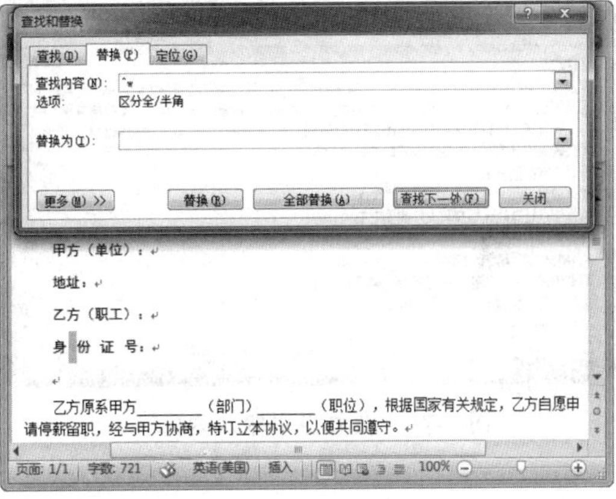

图 2-73　删除空白区域

在替换特殊格式时要谨慎，因为输入一个空格或者少一个空格，都会造成不同的结果。

在进行查找和替换操作时，若在文档中选择查找和替换的内容范围，则对选中的文档进行查找和替换；若没有选择查找和替换的内容范围，则对所有文档内容进行查找和替换。

项目小结

本项目主要介绍了在如何文档中输入内容，如何对文档内容进行编辑。通过对本项目的学习，读者应重点掌握以下知识：

（1）在文档中定位光标。

（2）在文档中输入普通文本、插入特殊符号、插入公式、插入日期和时间。

（3）在文档中可以对文本进行选择、移动、复制、粘贴和修改等编辑操作。

（4）在编辑文档的过程中可以进行撤销、恢复和重复操作。

（5）可以对文档中的内容进行查找和替换操作。

项目习题

（1）在文档中输入内容，如图 2-74 所示。

（2）对文档内容进行复制、粘贴操作，如图 2-75 所示。

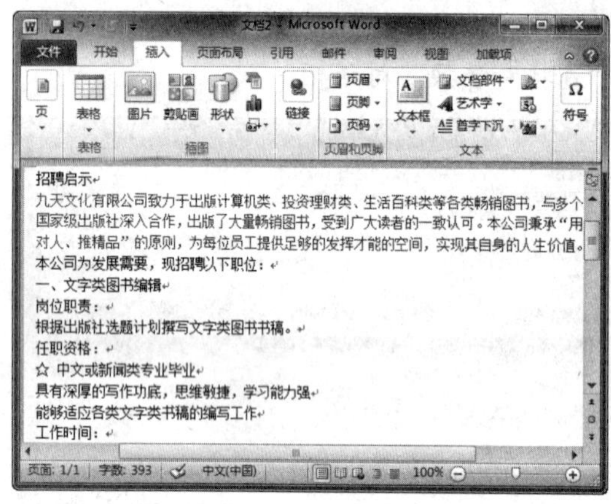

图 2-74　在文当中输入内容

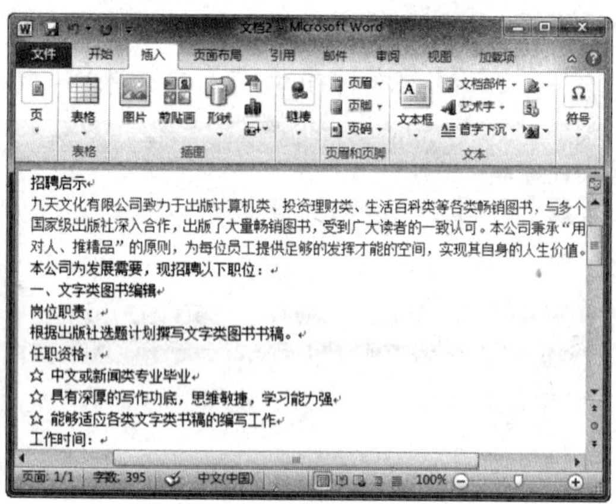

图 2-75　进行复制、粘贴操作

项目三　文档的美化

项目概述

在输入文档内容后，一般需要对文档进行一些格式设置，以使文档更加规范与美观。本任务将详细介绍文档格式的设置方法与技巧，包括设置字体格式、设置段落格式、添加项目符号和编号等知识。

项目重点

- 掌握设置字体基本格式的方法。
- 掌握设置字符间距的方法。
- 掌握设置文本效果及边框和底纹等特殊效果。
- 掌握设置段落格式的方法，如设置缩进、行间距、段间距、段落对齐方式等。
- 掌握设置段落边框和底纹的方法。
- 掌握设置项目符号和编号的方法。

项目目标

- 能够为字符设置基本的字体格式，如设置字体、字号和颜色等。
- 能够调整字符间距。
- 能够添加文本效果、为文本设置边框和底纹、设置拼音和带圈字符。
- 能够为段落设置缩进、间距、对齐方式等。
- 能够为段落设置边框和底纹效果。
- 能够为文本添加项目符号和编号。

任务一　设置字体格式

任务概述

字体格式设置是文档美观设置的最基本的设置，也是最常用的设置。设置字体格式包括字体、字号、颜色、加粗、下划线等基本格式，还包括设置边框和底纹、设置字符间距、设置拼音和带圈字符等其他格式，本任务将分别进行详细介绍。

任务重点与实施

一、设置字体的基本格式

默认情况下，在 Word 2010 中输入的中文字体为“宋体”、英文字体为“Calibri”、字号为“五号”、颜色为“黑色”，用户可以根据需要对字体格式进行设置。有多种方法可以对文本的字体、字号、颜色等进行设置，下面将介绍常见的三种操作方法。

1. 通过“字体”组设置

在“开始”选项卡的“字体”组中包含了文字的基本格式设置按钮，通过这些按钮可以对文字进行基本格式设置，具体操作方法如下：

Step 01 打开素材文件“邀请函.docx”，在功能区中可以看到默认选择的是“开始”选项卡，选择需要设置格式的文本，如图 3-1 所示。

Step 02 单击“字体”组中的“字体”下拉按钮，在弹出的下拉列表中选择所需的字体，如“方正大标宋简体”，如图 3-2 所示。

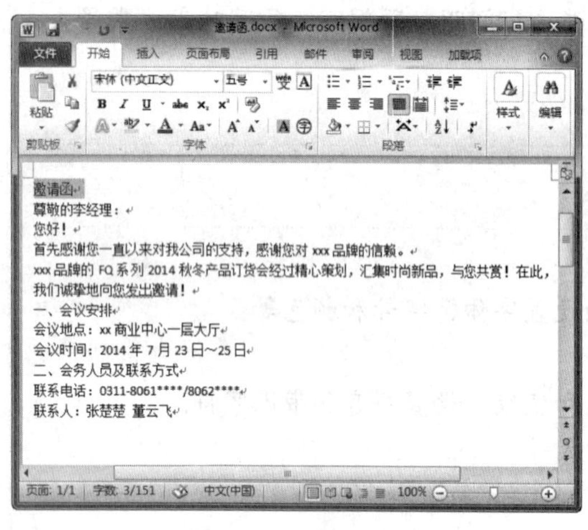

图 3-1 选择文本

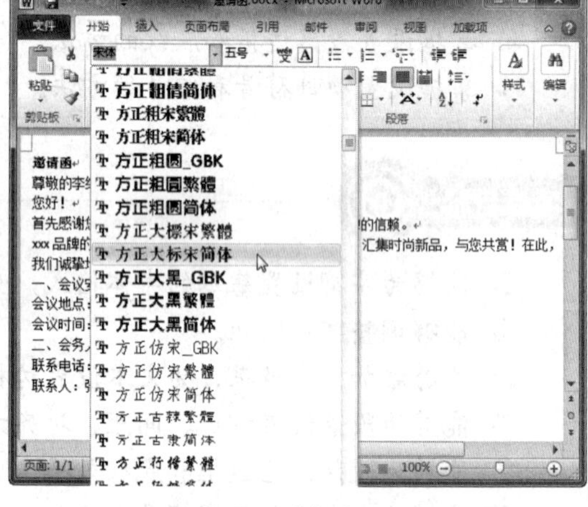

图 3-2 选择字体

在 Word 中，可选字体的多少取决于操作系统中安装了多少字体。如果在 Word 中无法找到所需的字体，则需要在操作系统中安装该字体。

Step 03 单击“字号”下拉按钮，在弹出的下拉列表中设置字号大小，如选择“一号”，如图 3-3 所示。

Step 04 单击“字体”组中的“字体颜色”下拉按钮，在弹出的下拉列表中选择所需的颜色，如选择“橙色，强调文字颜色 6”，如图 3-4 所示。

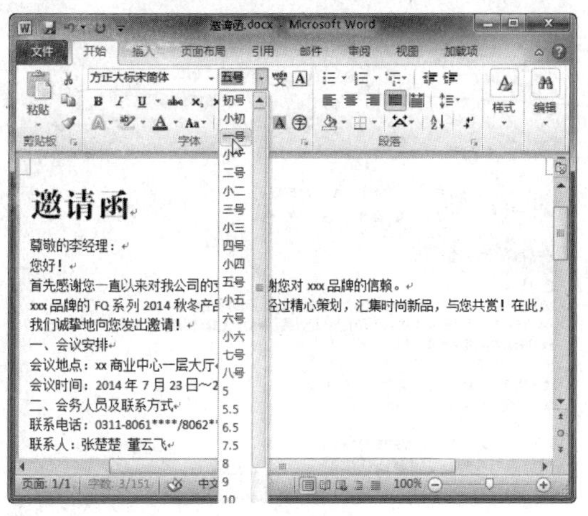

图 3-3　选择字号

图 3-4　选择颜色

选中文本后，单击“字体”组中的 A˄ 按钮或按【Ctrl+>】组合键，可以增大字号；单击 A˅ 按钮或按【Ctrl+<】组合键，可以缩小字号。

2. 通过浮动工具栏设置

选中文本后，浮动工具栏将自动显示出来，通过浮动工具栏也可以对文本进行常用的格式设置，具体操作方法如下：

Step 01 选择需要设置格式的文本，此时文本上方将显示浮动工具栏，如图 3-5 所示。

Step 02 单击“字体”组中的“字体”下拉按钮，在弹出的下拉列表中选择所需的字体，如选择“黑体”，如图 3-6 所示。

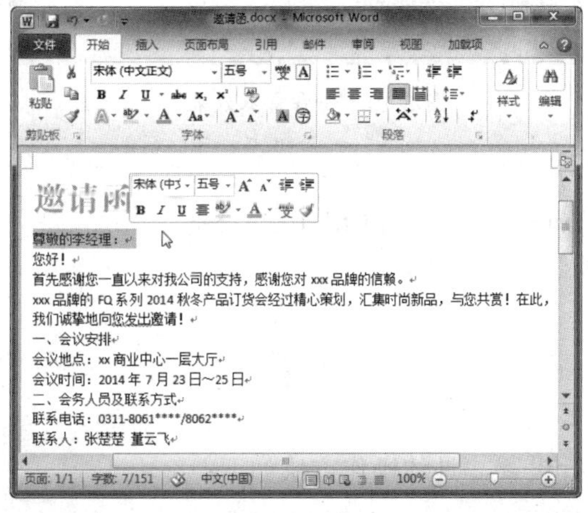

图 3-5　选择文本

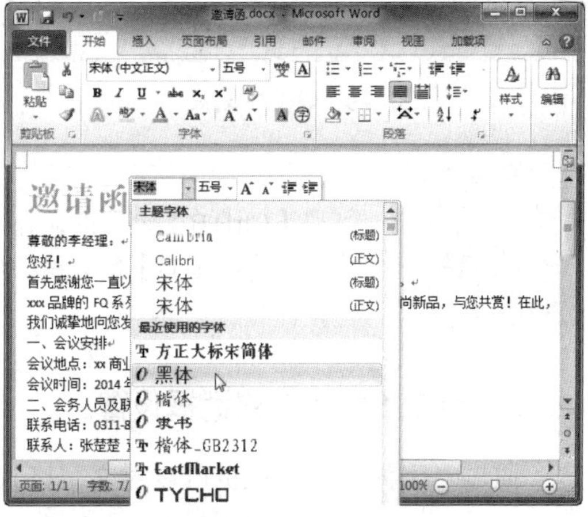

图 3-6　选择字体

Step 03 单击“字号”下拉按钮，在弹出的下拉列表中设置字号大小，如选择“四号”，如图 3-7 所示。

Step 04 单击“字体”组中的“加粗”按钮，可以为文本设置加粗效果，如图 3-8 所示。

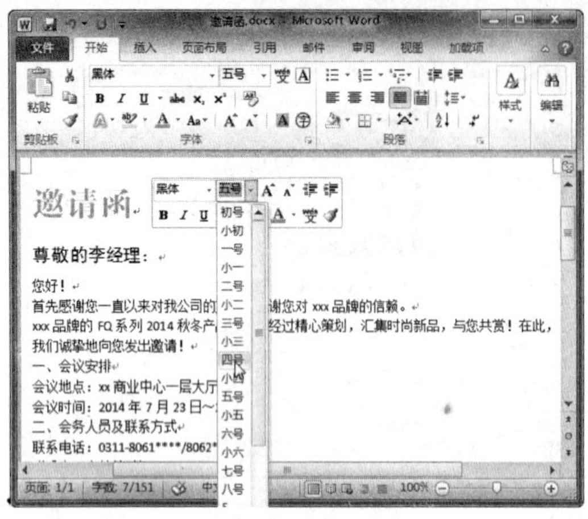

图 3-7　选择字号大小

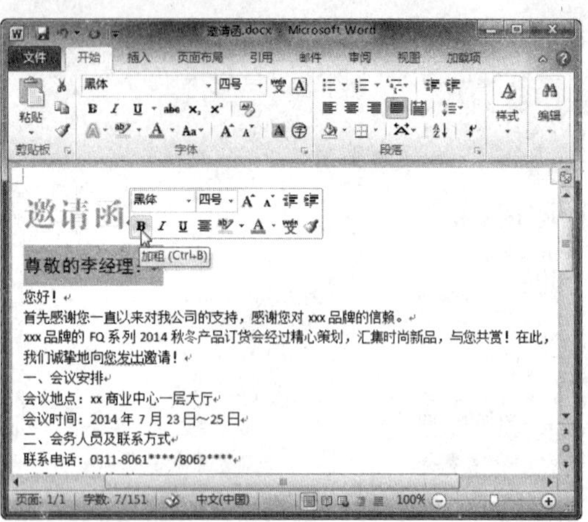

图 3-8　设置加粗

Step 05　选中需要设置下划线的文本，单击“下划线”按钮，如图 3-9 所示。

Step 06　此时，即可查看设置好的文本效果，如图 3-10 所示。

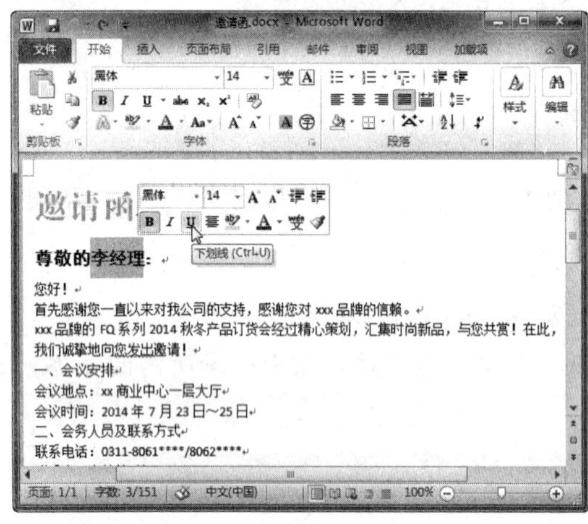

图 3-9　设置下划线

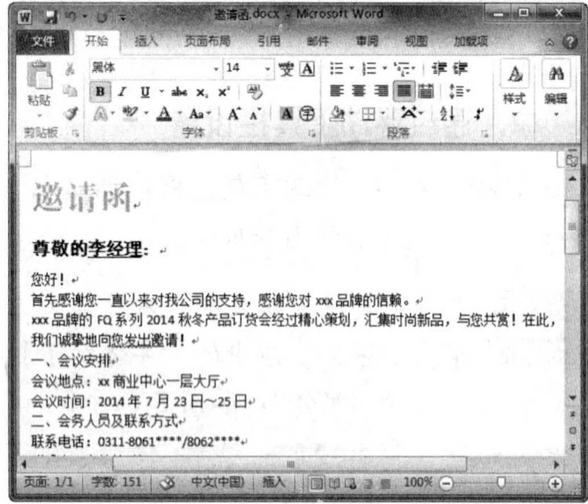

图 3-10　查看文本效果

按【Ctrl+B】组合键，也可以加粗字体；按【Ctrl+I】组合键，可以倾斜字体；按【Ctrl+U】组合键，则可以添加下划线。

3. 通过“字体”对话框设置

通过“字体”对话框也可以对文字格式进行设置，具体操作方法如下：

Step 01　选择需要设置格式的文本，单击“开始”选项卡下“字体”组右下角的扩展按钮，如图 3-11 所示。

Step 02　在弹出的“字体”对话框中设置中文字体和英文字体，如图 3-12 所示。

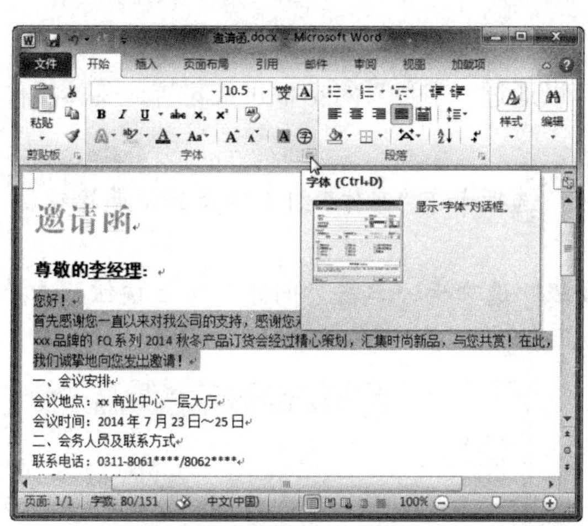

图 3-11　单击扩展按钮

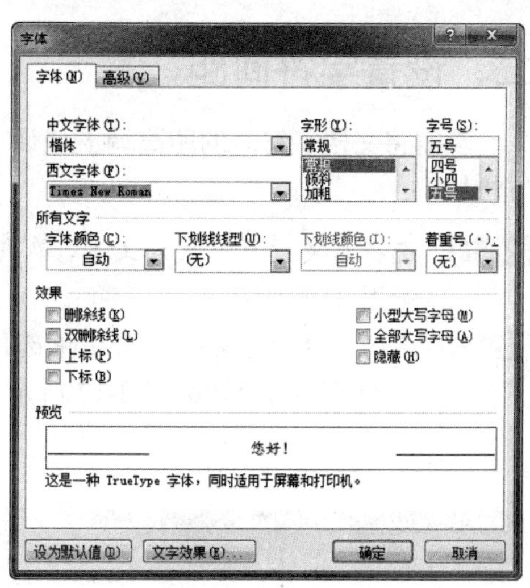

图 3-12　设置字体

Step 03 设置字形为“倾斜”，字号为“四号”，然后单击“确定”按钮，如图 3-13 所示。

Step 04 此时，即可查看应用格式后的文本效果，如图 3-14 所示。

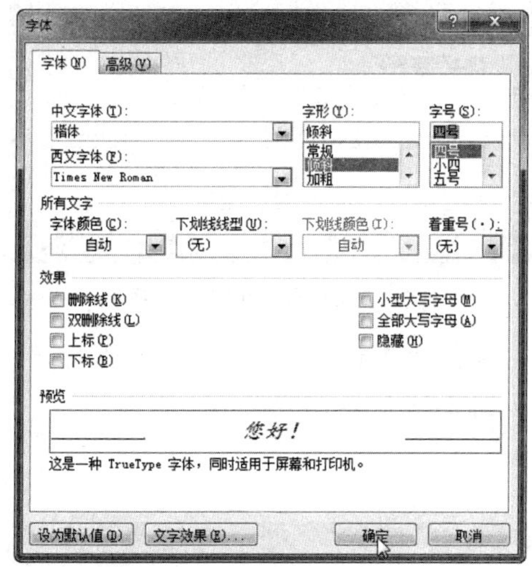

图 3-13　设置字形和字号

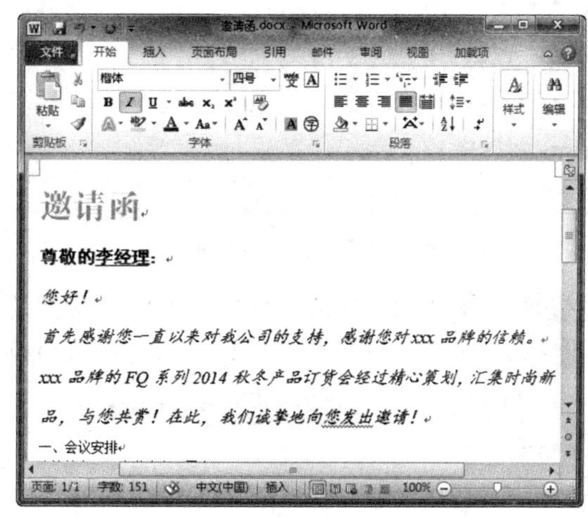

图 3-14　查看设置效果

Step 05 设置其他文字的格式，效果如图 3-15 所示。

按【Ctrl+D】组合键，也可以打开“字体”对话框。在“效果”选项区中可以根据需要进行设置，选中“隐藏”复选框，则打印文档时不会打印字符效果。

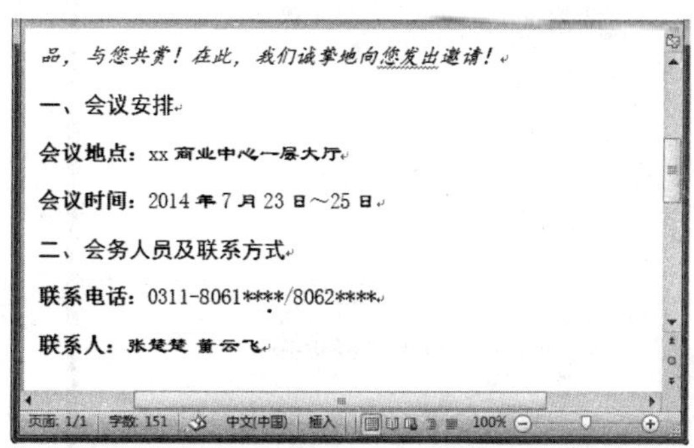

图 3-15　设置其他文字格式

二、设置字符间距

若需将文档字符间的距离调大或调小，可以通过“字体”对话框进行设置，具体操作方法如下：

Step 01 选择需要设置格式的文本，单击“开始”选项卡下“字体”组右下角的扩展按钮，如图 3-16 所示。

Step 02 在弹出的“字体”对话框中选择“高级”选项卡，单击“间距”下拉按钮，选择“加宽”选项，如图 3-17 所示。

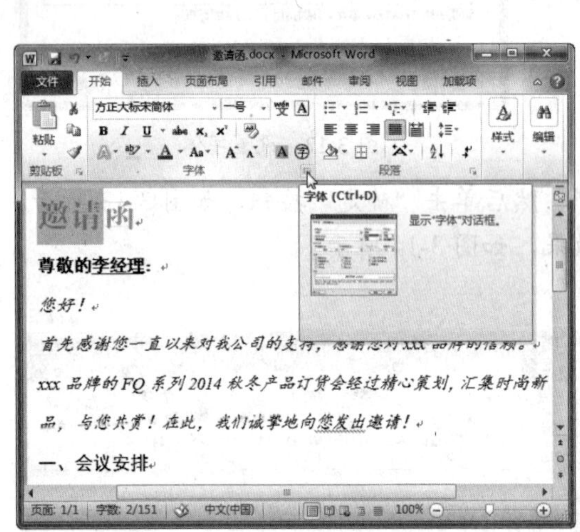

图 3-16 单击扩展按钮

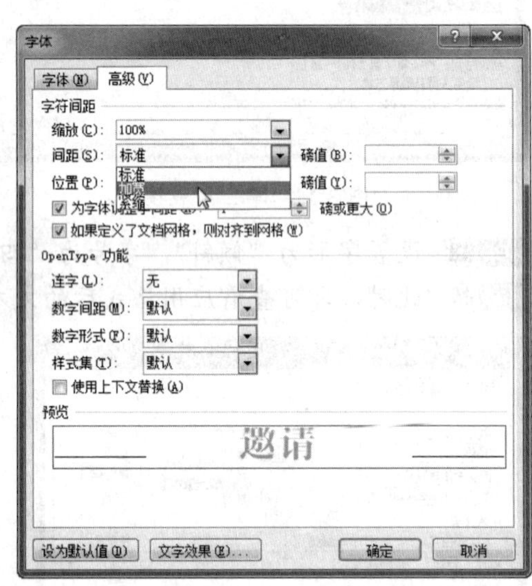

图 3-17 选择“加宽”选项

Step 03 在右侧“磅值”数值框中输入需要的数值，单击“确定”按钮，如图 3-18 所示。

Step 04 此时，即可查看加宽文本间距后的效果，如图 3-19 所示。

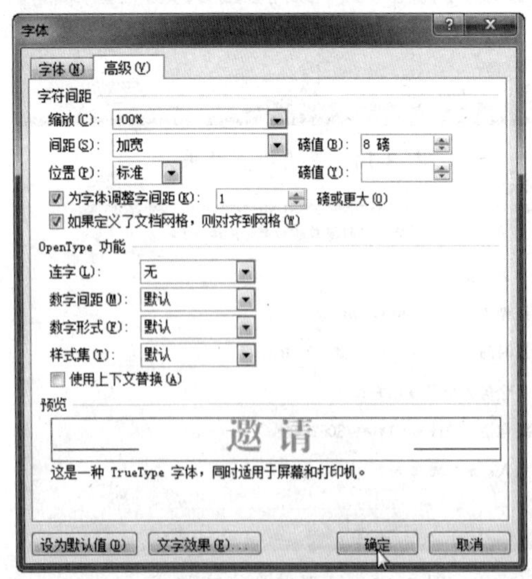

图 3-18 设置磅值

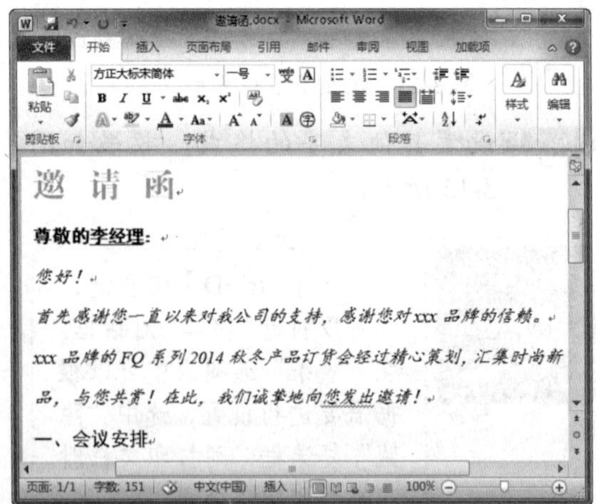

图 3-19 查看加宽文本间距效果

三、设置文本效果

用户可以为文本添加轮廓、阴影、映像和发光等效果，以使文本看起来更加漂亮，具体操作方法如下：

Step 01 选择需要设置格式的文本，单击“文本效果”下拉按钮，在弹出的下拉列表中选择一种 Word 提供的预设文本效果，如图 3-20 所示。

Step 02 此时，即可查看应用预设文本效果，如图 3-21 所示。

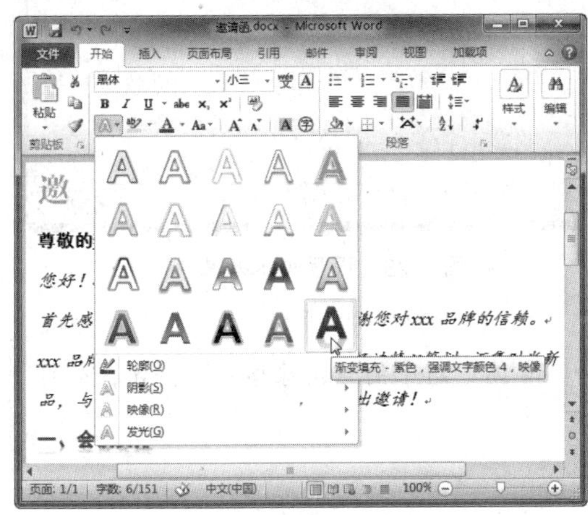

图 3-20　选择预设文本效果

图 3-21　应用预设文本效果

Step 03 选择需要设置格式的文本，单击“文本效果”下拉按钮，在弹出的下拉列表中提供了“轮廓”、“阴影”、“映像”、“发光”等选项供用户选择使用。在此选择“轮廓”选项，从中选取所需的颜色，如图 3-22 所示。

Step 04 此时，即可查看设置轮廓后的效果，如图 3-23 所示。

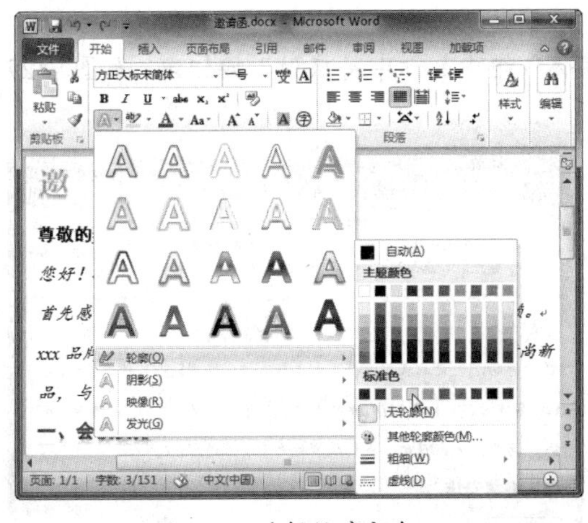

图 3-22　选择轮廓颜色

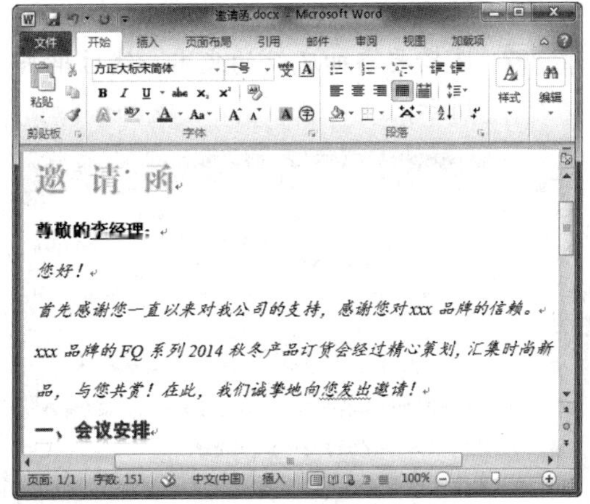

图 3-23　查看应用轮廓效果

若想设置更多文本效果，可选中文本后按【Ctrl+D】组合键，在“字体”对话框的“字体”选项卡中单击“文字效果”按钮，如图 3-24 所示。在弹出“设置文本效果格式”对话框中即可对文本效果进行详细设置，如图 3-25 所示。

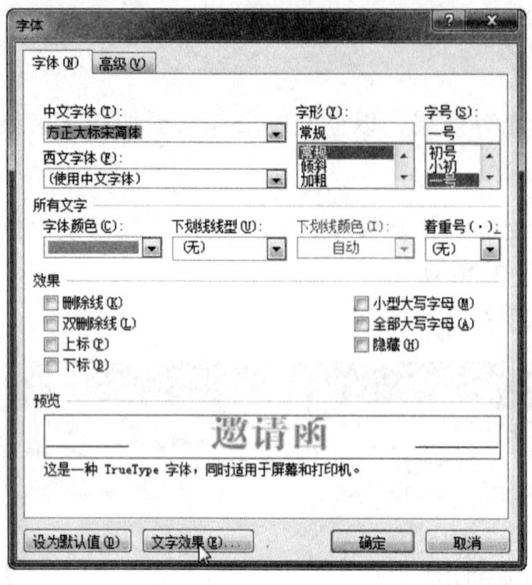

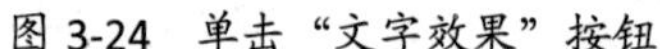
图 3-24 单击“文字效果”按钮

图 3-25 设置文本效果

选中设置了格式的文本，单击“字体”组中的“清除格式”按钮，即可清除设置的格式，只留下纯文本。

四、设置边框和底纹

为了使某些文本区别于文档的其他文本，便于查看或者突出显示文本的重要性，可以为其添加边框和底纹，具体操作方法如下：

Step 01 选择要添加边框的文本，然后单击“字体”组中的“字符边框”按钮A，如图 3-26 所示。

Step 02 选择要添加底纹的文本，然后单击“字体”组中的“字符底纹”按钮A，如图 3-27 所示。

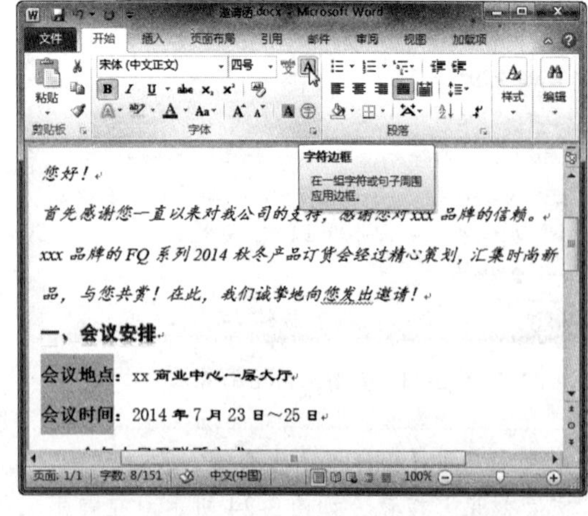

图 3-26 单击“字符边框”按钮

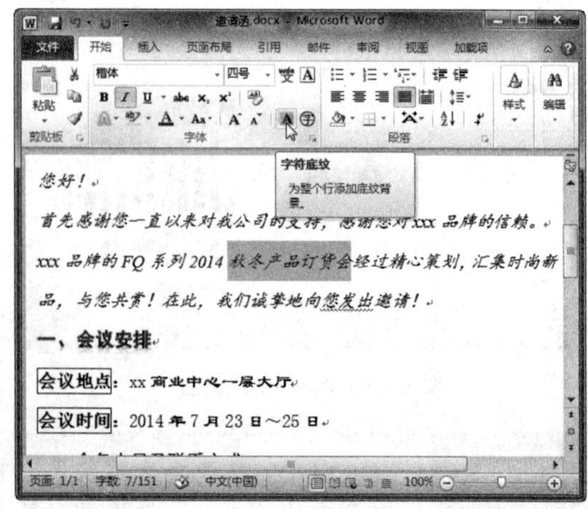

图 3-27 单击“字符底纹”按钮

Step 03 还可以为需要突出显示的文本添加荧光笔样的标记。选中文本后单击“突出显示”下拉按钮，选择所需的颜色，如图 3-28 所示。

Step 04 此时，即可查看设置效果，如图 3-29 所示。

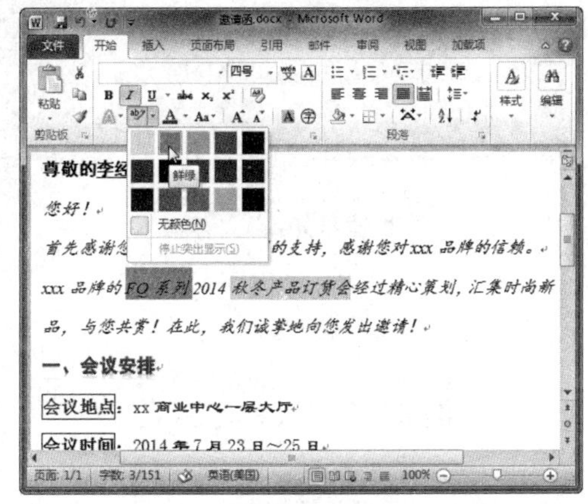

图 3-28　设置突出显示

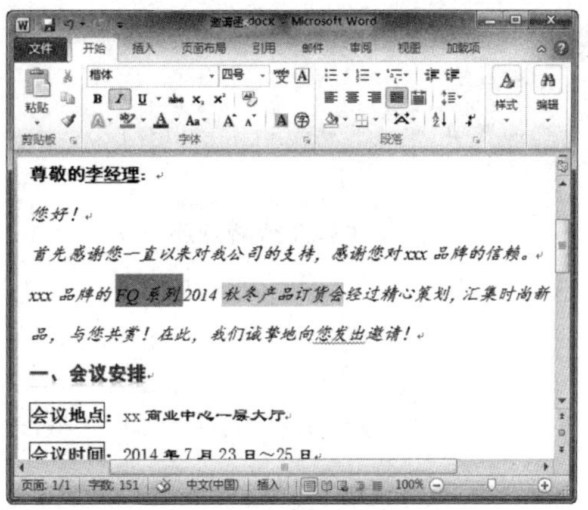

图 3-29　查看设置效果

选中突出显示的文本，单击“突出显示”下拉按钮，在弹出的下拉列表中选择“无颜色”选项，即可取消突出显示。

五、设置拼音和带圈字符

有时会遇到需要为文本添加拼音或设置带圈字符的情况，Word 2010 中提供的拼音指南和带圈字符功能可以轻松实现，具体操作方法如下：

Step 01 打开素材文件“江上值水如海势聊短述.docx”，选择需要添加拼音的文本，然后单击“字体”组中的“拼音指南”按钮，如图 3-30 所示。

Step 02 在弹出的“拼音指南”对话框中设置拼音的对齐方式、字体、偏移量和字号等，如图 3-31 所示。

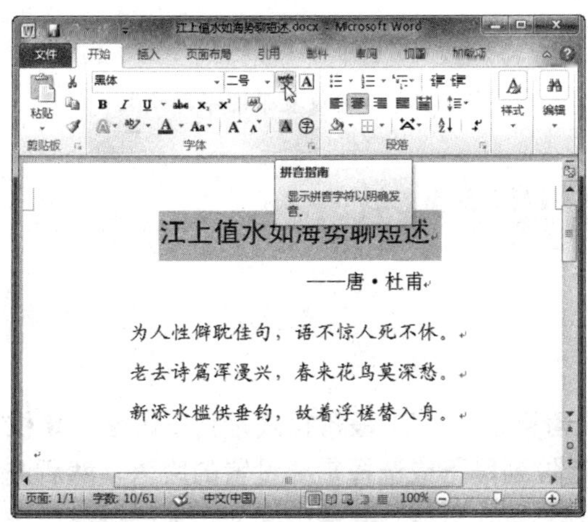

图 3-30　单击“拼音指南”按钮

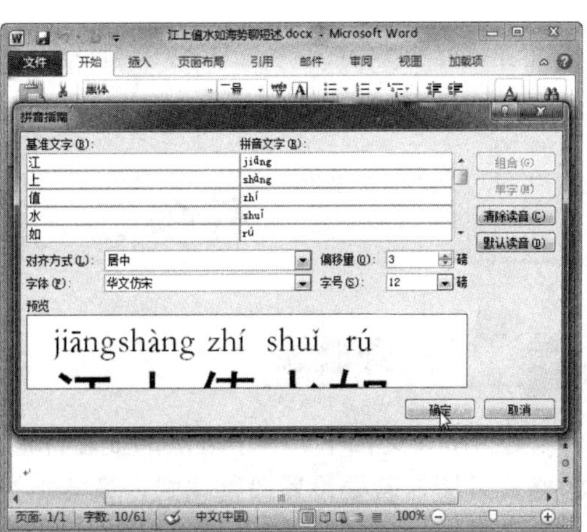

图 3-31　设置拼音选项

Step 03 采用同样的方法为其他文字设置拼音，添加拼音后的效果如图 3-32 所示。

Step 04 选择需要设置带圈字符的文本，单击“字体”组中的“带圈字符”按钮㊢，如图 3-33 所示。

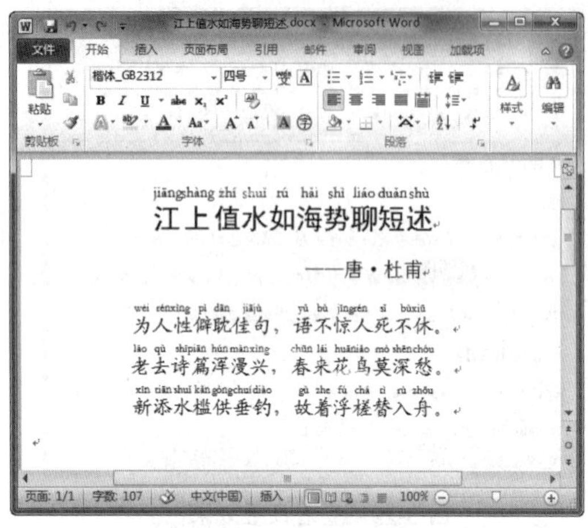

图 3-32 添加拼音

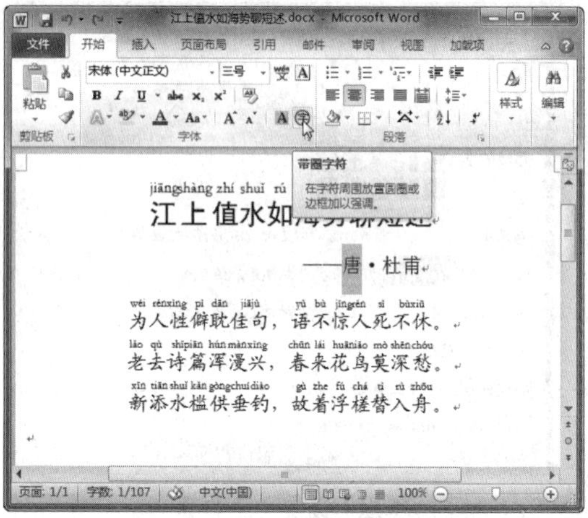

图 3-33 单击“带圈字符”按钮

Step 05 在弹出的对话框中设置“样式”和“圈号”，如图 3-34 所示。

Step 06 此时，即可将所选的文字设置为带圈字符，如图 3-35 所示。

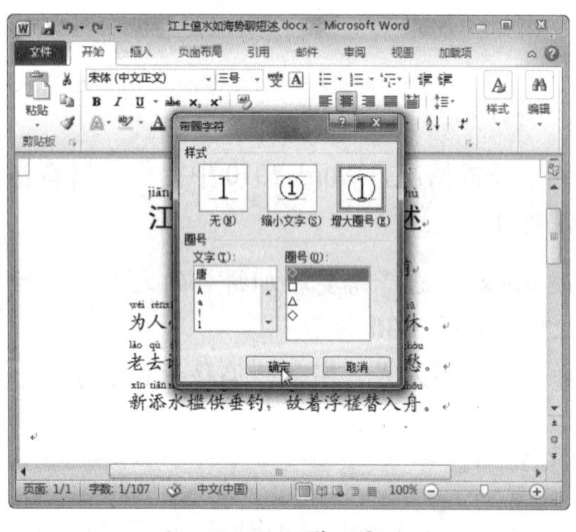

图 3-34 设置带圈字符

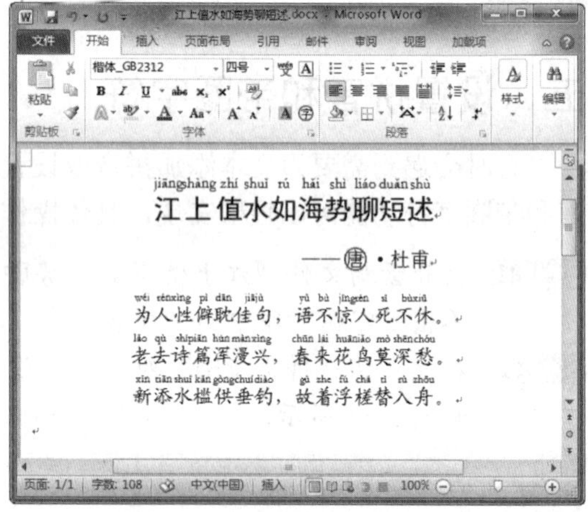

图 3-35 查看设置带圈字符效果

任务二 设置段落格式

任务概述

在 Word 文档中，一个段落的显著标志为段落标记“↵”。段落格式是指以段落为单位的格式设置，若要设置段落格式，直接将光标定位到段落或选择需要设置的段落，然后进行设置即可。设置段落格式可以使文档结构清晰，层次分明，更便于阅读。本任务将详细介绍段落格式的设置，包括文本对齐、段落间距、行间距和缩进等。

任务重点与实施

一、设置段落缩进

缩进决定了段落到左右页边距的距离。在页边距内可以增加或减少段落的缩进，也可以创建反向缩进（即凸出，使段落超出页边距），还可以创建首行缩进、悬挂缩进。按照人们的习惯，段落的首行一般缩进两个字符。

段落缩进的四种形式如下：

➢　**左缩进**

整个段落中所有行的左边界向右缩进，如图 3-36 所示。

➢　**右缩进**

整个段落中所有行的右边界向左缩进，如图 3-37 所示。

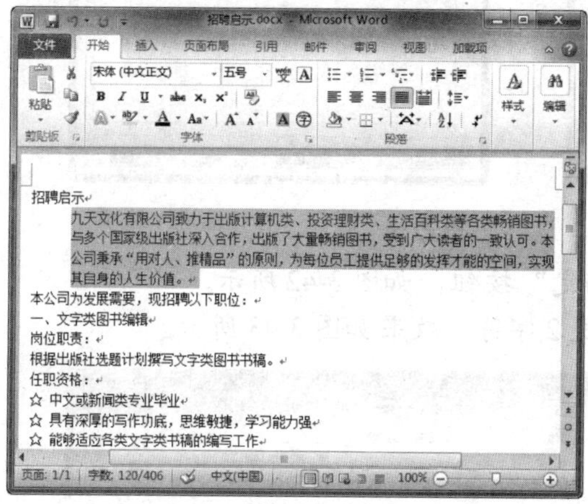

图 3-36　左缩进

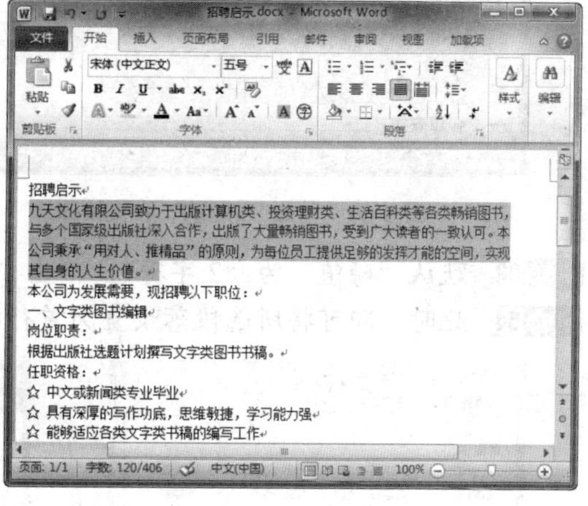

图 3-37　右缩进

➢　**首行缩进**

段落首行从第一个字符开始向右缩进，如图 3-38 所示。

➢　**悬挂缩进**

将整个段落中除首行外所有行的左边界向右缩进，如图 3-39 所示。

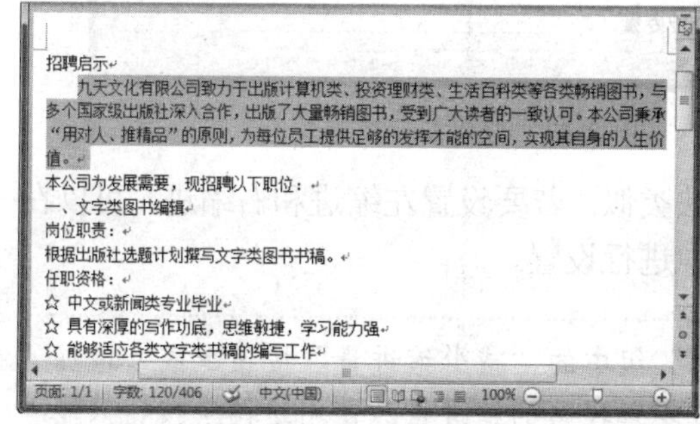

图 3-38　首行缩进

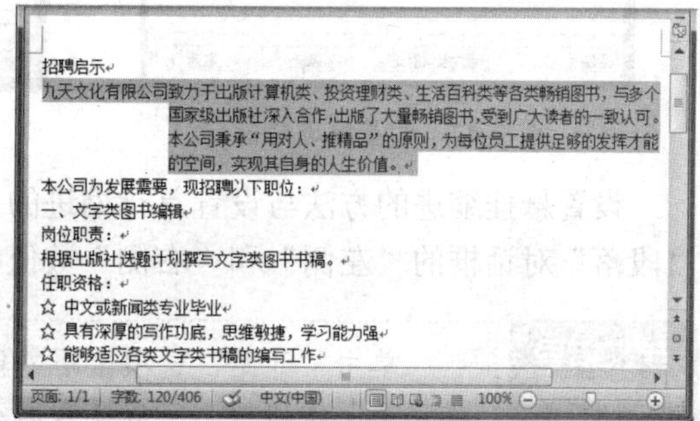

图 3-39　悬挂缩进

下面以设置首行缩进为例，介绍如何设置段落缩进，具体操作方法如下：

Step 01 选择需要设置的段落，单击“段落”组右下角的扩展按钮，如图 3-40 所示。

Step 02 在弹出的“段落”对话框中单击“特殊格式”下拉按钮，选择“首行缩进”选项，如图 3-41 所示。

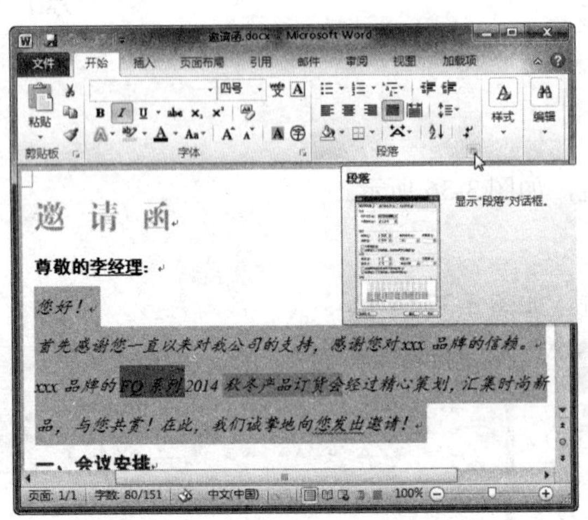

图 3-40 单击“段落”扩展按钮

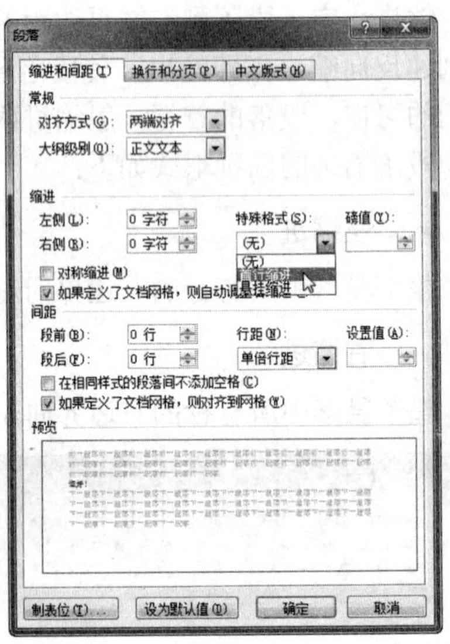

图 3-41 选择“首行缩进”选项

Step 03 默认“磅值”为“2 字符”，单击“确定”按钮，如图 3-42 所示。

Step 04 此时，即可将所选段落设置为首行缩进 2 字符，效果如图 3-43 所示。

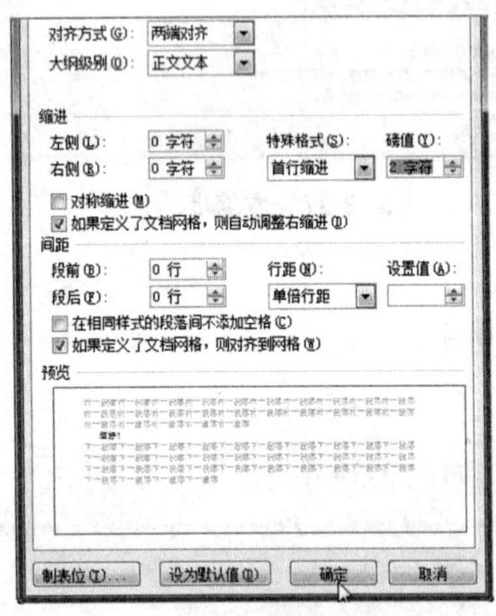

图 3-42 设置缩进磅值

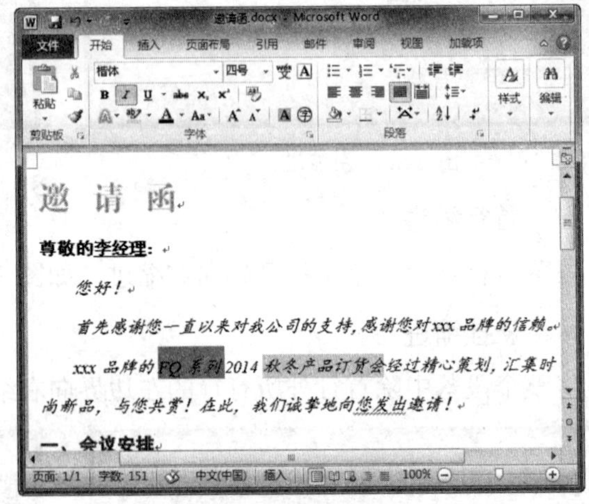

图 3-43 查看首行缩进效果

设置悬挂缩进的方法与设置首行缩进的方法类似；若要设置左缩进和右缩进，可以在“段落”对话框的“左侧”和“右侧”数值框中进行设置。

单击“开始”选项卡下“段落”组中的“减少缩进量”按钮或“增加缩进量”按钮，可以实现减少或增加段落的缩进量。使用这两个按钮只能在页边距以内设置缩进，而不能超出页边距之外。

二、设置行间距和段间距

行间距是指行与行之间的距离，段间距则是两个相邻段落之间的距离。用户可以根据需要来调整文本的行间距和段间距。

1．设置行间距

默认情况下，Word 自动设置段落内文本的行间距为一行，即单倍行距，用户可根据自己的需要进行设置。设置行间距的具体操作方法如下：

Step 01　将光标定位到需要设置的段落，单击“段落”组右下角的扩展按钮，如图 3-44 所示。

Step 02　在弹出的“段落”对话框中单击“行距”下拉按钮，在弹出的下拉列表中选择“多倍行距”选项，如图 3-45 所示。

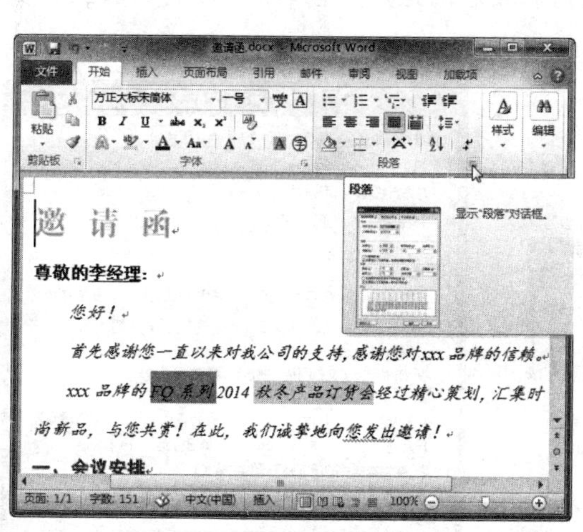

图 3-44　单击“段落”扩展按钮

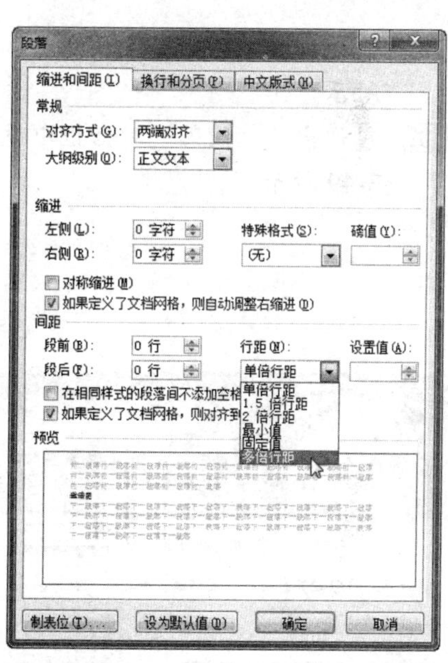

图 3-45　选择“多倍行距”选项

Step 03　设置“设置值”为5，单击“确定”按钮，如图 3-46 所示。

Step 04　此时，即可查看设置行距后的文档效果，如图 3-47 所示。

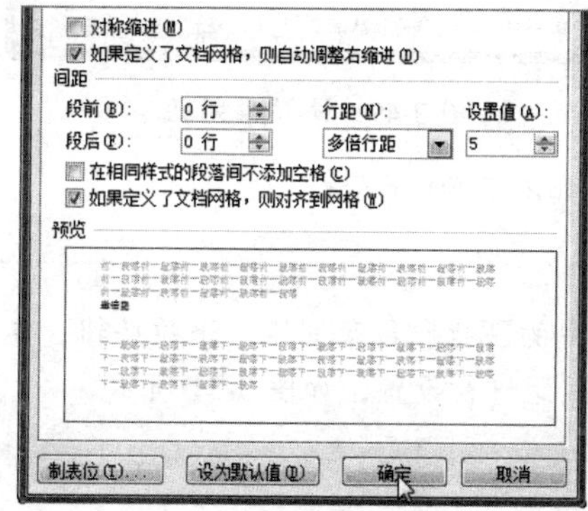

图 3-46　设置行距

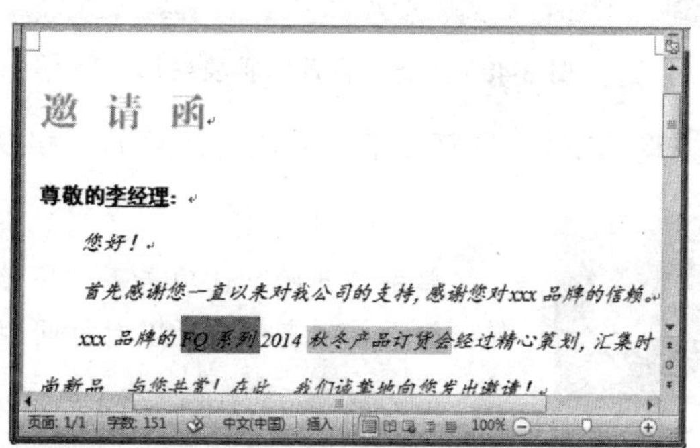

图 3-47　查看设置行距效果

一般情况下，当行中出现图形或字体发生变化时，Word 会自动调节行间距，以容纳较大的字体。但当行间距设置为固定值时，增大字号时行间距将保持不变，增大字号的文本可能会显示不完整，此时可适当增加行间距，以完整地显示文档内容。

专家指导 Expert guidance

选中段落后，按【Ctrl+1】组合键，可设置单倍行距；按【Ctrl+2】组合键，可设置 2 倍行距；按【Ctrl+5】组合键，可设置 1.5 倍行距。

2. 设置段间距

调整段间距可以有效地改善版面的外观效果，如文档的标题与后面文本之间的距离，往往要大于文档中正文段落间的距离。设置段间距的具体操作方法如下：

Step 01 将光标定位到需要设置的段落，单击“段落”组右下角的扩展按钮，如图 3-48 所示。

Step 02 在弹出的“段落”对话框中设置段前和段后间距，然后单击“确定”按钮，如图 3-49 所示。

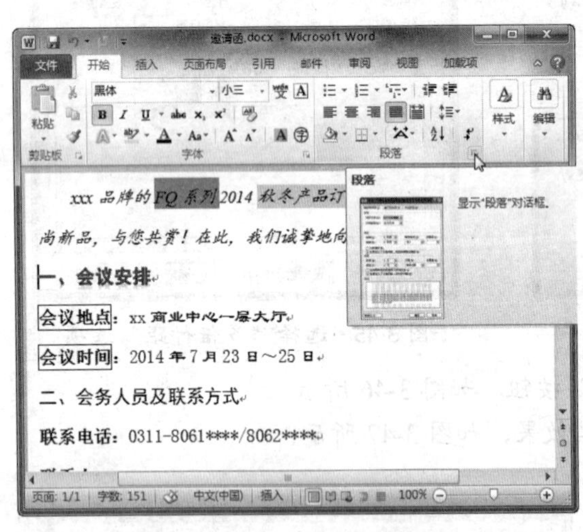

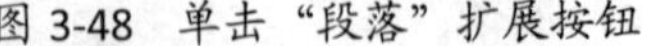

图 3-48 单击“段落”扩展按钮

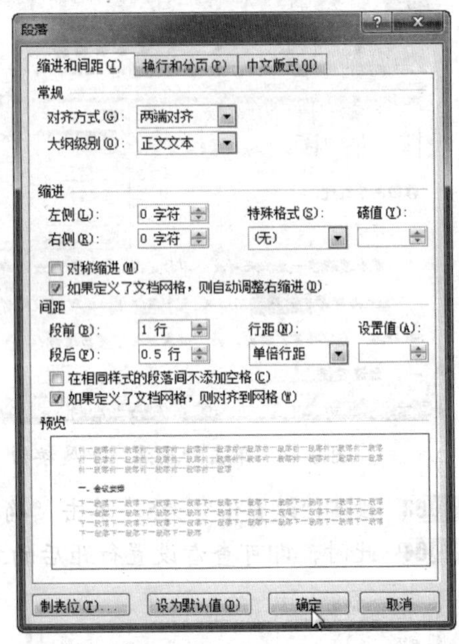

图 3-49 设置段间距

Step 03 此时，即可查看设置段间距后的文档效果，如图 3-50 所示。

专家指导 Expert guidance

单击“开始”选项卡下“段落”组中的“行和段落间距”下拉按钮，在弹出的下拉列表中也可以对行间距和段间距进行设置，如图 3-51 所示。

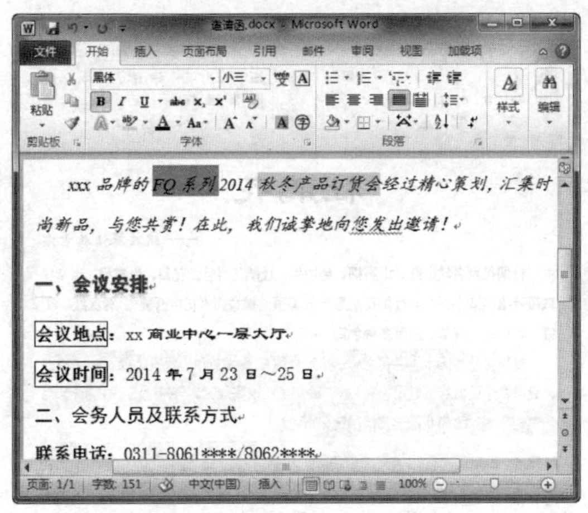

图 3-50　查看设置段间距效果

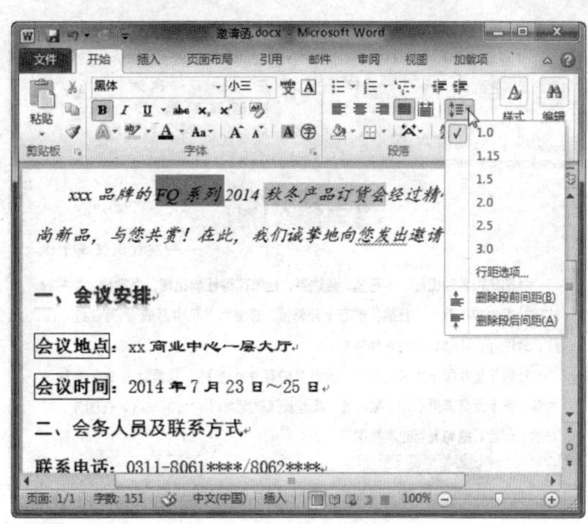

图 3-51　设置行和段落间距

三、设置段落对齐方式

段落对齐方式控制着段落中文本行的排列方式，包含两端对齐、左对齐、居中对齐、右对齐和分散对齐等 5 种方式，文档默认的对齐方式为两端对齐。下面将介绍段落对齐方式的 5 种方式。

➢　**左对齐**

将段落的左边边缘对齐，如图 3-52 所示。

➢　**右对齐**

将段落的右边边缘对齐，如图 3-53 所示。

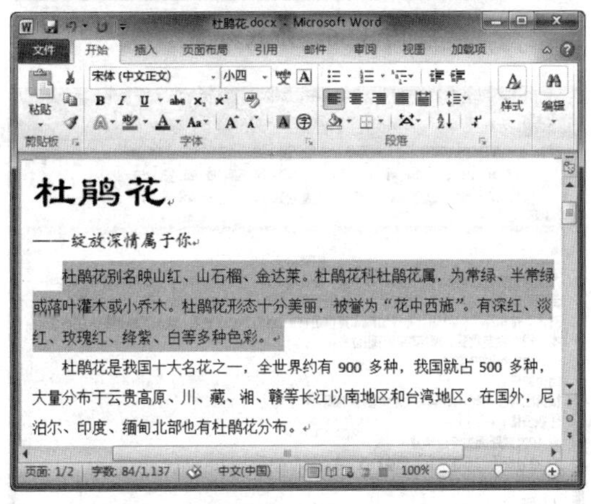

图 3-52　左对齐

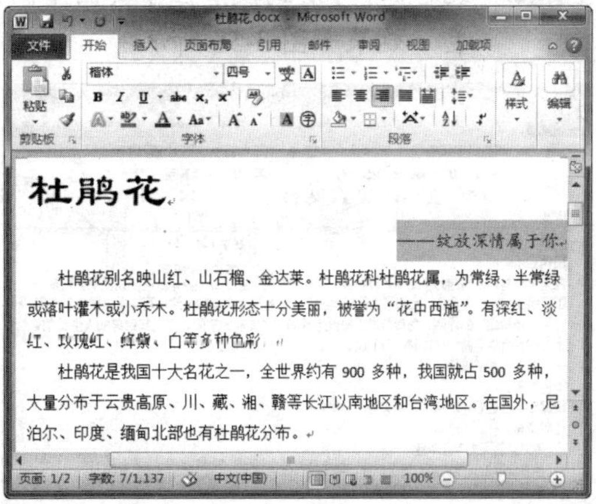

图 3-53　右对齐

➢　**居中对齐**

将段落在页面居中对齐，如图 3-54 所示。

➢　**两端对齐**

将段落的左右两端的边缘都对齐，两行或两行以上的文本，不满一行的最末行左对齐，如图 3-55 所示。

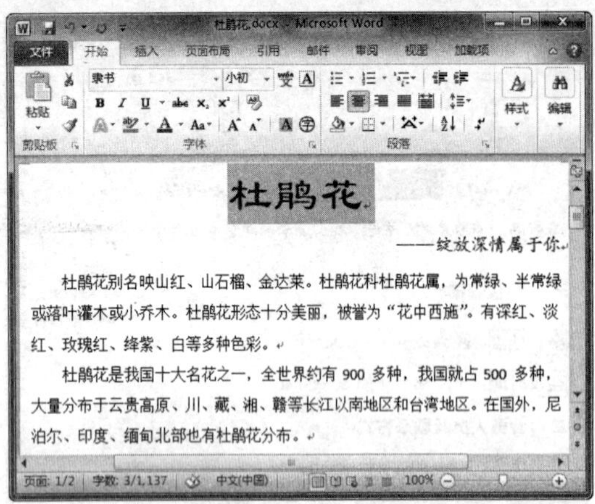

图 3-54　居中对齐

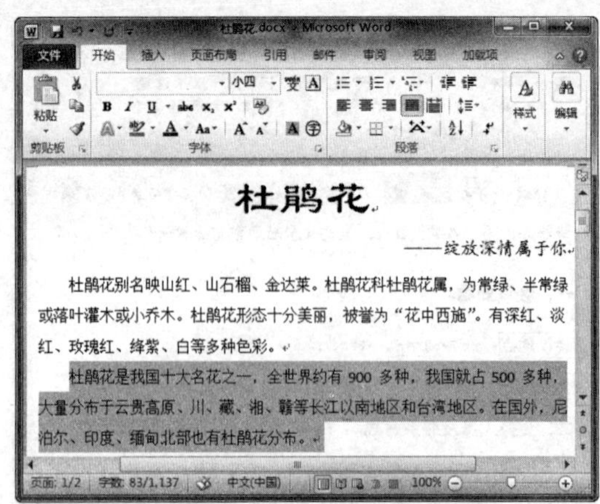

图 3-55　两端对齐

➢ **分散对齐**

当段落文本占不满一行时，通过增加字与字之间的距离来占满一行，如图 3-56 所示。

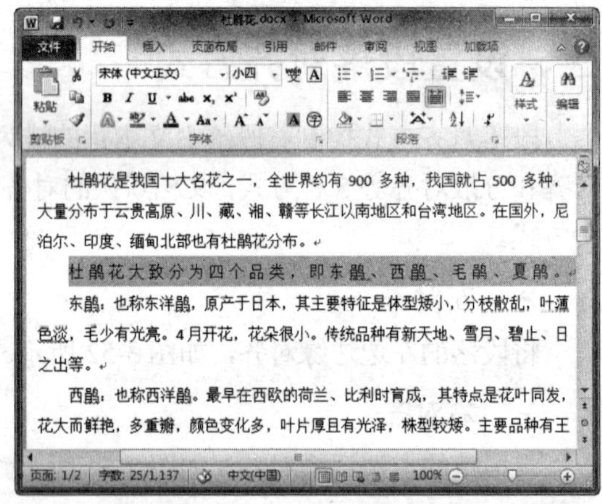

图 3-56　分散对齐

设置段落对齐方式主要有以下三种方法：

方法 1：通过对齐按钮设置

Step 01 打开素材文件“招聘启示.docx”，将光标定位到需要设置的段落，单击“段落”组中的对齐按钮，如单击“居中”按钮，如图 3-57 所示。

Step 02 此时，即可看到段落位于页面中间位置，效果如图 3-58 所示。

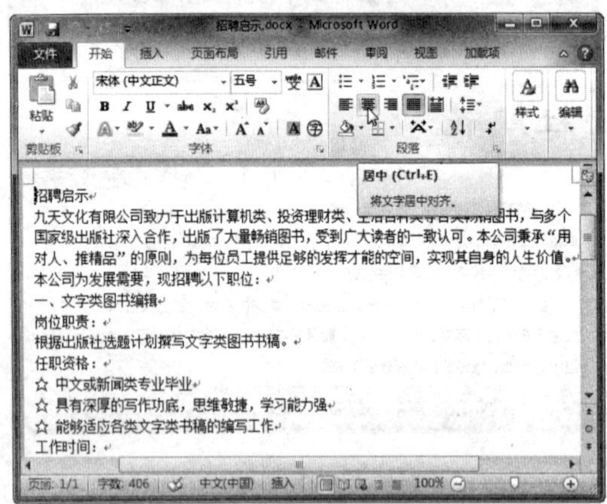

图 3-57　单击“居中”按钮

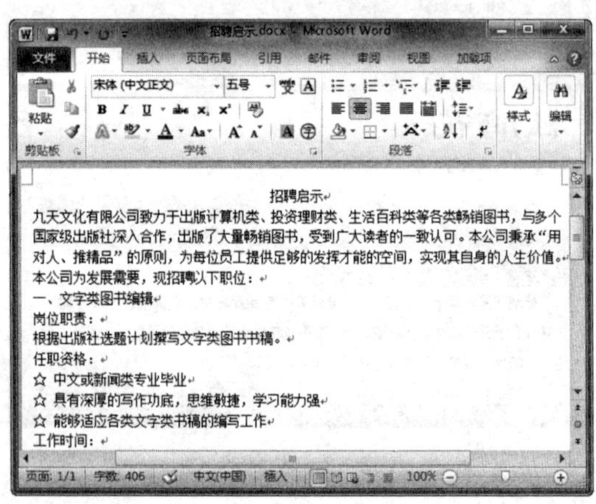

图 3-58　居中对齐

方法 2：通过“段落”对话框设置

Step 01 选中需要设置的段落，单击“段落”扩展按钮，如图 3-59 所示。

Step 02 在弹出的“段落”对话框中单击“对齐方式”下拉按钮，选择“右对齐”选项，然后单击“确定”按钮，如图 3-60 所示。

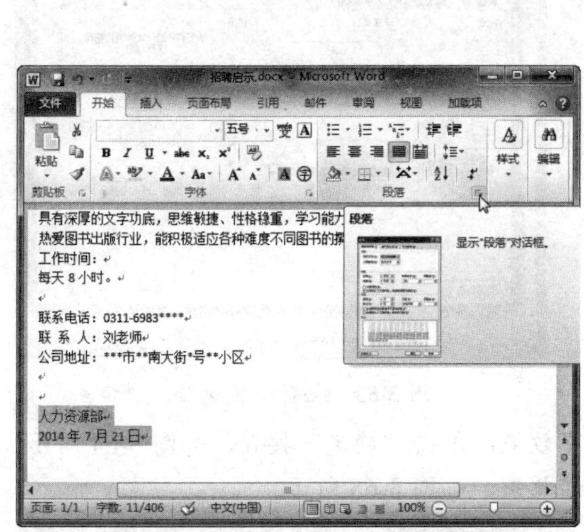

图 3-59　单击“段落”扩展按钮

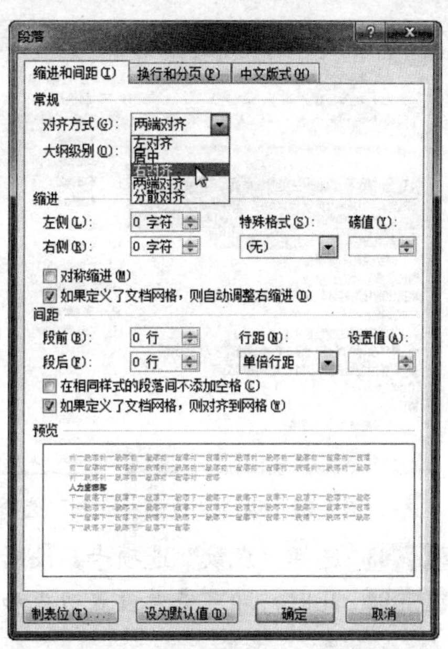

图 3-60　选择“右对齐”选项

Step 03　此时，即可看到段落位于页面右侧边缘位置，如图 3-61 所示。

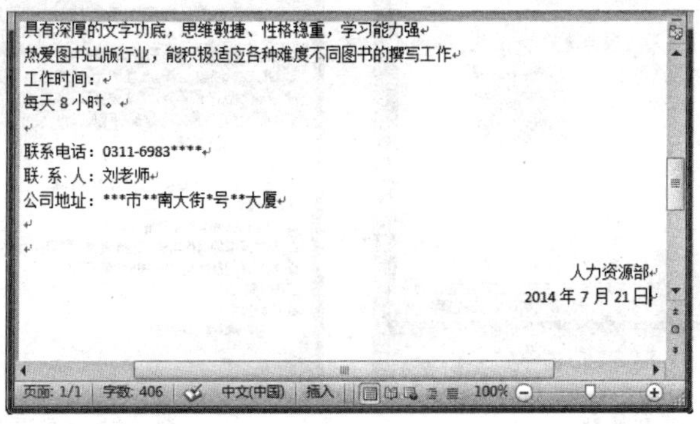

图 3-61　右对齐

方法 3：通过快捷键设置

选中段落后，按【Ctrl+L】组合键，可使段落左对齐；按【Ctrl+R】组合键，可使段落右对齐；按【Ctrl+E】组合键，可使段落居中对齐；按【Ctrl+J】组合键，可使段落两端对齐；按【Ctrl+Shift+J】组合键，可使段落分散对齐。

四、设置段落边框和底纹

为段落添加边框和底纹，不仅可以美化文档，使其赏心悦目，还可以突出显示文档内容。下面将详细介绍如何为段落添加边框和底纹，具体操作方法如下：

Step 01　选中要设置边框和底纹的段落，单击“段落”组中的“边框和底纹”下拉按钮，选择“边框和底纹”选项，如图 3-62 所示。

Step 02　在弹出的“边框和底纹”对话框中设置边框的样式、颜色和宽度，如图 3-63 所示。

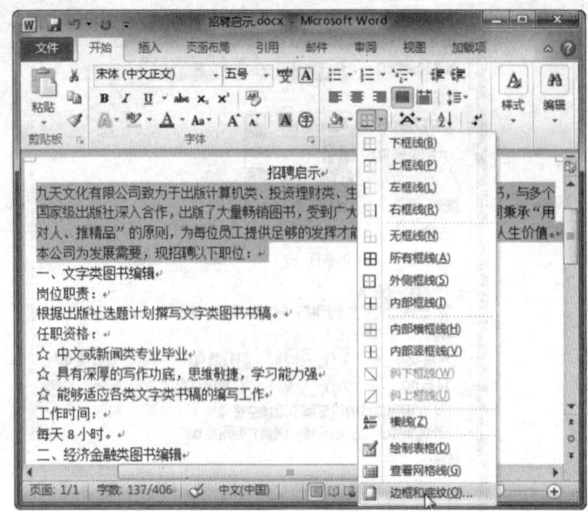

图 3-62 选择“边框和底纹”选项

图 3-63 设置边框选项

Step 03 选择“底纹”选项卡，设置底纹填充效果，单击“确定”按钮，如图 3-64 所示。

Step 04 此时，即可查看设置边框和底纹后的效果，如图 3-65 所示。

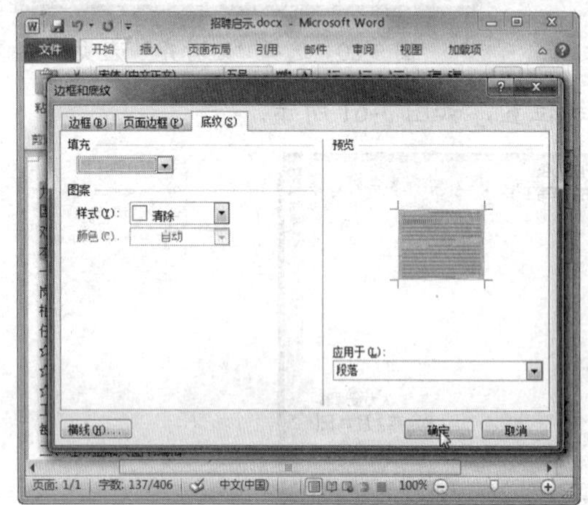

图 3-64 设置底纹

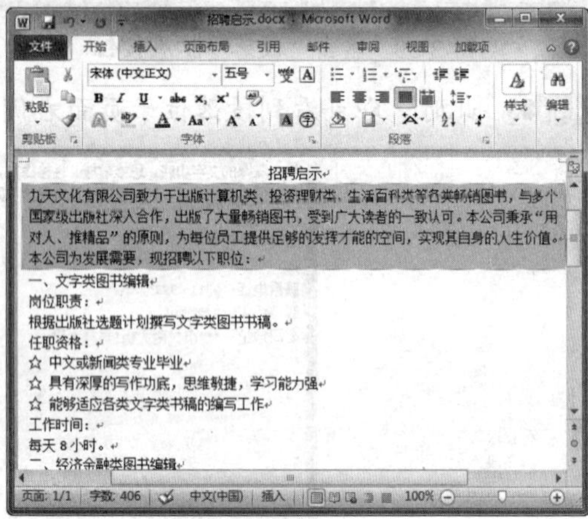

图 3-65 查看设置效果

任务三 添加项目符号和编号

任务概述

在编辑文档的过程中，有时需要为文档添加项目符号或编号，以使文章层次分明，便于阅读。本任务将详细介绍添加项目符号和编号的方法与技巧。

任务重点与实施

一、设置项目符号

用户可以添加预设的项目符号，也可以自定义其他项目符号。下面将通过实例介绍如何应用项目符号，具体操作方法如下：

Step01 打开素材文件“杜鹃花.docx”，选中需要添加项目符号的文本，如图 3-66 所示。

Step02 单击“开始”选项卡下“段落”组中的“项目符号”下拉按钮，在弹出的下拉列表中选择项目符号，如图 3-67 所示。

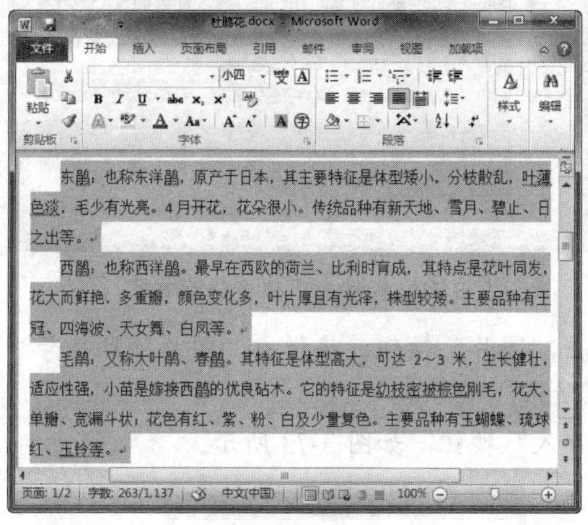

图 3-66　选中文本

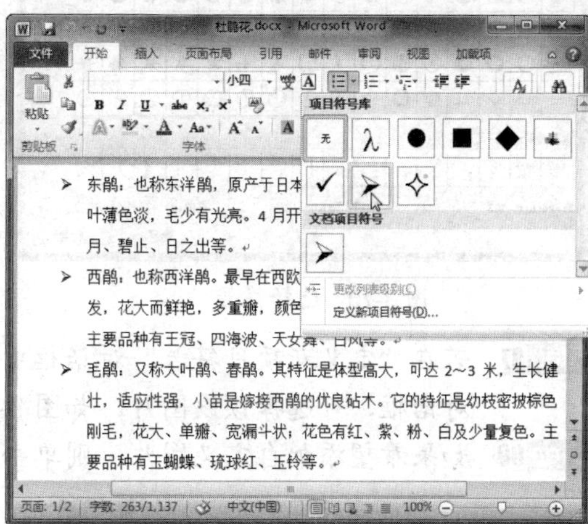

图 3-67　选择项目符号

Step03 若“项目符号”下拉列表中没有满意的项目符号，则选择“定义新项目符号”选项，如图 3-68 所示。

Step04 弹出“定义新项目符号”对话框，可以选择插入“符号”或“图片”。在此单击“符号”按钮，如图 3-69 所示。

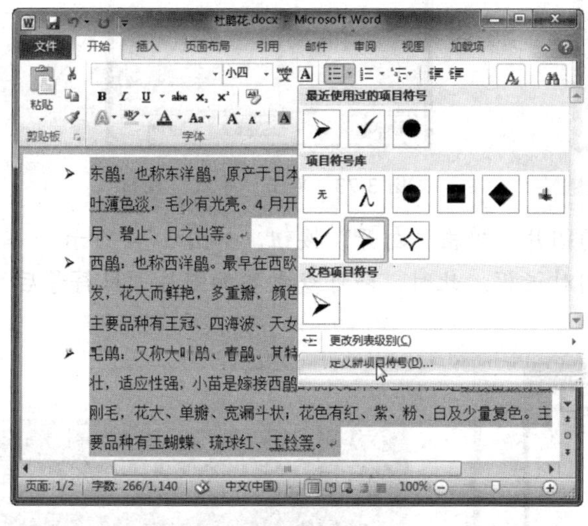

图 3-68　选择“定义新项目符号”选项

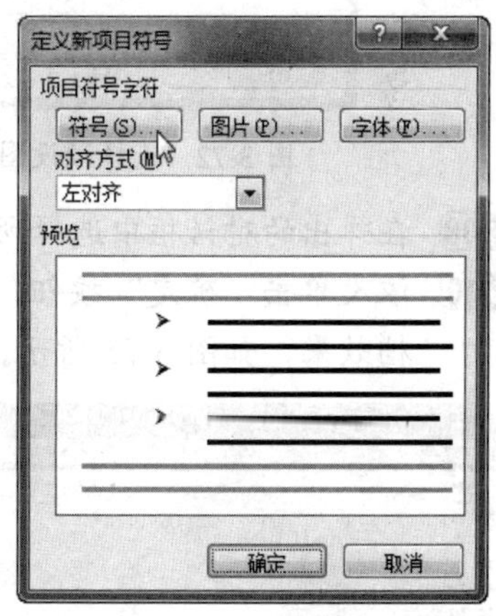

图 3-69　单击“符号”按钮

Step05 在弹出的“符号”对话框框中提供了多种符号，选择所需的符号，然后单击“确定”按钮，如图 3-70 所示。

Step06 返回“定义新项目符号”对话框，单击“确定”按钮。此时，文档中将应用所选的项目符号，如图 3-71 所示。

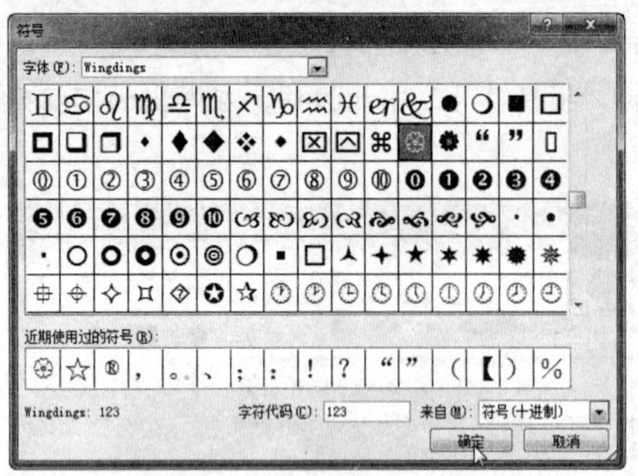

图 3-70　选择符号　　　　图 3-71　查看应用项目符号效果

Step 07 若在“定义新项目符号”对话框中单击“图片”按钮，将弹出“图片项目符号”对话框，可选择预设图片，如图 3-72 所示。

Step 08 如果希望添加自定义图片，则单击“导入”按钮，如图 3-73 所示。

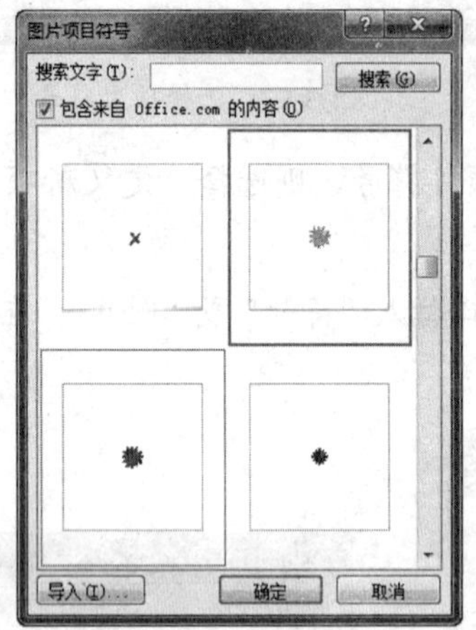

图 3-72　选择预设图片　　　　图 3-73　单击“导入”按钮

Step 09 在弹出的对话框中选择所需的图片，单击“打开”按钮，如图 3-74 所示。

Step 10 依次单击“确定”按钮，关闭对话框。此时，即可查看添加图片项目符号后的文档效果，如图 3-75 所示。

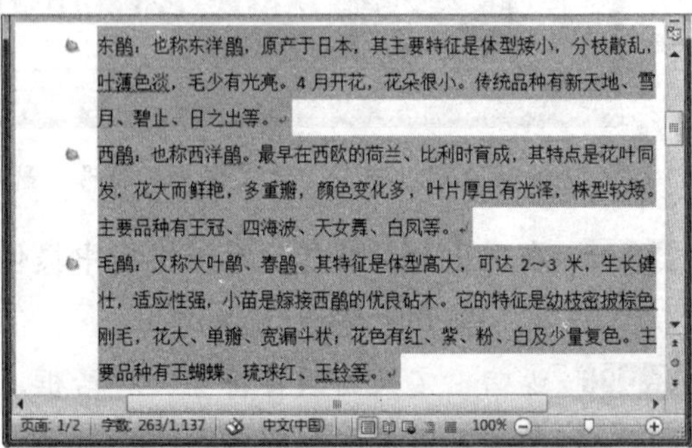

图 3-74　选择图片　　　　图 3-75　查看添加图片项目符号效果

二、设置编号

在文档中插入编号，可以使文档的结构更加有条理。插入编号的具体操作方法如下：

Step 01 打开素材文件“摄影要点.docx”，选中要添加编号的文本，如图 3-76 所示。

Step 02 单击“段落”组中的“编号”下拉按钮，选择编号样式，如图 3-77 所示。

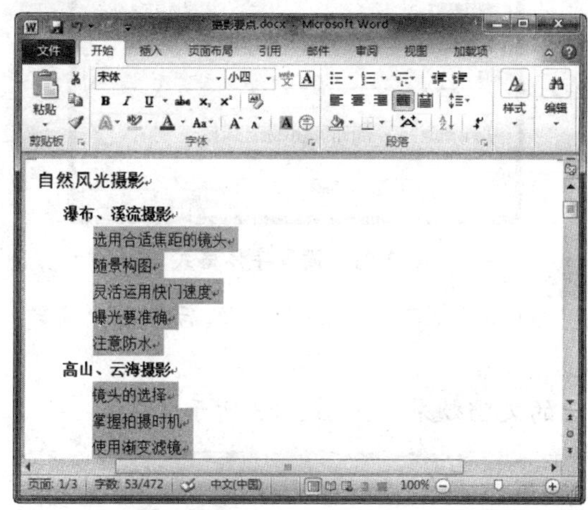

图 3-76　选中文本

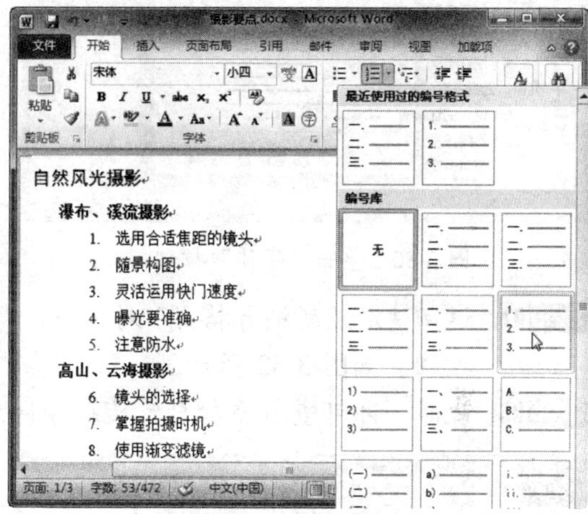

图 3-77　选择编号样式

Step 03 若“编号”下拉列表中没有满意的编号，可选择“定义新编号格式”选项，如图 3-78 所示。

Step 04 弹出“定义新编号格式”对话框，单击“编号样式”下拉按钮，选择所需的编号样式，如图 3-79 所示。

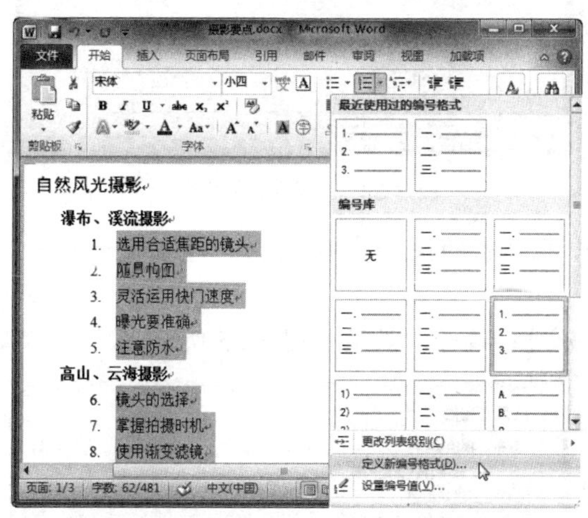

图 3-78　选择“定义新编号格式”选项

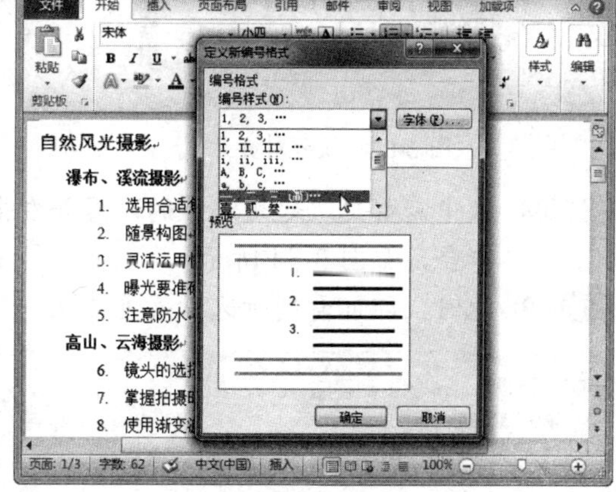

图 3-79　选择编号样式

Step 05 单击“定义新编号格式”对话框中的“字体”按钮，如图 3-80 所示。

Step 06 在弹出的“字体”对话框中设置字体格式，单击“确定”按钮，如图 3-81 所示。

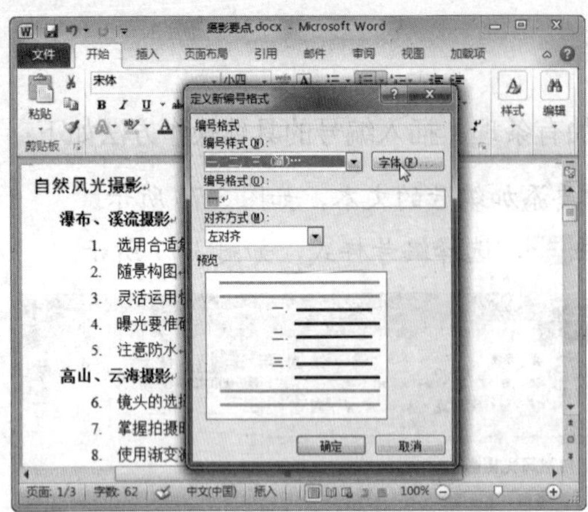

图 3-80　单击“字体”按钮

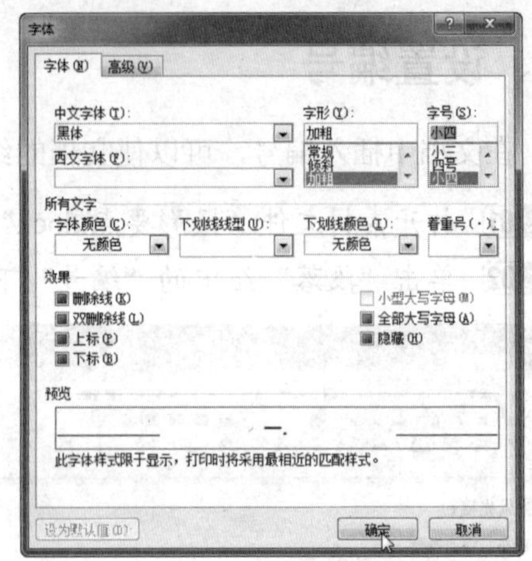

图 3-81　设置字体格式

Step 07　返回“定义新编号格式”对话框，设置“对齐方式”为“居中”，然后单击“确定”按钮，如图 3-82 所示。

Step 08　此时，即可查看添加自定义编号样式后的文档效果，如图 3-83 所示。

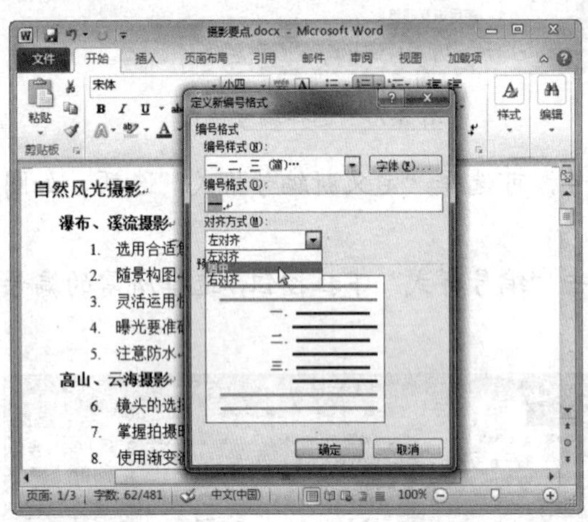

图 3-82　设置对齐方式

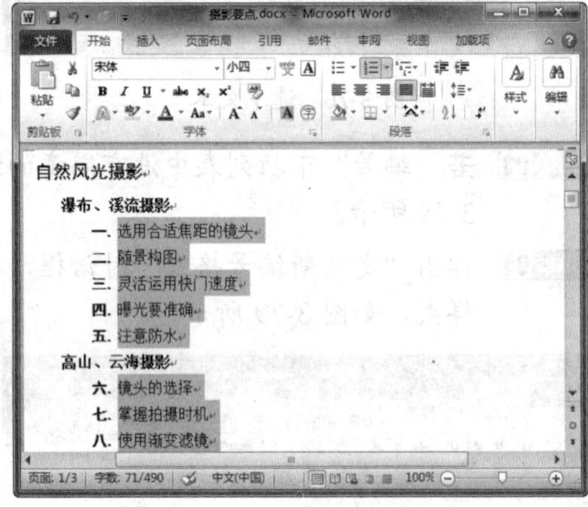

图 3-83　查看编号效果

Step 09　选中需要更改起始编号的段落并右击，在弹出的快捷菜单中选择“重新开始于一”命令，如图 3-84 所示。

Step 10　此时，即可看到所选段落重新从一开始进行编号，效果如图 3-85 所示。

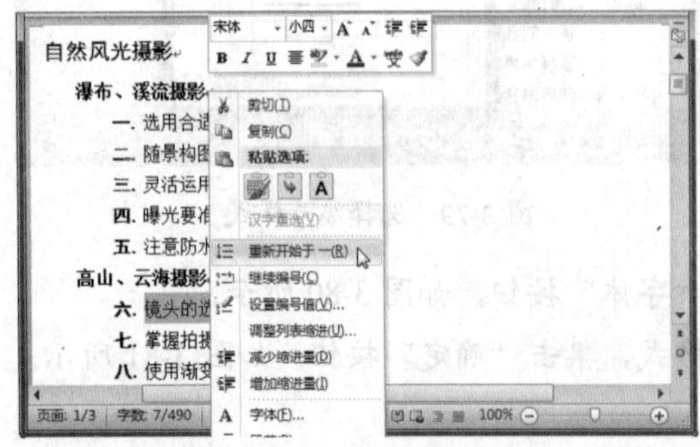

图 3-84　选择“重新开始于一”命令

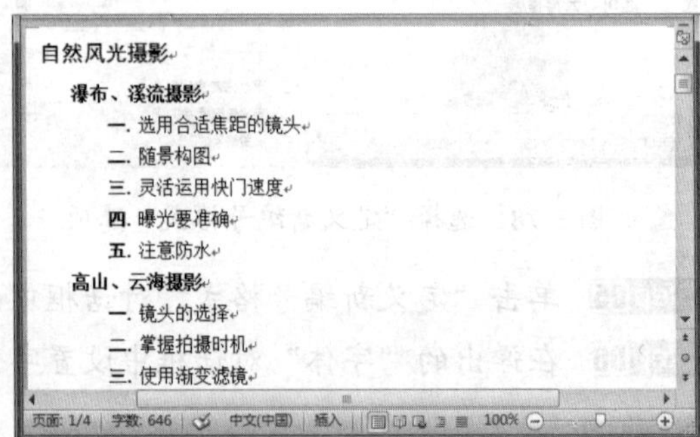

图 3-85　查看重新编号效果

三、设置多级列表编号

如果文档中包含多个编号级别的文本，则可以通过应用多级列表为不同级别的文本添加不同的编号。下面将通过实例对其进行介绍，具体操作方法如下：

Step01 打开素材文件“摄影要点.docx”，选中需要应用多级列表的文本，如图 3-86 所示。

Step02 单击“段落”组中的“多级列表”下拉按钮，选择所需的样式，如图 3-87 所示。

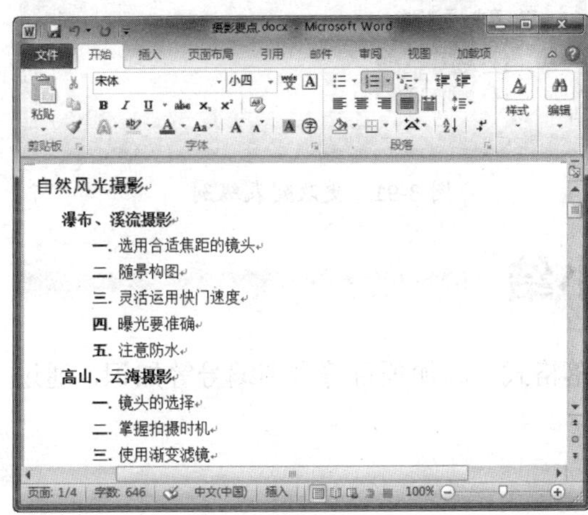

图 3-86　选中文本

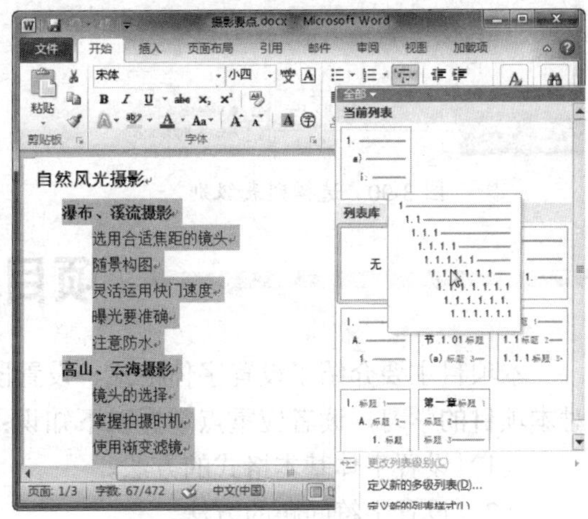

图 3-87　选择多级列表样式

Step03 此时，即可查看添加多级列表后的文档效果，如图 3-88 所示。

Step04 选中需要更改列表级别的文本，如图 3-89 所示。

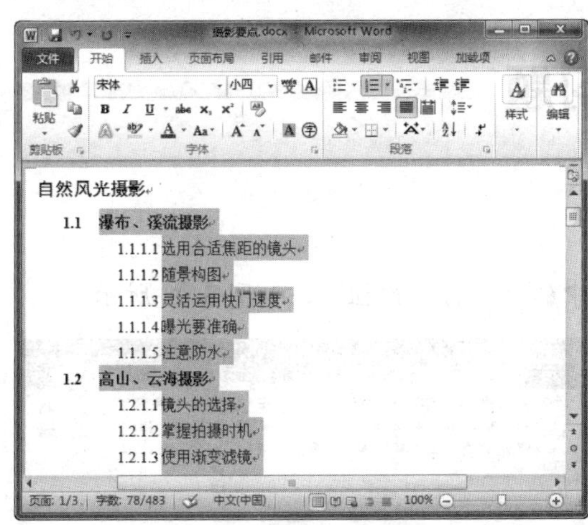

图 3-88　查看文档效果

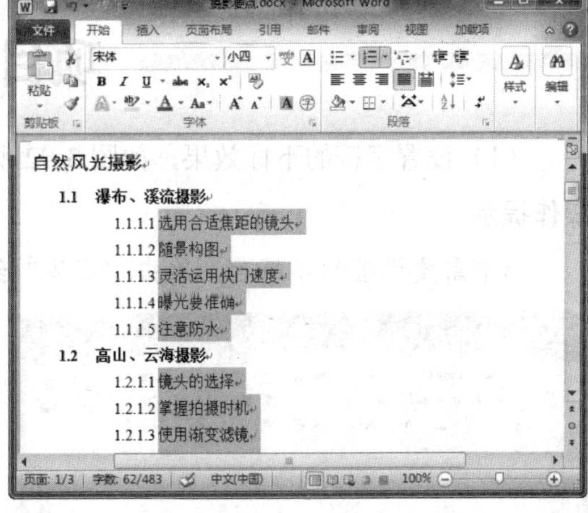

图 3-89　选中文本

Step05 单击“多级列表”下拉按钮，在“更改列表级别”选项中选择所需的级别，如图 3-90 所示。

Step06 此时，即可更改文本的列表级别，效果如图 3-91 所示。

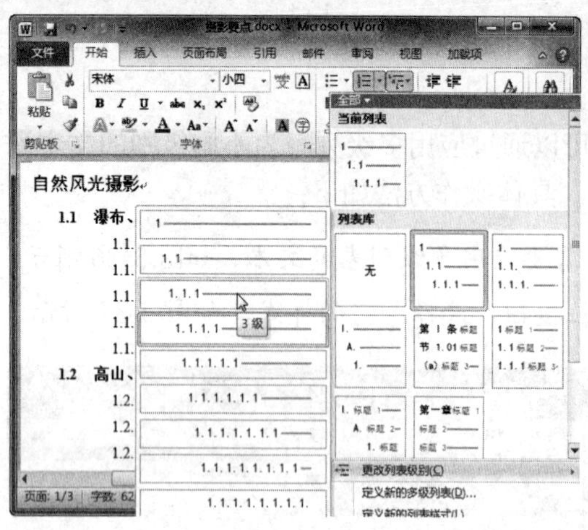

图 3-90　选择列表级别

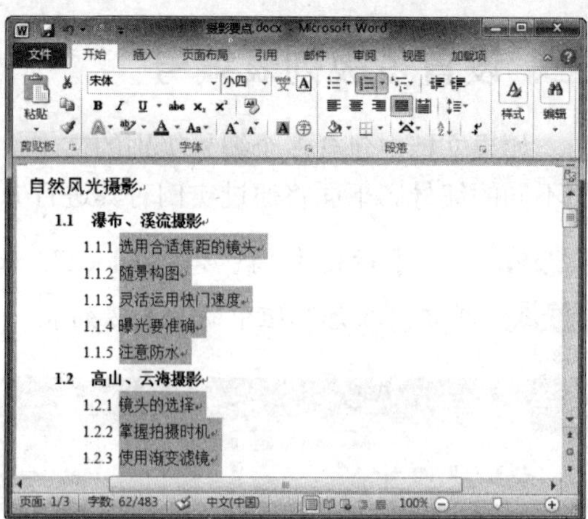

图 3-91　更改列表级别

项目小结

本项目主要介绍了设置字体格式、设置段落格式、添加项目符号和编号等知识，通过对本项目的学习，读者应重点掌握以下知识：

（1）设置字体基本格式的方法。

（2）设置字符间距的方法。

（3）设置文本效果、添加字符边框和底纹的方法。

（4）设置段落缩进、对齐方式、行距和段距的方法。

（5）设置段落边框和底纹的方法。

（6）添加项目符号和编号的方法。

项目习题

（1）设置字符的下标效果，如图 3-92 所示。

操作提示：

选中需要设置的字符后，单击“字体”组中的“下标”按钮，如图 3-93 所示。

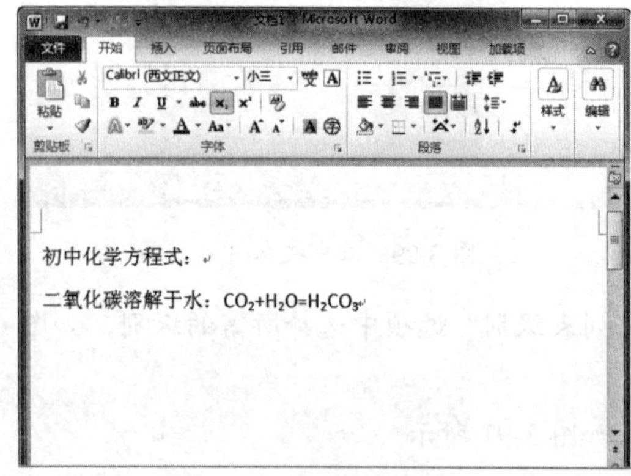

图 1-92　下标效果

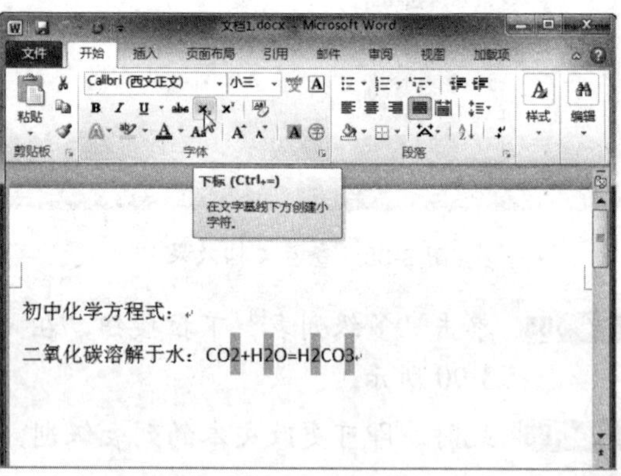

图 1-93　设置下标

选中字符后，按【Ctrl+=】组合键，也可以设置下标；按【Ctrl+Shift+=】组合键，可以设置上标。在“字体”对话框中选中“上标”或“下标”复选框，也可以设置上标或下标。

（2）美化如图 1-94 所示的文档。设置字体格式和段落格式，包括设置文字的字体、字号，设置段落的缩进、对齐方式、行距和段距，效果如图 1-95 所示。

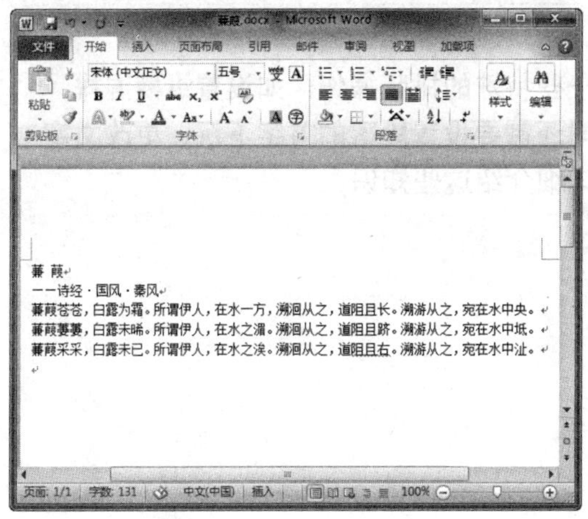

图 1-94　设置格式之前的文档

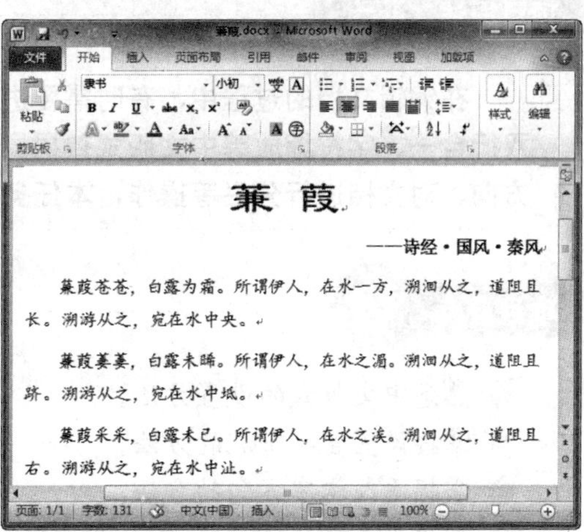

图 1-95　设置格式之后的效果

操作提示：

在“开始”选项卡的“字体”组中可以设置字体、字号，如图 1-99 所示；单击“段落”按钮，在弹出的“段落”对话框中设置段落格式，如图 1-100 所示。

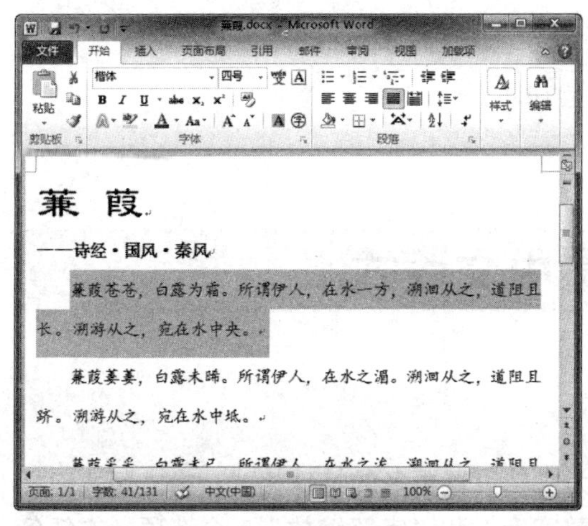

图 1-99　设置字体格式

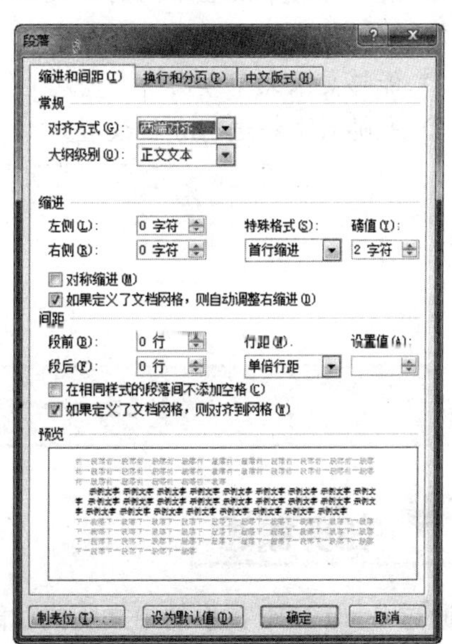

图 1-100　设置段落格式

项目四　文档的特殊排版

项目概述

在编辑文档的过程中，有时需要进行一些特殊的排版操作，如设置纵横混排、双行合一、字符缩放等中文版式效果，有时还需要设置段落的首字下沉、更改文字方向、对文档进行分栏等操作，本任务将详细介绍这些知识。

项目重点

- 熟悉中文版式的设置方法。
- 掌握设置首字下沉的方法。
- 掌握更改文字方向的方法。
- 掌握设置分栏的方法。

项目目标

- 能够为文本设置不同的中文版式效果。
- 能够设置段落的首字下沉。
- 能够更改文字方向。
- 能够对文档进行分栏设置。

任务一　设置中文版式

任务概述

通过 Word 2010 提供的中文版式功能可以为文档设置更多的特殊格式，中文版式包括“纵横混排”、“合并字符”、“双行合一”、“调整宽度”和“字符缩放”5 个选项，本任务将对其进行详细介绍。

任务重点与实施

一、纵横混排

使用“纵横混排”功能可以改变部分文本的排列方向，由纵向变为横向，或由横向变为纵向，从而达到纵向和横向混合排列的特殊格式，比较适用于少量文字。设置纵横混排的具体操作方法如下：

Step 01 选择文本，单击“段落”组中的“中文版式”下拉按钮，在弹出的下拉列表中选择“纵横混排”选项，如图 4-1 所示。

Step 02 弹出“纵横混排”对话框，默认选中“适应行宽”选项，在对话框右侧可以预览纵横混排效果，单击“确定”按钮，如图 4-2 所示。

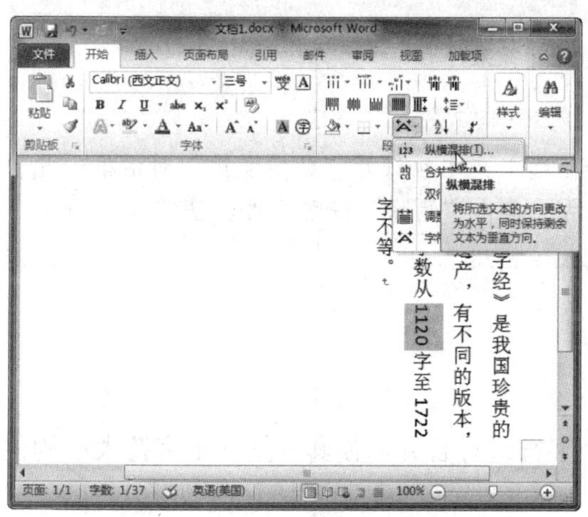

图 4-1　选择“纵横混排”选项

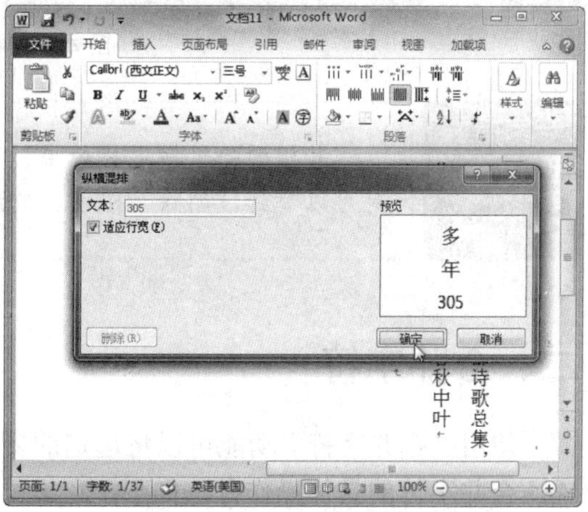

图 4-2　设置纵横混排

Step 03 设置纵横混排后，可以看到数字的方向更改为水平方向，其他文字仍为垂直方向，如图 4-3 所示。

Step 04 若在“纵横混排”对话框中取消选择“适应行宽”复选框，则效果如图 4-4 所示。

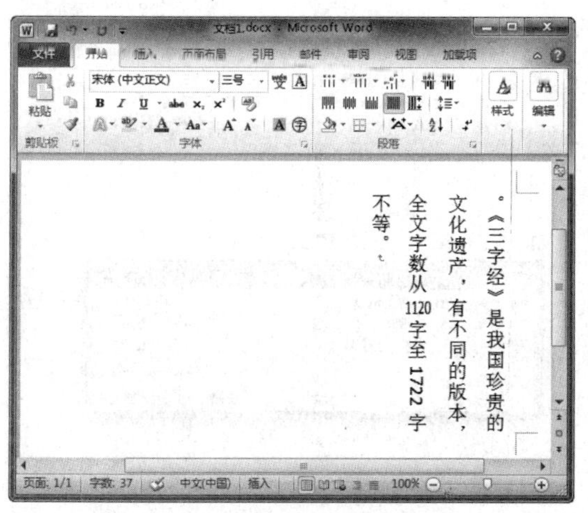

图 4-3　纵横混排效果

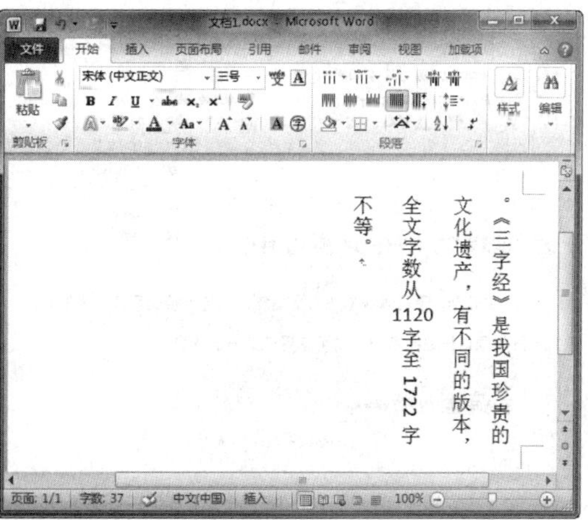

图 4-4　取消适应行宽效果

Step 05 采用同样的方法，也可以将水平方向的文字更改为垂直方向，如图 4-5 所示。

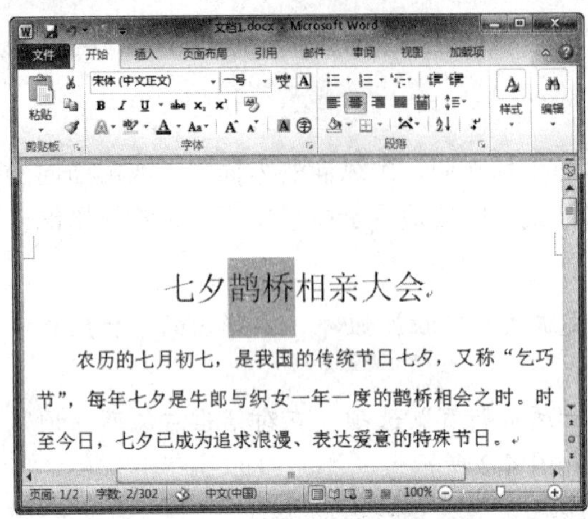

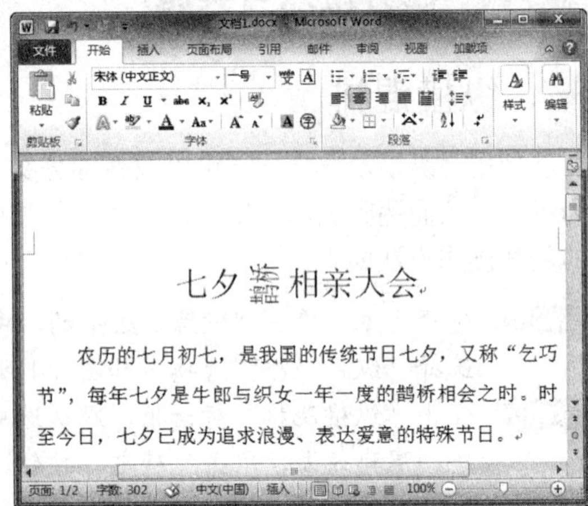

图 4-5 纵横混排效果

专家指导 Expert guidance

若想删除纵横混排效果，可在选中文本后打开“纵横混排”对话框，此时可以看到“删除”按钮已被激活，单击“删除”按钮即可。

二、合并字符

使用“合并字符”功能可以将选定的多个字符进行合并，使其占据一个字符大小的位置。合并字符的具体操作方法如下：

Step 01 选择文本，单击“段落”组中的“中文版式”下拉按钮，在弹出的下拉列表中选择“合并字符”选项，如图 4-6 所示。

Step 02 弹出“合并字符”对话框，在对话框右侧可以预览合并字符效果，单击“确定”按钮，如图 4-7 所示。

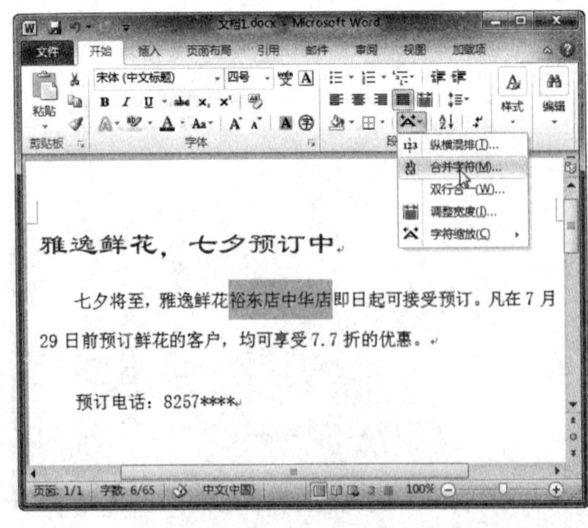

图 4-6 选择“合并字符”选项

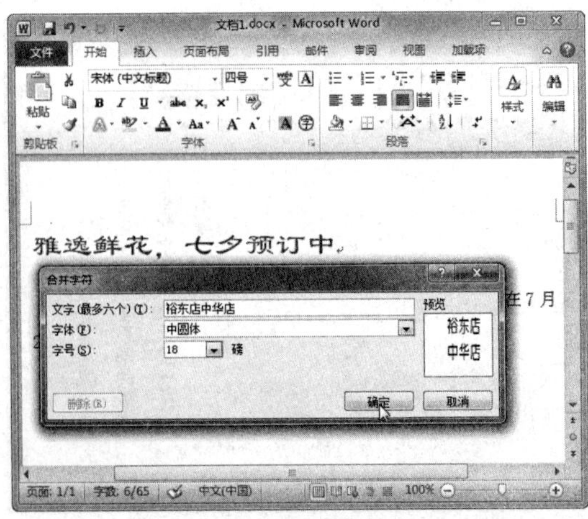

图 4-7 设置合并字符

Step 03 此时，即可将所选字符合并，效果如图 4-8 所示。

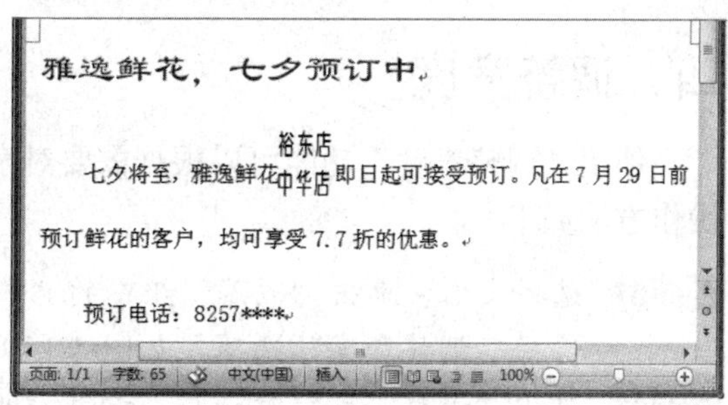

图 4-8　合并字符效果

三、双行合一

“双行合一”功能与“合并字符”功能类似，两者的区别在于合并字符后的字符成为一个字符，而双行合一后的字符可以单独编辑。双行合一的操作方法如下：

Step 01 选择文本，单击“段落”组中的“中文版式”下拉按钮，在弹出的下拉列表中选择“双行合一”选项，如图 4-9 所示。

Step 02 弹出“双行合一”对话框，在对话框下侧可以预览纵横混排效果，单击“确定”按钮，如图 4-10 所示。

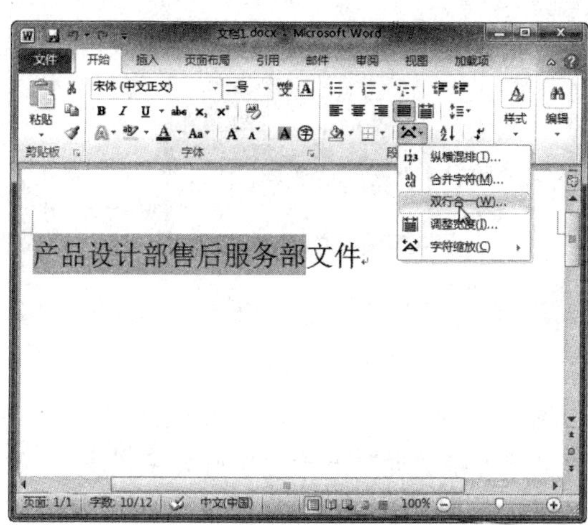

图 4-9　选择“合并字符”选项

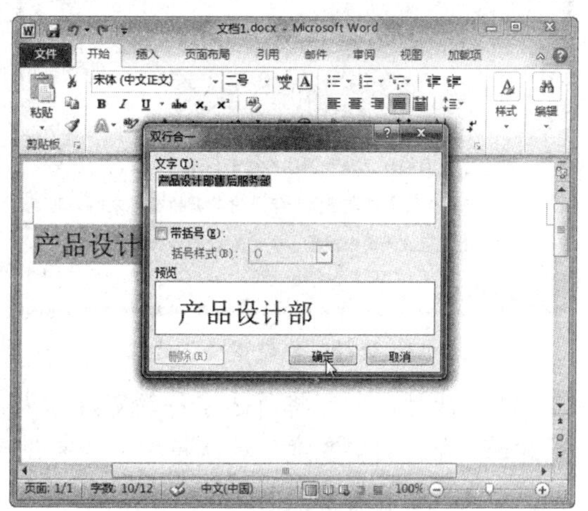

图 4-10　设置纵横混排

Step 03 此时，即可将所选字符进行合并，如图 4-11 所示。

Step 04 根据需要设置字体格式，如图 4-12 所示。

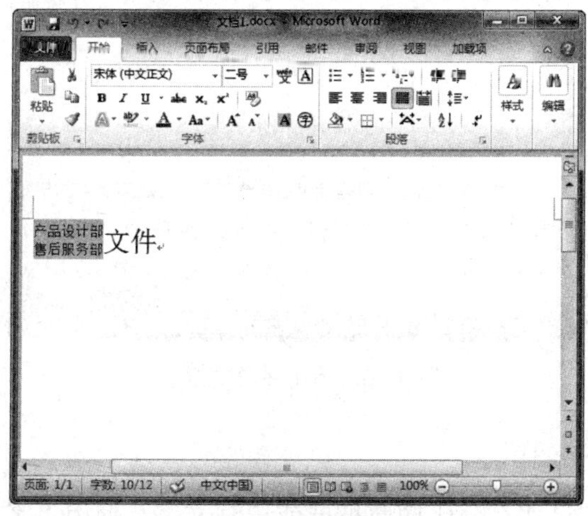

图 4-11　合并字符效果

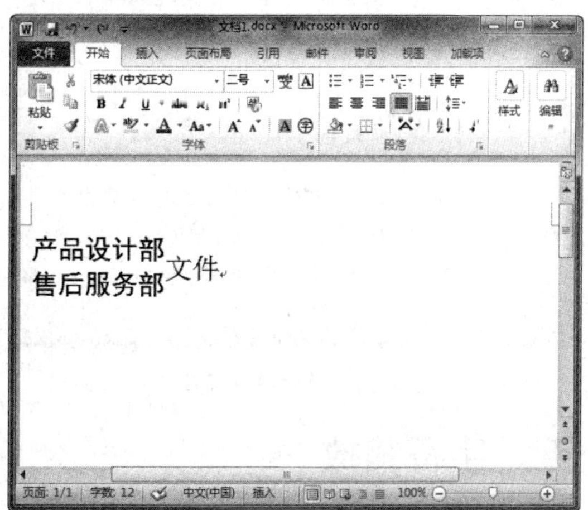

图 4-12　设置字体格式

四、调整宽度

使用“调整宽度”功能可以根据需要对字符的间距和宽度进行调整，调整宽度的具体操作方法如下：

Step 01 选择文本，单击“段落”组中的“中文版式”下拉按钮，在弹出的下拉列表中选择“调整宽度”选项，如图 4-13 所示。

Step 02 弹出“调整宽度”对话框，设置“新文字宽度”为“11 字符”，单击“确定”按钮，如图 4-14 所示。

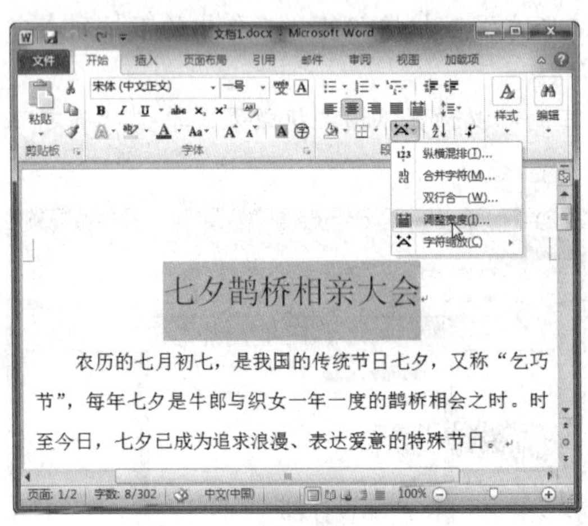

图 4-13　选择“调整宽度”选项

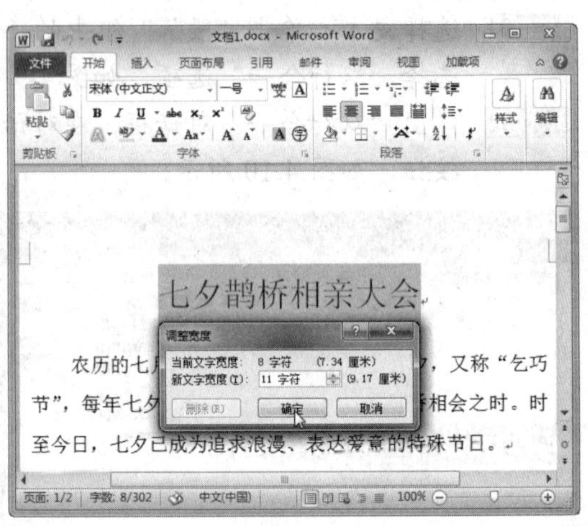

图 4-14　设置文字宽度

Step 03 此时，即可将所选字符的宽度增大，如图 4-15 所示。

Step 04 在“调整宽度”对话框中，如果设置的“新文字宽度”小于“当前文字宽度”，则文字将自动进行缩放，以适应设置的宽度，如图 4-16 所示。

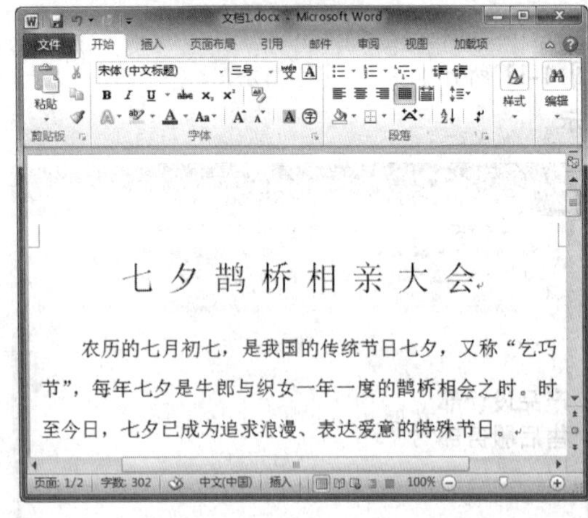

图 4-15　增大字符宽度

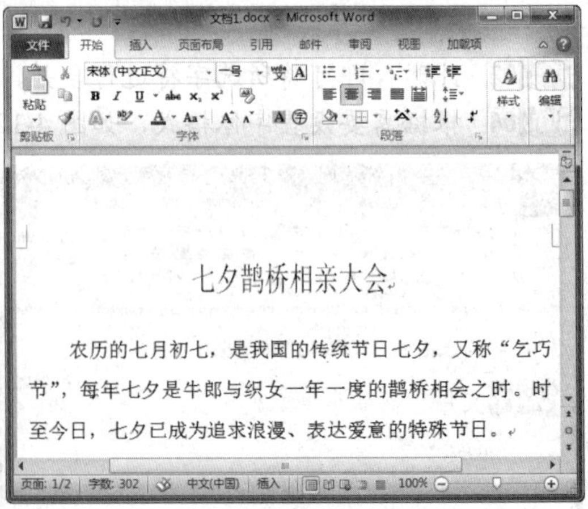

图 4-16　缩小字符宽度

五、字符缩放

通过调整字符缩放比，可以按字符的当前尺寸百分比横向扩展或压缩文字。使用“字符缩放”功能可以根据需要对字符进行缩放调整，字符缩放的具体操作方法如下：

Step01 选择文本，单击“段落”组中的“中文版式”下拉按钮，在弹出的下拉列表中选择“字符缩放”选项，在弹出的列表中选择缩放比例为 80%，如图 4-17 所示。

Step02 此时，即可将所选字符横向压缩，效果如图 4-18 所示。

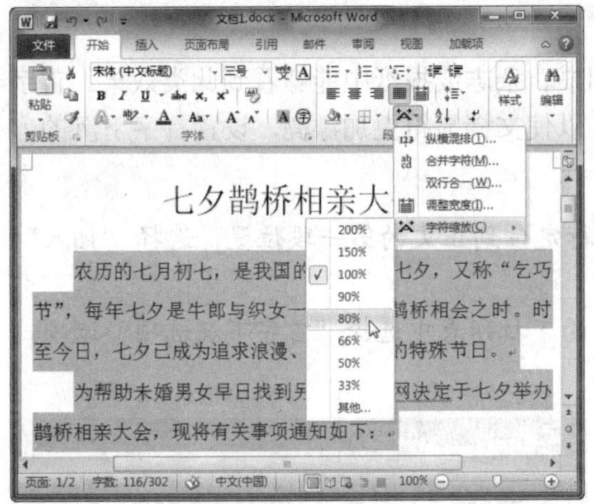

图 4-17　选择缩放比例

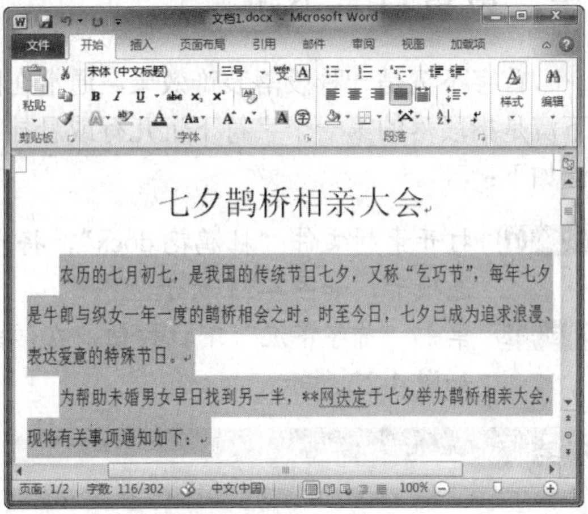

图 4-18　横向压缩字符

Step03 在“字符缩放”选项中选择缩放比例为 150%，如图 4-19 所示。

Step04 此时，即可将所选字符的横向扩展，如图 4-20 所示。

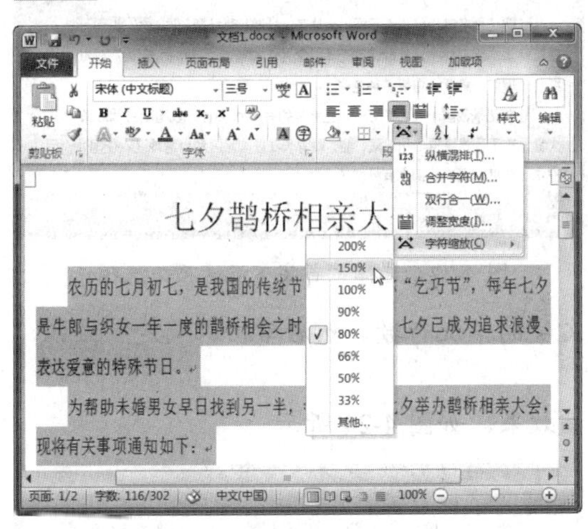

图 4-19　选择缩放比例

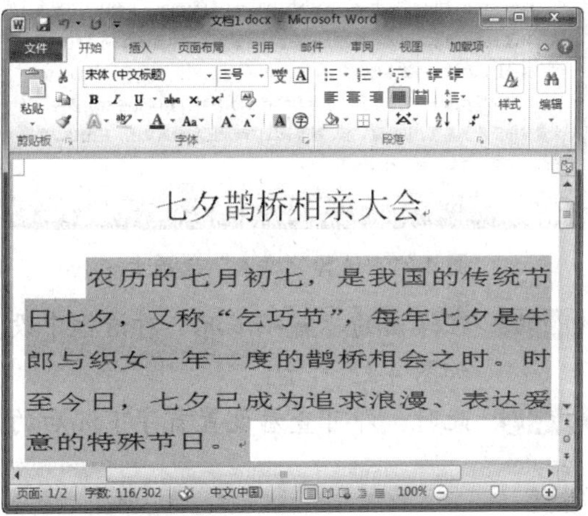

图 4-20　横向扩展字符

任务二　使用特殊排版方式

任务概述

在一些特殊环境下，需要设置段落的首字下沉，更改文字的方向，对文档进行分栏等，本任务将对这些知识进行详细介绍。

任务重点与实施

一、设置首字下沉

首字下沉是一种段落装饰效果，通常在图书、杂志或报纸中能够看到此类效果。首字下沉是指段落的第一个字符下沉几行或悬挂，以使文档显得更加漂亮。设置首字下沉的方法如下：

Step 01 打开素材文件“杜鹃花.docx”，将光标定位到正文的第一段位置，选择“插入”选项卡，如图 4-21 所示。

Step 02 单击“首字下沉”下拉按钮，在弹出的下拉列表中选择“首字下沉选项”选项，如图 4-22 所示。

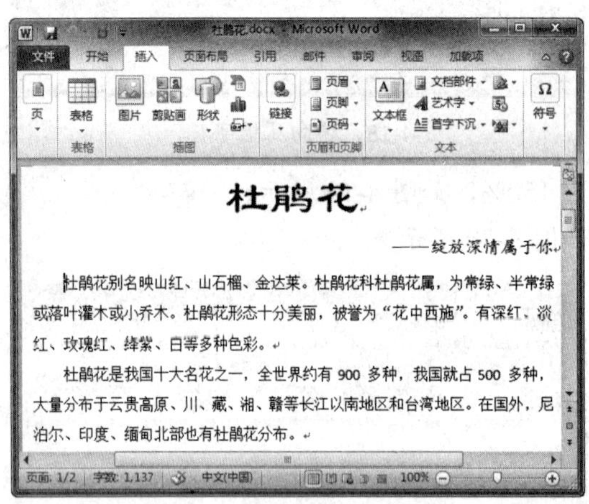

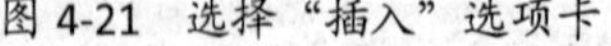
图 4-21 选择“插入”选项卡

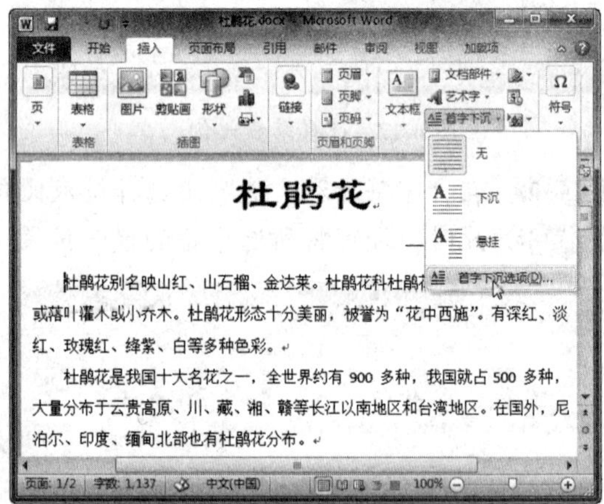

图 4-22 选择“首字下沉选项”选项

Step 03 在弹出的“首字下沉”对话框中设置文字的下沉行数，然后单击“确定”按钮，如图 4-23 所示。

Step 04 此时，即可查看设置首字下沉后的文档效果，如图 4-24 所示。

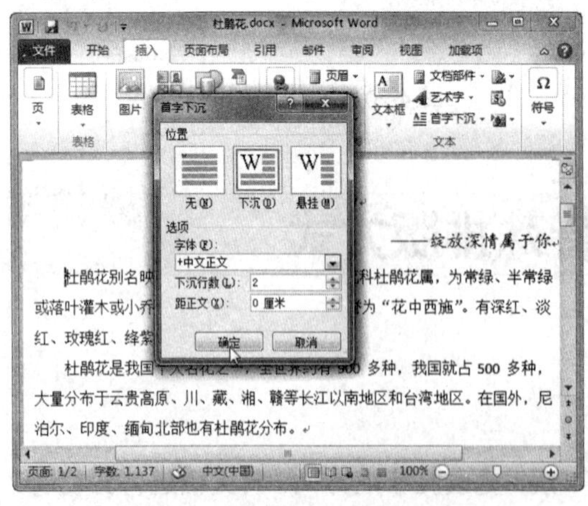

图 4-23 设置首字下沉

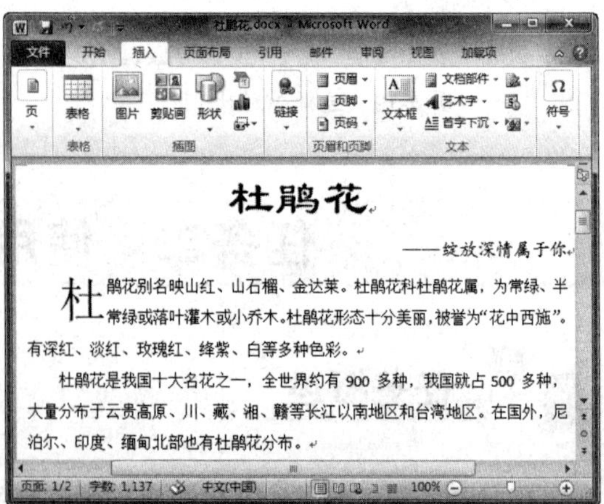

图 4-24 首字下沉效果

在“首字下沉”下拉列表中选择“下沉”或“悬挂”选项，Word 会以默认格式设置首字下沉或悬挂；选择“无”选项，即可取消首字下沉或悬挂。

二、设置文字方向

用户可以根据需要设置文档中的文字方向，具体操作方法如下：

Step 01 打开素材文件“杜鹃花.docx”，选择“页面布局”选项卡，如图 4-25 所示。

Step 02 在“页面设置”组中单击“文字方向”下拉按钮，在弹出的下拉列表中提供了多种文字方向选项，如图 4-26 所示。

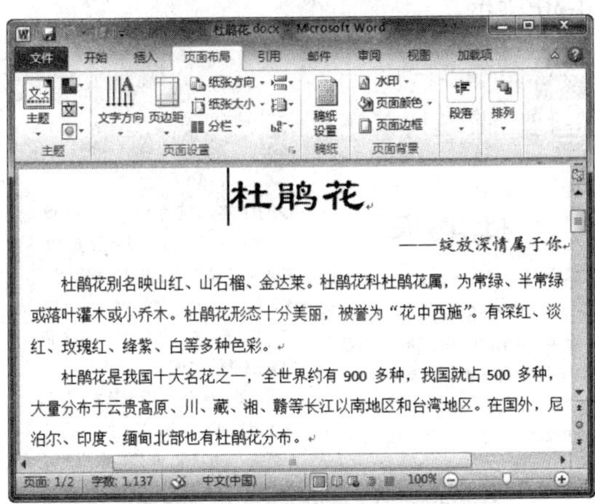

图 4-25 选择“页面布局”选项卡

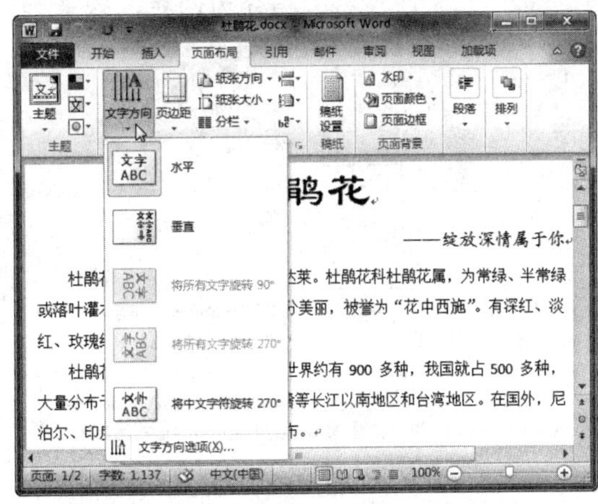

图 4-26 单击“文字方向”下拉按钮

Step 03 如选择“垂直”选项，文档中的文字将垂直排列，效果如图 4-27 所示。

Step 04 在“文字方向”下拉列表中选择“文字方向选项”选项，在弹出的对话框中也可以设置文字方向，如图 4-28 所示。

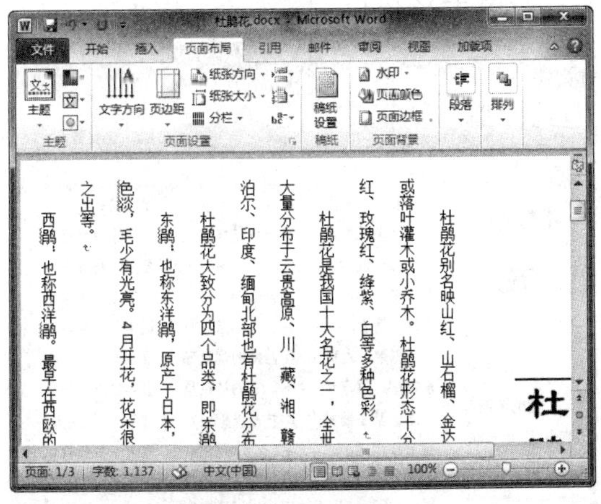

图 4-27 垂直排列文字

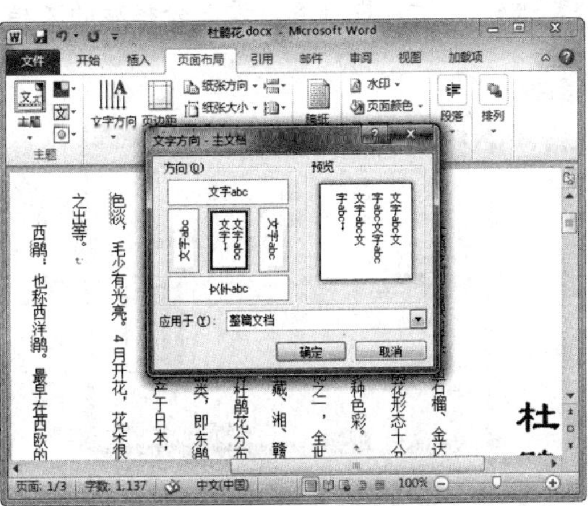

图 4-28 设置文字方向

三、分栏排版

在 Word 文档处理过程中，分栏是比较常用的操作之一，在很多报刊与杂志上常可以看到一个版面上有多栏内容。使用分栏可增加页面的灵活性，使文章版面显得活泼生动。下面将介绍对文档进行分栏的方法。

1. 创建分栏

在 Word 2010 中创建分栏很简单，具体操作方法如下：

Step 01 打开素材文件“杜鹃花.docx”，单击“页面布局”选项卡下“页面设置”组中的“分栏”下拉按钮，在弹出的下拉列表中可选择相应的选项，如选择“两栏”，如图 4-29 所示。

Step 02 此时即可将文档分为两栏，效果如图 4-30 所示。

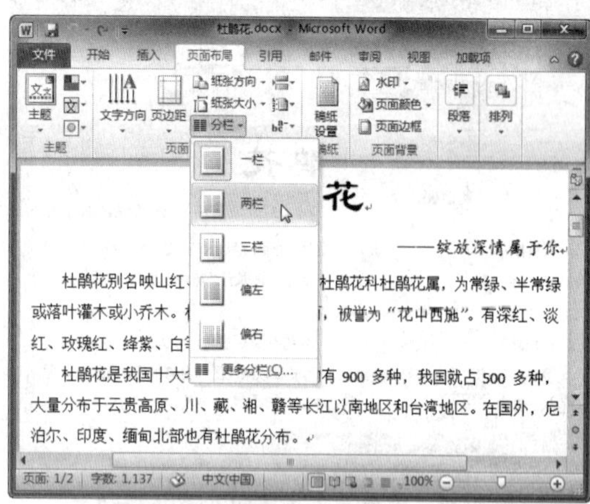

图 4-29 选择“两栏”选项

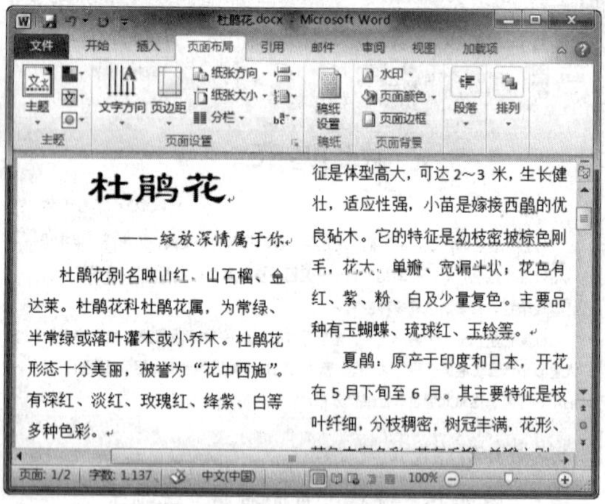

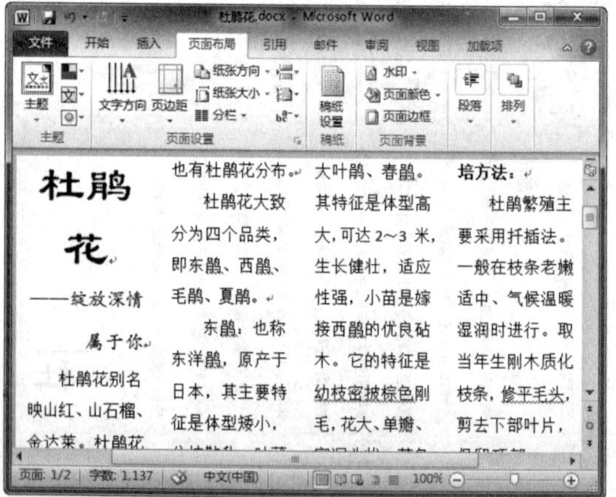

图 4-30 分栏效果

Step 03 在“分栏”下拉列表中选择“更多分栏”选项，在弹出的“分栏”对话框中可以设置分栏数，如设置为 4 栏，如图 4-31 所示。

Step 04 此时，即可查看设置分栏后的文档效果，如图 4-32 所示。

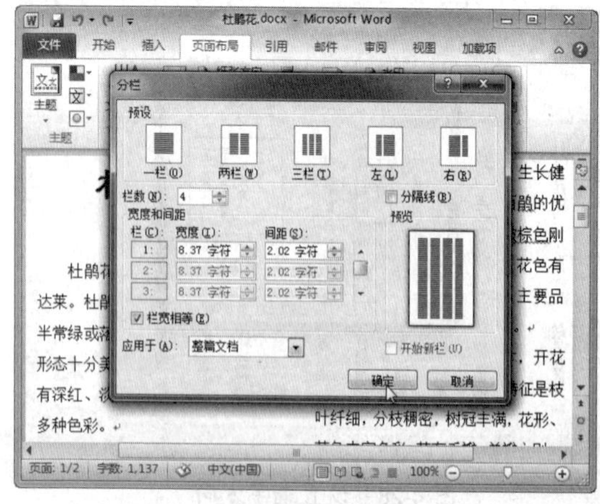

图 4-31 设置栏数

图 4-32 四栏效果

2. 调整栏宽

在对文档进行分栏时，有时可能需要将栏宽设置为不相等的分栏效果。在“分栏”下拉列表中提供了双栏偏左、双栏偏右两种选项，还可以根据需要进行更为具体的设置。调整栏宽的具体操作方法如下：

Step 01 打开素材文件“杜鹃花.docx”并打开“分栏”对话框，设置“栏数”为 2，取消选择“栏宽相等”复选框，设置栏宽和间距，然后单击“确定”按钮。如图 4-33 所示。

Step 02 此时即可将文档分为栏宽不相等的两栏，效果如图 4-34 所示。

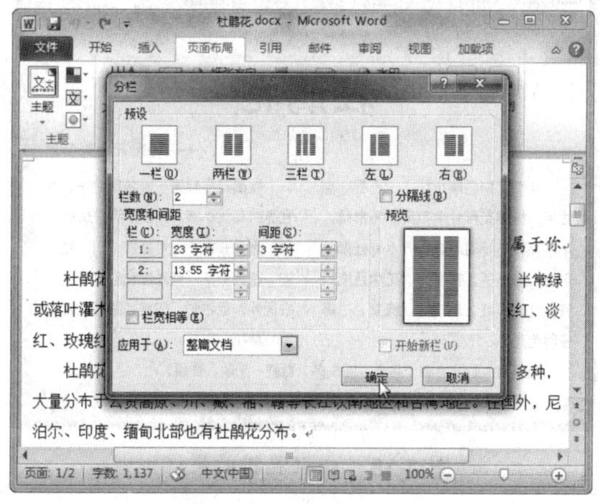

图 4-33　设置分栏选项

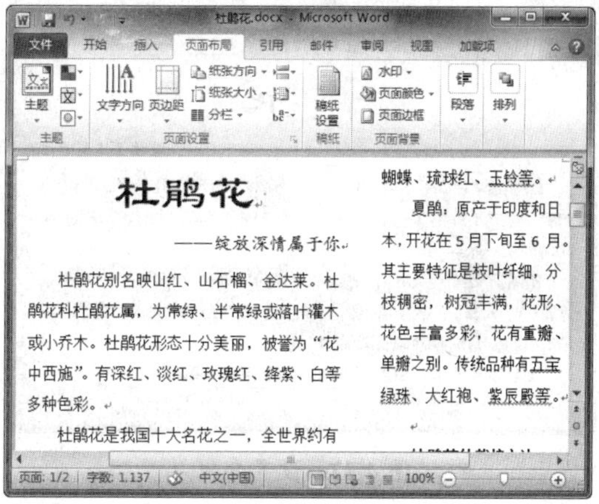

图 4-34　分栏效果

3. 添加分隔线

在设置分栏时，可以让各栏之间显示一条分隔线，以使分栏边界看起来更加明显，具体操作方法如下：.

Step 01 打开素材文件“杜鹃花.docx”并打开“分栏”对话框，选中“3 栏”单选按钮，选中“分隔线”复选框，然后单击“确定”按钮。如图 4-35 所示。

Step 02 此时即可看到添加分隔线后的分栏效果，如图 4-36 所示。

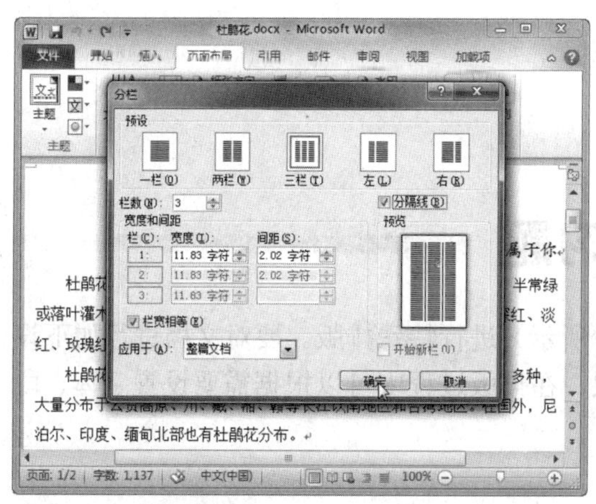

图 4-35　设置分栏选项

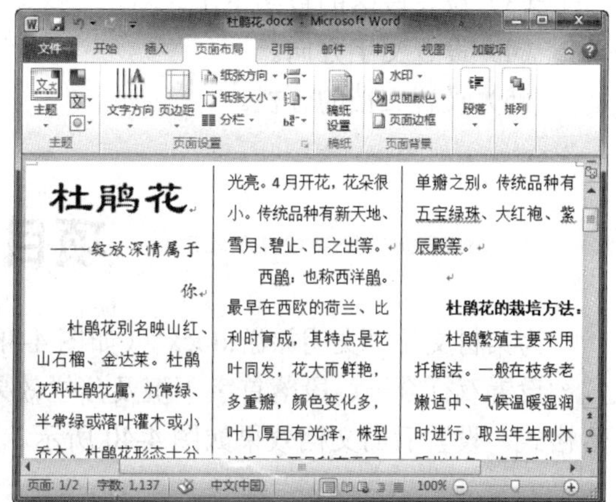

图 4-36　添加分隔线效果

4．分栏混排

在不选择文档内容的情况下，分栏针对的是整篇文档，若要对文档中的某一部分进行分栏，而其他部分不分栏，可在选中内容后进行分栏，具体操作方法如下：

Step 01 打开素材文件“杜鹃花.docx”后选择需要分栏的内容，单击“分栏”下拉按钮，在弹出的下拉列表中选择“两栏”选项，如图 4-37 所示。

Step 02 此时即可看到分栏混排的效果，如图 4-38 所示。

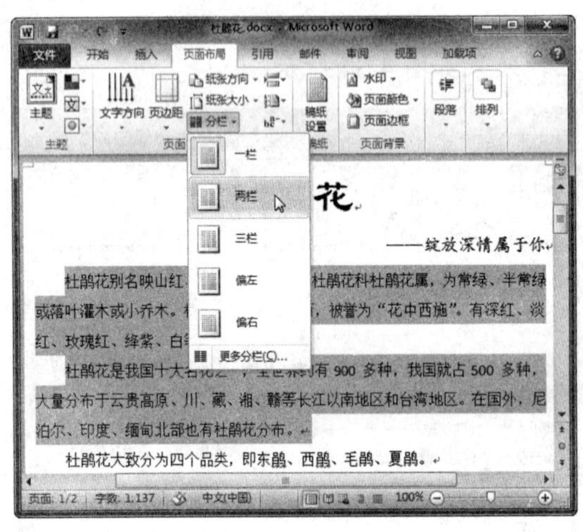

图 4-37　设置分栏

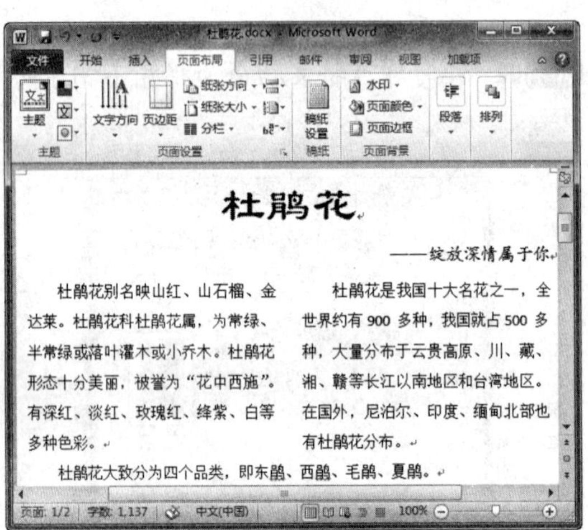

图 4-38　分栏混排效果

项目小结

本项目主要介绍了设置中文格式效果、设置段落的首字下沉、更改文字的方向，以及文档的分栏等知识，通过对本项目的学习，读者应重点掌握以下知识：

（1）设置文本不同的中文版式效果。

（2）设置字符间距的方法。

（3）设置段落的首字下沉。

（4）设置文字方向。

（5）设置文档的分栏。

项目习题

为素材文件“文明旅游.docx”（如图 4-39 所示）进行特殊排版。要对文档进行如下设置：设置双行合一、段落首字下沉及分栏效果，在排版过程中可以根据需要设置字体、段落格式，设置后的文档效果如图 4-40 所示。

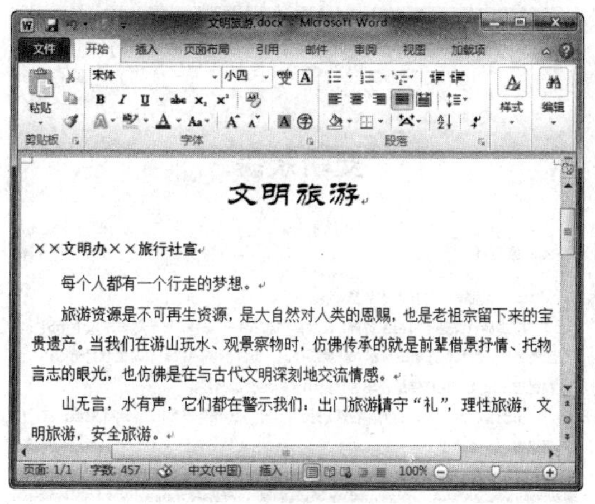

图 4-39　素材文件

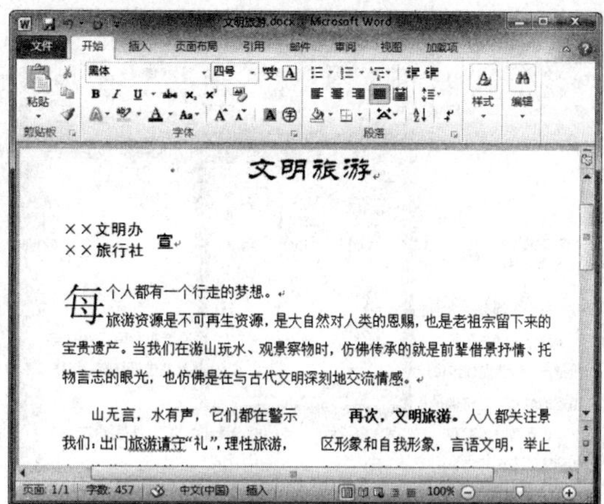

图 4-40　设置文档效果

操作提示：

（1）设置双行合一

① 选择文本，单击“段落”组中的“中文版式”下拉按钮，在弹出的下拉列表中选择“双行合一”选项，如图 4-41 所示。

② 在弹出的对话框中单击“确定”按钮，然后适当地调整字号大小及字符间距，效果如图 4-42 所示。

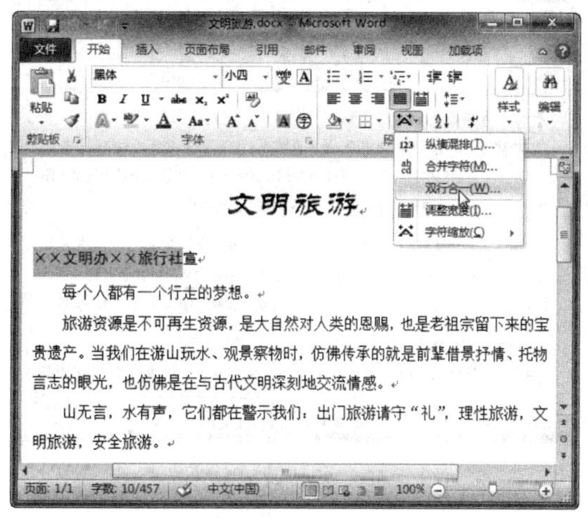

图 4-41　选择“双行合一”选项

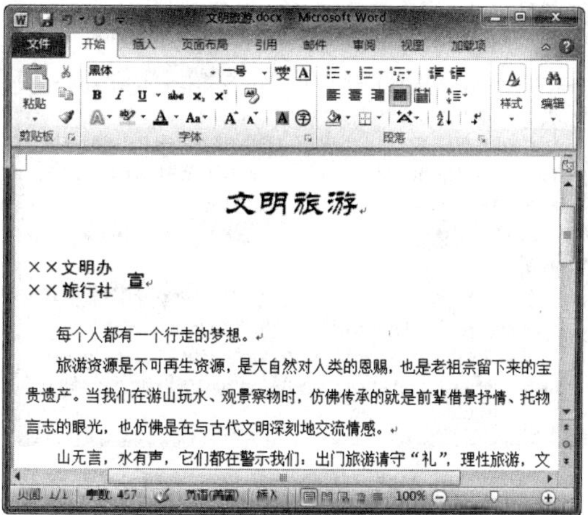

图 4-42　双行合一效果

（2）设置首字下沉

① 定位光标，单击“插入”选项卡下“文本”组中的“首字下沉”下拉按钮，在弹出的下拉列表中选择“首字下沉选项”。

② 在弹出的对话框中设置下沉选项，单击“确定”按钮，如图 4-43 所示。此时，即可设置段落的首字下沉，如图 4-44 所示。

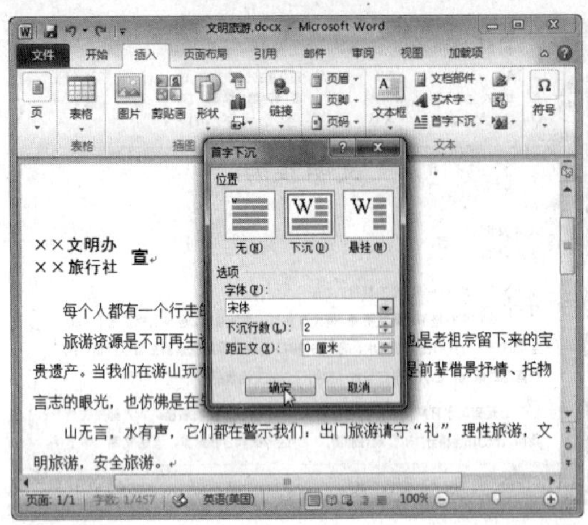

图 4-43　设置首字下沉

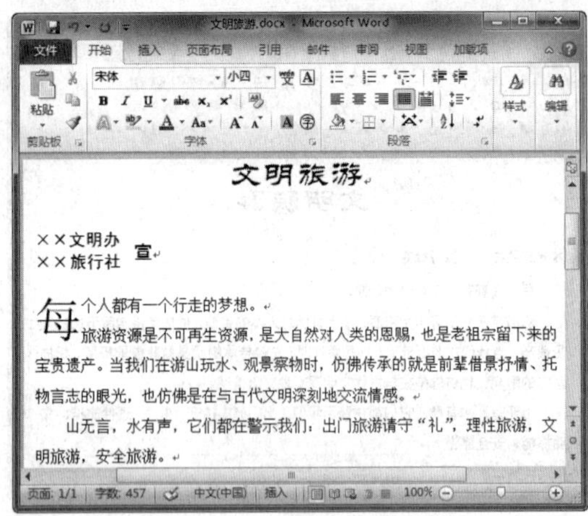

图 4-44　首字下沉效果

（3）设置分栏

① 选择文本，单击“页面布局”选项卡下“页面设置”组中的“分栏”下拉按钮，在弹出的下拉列表中选择“两栏”选项，如图 4-45 所示。

② 此时，即可将所选文本分为两栏，调整分栏与未分栏段落的间距，即可得到最终效果，如图 4-46 所示。

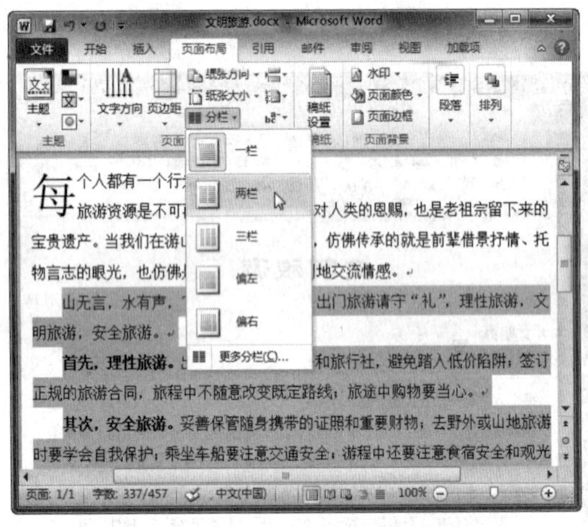

图 4-45　选择“两栏”选项

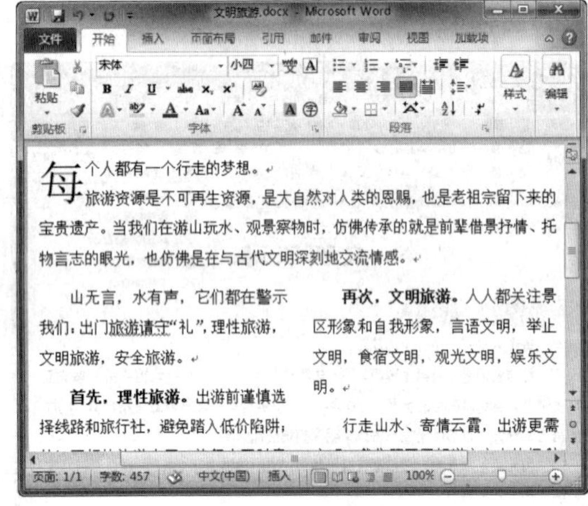

图 4-46　文档最终效果

项目五　Word 文档图文混排

项目概述

除了编辑文本外，在 Word 文档中还可以通过添加多种元素来丰富文档，如艺术字、图片、文本框和 SmartArt 图形等。本项目将详细介绍如何制作图文混排的 Word 文档，其中包括添加艺术字、添加图片、添加文本框、添加形状，以及添加 SmartArt 图形和添加图表等。

项目重点

- 掌握插入和编辑文本框的方法。
- 掌握插入和编辑艺术字的方法。。
- 掌握插入和编辑形状的方法。
- 掌握插入和编辑图片的方法。
- 了解 SmartArt 图形的种类，掌握其插入和编辑方法。
- 了解图表的种类，掌握其插入和编辑方法。

项目目标

- 能够在文档中添加文本框，并对其进行编辑。
- 能够在文档中添加艺术字，并设置其格式。
- 能够在文档中插入形状，并可以从中输入文字、设置其格式，以及对多个形状进行对齐和组合操作。
- 能够在文档中插入剪贴画、图片、屏幕截图，能够截剪图片、删除图片背景、设置图片样式。
- 能够在文档中插入和编辑 SmartArt 图形。
- 能够在文档中插入和编辑图表。

任务一　添加文本框

任务概述

文本框是一种图形对象，作为存放文本或图形的容器，它可以放置在页面的任意位置，也可以根据需要调整其大小。本任务将详细介绍插入和编辑文本框的方法。

任务重点与实施

一、插入文本框

用户可以直接使用 Word 内置的文本框样式，也可以手动绘制文本框。根据文本框中文本的方向，可分为横排和竖排两种。下面以绘制横排文本框为例，介绍如何绘制文本框，具体操作方法如下：

Step 01 打开素材文件“杜鹃花.docx”，选择“插入”选项卡，单击“文本”组中的“文本框”下拉按钮，选择“绘制文本框”选项，如图 5-1 所示。

Step 02 当鼠标指针呈十形状时，在目标位置处按住鼠标左键并拖动鼠标绘制文本框，如图 5-2 所示。

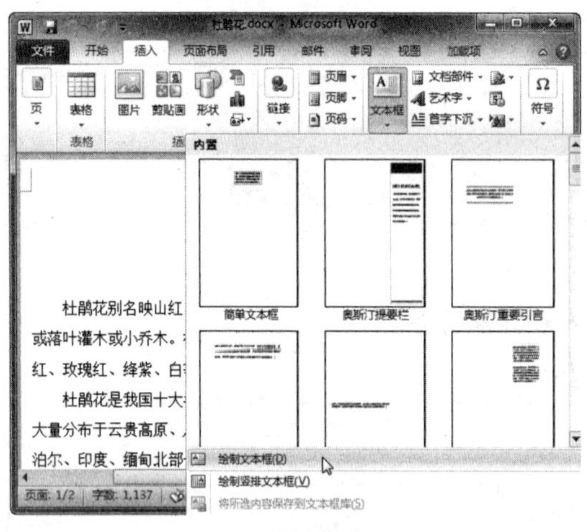

图 5-1　选择“绘制文本框”选项

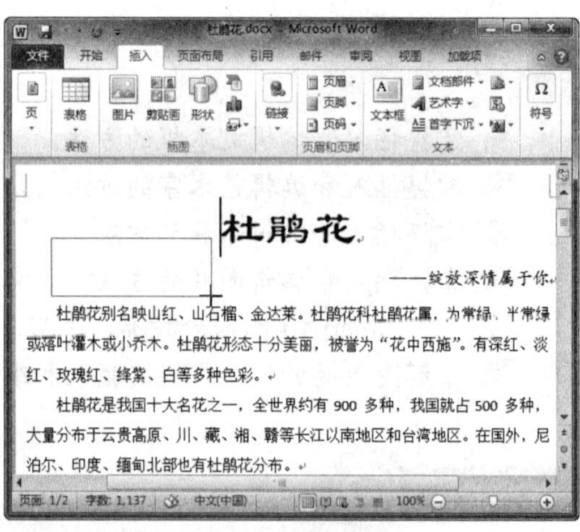

图 5-2　绘制文本框

Step 03 在绘制的文本框中输入文字内容，如图 5-3 所示。

若先选中文档中的对象（如选中文本或图形），再选择“文本框”下拉列表中的“绘制文本框”选项，则会以所选对象为内容创建文本框；若在“文本框”下拉列表中选择 Word 内置的文本框，可直接将文本框插入到文档中，并应用所选样式。

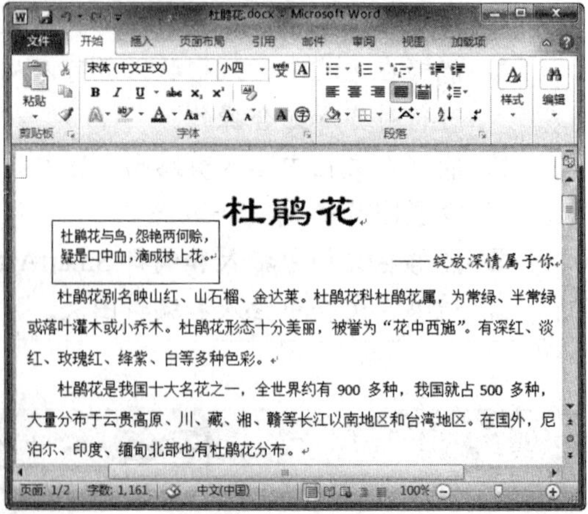

图 5-3　输入文字内容

专家指导 Expert guidance

在绘制文本框时，按住【Shift】键的同时拖动鼠标，将绘制一个正方形的文本框；按住【Ctrl】键的同时拖动鼠标，将从中心向外绘制正方形的文本框。

二、编辑文本框

在文档中插入文本框后，可以根据需要对文本框和其中的文字进行相应的设置，下面将介绍如何编辑文本框，具体操作方法如下：

Step01 选中文本框中的文字，在“开始”选项卡中设置字体与字号，如图 5-4 所示。

Step02 拖动文本框周围的控制点，可以调整文本框的大小，如图 5-5 所示。

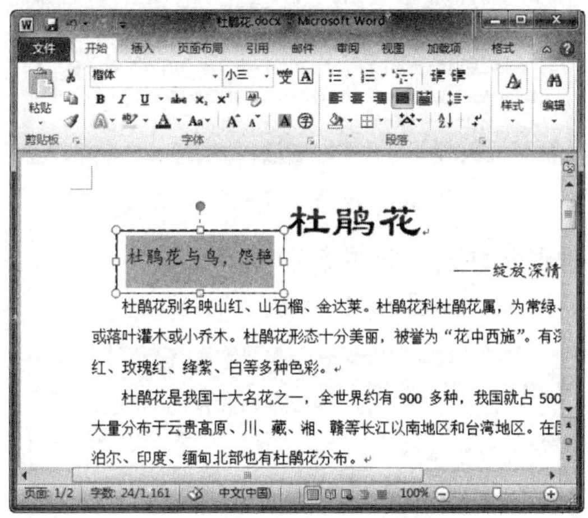

图 5-4　设置字体与字号

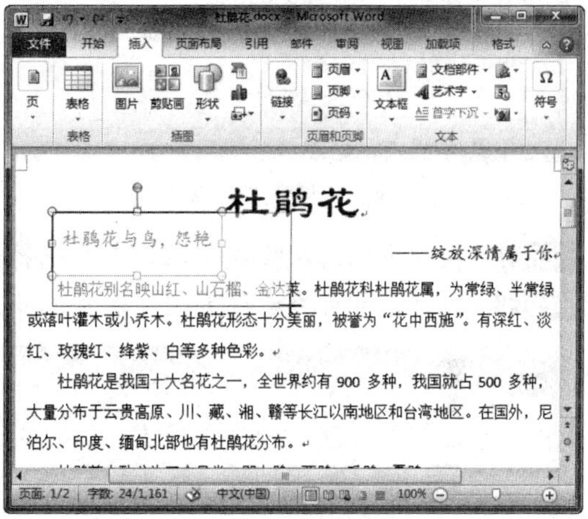

图 5-5　调整文本框大小

Step03 将鼠标指针置于文本框边缘，当指针呈形状时，按住鼠标左键并拖动鼠标，即可移动文本框，如图 5-6 所示。

Step04 选择“格式”选项卡，单击“排列”组中的“自动换行”下拉按钮，在弹出的下拉列表中选择“紧密型环绕”选项，如图 5-7 所示。

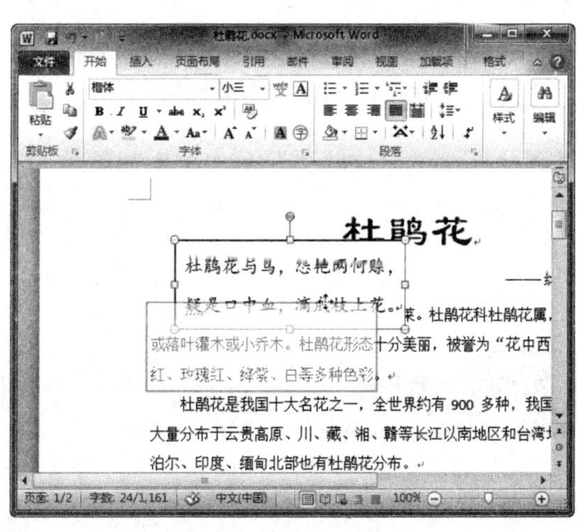

图 5-6　移动文本框

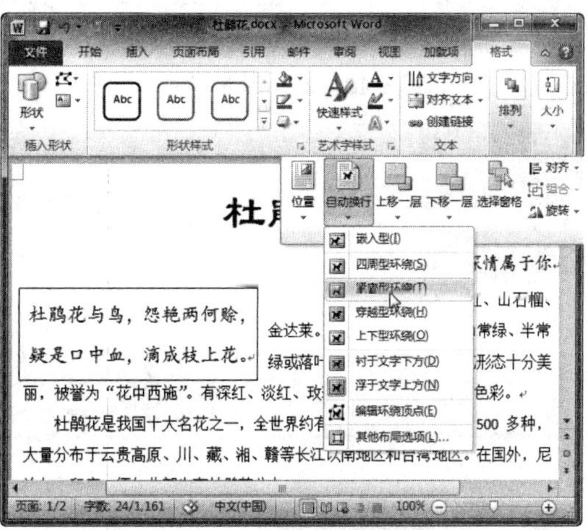

图 5-7　选择“紧密环绕”选项

Step05 选中文本框中的文字，单击“艺术字样式”组中的“快速样式”下拉按钮，在弹出的下拉列表中选择一种艺术字样式，如图 5-8 所示。

Step06 单击“形状样式”组中的“其他”按钮，如图 5-9 所示。

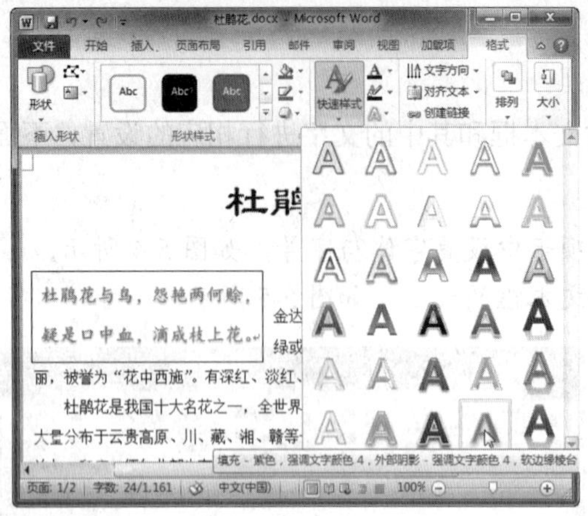

图 5-8 选择艺术字样式

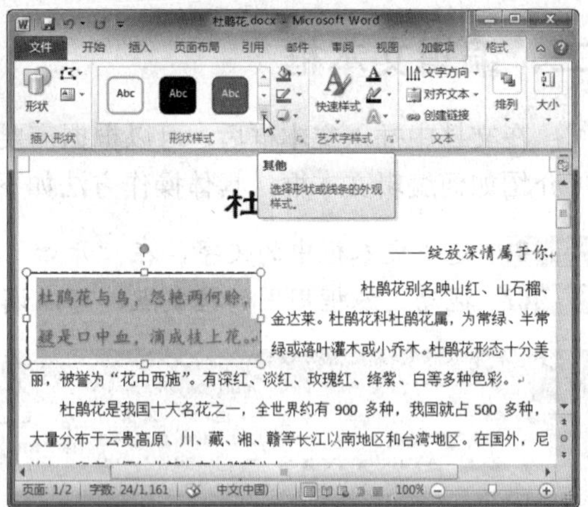

图 5-9 单击“其他”按钮

Step 07 在弹出的形状样式下拉列表中选择一种形状样式，如图 5-10 所示。

Step 08 此时，即可查看设置文字和文本框后的效果，如图 5-11 所示。

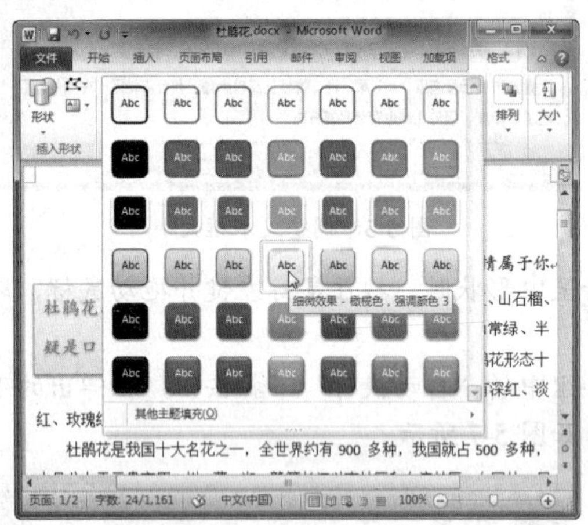

图 5-10 选择形状样式

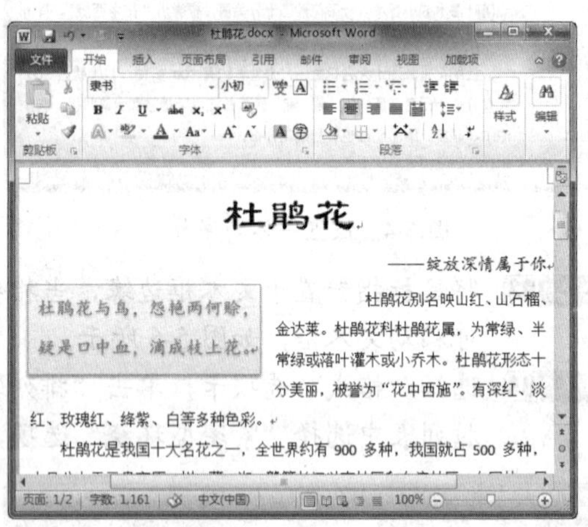

图 5-11 设置文本框效果

专家指导 Expert guidance

在“格式”选项卡下的“形状样式”、“艺术字样式”和“文本”组中，可以对文本框和其中的文字进行更为详细的设置，在此不再赘述，读者可以自行尝试。

任务二 添加艺术字

任务概述

使用 Word 提供的创建艺术字工具可以创建各种艺术字效果，还可以将文本扭曲成各种形状，或者设置为具有三维轮廓的形式。本任务将详细介绍插入艺术字和设置艺术字格式的方法。

任务重点与实施

一、插入艺术字

在文档中插入艺术字不仅可以美化文档，使文档内容更加丰富、生动，还可以达到突出显示的目的。在文档中插入艺术字的具体操作方法如下：

Step 01 选择“插入”选项卡，单击“文本”组中的“艺术字”下拉按钮，在弹出的下拉列表中选择所需的艺术字样式，如图 5-12 所示。

Step 02 此时，即可在文档中插入所选的艺术字样式并提示输入文本，输入所需的文字即可，如图 5-13 所示。

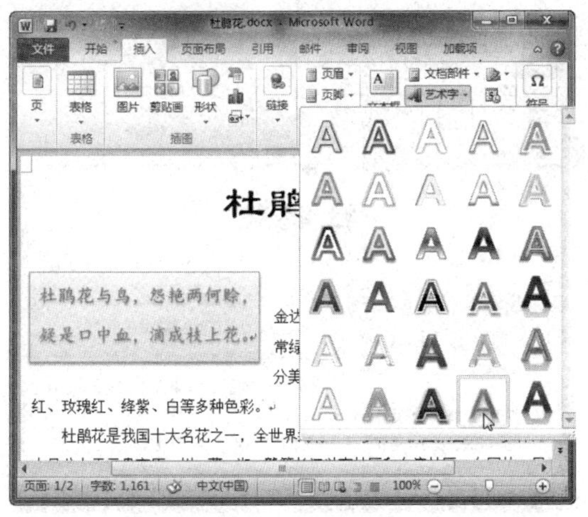

图 5-12　选择预设艺术字样式

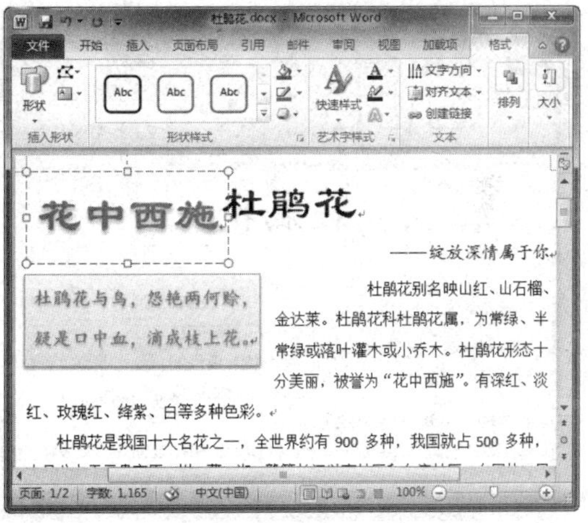

图 5-13　输入艺术字文本

专家指导 Expert guidance

若要为文档中已有的文字添加艺术字效果，可直接选中文本，然后单击“插入”选项卡下的“艺术字”下拉按钮，在弹出的下拉列表中选择所需的艺术字样式即可。

二、设置艺术字格式

若对插入的艺术字效果不满意，还可以对其填充效果、文本轮廓和文字效果等进行设置。设置艺术字格式的具体操作方法如下：

Step 01 选中艺术字，选择“格式”选项卡，单击“艺术字样式”组中的“文本填充”下拉按钮，在弹出的下拉列表框中选择所需的颜色，如图 5-14 所示。

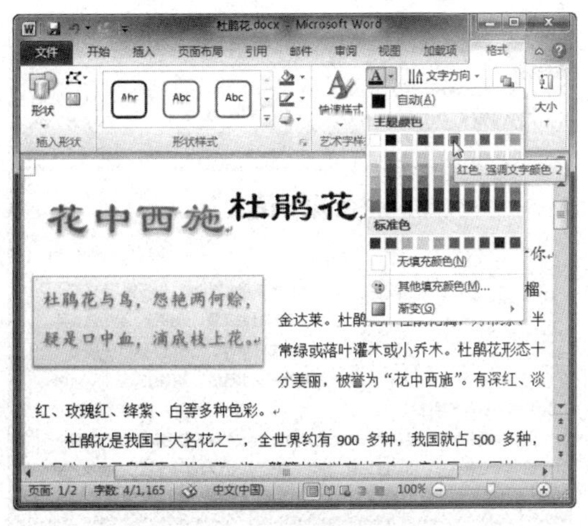

图 5-14　设置填充颜色

Step 02 单击“文本轮廓”下拉按钮，在弹出的下拉列表中可以选择边框颜色、粗细和线型等，如图 5-15 所示。

Step 03 单击“文本”组中的“文字方向”下拉按钮，在弹出的下拉列表框中选择文字方向，如“垂直”，如图 5-16 所示。

Step 04 将鼠标指针置于文本框边缘，当指针呈形状时拖动鼠标，即可移动文本框，如图 5-17 所示。

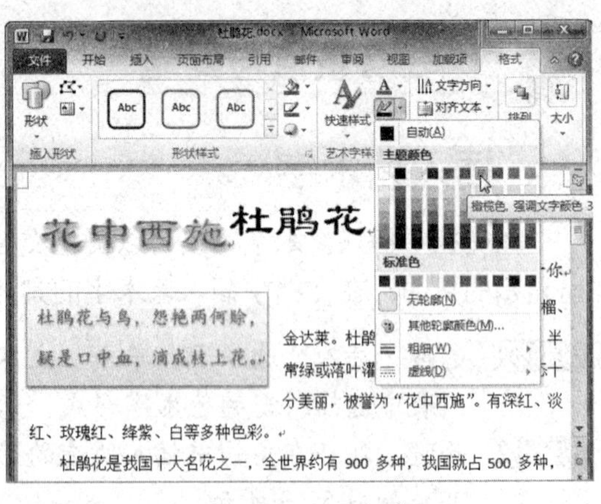

图 5-15 设置轮廓

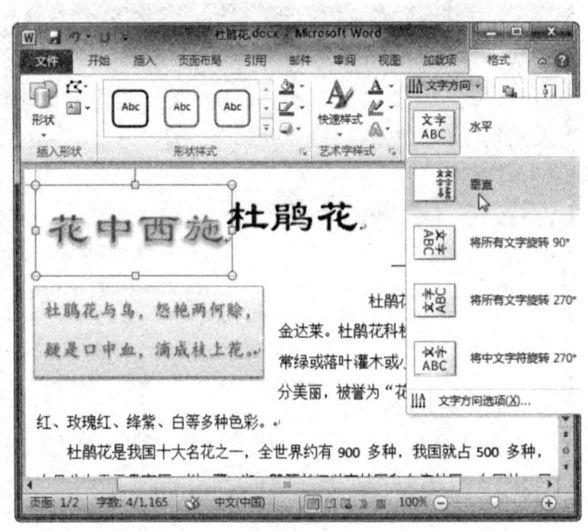

图 5-16 设置文字方向

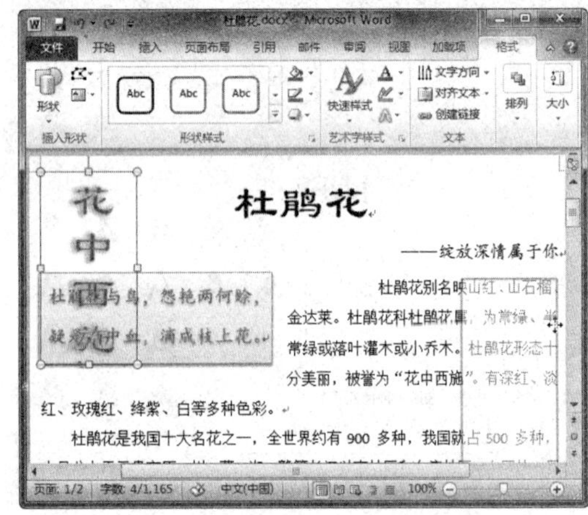

图 5-17 移动艺术字位置

Step 05 在“开始”选项卡中可以设置艺术字的字体，如图 5-18 所示。

Step 06 选择“格式”选项卡，单击“艺术字样式”组中的“文字效果”下拉按钮，在弹出的下拉列表中提供了多种效果选择，如选择“发光”选项，在弹出的列表中选择颜色，如图 5-19 所示。

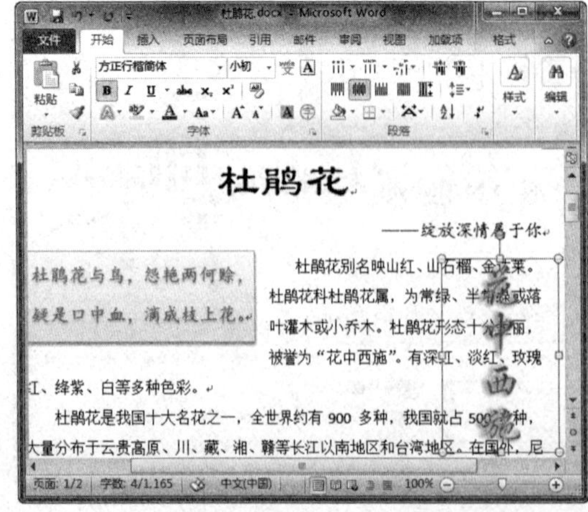

图 5-18 设置艺术字字体

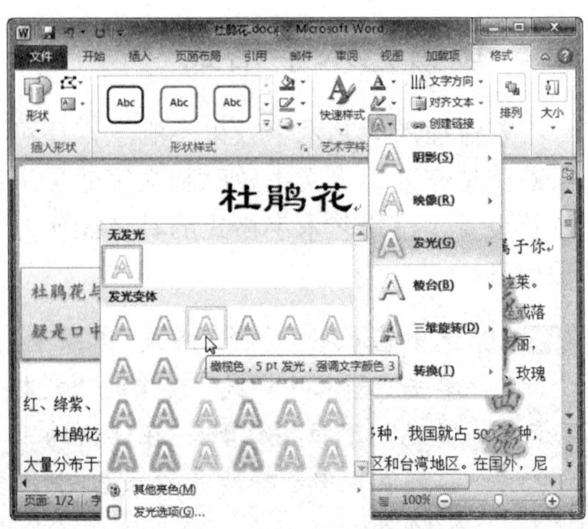

图 5-19 选择发光效果

Step 07 单击“排列”组中的“自动换行”下拉按钮，在弹出的下拉列表中选择“紧密环绕”选项，如图 5-20 所示。

Step 08 单击“形状样式”组中的“形状填充”下拉按钮，选择“纹理”选项，在弹出的纹理列表中选择其中的一种，如图 5-21 所示。

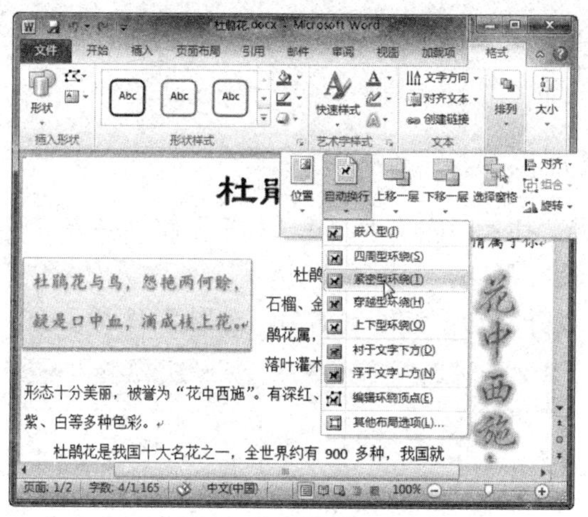

图 5-20　选项环绕方式

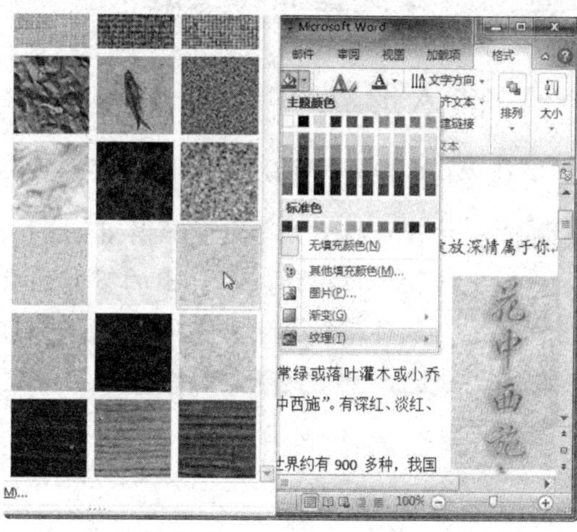

图 5-21　选择形状填充纹理

Step 09 单击“形状样式”组中的“形状轮廓”下拉按钮，选项“粗细”选项，在弹出的列表中选择“2.25 磅”，如图 5-22 所示。

Step 10 此时，即可查看添加并编辑艺术字后的文档效果，如图 5-23 所示。

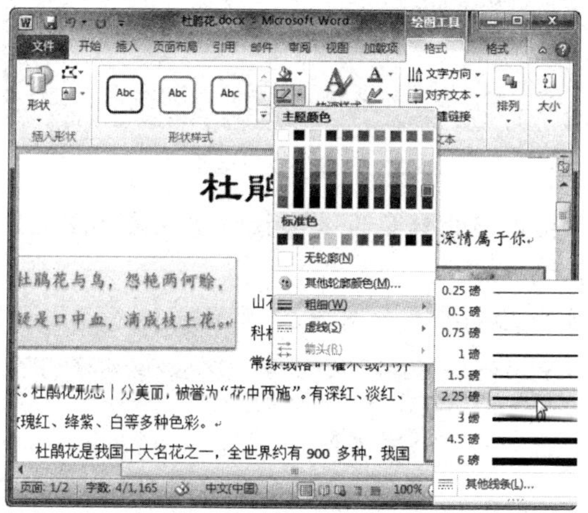

图 5-22　设置形状轮廓

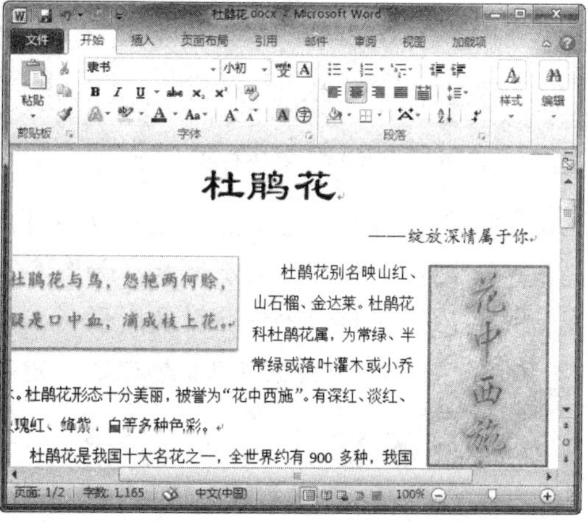

图 5-23　艺术字效果

任务三　添加形状

任务概述

Word 2010 为用户提供了一些预定义的形状，从而用户可以方便地插入形状，并可以对这些形状进行编辑，以满足图文混排的需求。在 Word 2010 中提供了 6 大类的形状，包括线条、基本形状、箭头、流程图、标注、星与旗帜。本任务将详细介绍如何在 Word 文档中插入形状，以及对其进行编辑的方法。

任务重点与实施

一、插入形状

在 Word 2010 中插入形状的具体操作方法如下：

Step 01 打开素材文件“文明旅游.docx”，选择“插入”选项卡，在“插图”组中单击“形状”下拉按钮，在弹出的下拉列表中选择形状，如图 5-24 所示。

Step 02 当鼠标指针呈十形状时，按住鼠标左键并拖动鼠标绘制椭圆，如图 5-25 所示。

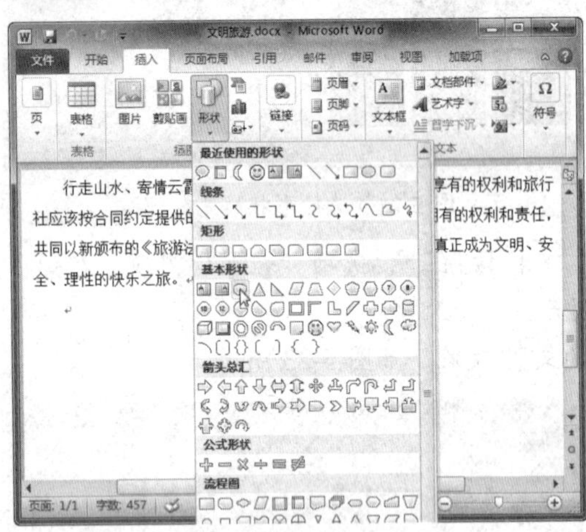

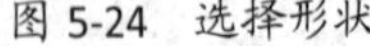
图 5-24　选择形状

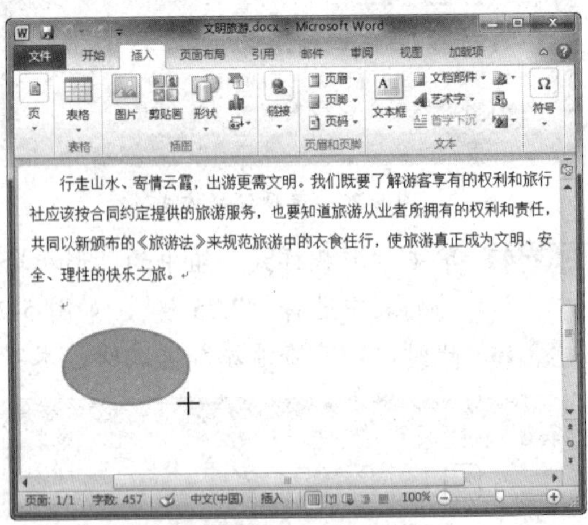

图 5-25　绘制椭圆

Step 03 将鼠标指针置于图形上并按住【Ctrl】键，当指针变为 形状时按住鼠标左键并拖动鼠标即可复制形状，如图 5-26 所示。

Step 04 采用同样的方法继续复制形状，添加形状后的效果如图 5-27 所示。

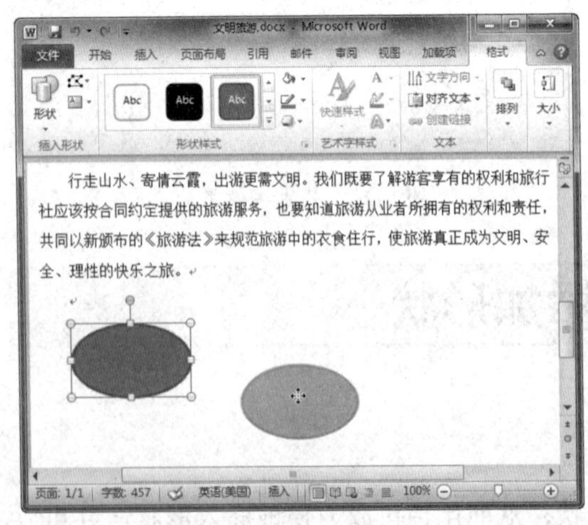

图 5-26　复制形状

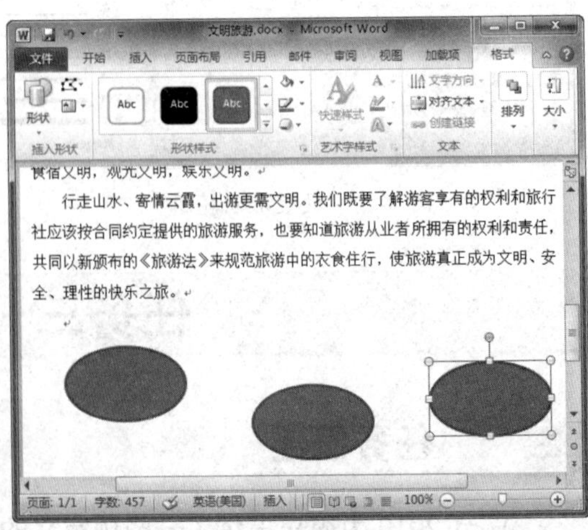

图 5-27　添加形状效果

二、在形状中添加文字

用户可以向绘制的形状中添加文字，以表达所需的信息，还可以根据需要设置文字格式，具体操作方法如下：

Step 01 选中形状后，直接在其中输入所需的文字即可，如图 5-28 所示。

Step 02 采用同样的方法在其他两个形状中输入文字，如图 5-29 所示。

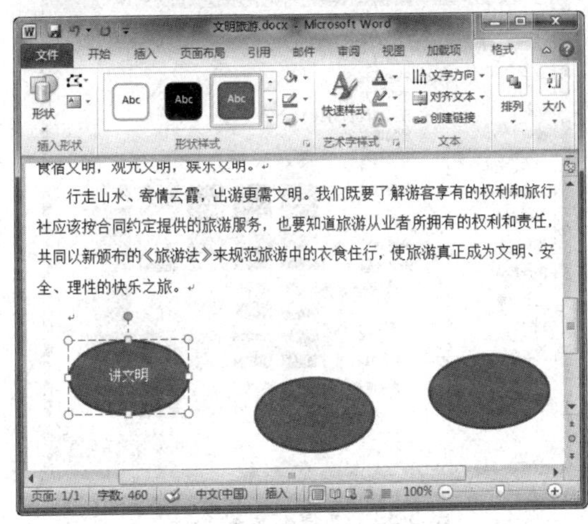

图 5-28　输入文字

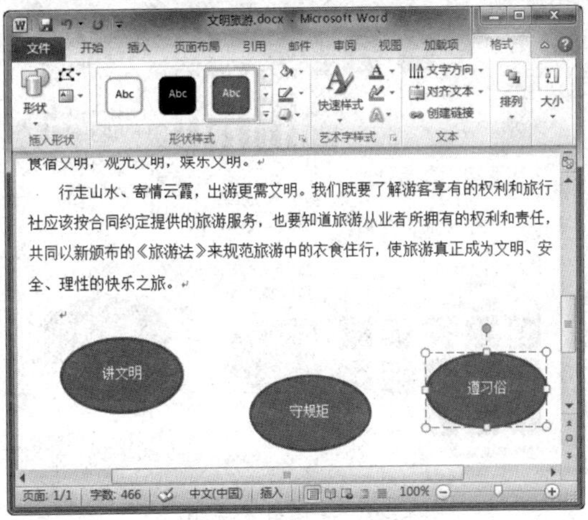

图 5-29　继续输入文字

Step 03 选中这三个形状，单击“格式”选项卡下“艺术字样式”组中的“快速样式”下拉按钮，选择艺术字样式，如图 5-30 所示。

Step 04 选择“开始”选项卡，在“字体”组中设置其字体与字号，如图 5-31 所示。

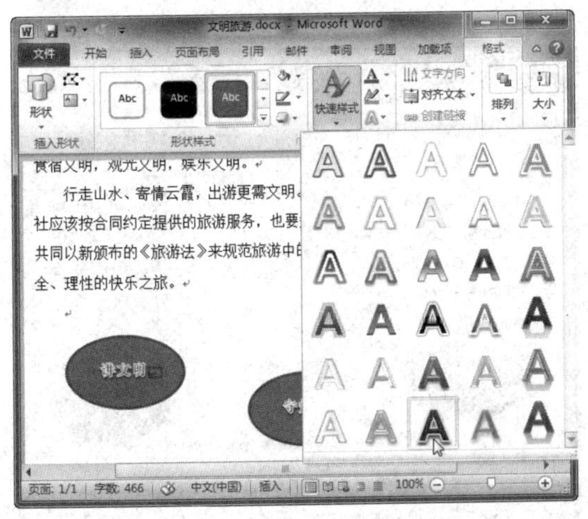

图 5-30　选择艺术字样式

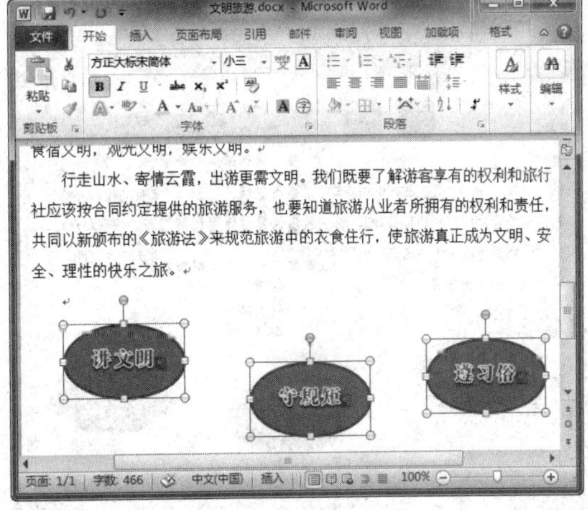

图 5-31　设置字体格式

三、设置形状的格式

用户可以对形状样式进行设置，既可以使用系统预设的样式，也可以根据需要自行设置。设置形状格式的具体操作方法如下：

Step 01 选中需要设置的形状，单击“格式”选项卡下“形状样式”组中的“形状填充”下拉按钮，在弹出的下拉列表中选择“渐变”|“其他渐变”选项，如图 5-32 所示。

Step 02 在弹出的“设置形状格式”对话框中选中“渐变填充”单选按钮，单击“预设颜色”下拉按钮，选择“茵茵绿原”选项，然后单击“关闭”按钮，如图 5-33 所示。

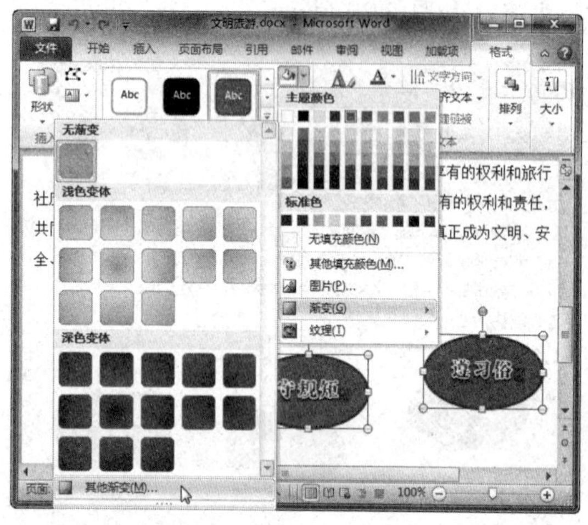

图 5-32 选择填充选项

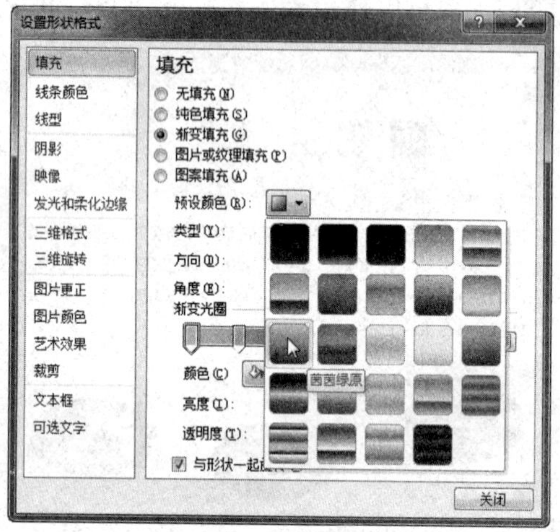

图 5-33 选择渐变填充

Step 03 单击“形状轮廓”下拉按钮，在弹出的下拉列表中选择轮廓颜色，如图 5-34 所示。

Step 04 若想改变形状，可单击“插入形状”组中的“编辑形状”下拉按钮，在弹出的下拉列表中选择“更改形状”选项，在弹出的形状列表中选择形状，如图 5-35 所示。

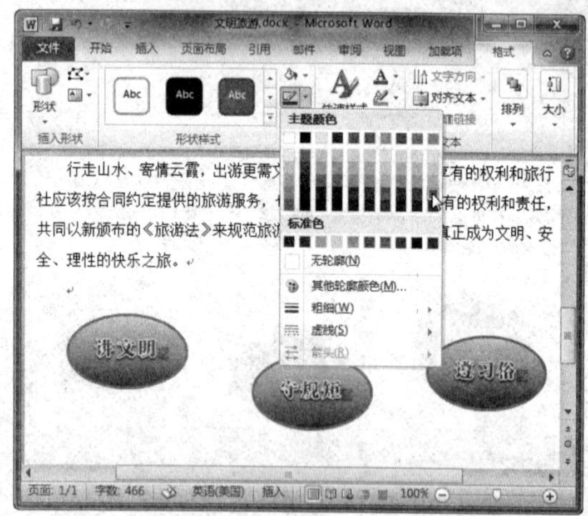

图 5-34 选择轮廓颜色

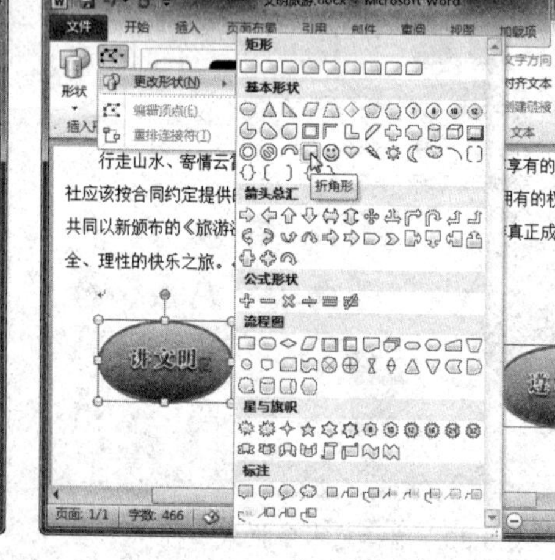

图 5-35 选择形状

Step 05 单击“形状样式”组中的“形状效果”下拉按钮，在弹出的下拉列表中选择“映像”选项，在弹出的映像列表中选择所需的样式，如图 5-36 所示。

Step 06 此时，即可查看添加形状并设置其格式后的效果，如图 5-37 所示。

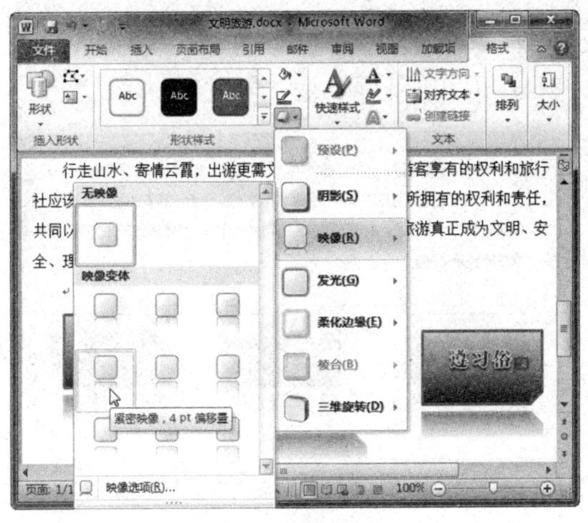

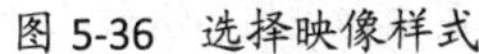
图 5-36　选择映像样式

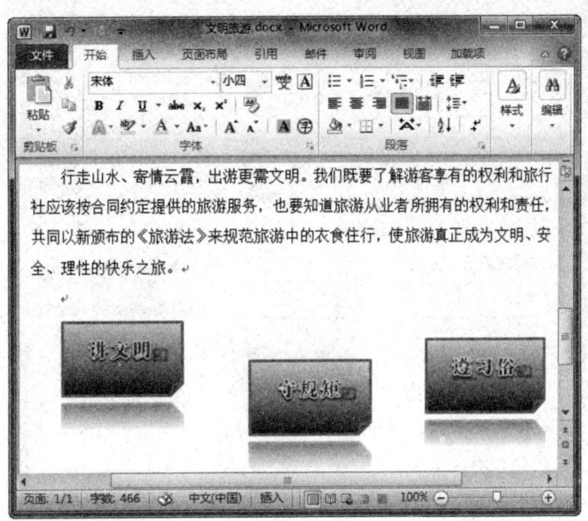

图 5-37　添加形状效果

四、对齐形状

通过使用对齐工具可以对齐多个形状，避免了手动对齐的麻烦。对齐形状的具体操作方法如下：

Step 01 选中多个需要对齐的形状，选择“格式”选项卡，在“排列”组中单击“对齐”下拉按钮，选择对齐方式，如“上下居中”，如图 5-38 所示。

Step 02 此时，即可以所选形状的中部为准进行对齐，效果如图 5-39 所示。

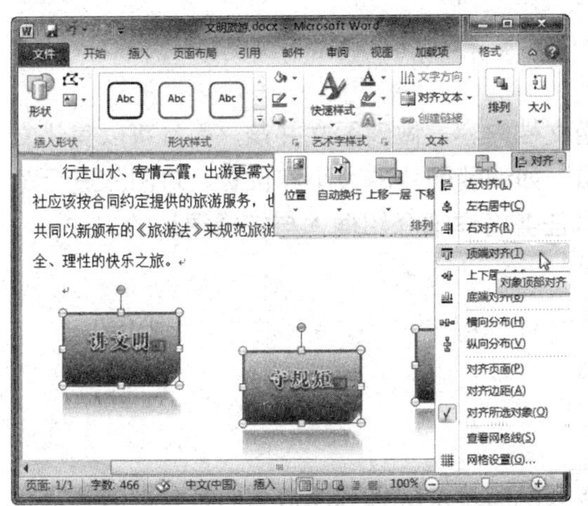

图 5-38　选择对齐方式

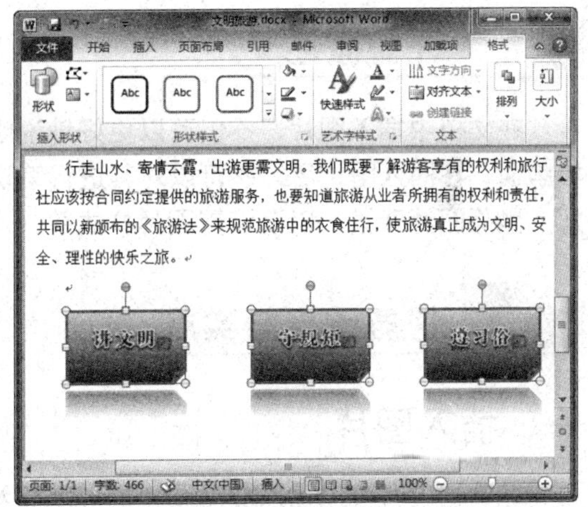

图 5-39　对齐形状

五、组合形状

用户可以将多个形状组合为一个整体，以便统一操作。组合自选图形的具体操作方法如下：

Step 01 选中多个需要组合的形状，选择“格式”选项卡，单击“排列”组中的“组合”下拉按钮，在弹出的下拉列表中选择“组合”选项，如图 5-40 所示。

Step 02 此时，所选形状将会组合为一个整体，如图 5-41 所示。

图 5-40 选择“组合”选项

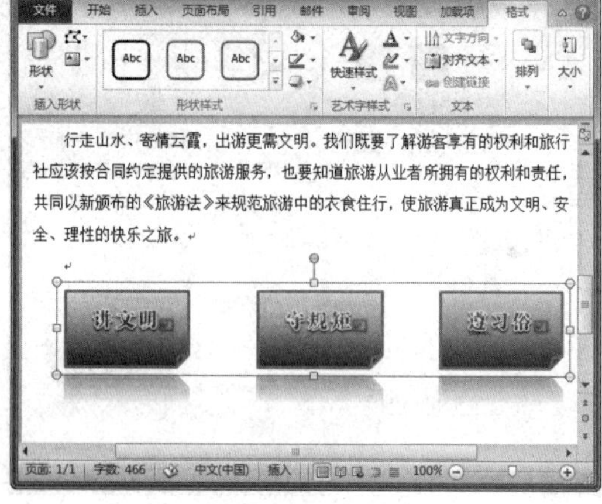

图 5-41 组合图形

专家指导 Expert guidance

在“排列”组中单击“组合”下拉按钮，在弹出的下拉列表中选择“取消组合”选项，即可取消图形的组合。

任务四 添加图片

任务概述

在文档中插入图片，不仅可以更好地说明文档内容，做到图文并茂，而且可以美化文档版面。在插入图片后，还可以对其进行编辑，如调整图片的大小和位置、对图片进行裁剪、删除图片背景，以及设置图片样式等。本任务将详细介绍插入与编辑图片的方法。

任务重点与实施

一、插入图片

在文档中既可以插入剪贴画，也可以插入其他图片及屏幕截图，下面将分别对其进行介绍。

1. 插入剪贴画

在 Word 2010 中附带了内容丰富、涉及各个领域的剪贴画，以供用户使用。在文档中插入剪贴画的具体操作方法如下：

Step 01 打开素材文件“寄情花草.docx”后定位光标，选择“插入”选项卡，单击“剪贴画”按钮，如图 5-42 所示。

Step 02 在弹出的“剪贴画”窗格中选中“包括 Office.com 内容”复选框，在“搜索文字”文本框中输入关键字“花草”，然后单击“搜索”按钮，如图 5-43 所示。

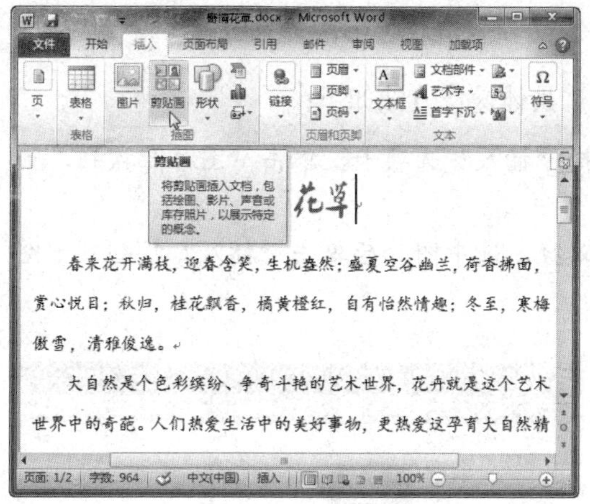

图 5-42　单击“剪贴画”按钮

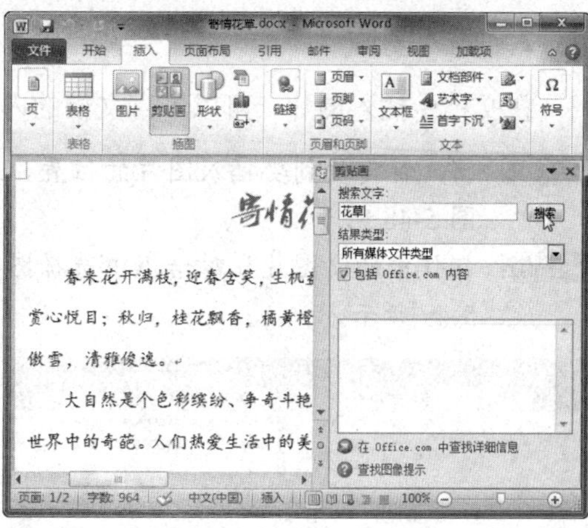

图 5-43　搜索剪贴图

Step03 开始搜索关于花草的剪贴画，并将搜索结果显示在任务窗格中。单击需要插入的剪贴画，如图 5-44 所示。

Step04 此时，即可将剪贴画插入到文档中。单击“剪贴画”窗格右上角的“关闭”按钮，关闭剪贴画窗格。拖动文本框周围的控制点，可以调整剪贴画的大小，如图 5-45 所示。

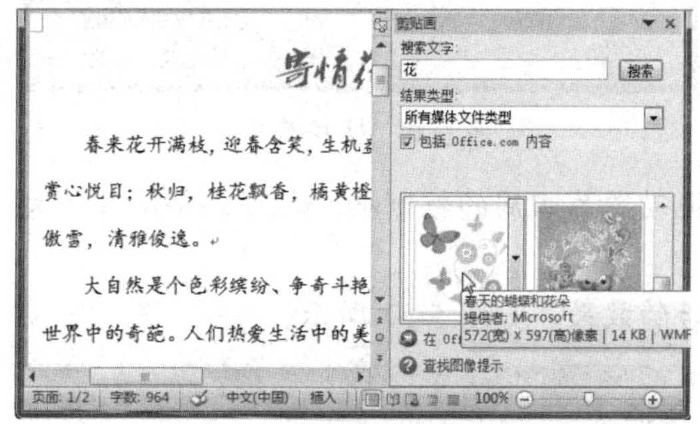

图 5-44　选择剪贴画

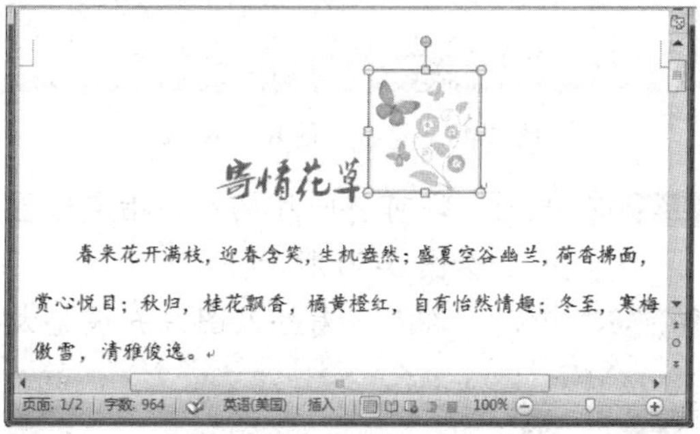

图 5-45　调整剪贴画大小

Step05 选择“格式”选项卡，单击“排列”组中的“自动换行”下拉按钮，在弹出的下拉列表中选择“浮于文字上方”选项，如图 5-46 所示。

Step06 此时，即可将剪贴画置于文字上方，移动剪贴画到合适位置，效果如图 5-47 所示。

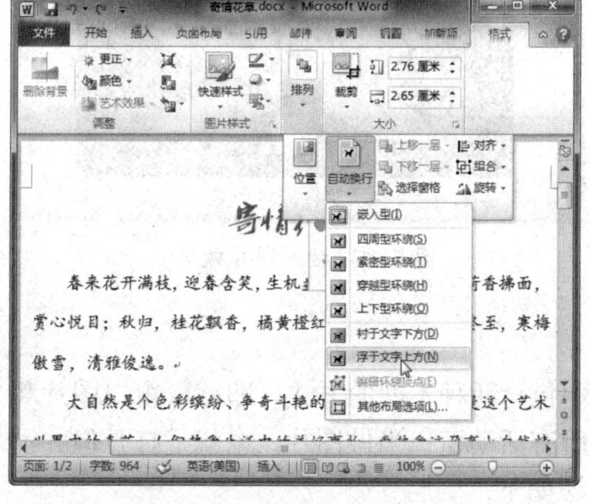

图 5-46　设置剪贴画布局方式

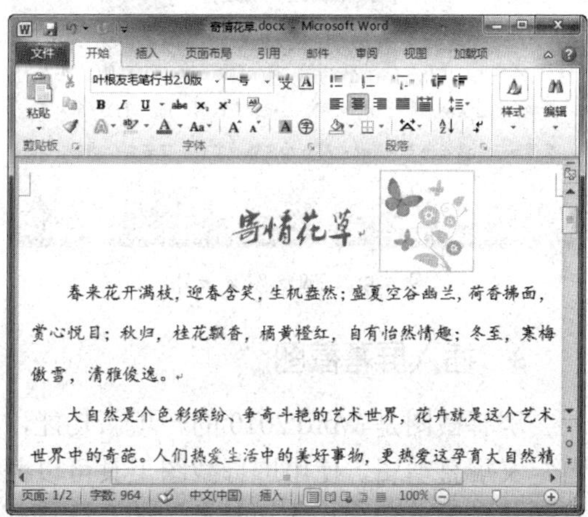

图 5-47　移动剪贴画

2．插入图片

在文档中插入图片，可以丰富文档的内容，具体操作方法如下：

Step 01 将光标定位到要插入图片的位置，选择“插入”选项卡，单击“图片”按钮，如图 5-48 所示。

Step 02 在弹出的“图片”对话框中选择图片路径，选中图片后单击“插入”按钮，如图 5-49 所示。

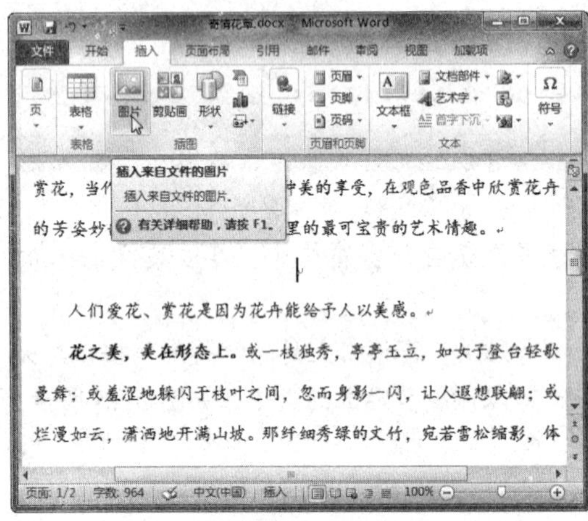

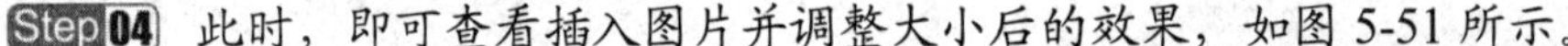

图 5-48 单击“图片”按钮

图 5-49 选择图片

Step 03 此时，即可将图片插入到指定位置。拖动图片四周的控制柄，即可调整图片的大小，如图 5-50 所示。

Step 04 此时，即可查看插入图片并调整大小后的效果，如图 5-51 所示。

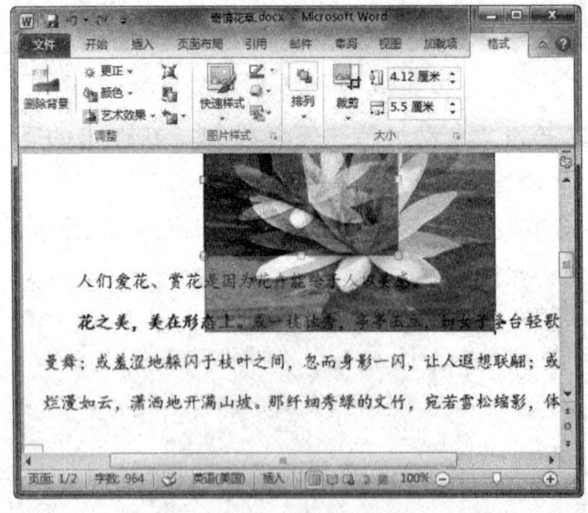

图 5-50 调整图片大小

图 5-51 插入图片效果

3．插入屏幕截图

屏幕截图是 Word 2010 的一项新功能，其中包含两种不同的方式，即截取窗口图片和自定义屏幕剪辑。使用屏幕截图工具可以截取所有活动窗口当做图片，也就是打开但并没有最小化的窗口。插入屏幕截图的具体操作方法如下：

Step 01 将光标定位到要插入屏幕截图的位置，选择“插入”选项卡，单击“屏幕截图”下拉按钮，在弹出的下拉列表中选择屏幕截图的对应缩略图，如图 5-52 所示。

Step 02 此时，即可将屏幕截图插入到文档中的指定位置，如图 5-53 所示。

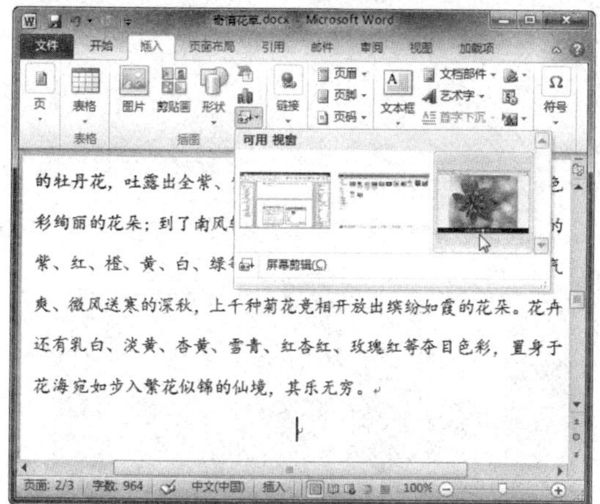

图 5-52　选择屏幕截图

图 5-53　插入屏幕截图

Step 03 将光标定位到要插入屏幕截图的位置，选择“插入”选项卡，单击“屏幕截图”下拉按钮，选择“屏幕剪辑”选项，如图 5-54 所示。

Step 04 此时，当前文档窗口将最小化，并将减淡显示活动窗口，拖动鼠标框选所需图像，如图 5-55 所示。

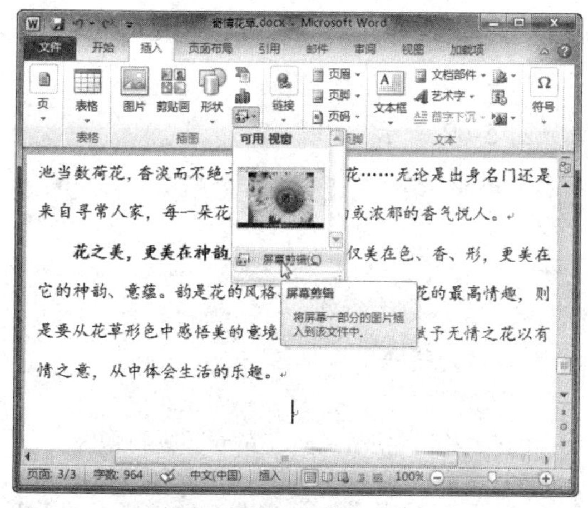

图 5-54　选择“屏幕剪辑”选项

图 5-55　框选图像

Step 05 此时，即可将截取的图像插入到指定位置，如图 5-56 所示。

图 5-56　插入截图

二、裁剪图片

在 Word 2010 中，用户可以方便地对图片进行裁剪，以保留图片中有用的部分，而将无用的部分删除。也可以将图片裁剪为指定形状，还可以对图片进行等比例裁剪。

裁剪图片的具体操作方法如下：

Step 01 选中需要裁剪的图片，选择“格式”选项卡，在“大小”组中单击“裁剪”按钮，如图 5-57 所示。

Step 02 此时，在图片四周将出现黑色的裁剪控制点。移动鼠标指针到控制点上，按住鼠标左键并拖动鼠标即可裁剪图片，如图 5-58 所示。

图 5-57 单击“裁剪”按钮

图 5-58 裁剪图片

Step 03 选中需要裁剪的图片，单击“格式”选项卡下“大小”组中的“裁剪”下拉按钮，在弹出的下拉列表中选择“裁剪为形状”选项，在弹出的级联列表中选择形状，如选择椭圆形状，如图 5-59 所示。

Step 04 此时，图片将被裁剪为椭圆形状，效果如图 5-60 所示。

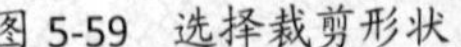
图 5-59 选择裁剪形状

图 5-60 查看裁剪效果

若在“裁剪”下拉列表中选择“纵横比”中的选项，则可以按照所选比例裁切图片。

三、删除图片背景

若想将图片的背景删除，具体操作方法如下：

Step 01 选中需要删除背景的图片，选择“格式”选项卡，单击“调整”组中的“删除背景”按钮，如图 5-61 所示。

Step 02 此时，在图片四周将出现控制点，拖动鼠标调整控制点的位置，紫色部分为要删除的背景，如图 5-62 所示。

图 5-61　单击“删除背景”按钮

图 5-62　调整控制点

Step 03 单击“优化”组中的“标记要保留的区域”按钮，此时鼠标指针呈✎形状，在需要保留的区域拖动鼠标进行绘制，如图 5-63 所示。

Step 04 单击“关闭”组中的“保留更改”按钮，即可将图片的背景删除，效果如图 5-64 所示。

图 5-63　绘制保留区域

图 5-64　删除图片背景效果

四、调整图片和设置图片样式

插入图片后，还可以调整图片的亮度和对比度，调整图片的颜色，为图片添加艺术效果和设置图片样式等。下面将详细介绍如何调整图片和设置图片样式。

1. 调整图片

在“格式”选项卡下的“调整”组中可以锐化或柔化图片，可以调整图片的亮度和对比度，可以调整图片的颜色饱和度、色调，为图片重新着色，可以为图片添加艺术效果，还可以压缩图片、更换图片，以及重设图片等。调整图片的具体操作方法如下：

Step 01 选中需要调整的图片，选择“格式”选项卡，单击“调整”组中的“更正”下拉按钮，在弹出的下拉列表中提供了图片的亮度、对比度和清晰度选项，在此选择“亮度-20%，对比度+20%”选项，如图 5-65 所示。

Step 02 单击“颜色”下拉按钮，在弹出的下拉列表中可以更改图片的颜色，在此选择“色温 8800K”选项，如图 5-66 所示。

图 5-65 选择亮度与对比度

图 5-66 选择图片色调

Step 03 单击“艺术效果”下拉按钮，在弹出的下拉列表中提供了多种艺术效果样式，在此选择“发光散射”选项，如图 5-67 所示。

Step 04 若想返回图片调整之前的状态，可单击“重设图片”下拉按钮（如图 5-68 所示），选择“重设图片”选项，可将图片应用的效果清除；选择“重设图片和大小”选项，可清除图片效果，并返回调整大小之前的状态。

图 5-67 选择图片艺术效果

图 5-68 重设图片

选中图片后，单击“调整”组中的“压缩图片”按钮，可以将图片进行压缩以减小其大小或尺寸；单击“更改图片”按钮，可以将当前图片改变为其他图片，并保留当前图片的格式和大小。

2. 设置图片样式

在“格式”选项卡下的“图片样式”组中可以为图片添加快速样式效果，还可以设置图片的边框和视觉效果。设置图片样式的具体操作方法如下：

Step 01 选中需要调整的图片，选择“格式”选项卡，单击“图片样式”组中的“快速样式”下拉按钮，在弹出的下拉列表中选择一种图片样式，如“亮度-20%，对比度+20%”，如图 5-69 所示。

Step 02 单击“图片边框”下拉按钮，在弹出的下拉列表中选择“橙色，强度文字 6，淡色 40%”，如图 5-70 所示。

图 5-69　选择图片样式

图 5-70　选择图片边框颜色

Step 03 单击“图片效果”下拉按钮，在弹出的下拉列表中选择“三维旋转”选项，在其中选择一种旋转效果，如“左透视”，如图 5-71 所示。

Step 04 此时，即可查看设置图片样式后的效果，如图 5-72 所示。

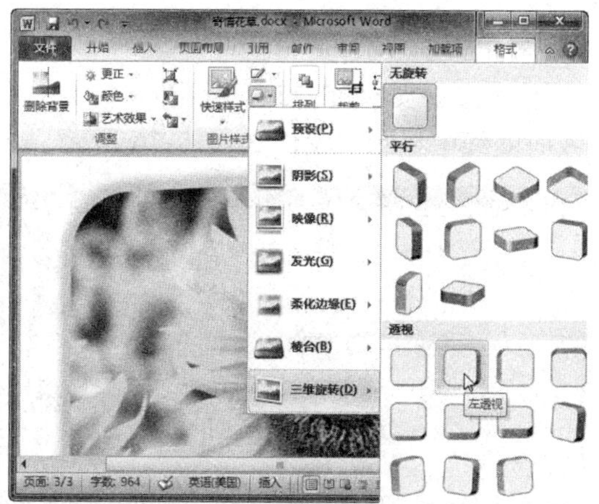

图 5-71　选择左透视效果

图 5-72　设置图片三维效果

若想进行更为详尽的设置，可以单击“图片样式”组右下角的“设置形状格式”按钮（如图 5-73 所示），在弹出的“设置图片格式”对话框中可以根据需要进行详细设置，如图 5-74 所示。

图 5-73 单击“设置形状格式”按钮

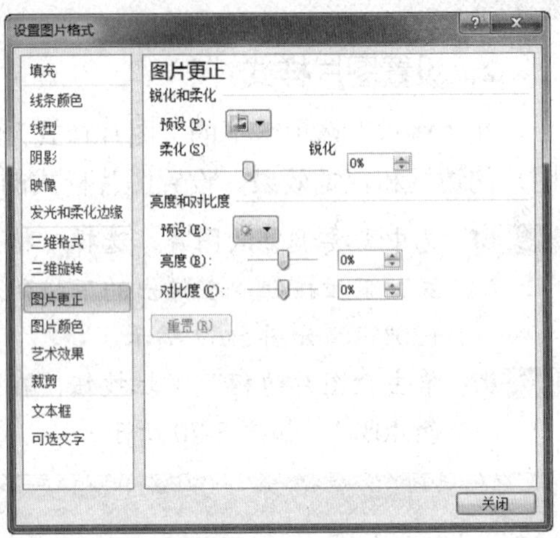

图 5-74 设置图片格式

任务五 插入 SmartArt 图形

任务概述

SmartArt 图形是信息和观点的视觉表示形式，可快速、轻松、有效地传达信息。本任务将介绍 SmartArt 图形的种类，以及插入和编辑 SmartArt 图形的方法。

任务重点与实施

一、SmartArt 图形种类

SmartArt 图形的布局各不相同，共分为以下 8 类：

- **列表**：此类 SmartArt 图形用于显示无序信息，如图 5-75 所示。
- **流程**：此类 SmartArt 图形用于在流程或时间线中显示步骤，如图 5-76 所示。

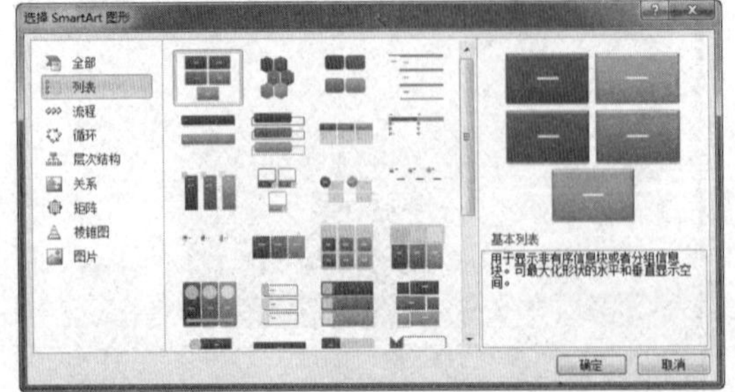

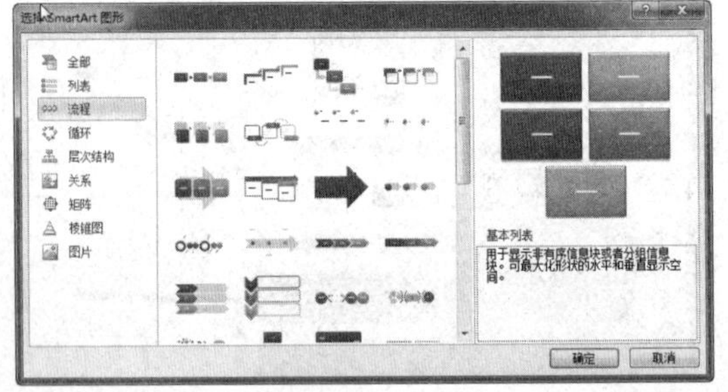

图 5-75　列表 SmartArt 图形　　图 5-76　流程 SmartArt 图形

➢ **循环**：此类 SmartArt 图形用于显示连续的流程，如图 5-77 所示。

➢ **层次结构**：此类 SmartArt 图形用于创建组织结构图，或显示决策树，如图 5-78 所示。

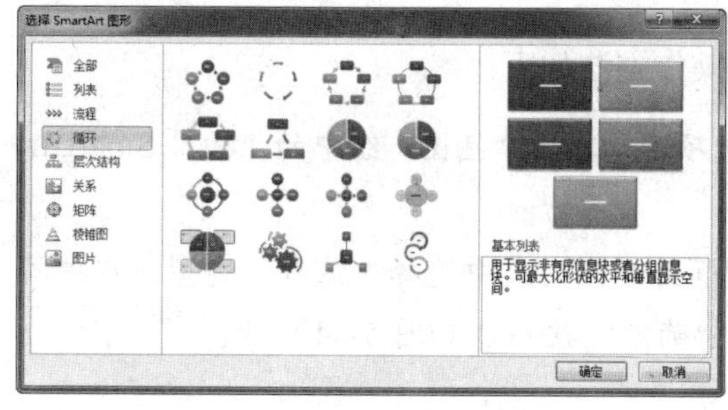

图 5-77　循环 SmartArt 图形

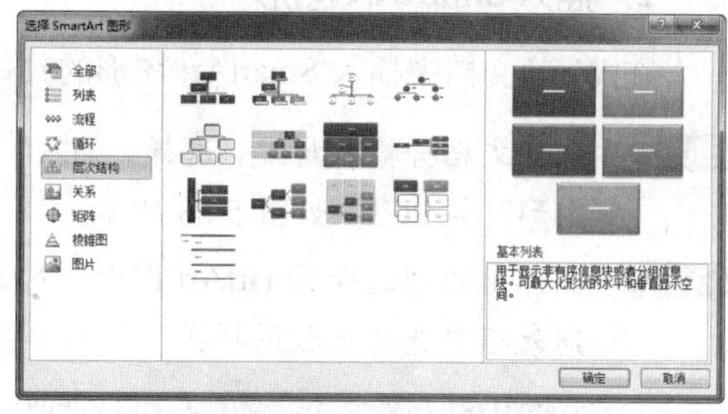

图 5-78　层次结构 SmartArt 图形

➢ **关系**：此类 SmartArt 图形用于对连接进行图解，如图 5-79 所示。

➢ **矩阵**：此类 SmartArt 图形用于显示各部分如何与整体关联，如图 5-80 所示。

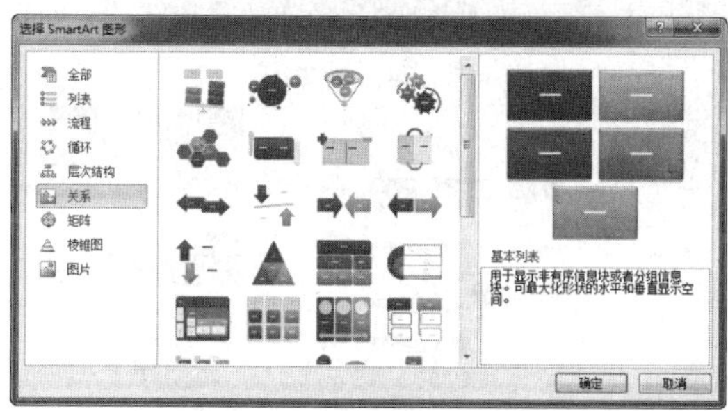

图 5-79　关系 SmartArt 图形

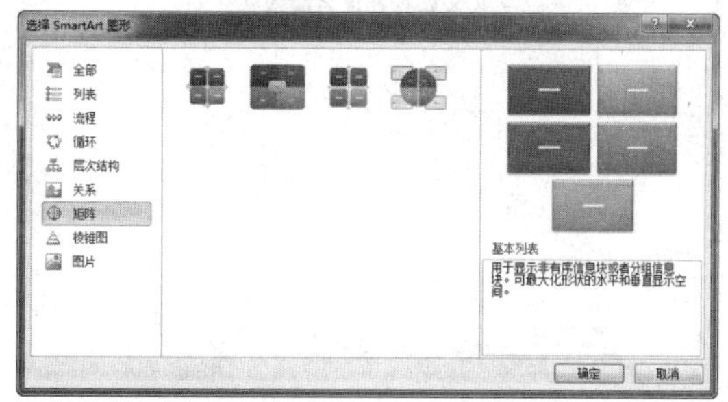

图 5-80　矩阵 SmartArt 图形

➢ **棱锥图**：此类 SmartArt 图形用于显示与顶部或底部最大一部分之间的比例关系，如图 5-81 所示。

➢ **图片**：此类 SmartArt 图形是 Word 2010 新增的类型，可以从图形中插入图片，如图 5-82 所示。

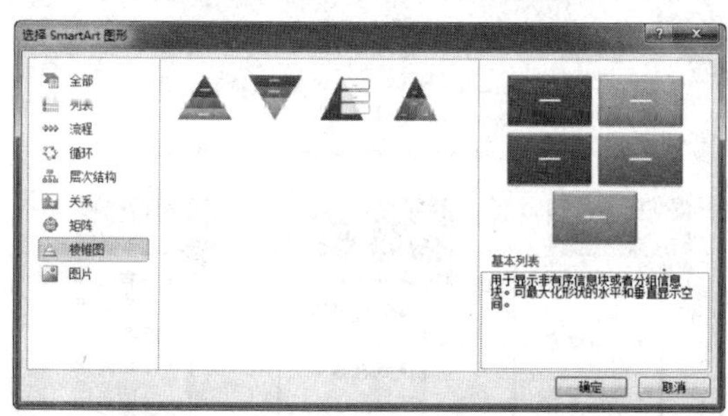

图 5-81　棱锥图 SmartArt 图形

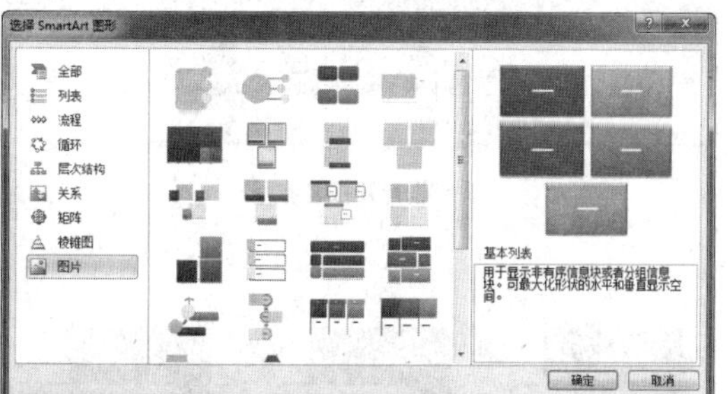

图 5-82　图片 SmartArt 图形

在打开的“选择 SmartArt 图形”对话框中默认选中的是“全部”选项，此时可以在右侧列表框的各栏中查看所有的 SmartArt 图形。

二、插入并编辑 SmartArt 图形

下面将详细介绍如何在 Word 文档中插入与编辑 SmartArt 图形。

1．插入 SmartArt 图形

在 Word 文档中插入 SmartArt 图形的具体操作方法如下：

Step 01 新建文档并输入标题，选择“插入”选项卡，单击“插图”组中的“插入 SmartArt 图形”按钮，如图 5-83 所示。

Step 02 在弹出的“选择 SmartArt 图形”对话框的左侧列表中选择“流程”类型，在中间列表框中选择流程图样式，然后单击“确定”按钮，如图 5-84 所示。

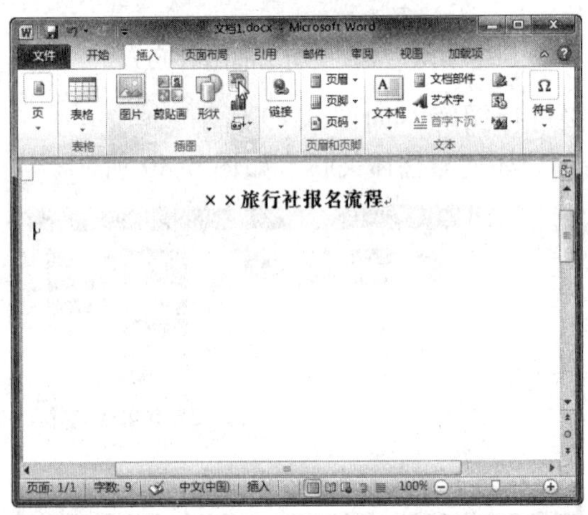

图 5-83　单击“插入 SmartArt 图形”按钮

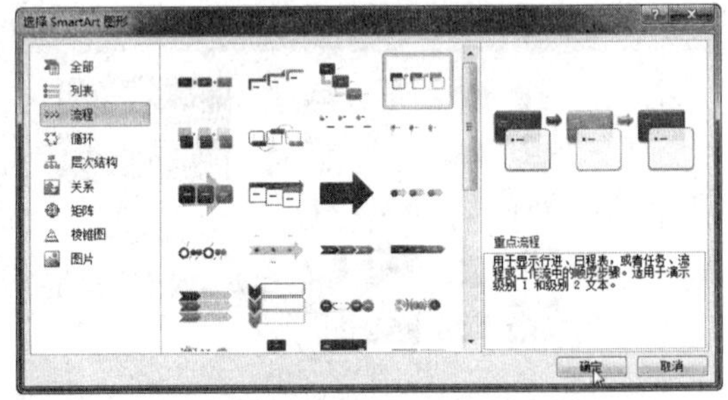

图 5-84　选择流程图样式

Step 03 此时即可在文档中插入 SmartArt 图形，效果如图 5-85 所示。

Step 04 在 SmartArt 图形中输入文本，然后根据需要调整文字的字体和字号，如图 5-86 所示。

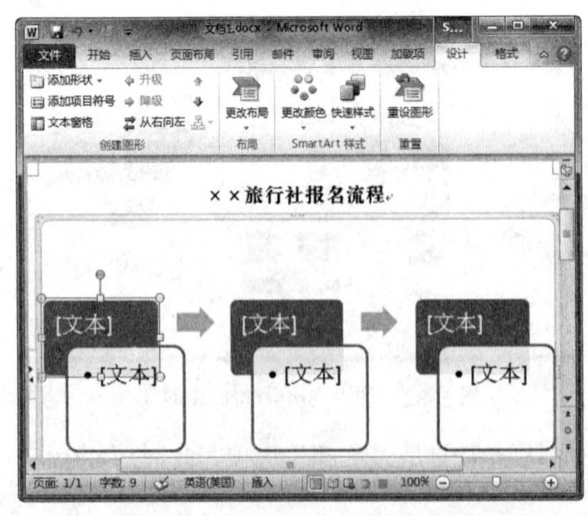

图 5-85　插入 SmartArt 图形

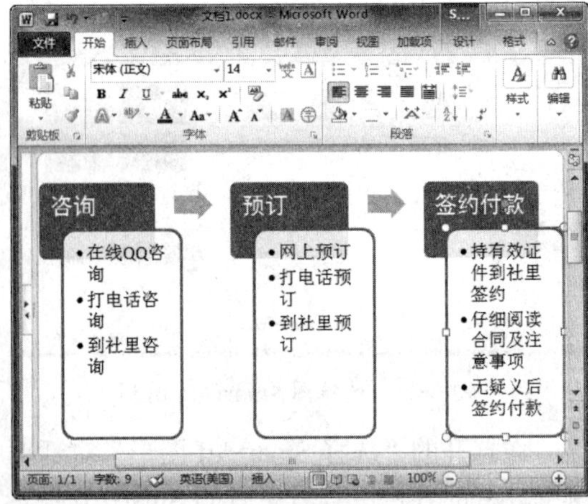

图 5-86　输入文本

2. 编辑 SmartArt 图形

若对插入的 SmartArt 图形不满意，可以在“设计”选项卡下进行更改布局、添加结构和应用效果等操作，具体操作方法如下：

Step 01 选择“设计”选项卡，单击“更改布局”下拉按钮，在弹出的下拉列表中选择所需的布局样式，如图 5-87 所示。

Step 02 选中“签约付款”形状，单击“添加形状”下拉按钮，在弹出的下拉列表中选择“在后面添加形状”选项，如图 5-88 所示。

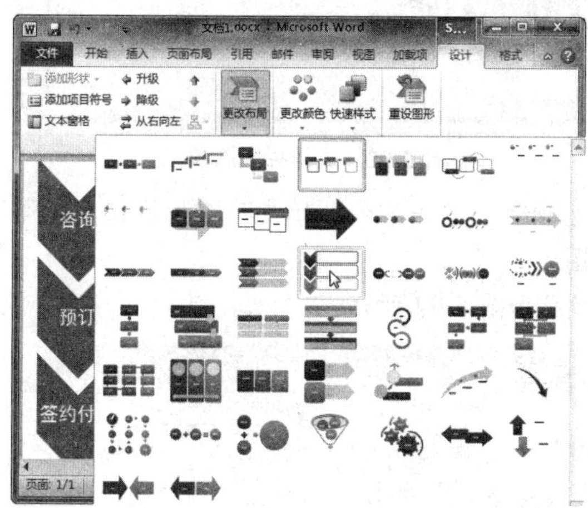

图 5-87　选择布局样式

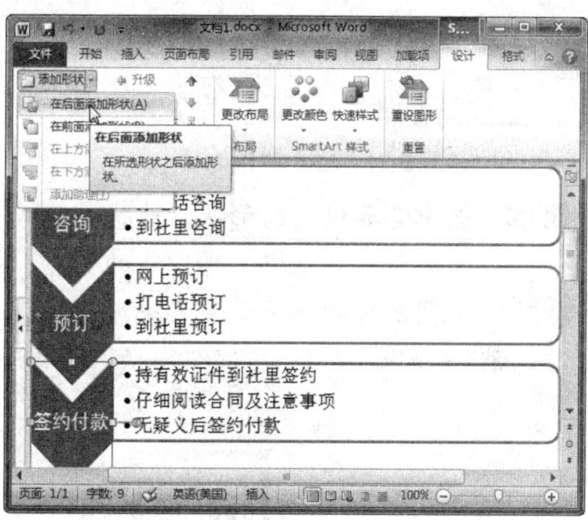

图 5-88　选择“在后面添加形状”选项

Step 03 此时，即可在所选形状后面添加一个新形状，从中输入文字并设置字体和字号。采用相同的方法继续添加形状，如图 5-89 所示。

Step 04 将鼠标指针置于画布下方的中间控制点上，当指针呈双向箭头形状↕时拖动鼠标，即可调整画布大小，如图 5-90 所示。

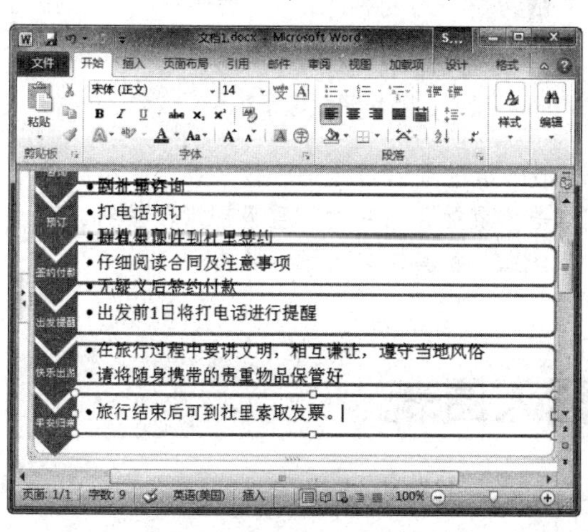

图 5-89　添加形状

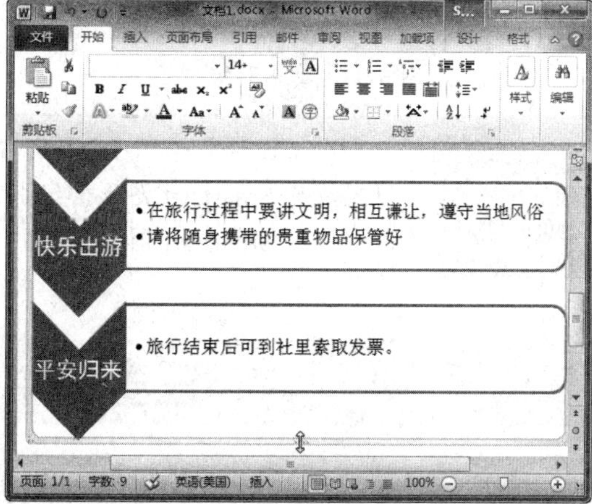

图 5-90　调整画布大小

Step 05 单击“更改颜色”下拉按钮，在弹出的下拉列表中选择所需的颜色，如图 5-91 所示。

Step 06 单击“快速样式”下拉按钮，在弹出的下拉列表中选择所需的样式，如图 5-92 所示。

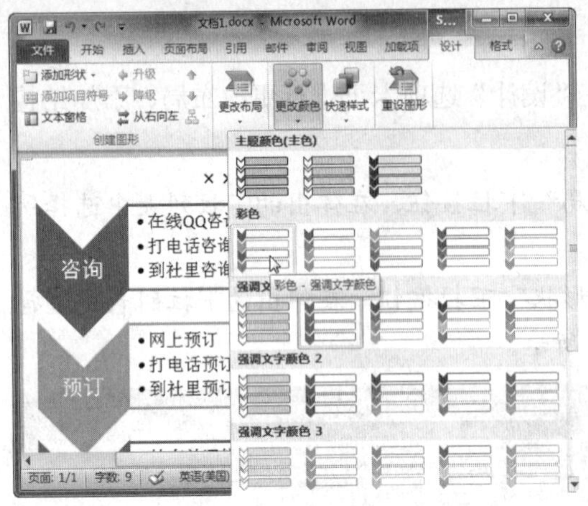

图 5-91　选择颜色选项

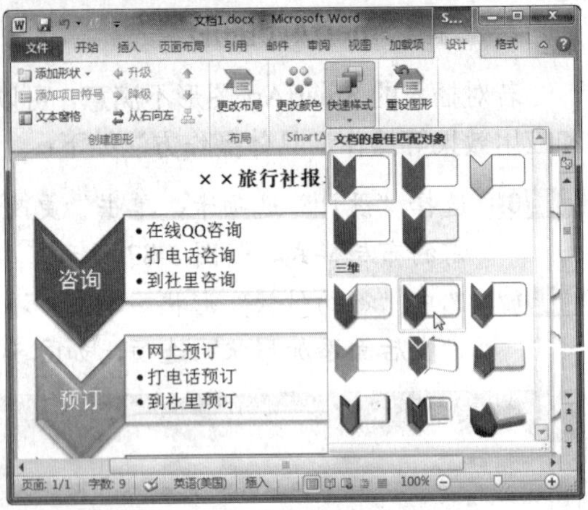

图 5-92　选择样式选项

Step 07 选中需要填充的形状，选择“格式”选项卡，单击“形状填充”下拉按钮，在弹出的下拉列表中选择所需的颜色，如图 5-93 所示。

Step 08 采用同样的方法填充其他形状，最终效果如图 5-94 所示。

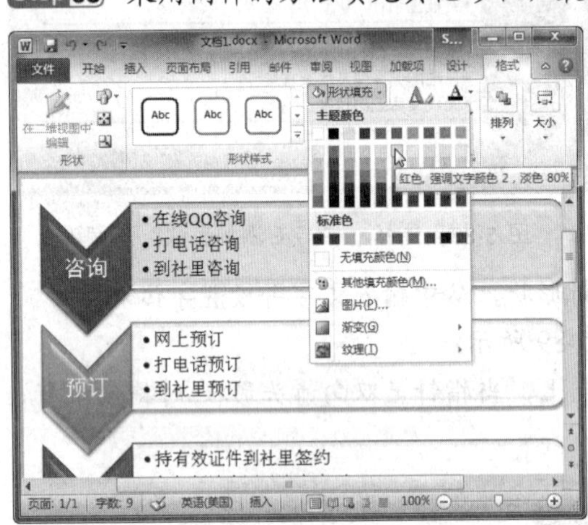

图 5-93　填充形状

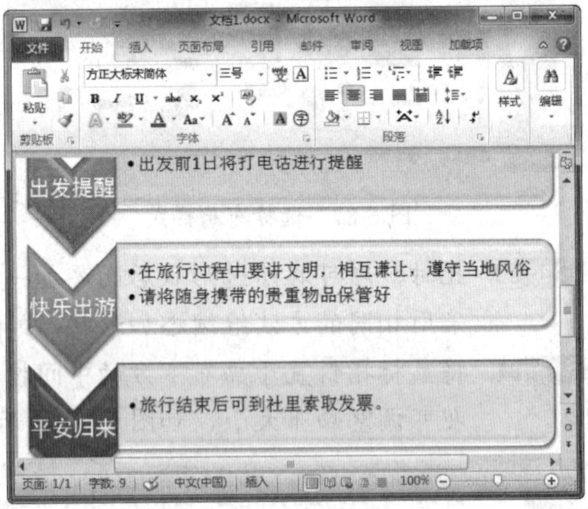

图 5-94　最终效果

在“设计”选项卡下“创建图形”组中可以通过“升级”或“降级”按钮来改变 SmartArt 图形的级别；单击“重置”组中的“重设图形”按钮，可以清除为 SmartArt 图形应用的全部格式，将其恢复为默认状态。

任务六　插入图表

任务概述

我们都知道 Excel 中有着强大的图表处理功能，对于习惯使用 Word 的用户来说，通过 Word 2010 中的图表功能也能够创建出美观、专业的图表。本任务详细介绍 Word 2010 中的图表类型，以及如何插入并编辑图表。

任务重点与实施

一、图表类型

Word 2010 提供的数据图表可以分为以下几种：

➢ **柱形图：**适用于数据间的比较，可以是同项数据的变化，或者不同项数据间的比较，数据正向直立演示，如图 5-95 所示。

➢ **折线图：**适用于数据变化趋势的演示，侧重于单一的数据，如图 5-96 所示。

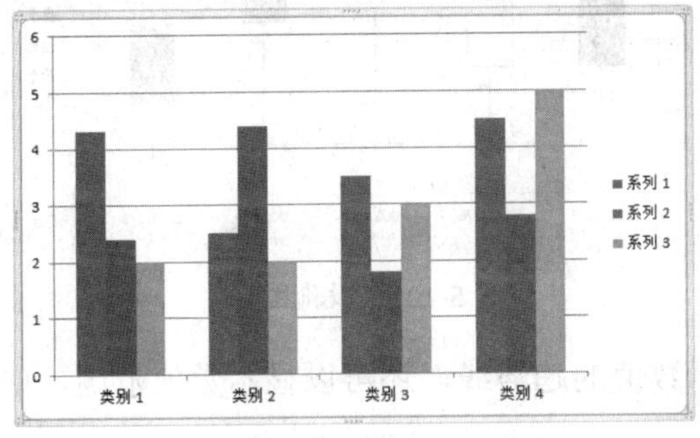

图 5-95　柱形图

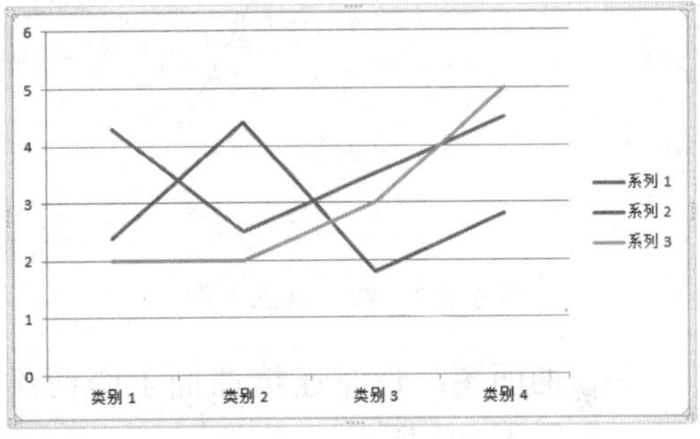

图 5-96　折线图

➢ **饼图：**适用于显示每一组数据相对于总数值的大小，如图 5-97 所示。

➢ **条形图：**适用于数据间的比较，可以是同项数据的变化，或是不同项数据间的比较，数据横向平行演示，如图 5-98 所示。

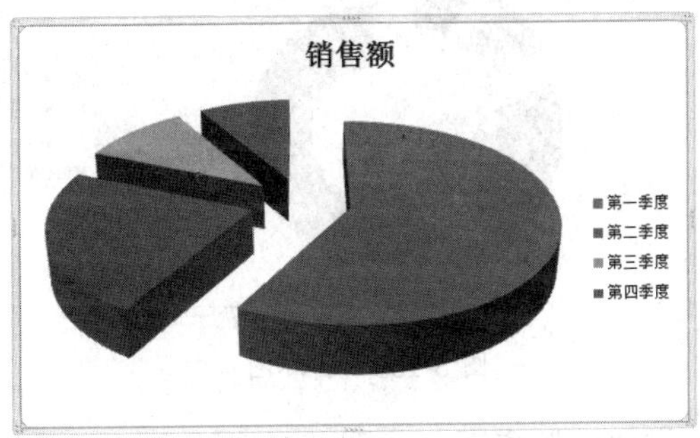

图 5-97　饼图

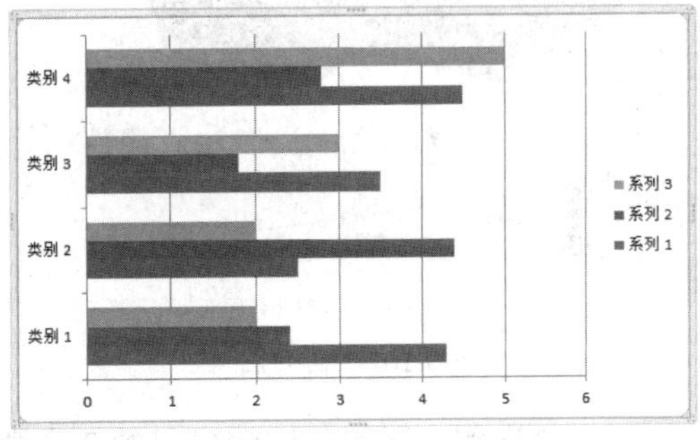

图 5-98　条形图

➢ **面积图：**适用于显示每一个数值所占大小随时间或类别变化而变化的情况，如图 5-99 所示。

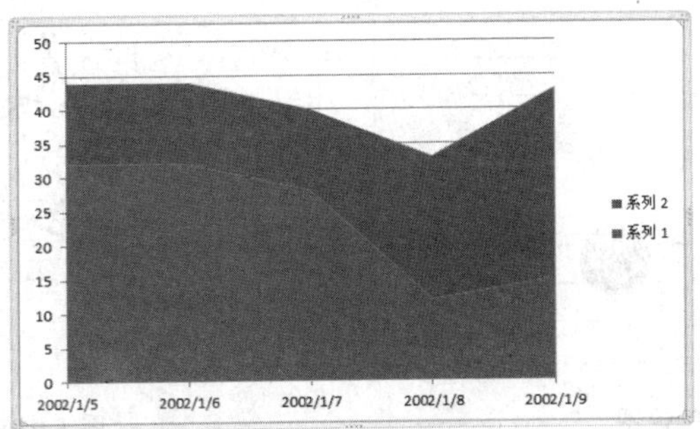

图 5-99　面积图

- **XY（散点图）：** 适用于演示数据变化趋势，侧重于成对的数据（不仅限于两个变量），如图 5-100 所示。
- **股价图：** 适用于显示股价相关数据，可以涉及成交量、开盘、盘高、盘低和收盘等，如图 5-101 所示。

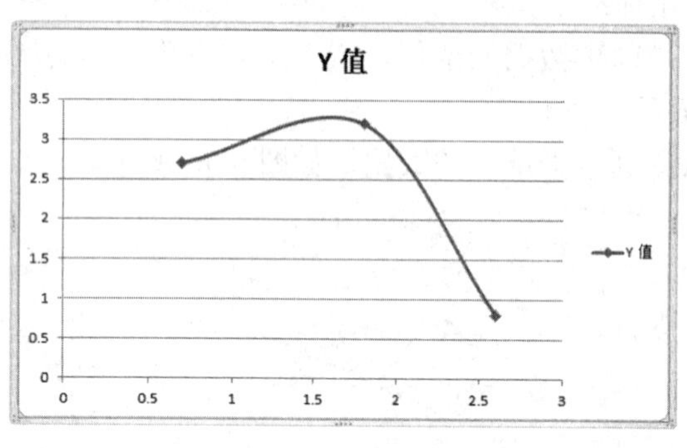

图 5-100　XY（散点）图

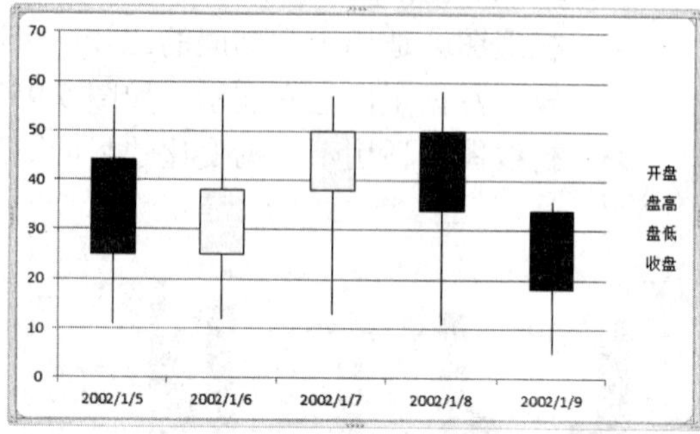

图 5-101　股价图

- **曲面图：** 是在连续曲面上跨两维显示数值的趋势线，还可以显示数值范围，如图 5-102 所示。
- **圆环图：** 与饼图类似，可以添加多个系列，如图 5-103 所示。

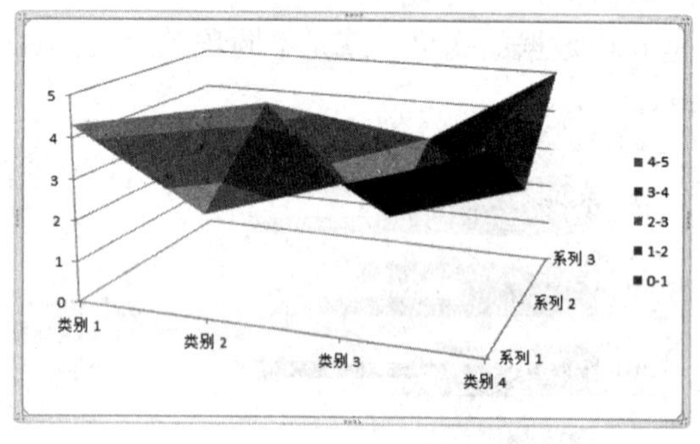

图 5-102　曲面图

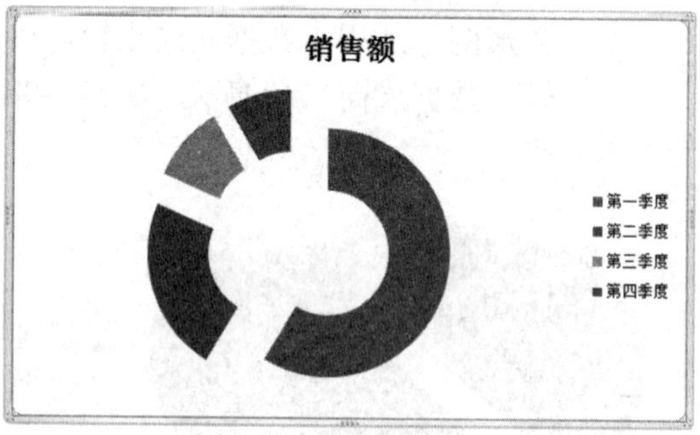

销售额

第一季度
第二季度
第三季度
第四季度

图 5-103　圆环图

- **气泡图：** 适用于比较成组的 3 个数值，类似于散点图，如图 5-104 所示。
- **雷达图：** 适用于显示各组数据偏离数据中心的距离，如图 5-105 所示。

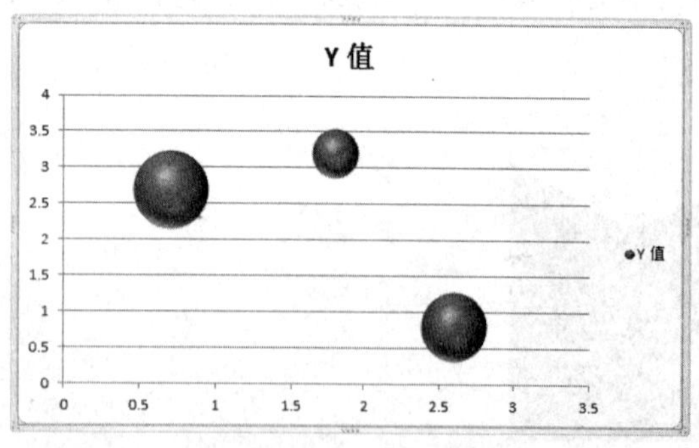

图 5-104　气泡图

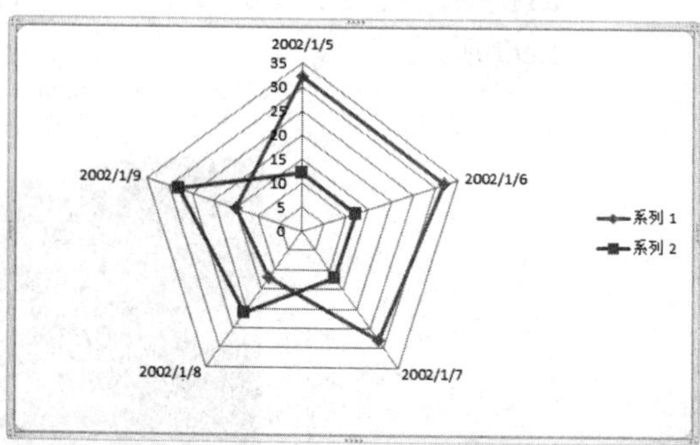

图 5-105　雷达图

二、插入并编辑图表

在文档中插入数据图表，可以将复杂的数据简单明了地表现出来。只要不是太复杂的数据，都可以使用 Word 2010 设计出专业的数据图表。

1. 插入图表

在 Word 2010 中插入图表的具体操作方法如下：

Step 01 新建文档，选择“插入”选项卡，单击“插图”组中的“插入图表”按钮，如图 5-106 所示。

Step 02 在弹出的“插入图表”对话框的左侧列表中选择“柱形图”类型，在中间列表框中选择图表样式，然后单击“确定”按钮，如图 5-107 所示。

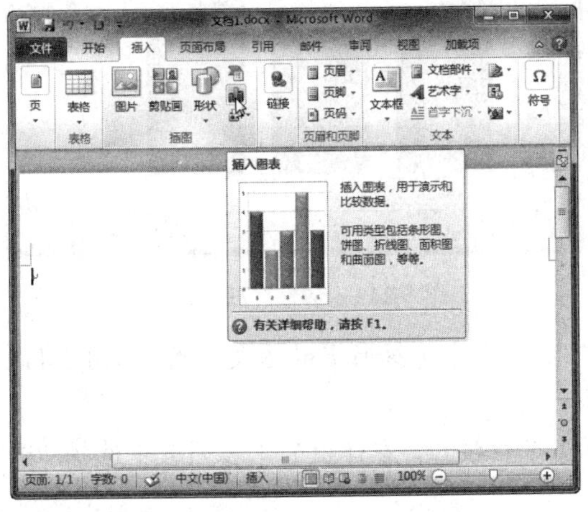

图 5-106　单击“插入图表”按钮

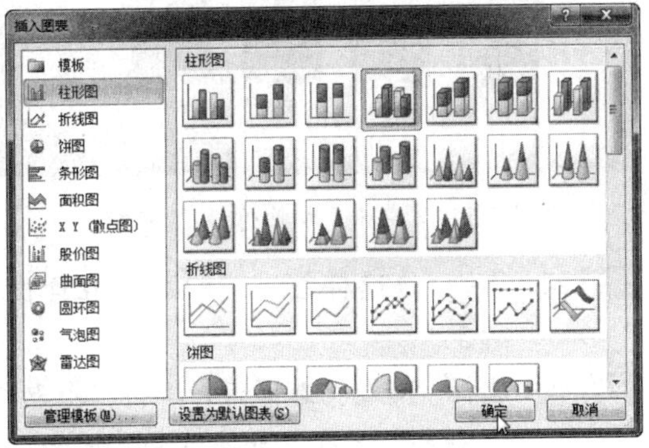

图 5-107　选择图表样式

Step 03 在插入图表的同时，系统会自动生成一个 Excel 表格，在表格中输入数据，如图 5-108 所示。

Step 04 在 Excel 表格中更改数据后，图表也将发生相应的变化，插入图表后的效果如图 5-109 所示。

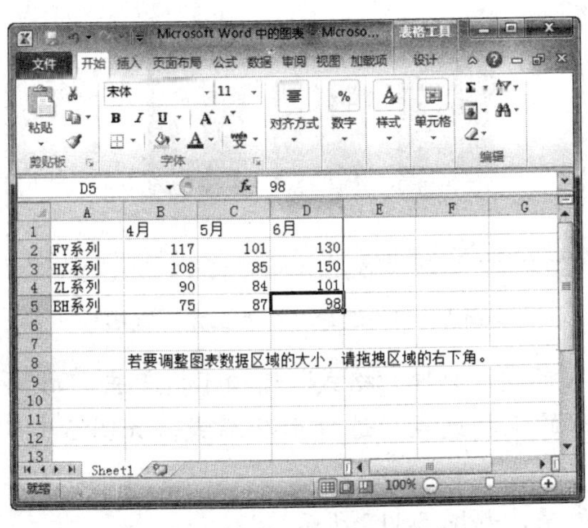

图 5-108　输入数据

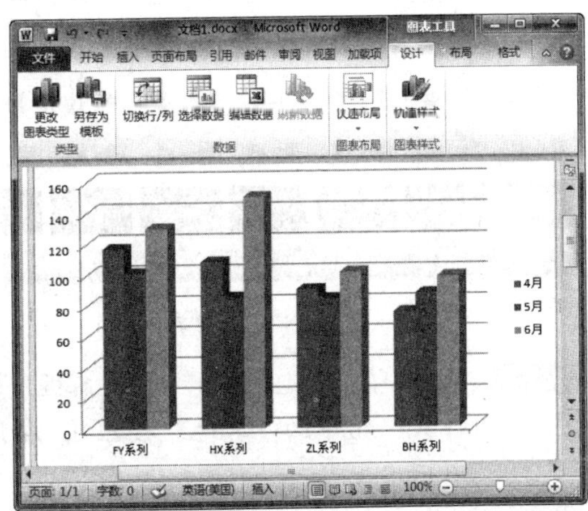

图 5-109　插入图表

2. 编辑图表

插入图表后，功能区中将自动显示“设计”、“图表布局”和“图表样式”选项卡，以便用户完成编辑和美化图表的操作。编辑图表的具体操作方法如下：

Step 01 在“设计”选项卡的“数据”组中单击“切换行/列”按钮，如图 5-110 所示。

Step 02 此时，即可将 X 轴和 Y 轴上的数据进行切换，如图 5-111 所示。

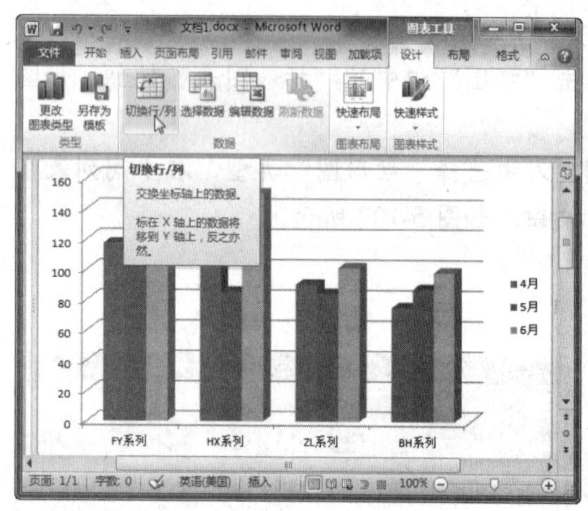

图 5-110 单击“切换行/列”按钮

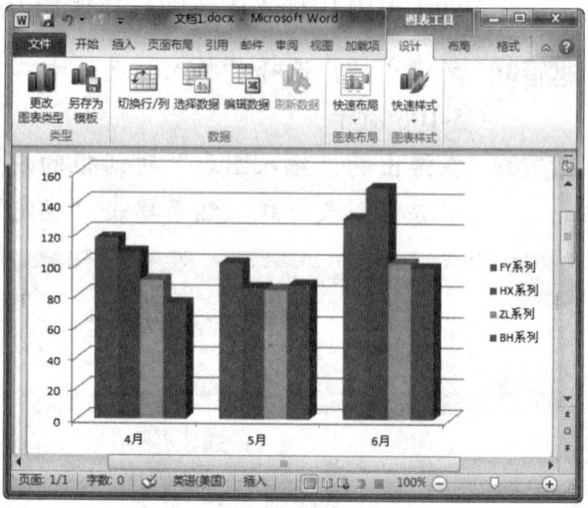

图 5-111 切换行/列效果

Step 03 单击“快速样式”下拉按钮，在弹出的下拉列表中选择所需的图表样式，如图 5-112 所示。

Step 04 选择“布局”选项卡，单击“图表标题”下拉按钮，在弹出的下拉列表中选择“图表上方”选项，如图 5-113 所示。

图 5-112 选择图表样式

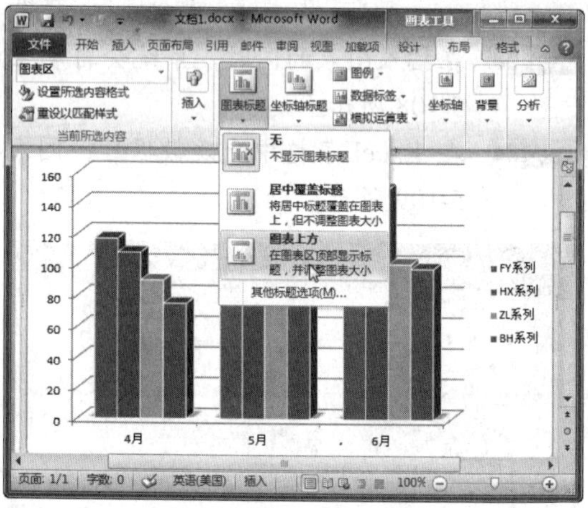

图 5-113 选择“图表上方”选项

Step 05 此时，在图表上方出现的文本框中输入标题。选择“格式”选项卡，单击“形状样式”组中的“其他”按钮，在弹出的下拉列表中选择形状样式，如图 5-114 所示。

Step 06 此时，即可查看编辑并美化图表后的效果，如图 5-115 所示。

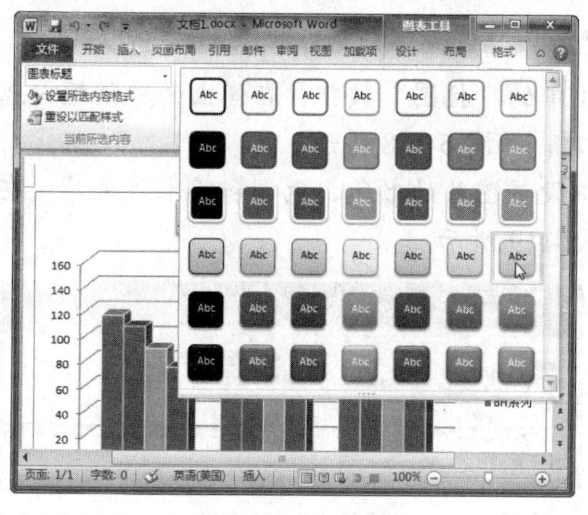

图 5-114　选择图表样式

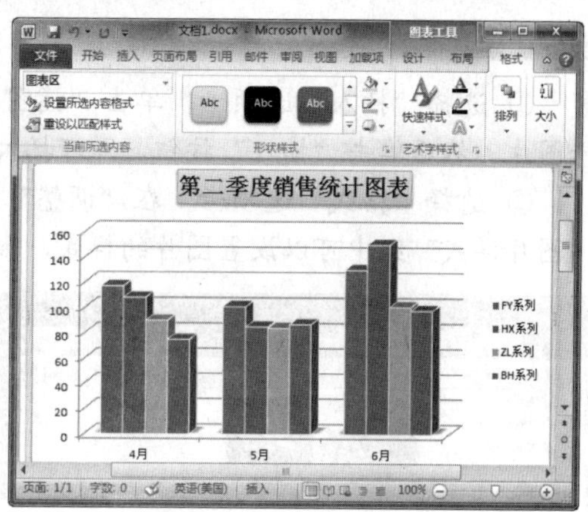

图 5-115　查看图表效果

项目小结

本项目主要介绍了在文档中添加文本框、艺术字、形状、图片、SmartArt 图形及图表等对象并对其进行编辑的方法，通过对本项目的学习，读者应重点掌握以下知识：

（1）在文档中插入文本框，并对其进行编辑。

（2）在文档中插入艺术字，并设置其格式。

（3）在文档中插入形状，在形状中输入文字，设置形状格式，对多个形状进行对齐和组合等。

（4）在文档中插入剪贴画、图片、屏幕截图，对图片进行裁剪，删除图片背景，调整图片和设置图片样式。

（5）在文档中插入 SmartArt 图形，更改图形布局，为图形添加效果。

（6）插入图表，并进行编辑与美化。

项目习题

在素材文件“蒹葭.docx”（如图 5-116 所示）中插入图片、艺术字，并设置其格式，效果如图 5-117 所示。

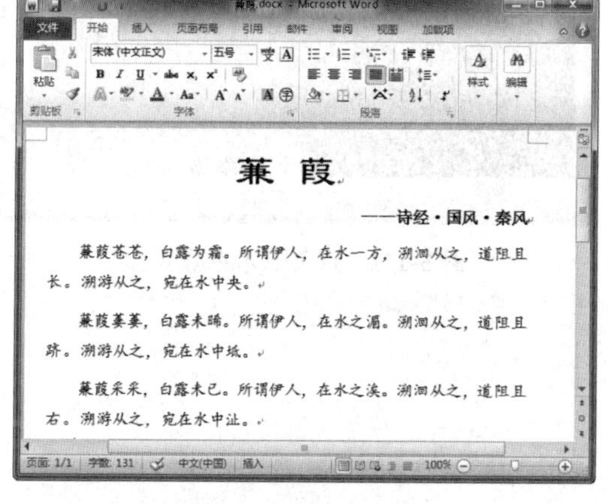

图 5-116　素材文件

图 5-117　效果文件

操作提示：

① 选择“插入”选项卡，单击“插图”组中的“插图”按钮，在弹出的对话框中选择图片，然后单击“插入”按钮，即可插入图片，如图 5-118 所示。

② 选择“格式”选项卡，在“调整”组中设置图片的颜色、色调和艺术效果等，在“图片样式”组中可以设置图片的样式，如图 5-119 所示。

图 5-118　选择图片

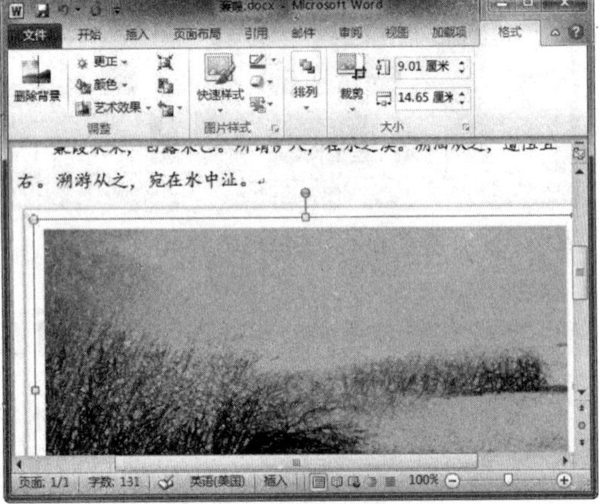

图 5-119　设置图片效果

③ 单击“文本”组中“艺术字”下拉按钮，在弹出的下拉列表中选择艺术字样式，然后输入文本并设置其字体和字号，并将艺术字移到合适的位置，如图 5-120 所示

④ 选择“格式”选项卡，在“文本”组中单击“文字方向”下拉按钮，设置文字方向为垂直，然后在“艺术字样式”组中可以设置艺术字的填充颜色和阴影效果等，如图 5-121 所示。

图 5-120　插入艺术字

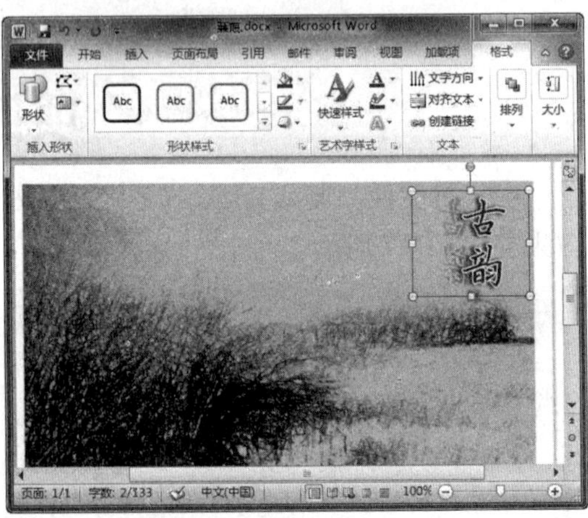

图 5-121　设置艺术字样式

项目六 Word 表格的应用

项目概述

利用表格可以将复杂的数据信息简明扼要地表达出来，Word 2010 提供了强大的制表功能，使用 Word 可以轻松地制作出既专业又美观的表格。本任务将详细介绍如何创建表格，如何在表格中输入内容并设置格式，如何对表格进行编辑，以及如何美化表格、对表格数据进行排序和计算、转换文本和表格等知识。

项目重点

- 掌握创建表格的方法。
- 掌握插入或删除表格对象的方法。
- 掌握合并或拆分单元格的方法。
- 掌握调整表格大小和位置，设置行高和列宽的方法。
- 掌握设置单元格对齐方式和文字方向的方法。
- 掌握为表格添加边框和底纹，应用快速样式的方法。
- 掌握表格数据的计算与排序方法。
- 掌握文本与表格相互转换的方法。

项目目标

- 能够在文档中创建表格，并在表格中输入内容。
- 能够插入或删除表格行、列、单元格等表格对象。
- 能够合并或拆分单元格。
- 能够调整表格大小和位置，设置行高和列宽。
- 能够设置单元格的对齐方式和文字方向。
- 能够为表格添加边框和底纹效果，为表格应用快速样式。
- 能够对表格中的数据进行计算和排序。
- 能够对文本和表格进行相互转换。

任务一　创建表格

任务概述

表格由水平的行和垂直的列组成，行与列交叉形成的方框称为单元格。应用表格来记录信息可以使信息更加清晰明了，本任务将详细介绍几种创建表格的方法。

任务重点与实施

一、使用网格创建表格

使用网格创建表格是最简便的方法。下面将详细介绍如何使用网格创建一个5×6表格，具体操作方法如下：

Step 01 新建文档，选择“插入”选项卡，单击“表格”下拉按钮，按住鼠标左键并拖动鼠标选择网格，如图 6-1 所示。

Step 02 松开鼠标左键，即可将 5 列 × 6 行的表格插入文档中，如图 6-2 所示。

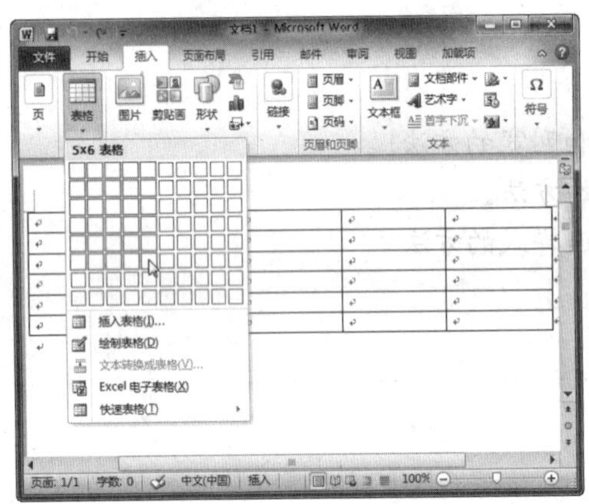

图 6-1　拖动鼠标选择网格

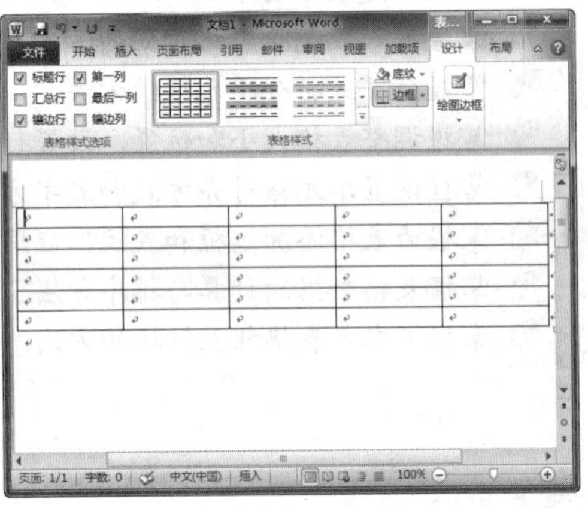

图 6-2　插入表格

使用网格创建表格适用于创建行列较少的表格，因为网格数量有限，所以如果要创建行列较多的大型表格，此方法就不太适用了。

二、使用“插入表格”对话框创建表格

使用“插入表格”命令创建表格，用户可以根据自己的具体需要创建表格，具体操作方法如下：

Step 01 单击“插入”选项卡下的“表格”下拉按钮，在弹出的下拉列表中选择“插入表格”选项，如图 6-3 所示。

Step 02 在弹出的“插入表格”对话框中设置列数和行数，然后单击“确定”按钮，如图 6-4 所示。

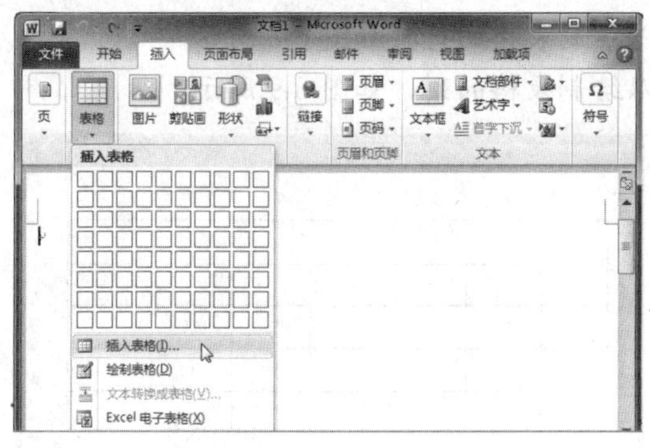
图 6-3 选择“插入表格”选项

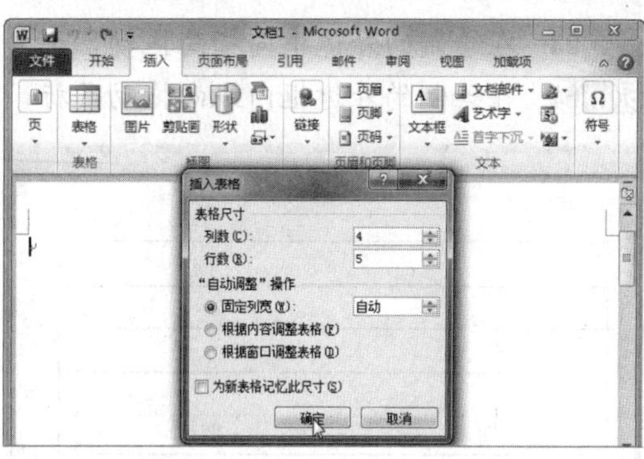
图 6-4 设置表格行列数

Step 03 此时，即可在文档中插入一个 4 列×5 行的表格，如图 6-5 所示。

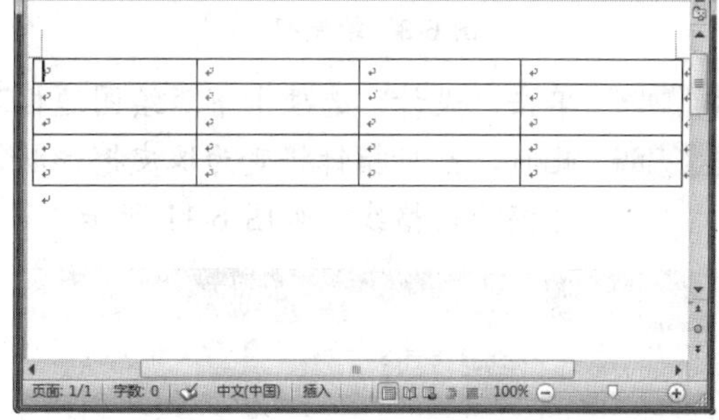
图 6-5 插入表格

在“插入表格”对话框中：

➢ 选中“固定列宽”单选按钮，可以在右侧的数值框中设置列宽值。
➢ 选中“根据内容调整表格”单选按钮，将根据表格的填充内容自动调整行高和列宽。
➢ 选中“根据窗口调整表格”单选按钮，将根据当前文档窗口的大小自动调整行高和列宽。
➢ 选中“为新表格记忆此尺寸”复选框，在下次新建表格时将自动应用当前设置。

三、手动绘制表格

除了以上介绍的两种插入表格的方法外，用户还可以自己动手绘制表格。下面将介绍如何手动绘制表格，具体操作方法如下：

Step 01 单击“插入”选项卡下的“表格”下拉按钮，在弹出的下拉列表中选择“绘制表格”选项，如图 6-6 所示。

Step 02 当鼠标指针呈 形状时，按住鼠标左键向右下方拖动鼠标，绘制表格外框，如图 6-7 所示。

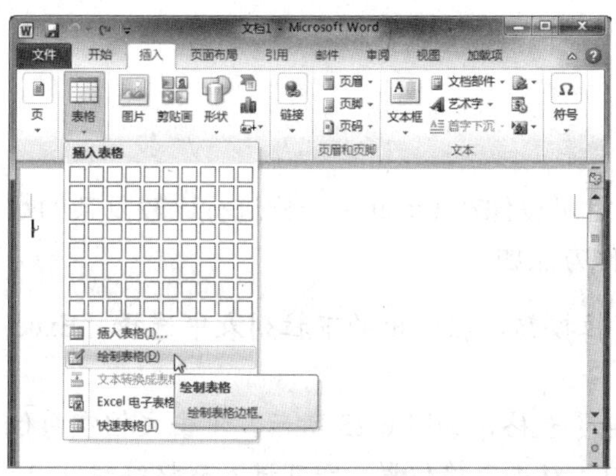
图 6-6 选择“绘制表格”选项

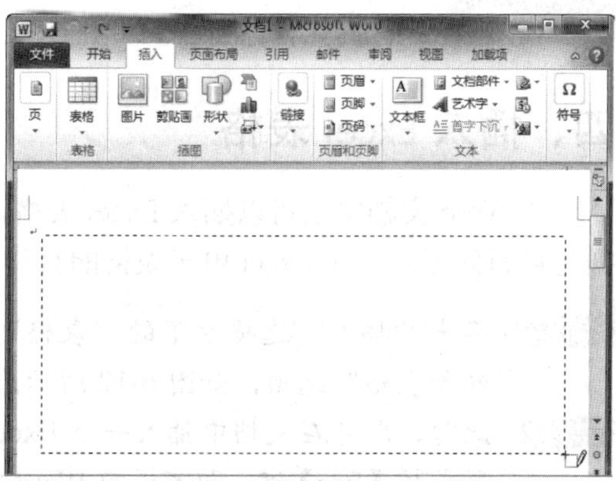
图 6-7 绘制表格外框

Step 03 在绘制的外边框内横向拖动鼠标，可以绘制表格的行，如图 6-8 所示。

Step 04 在绘制的外边框内纵向拖动鼠标，可以绘制表格的列，如图 6-9 所示。

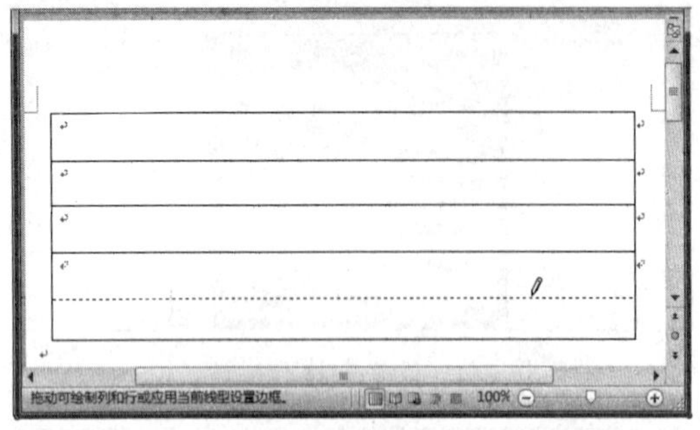

图 6-8　绘制行

图 6-9　绘制列

Step 05 单击“设计”选项卡下“绘图边框”组中的“擦除”按钮，如图 6-10 所示。

Step 06 此时，鼠标指针将变为橡皮擦形状，在需要擦除的表格线上单击或拖动鼠标，即可擦除表格线，如图 6-11 所示。

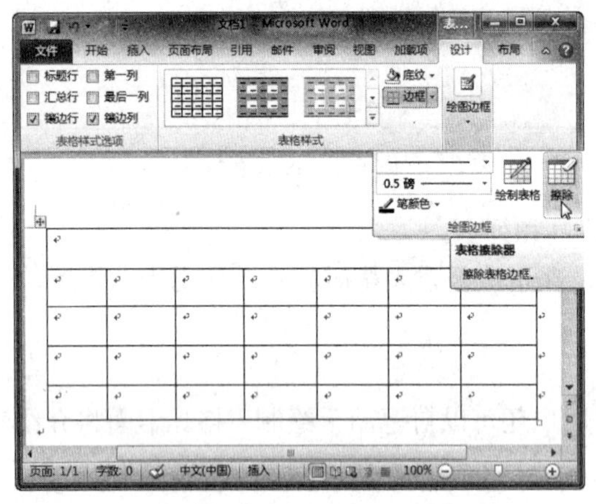

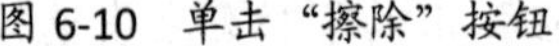

图 6-10　单击“擦除”按钮

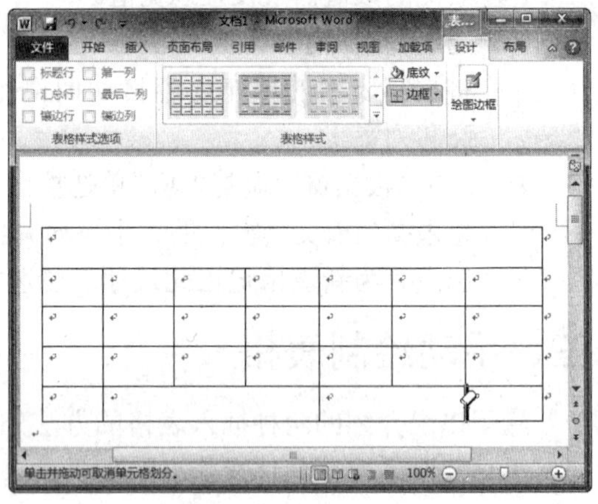

图 6-11　擦除表格线

专家指导 Expert guidance

在手动绘制表格时，按住【Shift】键，画笔即可变为橡皮擦，这样可以方便地在绘制表格时对绘制错误的表格框线进行擦除操作。

四、插入 Excel 表格

在 Word 文档中还可以插入 Excel 表格，并且可以像在 Excel 中一样进行比较复杂的数据运算和处理。插入 Excel 电子表格的具体操作方法如下：

Step 01 单击“插入”选项卡下的“表格”下拉按钮，在弹出的下拉列表中选择“Excel 电子表格”选项，如图 6-12 所示。

Step 02 此时，即可在文档中插入一个 Excel 电子表格，如图 6-13 所示。单击文档空白位置或按【Esc】键，即可返回 Word 窗口。双击表格位置，即可进入表格编辑状态。

图 6-12　选择“Excel 电子表格”选项

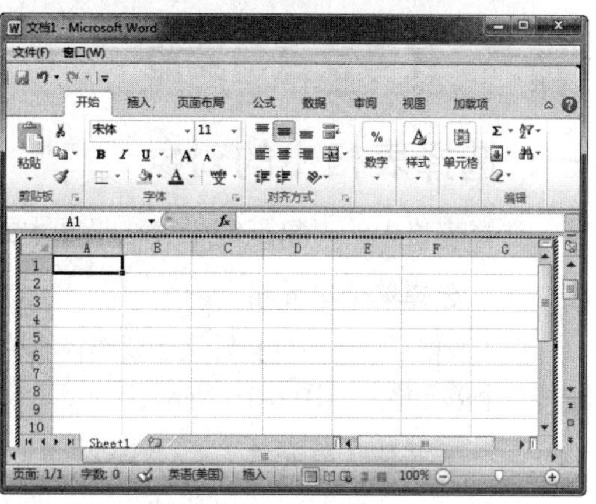

图 6-13　插入 Excel 电子表格

五、插入快速表格

在 Word 2010 中内置了多种格式的表格，用户可以快速插入这些表格，具体操作方法如下：

Step 01 单击“插入”选项卡下的“表格”下拉按钮，在弹出的下拉列表中选择“快速表格”选项，在弹出的下拉列表中选择一种表格样式，如图 6-14 所示。

Step 02 此时，即可在文档中插入一个带有样式的表格，如图 6-15 所示。可以根据需要对表格内容进行修改。

图 6-14　选择表格样式

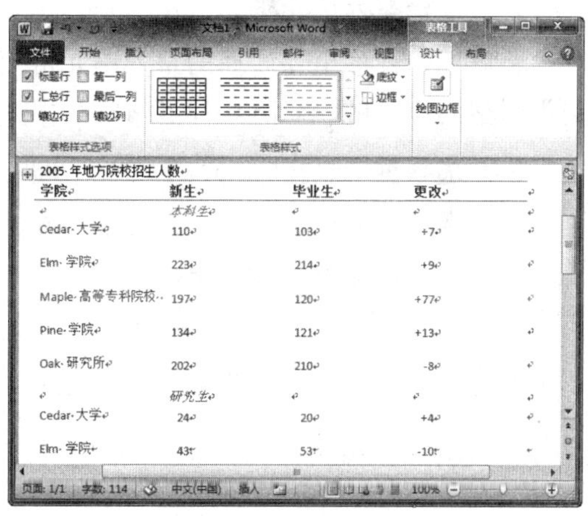

图 6-15　插入快速表格

任务二　编辑表格

任务概述

在文档中创建表格后，可以从中输入内容，还可以根据需要对表格的布局进行调整。本任务将详细介绍如何选择表格中的对象、输入数据内容，以及如何插入和删除表格对象、合并与拆分单元格、设置行高与列宽、设置表格对齐方式等知识。

任务重点与实施

一、选择表格中的对象

选择表格中的对象是编辑表格最基本的操作，下面将详细介绍其选择方法。

➢ **选择单个单元格**

插入表格后，将鼠标指针置于要选择的单元格左侧，当指针呈➚形状时单击鼠标左键，即可选择单个单元格，如图 6-16 所示。

➢ **选择整行单元格**

将鼠标指针移至要选择的整行单元格左侧，当指针呈↗形状时单击鼠标左键，即可选择整行单元格，如图 6-17 所示。

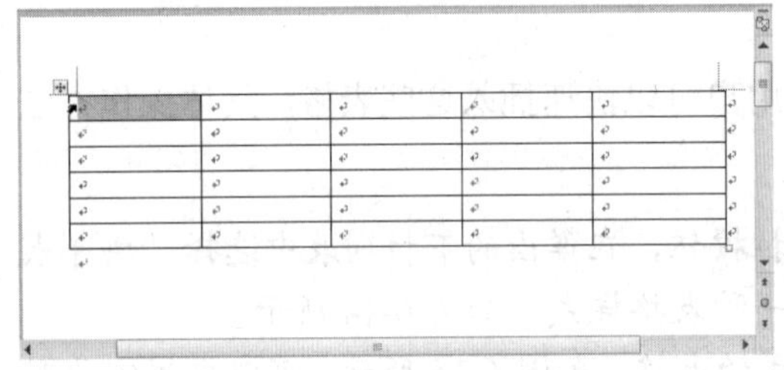

图 6-16 选择单个单元格

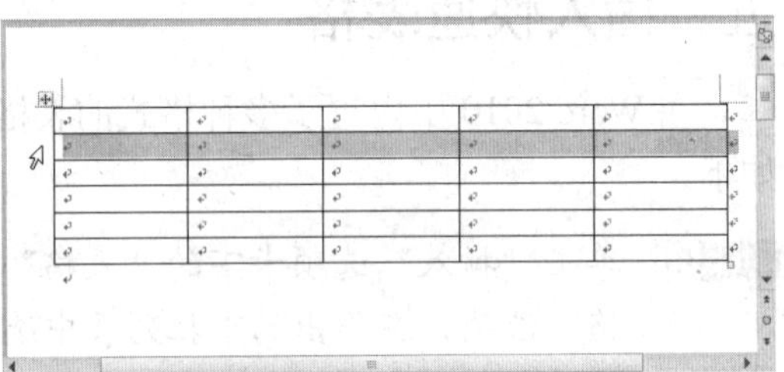

图 6-17 选择整行单元格

➢ **选择整列单元格**

将鼠标指针移至要选择的整列单元格上方，当鼠标指针呈⬇形状时单击鼠标左键，即可选择整列单元格，如图 6-18 所示。

➢ **选择整个表格**

将鼠标指针移至文档左上角的⊞图标上，当鼠标指针呈✥形状时单击鼠标左键，即可选择整个表格，如图 6-19 所示。

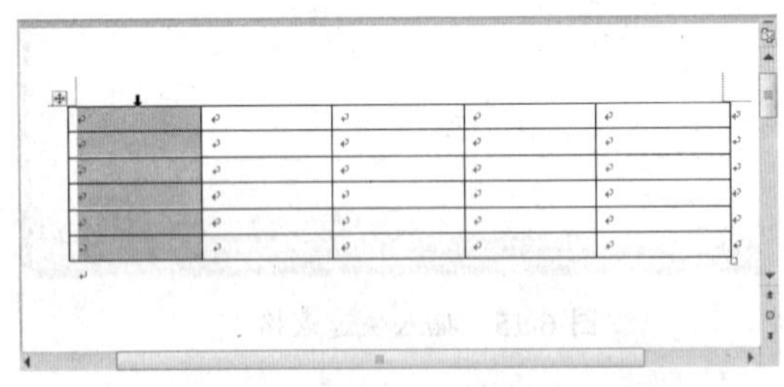

图 6-18 选择整列单元格

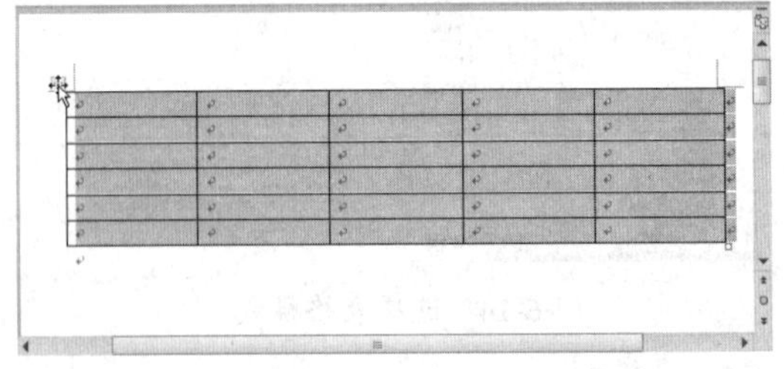

图 6-19 选择整个表格

➢ **选择连续的单元格区域**

将光标定位到要选择单元格区域的起始单元格上，按住鼠标左键并拖动鼠标即可选择连续的单元格区域，如图 6-20 所示。

➢ **选择不连续的单元格**

选中要选择的第一个单元格，在按住【Ctrl】键的同时选择其他单元格，即可选择不连续的单元格，如图 6-21 所示。

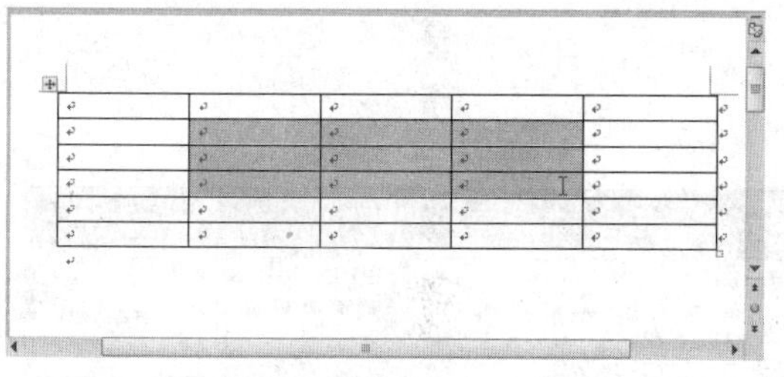
图 6-20　选择连续的单元格区域

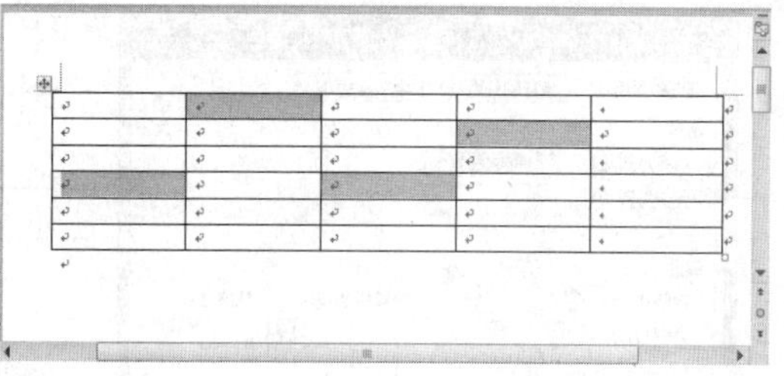
图 6-21　选择不连续的单元格

将光标定位到单元格中，单击“布局”选项卡下“表”组中的“选择”下拉按钮，在弹出的下拉菜单中选择相应的选项，也可以选择光标所在的单元格、行、列或表格，如图 6-22 所示。

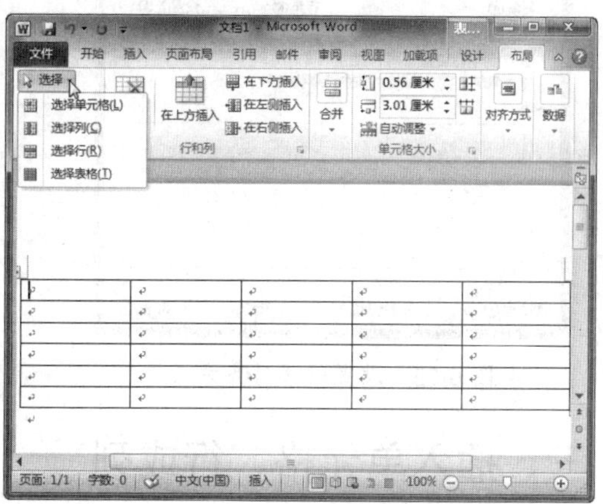

图 6-22　选择表格对象

二、输入内容

表格是由若干个单元格组成的，在表格中输入内容，实际上就是在单元格中输入内容。在表格中输入内容的具体操作方法如下：

Step 01 新建文档并保存，在文档中输入标题并插入表格，插入表格后光标将自动定位到第一个单元格中，在单元格中直接输入内容即可，如图 6-23 所示。

Step 02 可以使用键盘上的方向键或使用鼠标来定位光标所在的单元格，在不同的单元格中输入不同的内容，输入完成后选中整个表格，设置字体为“黑体”、字号为“小四”，如图 6-24 所示。

图 6-23　输入内容

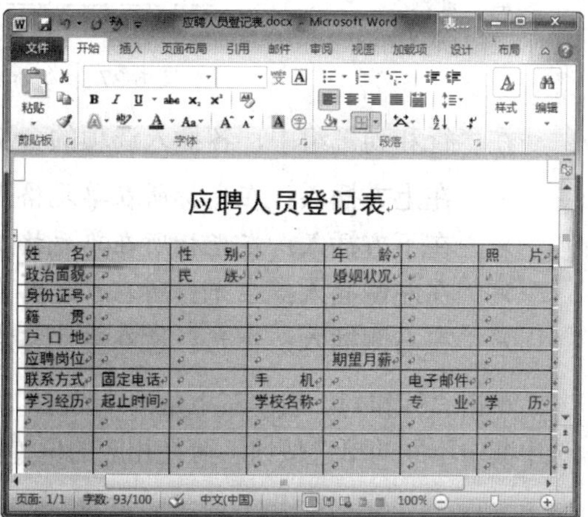

图 6-24　继续输入内容并设置格式

Step 03 单击“开始”选项卡下“段落”组右下角的扩展按钮，在弹出的“段落”对话框中设置“对齐方式”为“居中”，然后单击“确定”按钮，如图 6-25 所示。

Step 04 此时，即可将单元格中的内容居中对齐，如图 6-26 所示。

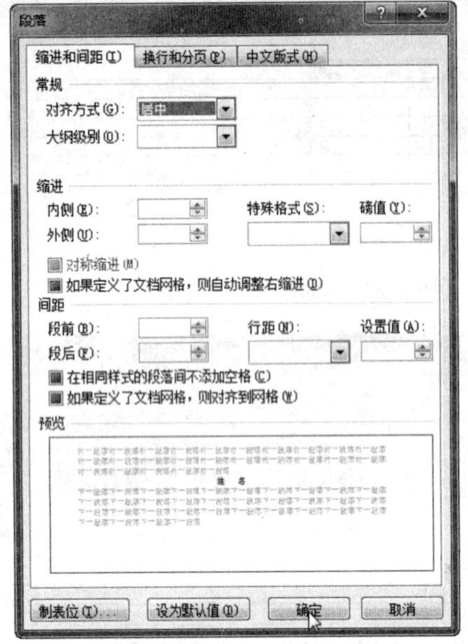

图 6-25　设置段落对齐方式

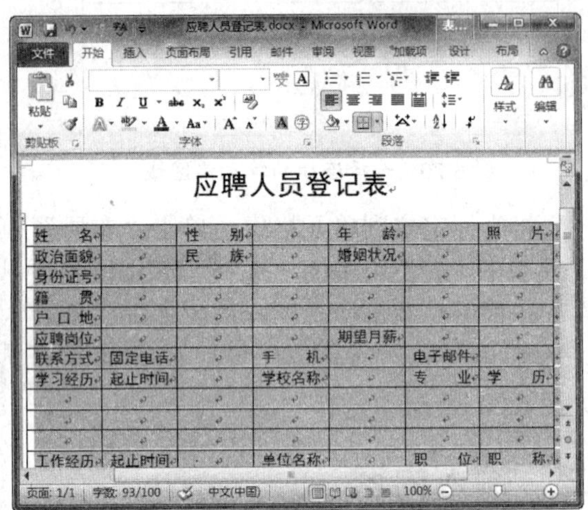

图 6-26　内容居中对齐

三、插入单元格、行或列

使用“布局”选项卡下“行和列”组中的相关按钮，可以在表格中的相关位置插入单元格、行或列，如图 6-27 所示。

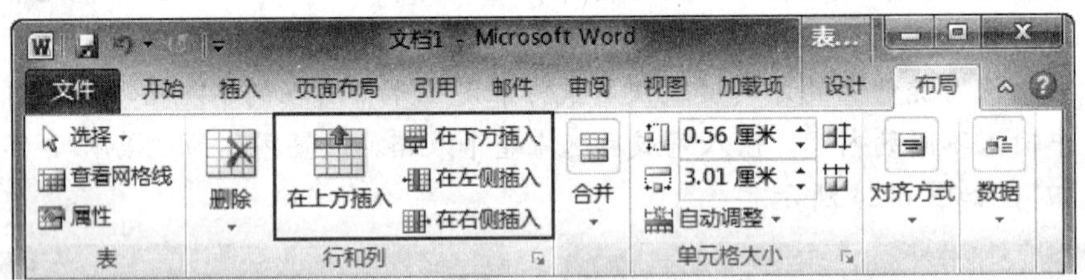

图 6-27　“行和列”组中的插入按钮

在“行和列”组中，各插入选项的含义如下：

- **在上方插入：**在光标所在单元格上方插入一行。
- **在下方插入：**在光标所在单元格下方插入一行。
- **在左侧插入：**在光标所在单元格左侧插入一列。
- **在右侧插入：**在光标所在单元格右侧插入一列。

单击“行和列”组中右下角的按钮，将弹出如图 6-28 所示的“插入单元格”对话框，选中其中不同的单选按钮，可在相应的位置插入单元格、行或列。

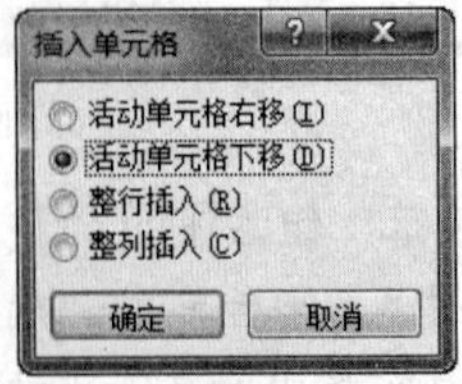

图 6-28　“插入单元格”对话框

下面以插入整行单元格为例进行介绍，具体操作方法如下：

Step 01 将光标定位到单元格中，选择“布局”选项卡，单击“行和列”组中的“在下方插入”按钮，如图 6-29 所示。

Step 02 此时，即可在光标所在单元格下方插入一行，在单元格中输入内容并设置段落对齐方式，如图 6-30 所示。

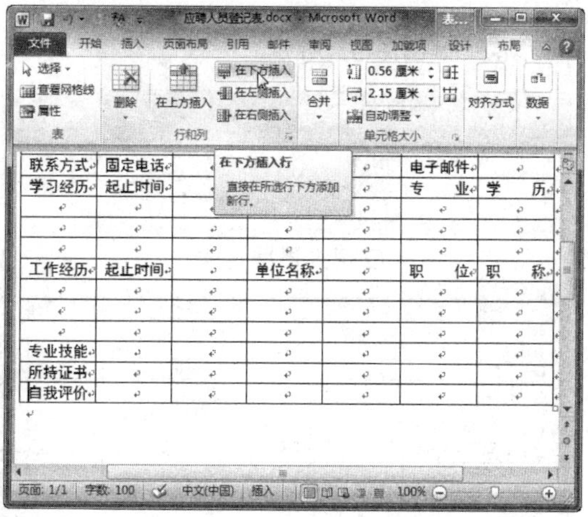

图 6-29　单击“在下方插入”按钮

图 6-30　插入行并输入内容

四、删除单元格、行或列

如果要删除表格中无用的单元格、行或列等，用户可先将光标定义到表格中相应的位置，或选择相应的行或列，然后单击“布局”选项卡下“行和列”组中的“删除”下拉按钮，在弹出的下拉列表中选择相应的选项即可，如图 6-31 所示。

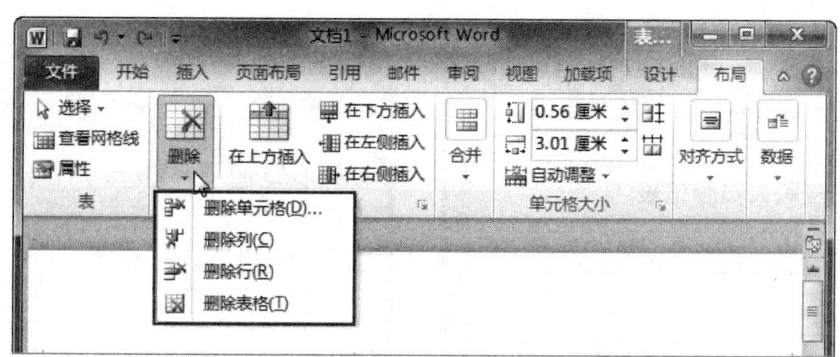

图 6-31　“行和列”组中的删除按钮

在“删除”下拉列表中，各选项的含义如下：

- **删除单元格：**选择该选项，将删除当前单元格。
- **删除列：**选择该选项，将删除当前单元格所在的列。
- **删除行：**选择该选项，将删除当前单元格所在的行。
- **删除表格：**选择该选项，将删除整个表格。

五、合并与拆分单元格

合并单元格就是将两个或多个相邻的单元格合并为一个单元格。拆分单元格是指选中的单元格拆分为指定行数和列数的单元格。合并与拆分单元格的具体操作方法如下：

Step 01 选中需要合并的单元格，选择“布局”选项卡，单击“合并”组中的“合并单元格”按钮，如图 6-32 所示。

Step 02 此时，即可将所选单元格合并为一个单元格，如图 6-33 所示。

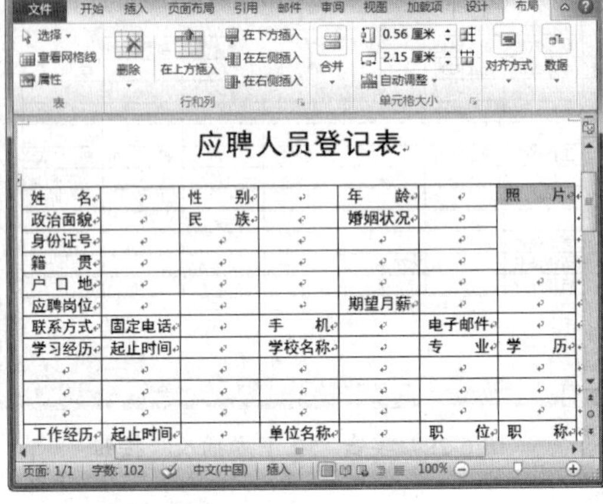

图 6-32　单击“合并单元格”按钮

图 6-33　合并单元格

Step 03 采用同样的方法，对其他需要合并的单元格进行合并操作。如果需要合并的单元格中包含内容，则合并后的内容将分段排列，根据需要进行调整，如图 6-34 所示。

Step 04 选中需要拆分的单元格，单击“布局”选项卡下“合并”组中的“拆分单元格”按钮，如图 6-35 所示。

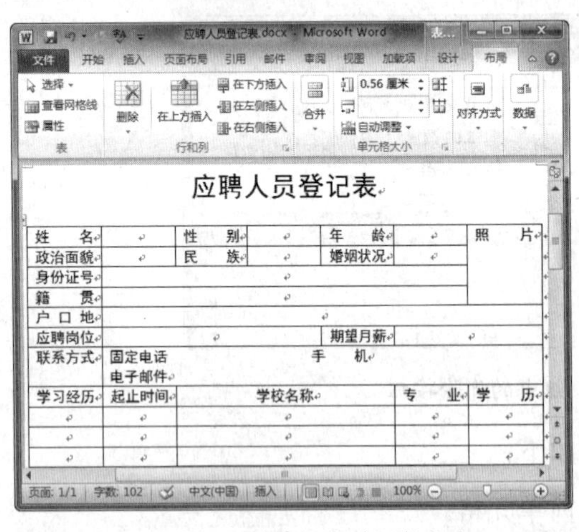

图 6-34　合并单元格并调整内容

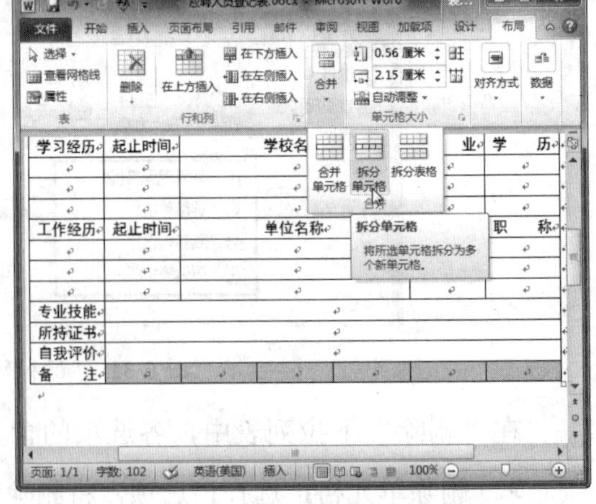

图 6-35　单击“拆分单元格”按钮

Step 05 在弹出的“拆分单元格”对话框中设置列数和行数，如图 6-36 所示。

Step 06 此时即可将所选的单元格拆分，在单元格中输入内容，并设置其字体、字号和段落对齐方式等，效果如图 6-37 所示。

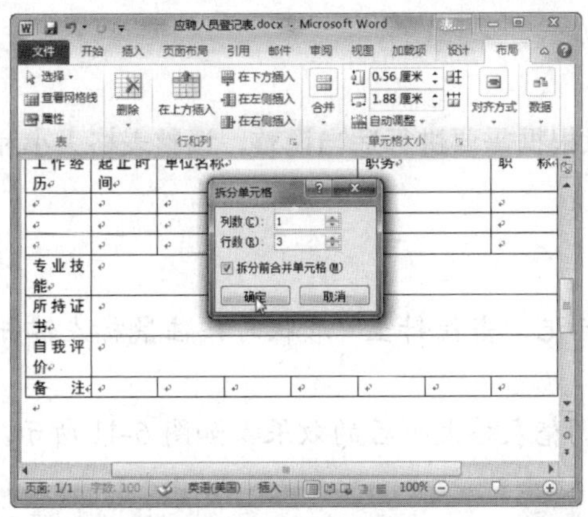

图 6-36　设置拆分选项

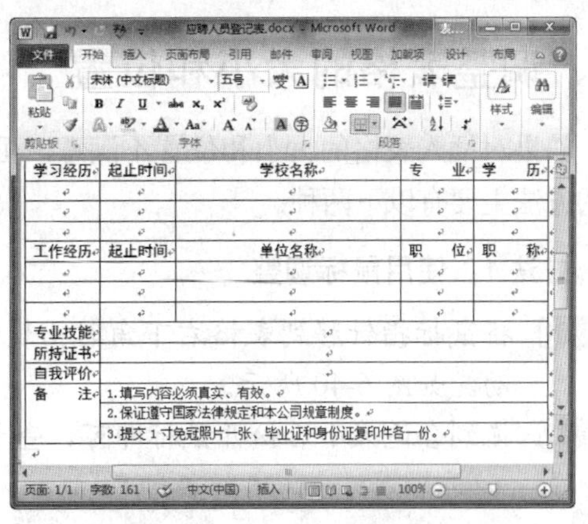

图 6-37　输入内容并设置格式

六、拆分表格

除了合并与拆分单元格外，还可以拆分与合并表格，具体操作方法如下：

定位光标后，单击“布局”选项卡下“合并”组中的“拆分表格”按钮，在光标位置将表格拆分为上下两个表格，如图 6-38 所示。

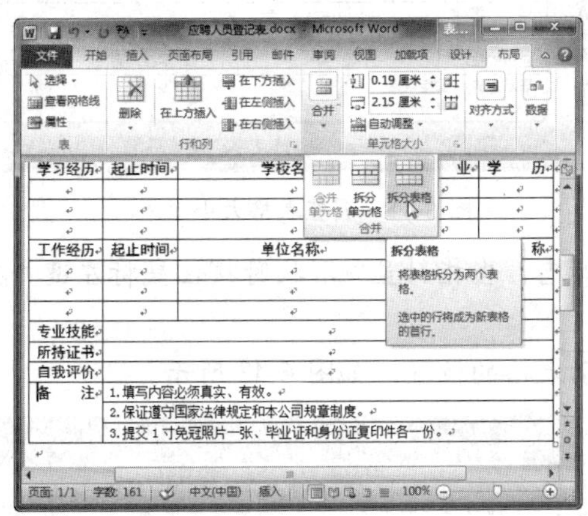

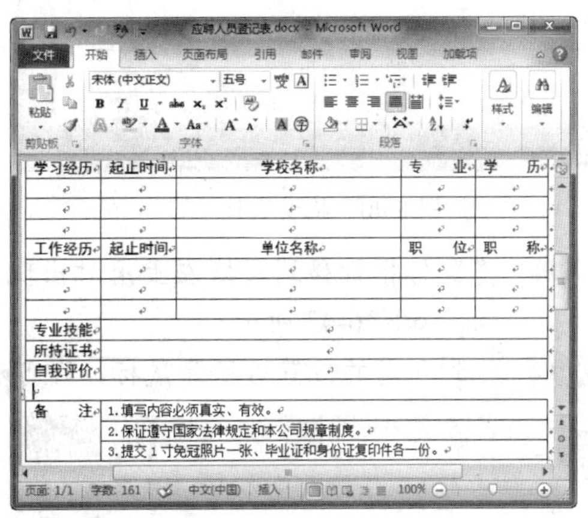

图 6-38　拆分表格

需要合并表格时，可将两个要合并的表格上下放置，同时选中这两个表格，单击鼠标右键，在弹出的下拉菜单中选择“表格属性”并在弹出的“表格属性”对话框中选择文字环绕为“无”，单击“确定”按钮。再把两个表格之间的内容（包括段落标记）全部删除，即可将两个表格自动合并为一个表格，如图 6-39 所示。

图 6-39　合并表格

七、调整表格的大小和位置

如果对插入表格的大小和位置不满意，可以根据需要进行适当调整。调整表格大小和位置的方法主要有以下两种：

方法 1：使用鼠标调整

Step 01　将鼠标指针移到表格右下角时出现□标记，当指针呈↘形状时按住鼠标左键并拖动，如图 6-40 所示。

Step 02　拖到合适大小后松开鼠标即可，查看调整表格大小后的效果，如图 6-41 所示。

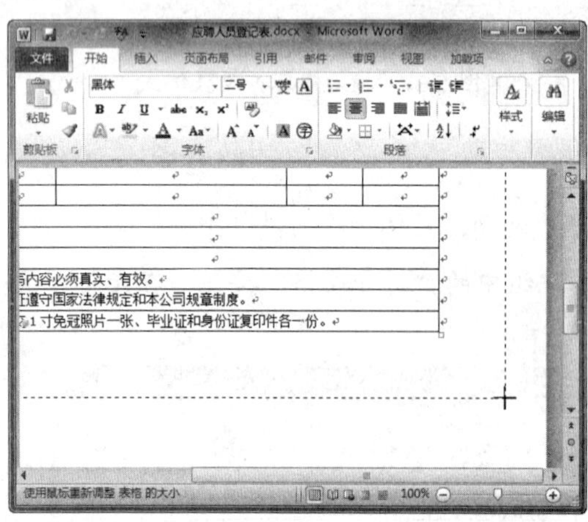

图 6-40　拖动鼠标

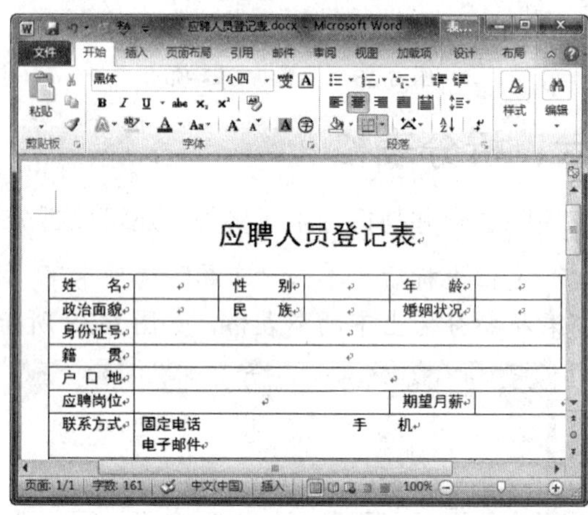

图 6-41　调整表格大小效果

Step 03　将鼠标指针移到表格左上角时出现⊞标志，当指针呈✥形状时按住鼠标左键并拖动，如图 6-42 所示。

Step 04　拖到所需的位置后松开鼠标，即可移动表格的位置，如图 6-43 所示。

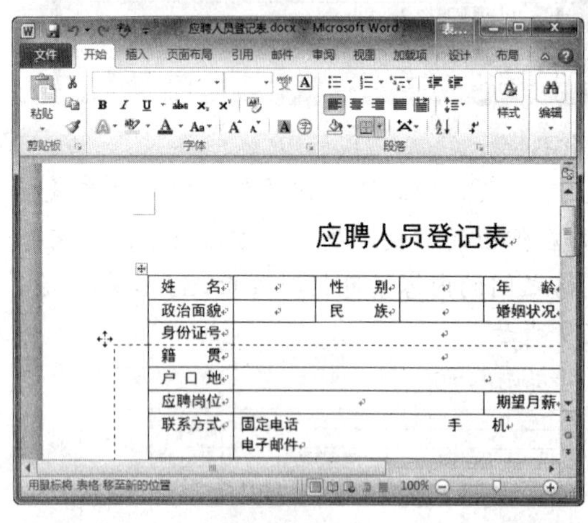

图 6-42　拖动鼠标

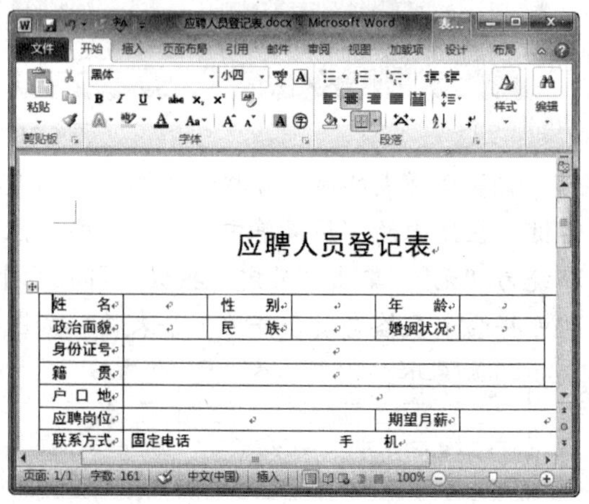

图 6-43　移动表格位置

方法 2：使用“表格属性”对话框调整

Step 01　将光标定位到任意单元格中，选择“布局”选项卡，在“表”组中单击“属性”按钮，如图 6-44 所示。

Step 02 在弹出的“表格属性”对话框中选择“表格”选项卡，从中指定表格的宽度，并设置表格的对齐方式和文字环绕方式，如图 6-45 所示。

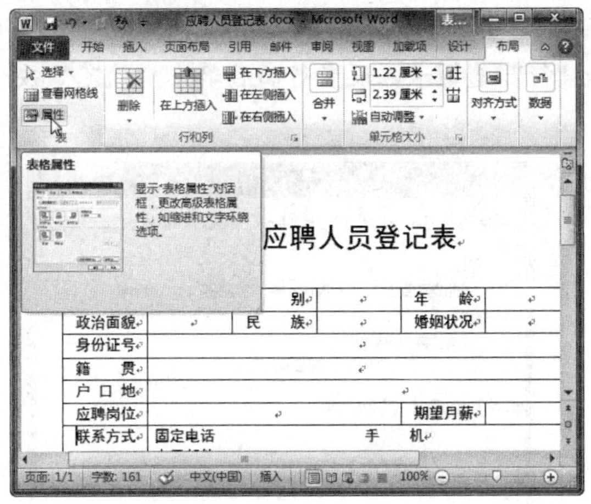

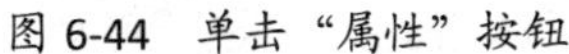

图 6-44　单击“属性”按钮

图 6-45　设置表格属性

八、设置行高和列宽

用户可以根据需要调整表格的行高和列宽，其方法有以下三种：

方法 1：通过功能区调整

Step 01 选中需要调整行高的单元格，选择“布局”选项卡，在“单元格大小”组中的行高数值框中输入数值，即可调整行高，如图 6-46 所示。

Step 02 选中需要调整列宽的单元格，在“单元格大小”组中的列宽数值框中输入数值，即可调整列宽，如图 6-47 所示。

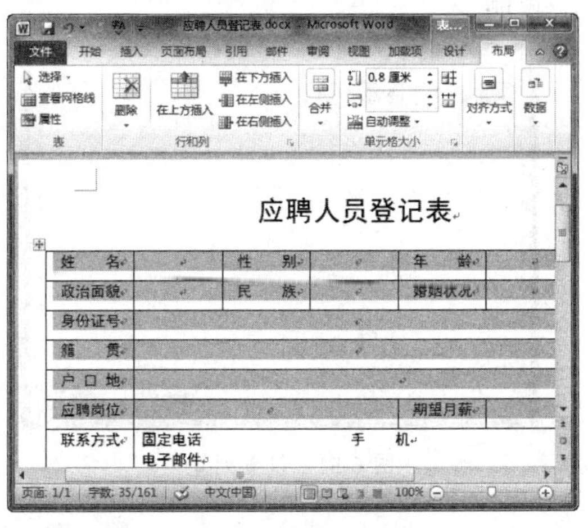

图 6-46　调整行高

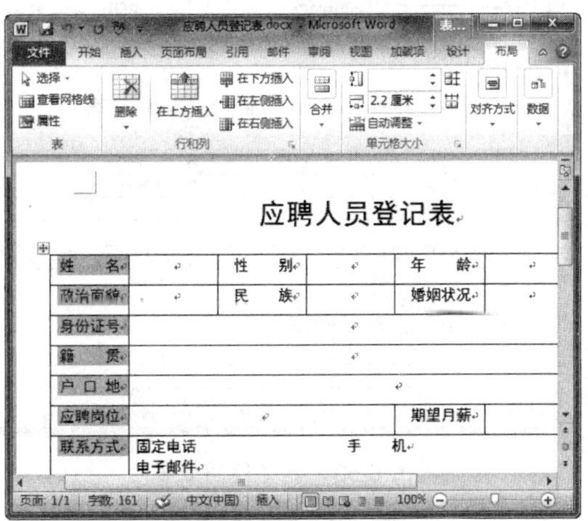

图 6-47　调整列宽

选中多行或多列后，单击“布局”选项卡下“单元格大小”组中的“分布行”按钮或“分布列”按钮，可以平均分布行或列。

方法 2：通过“表格属性”对话框调整

Step 01 选中需要调整行高的单元格，选择“布局”选项卡，在“表”组中单击“属性”按钮，如图 6-48 所示。

Step 02 在弹出的“格式属性”对话框中选择“行”选项卡，设置行高后单击“确定”按钮，如图 6-49 所示。

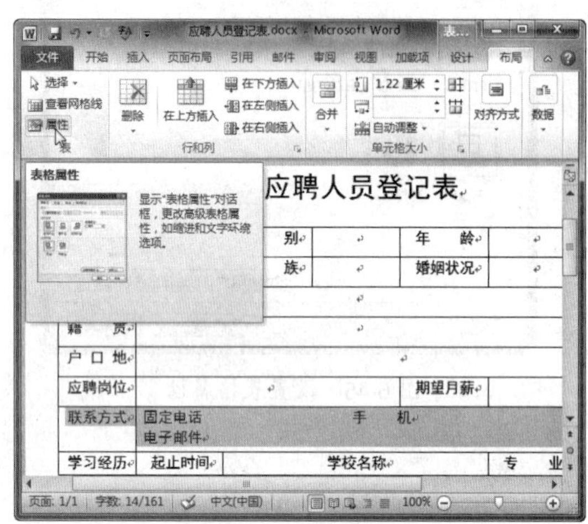

图 6-48　单击“属性”按钮

图 6-49　设置行高

Step 03 此时，即可看到调整行高后的效果，如图 6-50 所示。

Step 04 选中需要设置列宽的单元格，采用同样的方法在“表格属性”对话框的“列”选项卡中设置列宽，如图 6-51 所示。

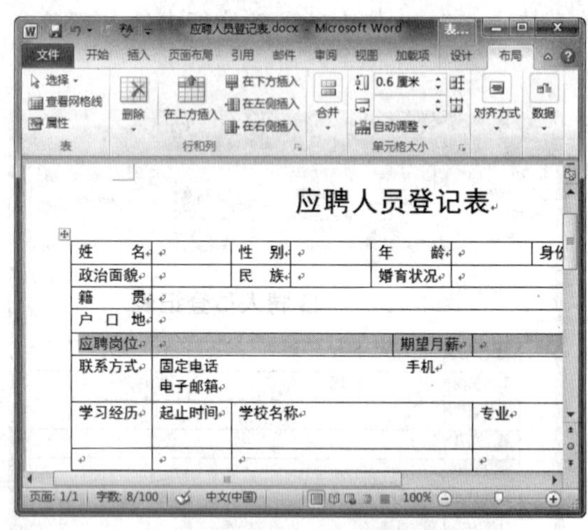

图 6-50　调整行高效果

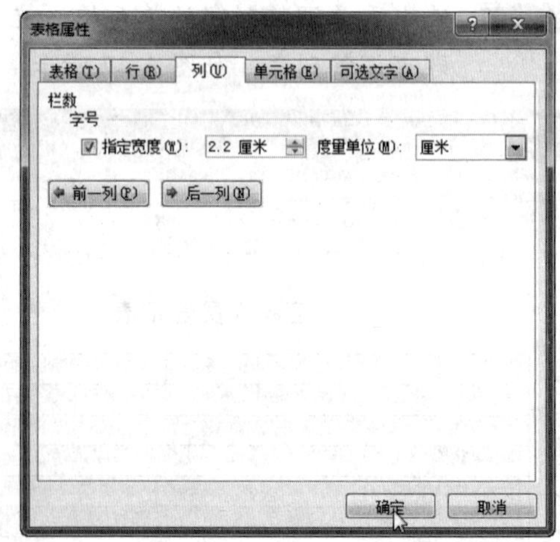

图 6-51　设置列宽

方法 3：通过拖动鼠标调整

Step 01 将鼠标指针移到行的下边界上，当指针呈÷形状时按住鼠标左键并向上或向下拖动，即可调整行高，如图 6-52 所示。

Step 02 将鼠标指针移到列的左边界或右边界上，当指针呈⫲形状时按住鼠标左键并向左或向右拖动，即可调整列宽，如图 6-53 所示。

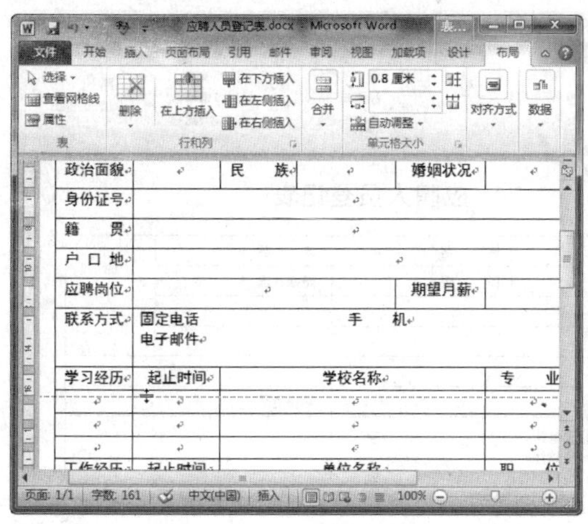

图 6-52　调整行高

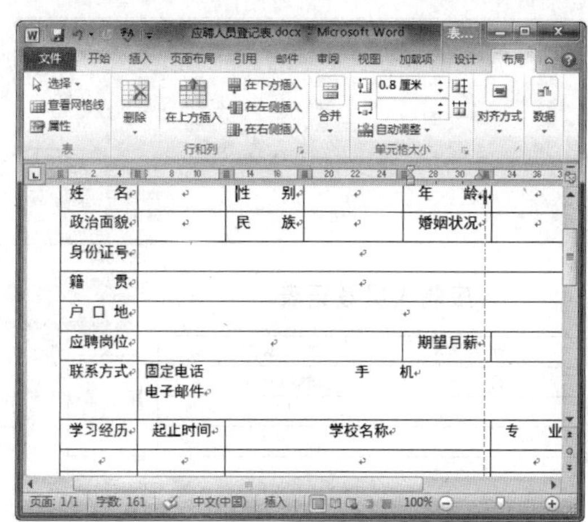
图 6-53　调整列宽

九、设置单元格对齐方式和文字方向

在表格中输入文字后，若不设置段落的对齐方式，那么文字在单元格中的对齐方式是靠上两端对齐。用户可以根据需要设置文字在表格中的对齐方式，如“左对齐”、“居中”等，还可以设置单元格中文字的方向。设置单元格对齐方式和文字方向的具体操作方法如下：

Step 01 选中整个表格，选择“布局”选项卡，单击“对齐方式”组中的“水平居中”按钮，如图 6-54 所示。

Step 02 此时，表格中的文字在单元格中即可水平居中对齐。选中需要中部两端对齐的单元格，单击“布局”选项卡下“对齐方式”组中的“中部两端对齐”按钮，如图 6-55 所示。

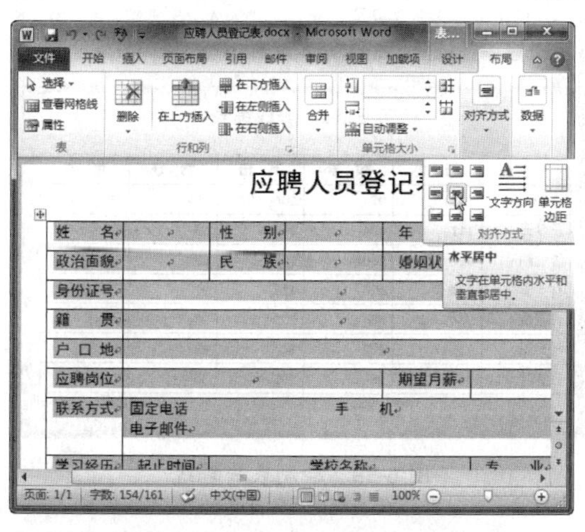
图 6-54　单击“水平居中”按钮

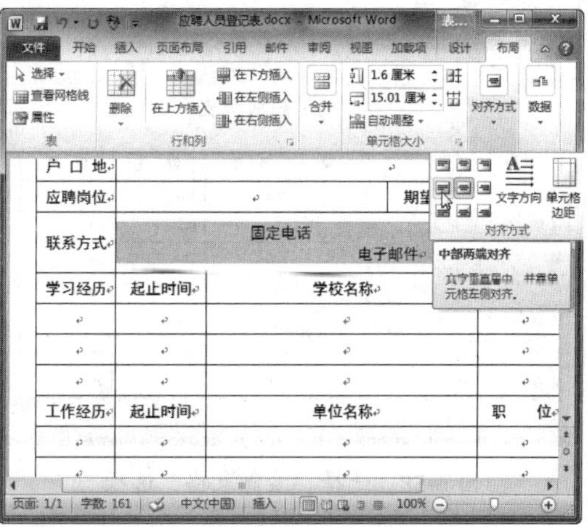
图 6-55　单击“中部两端对齐”按钮

Step 03 将光标定位到需要改变文字方向的单元格位置，单击“布局”选项卡下“对齐方式”组中的“文字方向”按钮，如图 6-56 所示。

Step 04 此时，即可看到文字方向变为垂直方向，如图 6-57 所示。

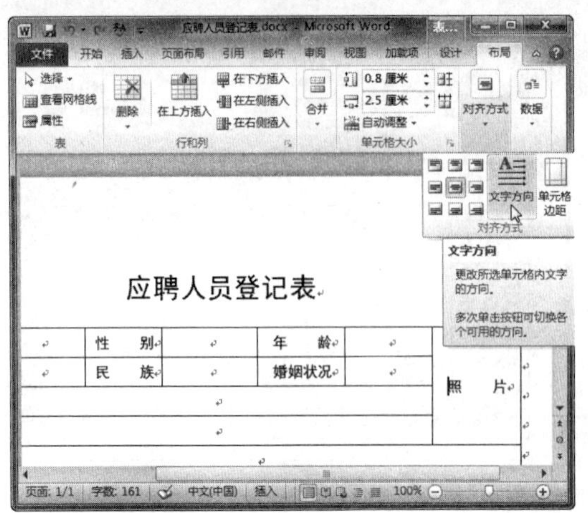

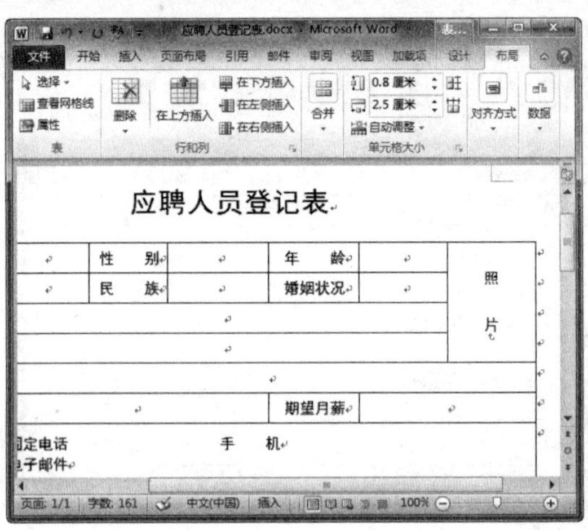

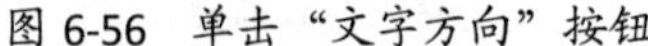
图 6-56 单击“文字方向”按钮

图 6-57 改变文字方向

十、绘制斜线表头

在制作表格时，有很多情况下需要绘制表格的斜线表头，下面将详细介绍绘制斜线表头的方法与技巧。

方法 1：通过绘制表格工具绘制

Step 01 打开素材文件“成绩表.docx”，将光标定位到表头单元格中，选择“插入”选项卡，单击“表格”下拉按钮，在弹出的下拉列表中选择“绘制表格”选项，如图 6-58 所示。

Step 02 当鼠标指针变为 ✎ 形状时，拖动鼠标绘制表头斜线，如图 6-59 所示。

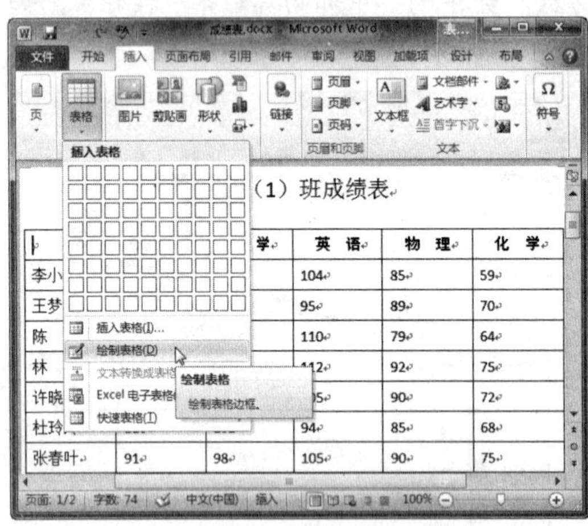

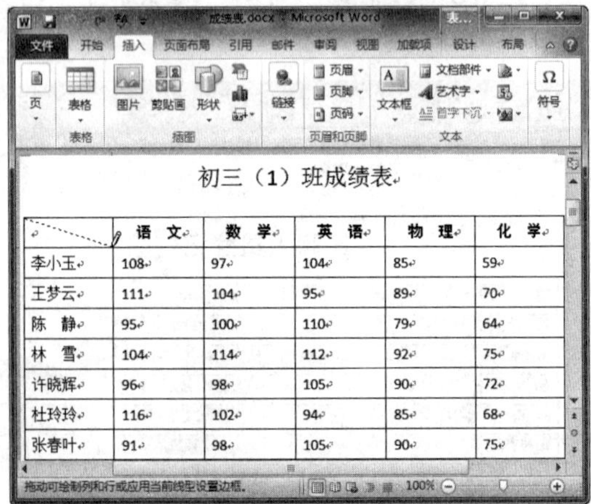

	语 文	数 学	英 语	物 理	化 学
李小玉	108	97	104	85	59
王梦云	111	104	95	89	70
陈 静	95	100	110	79	64
林 雪	104	114	112	92	75
许晓辉	96	98	105	90	72
杜玲玲	116	102	94	85	68
张春叶	91	98	105	90	75

图 6-58 选择“绘制表格”选项

图 6-59 绘制表头斜线

方法 2：通过“边框”选项插入斜线表头

Step 01 将光标定位到表头单元格中，单击“开始”或“设计”选项卡下的“边框”下拉按钮，在弹出的下拉列表中选择“斜下框线”选项，如图 6-60 所示。

Step 02 此时，即可插入斜线表头，从中输入所需的内容，如图 6-61 所示。

图 6-60　选择“斜下框线”选项

图 6-61　输入内容

十一、设置重复标题行

在 Word 2010 中处理一个跨页的表格时，表格会在分页处自动分割，分割后的表格除第一页外均没有标题行。用户可以根据需要让后续页中也显示标题行，具体操作方法如下：

Step 01 选中表格的标题行，选择“布局”选项卡，单击“数据”组中的“重复标题行”按钮，如图 6-62 所示。

Step 02 当表格中有多行时，每页最上方将出现标题行，如图 6-63 所示。

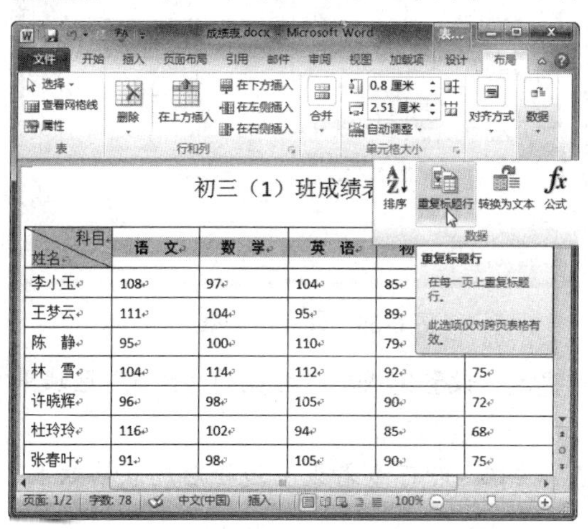

图 6-62　单击“重复标题行”按钮

图 6-63　重复标题行

任务三　美化表格

任务概述

创建表格并添加表格内容后，用户可以根据需要自定义表格的边框和底纹，还可以使用“设计”选项卡下“表格样式”组中提供的表格样式对表格进行美化设置。本任务将详细介绍设置表格边框与底纹的方法，以及如何自动套用表格样式。

任务重点与实施

一、设置表格边框

表格边框可以分为整个表格的边框和表格内单元格的边框。用户可以对表格边框的颜色、线型和线宽等进行设置，具体操作方法如下：

Step 01 打开素材文件"成绩表.docx"，选中整个表格，选择"设计"选项卡，单击"表格样式"组中的"边框"下拉按钮，在弹出的下拉列表中选择"边框和底纹"选项，如图 6-64 所示。

Step 02 弹出"边框和底纹"对话框，在左侧"设置"选项区域选择边框类型，在此选择"自定义"选项，在中间区域可对边框的样式、颜色和宽度等进行设置，设置完成后在右侧的"预览"区域单击外部边框按钮，如图 6-65 所示。

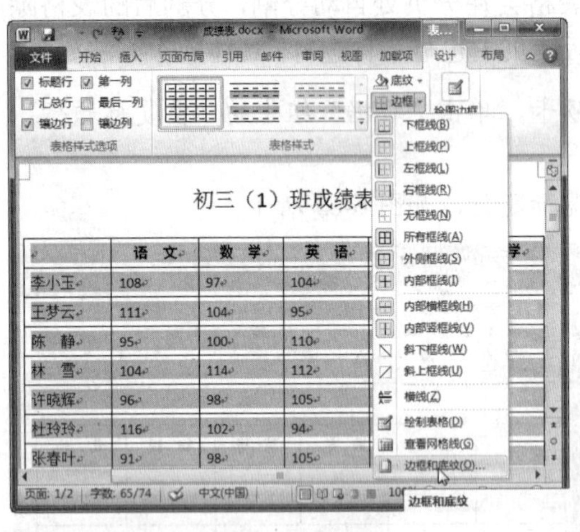

图 6-64　选择"边框和底纹"选项

图 6-65　设置外边框

Step 03 继续在中间区域设置边框样式、颜色和宽度，设置完成后在右侧的"预览"区域单击内部边框按钮，如图 6-66 所示。

Step 04 单击"边框和底纹"对话框中的"确定"按钮，即可查看设置边框后的表格效果，如图 6-67 所示。

图 6-66　设置内部边框

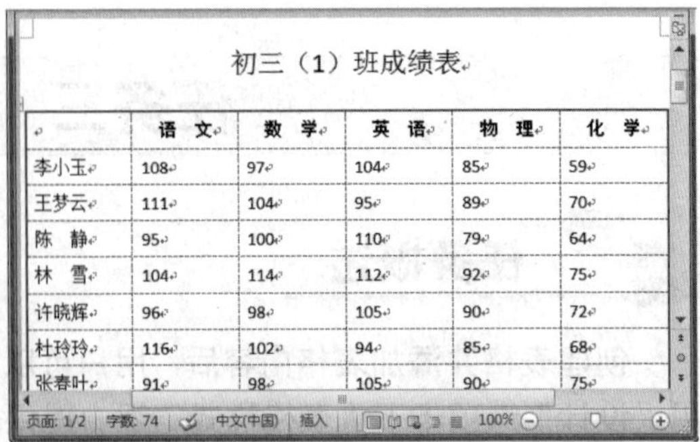

图 6-67　设置边框效果

二、设置单元格底纹

设置单元格底纹，实际上就是为单元格添加背景颜色，这样可以使表格中的内容更加醒目。设置单元格底纹的具体操作方法如下：

Step 01 选中需要设置底纹的单元格，选择“设计”选项卡，单击“表格样式”组中的“底纹”下拉按钮，在弹出的下拉列表中选择一种底纹颜色，如图 6-68 所示。

Step 02 选中需要设置边框的单元格，单击“设计”选项卡下“表格样式”组中的“边框”下拉按钮，在弹出的下拉列表中选择“边框和底纹”选项，如图 6-69 所示。

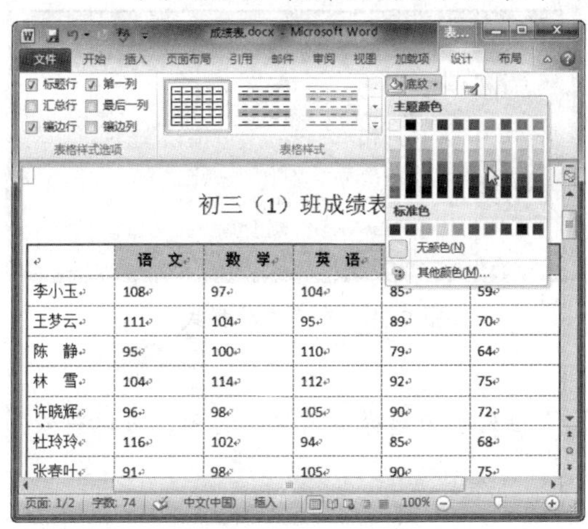

图 6-68　选择底纹颜色

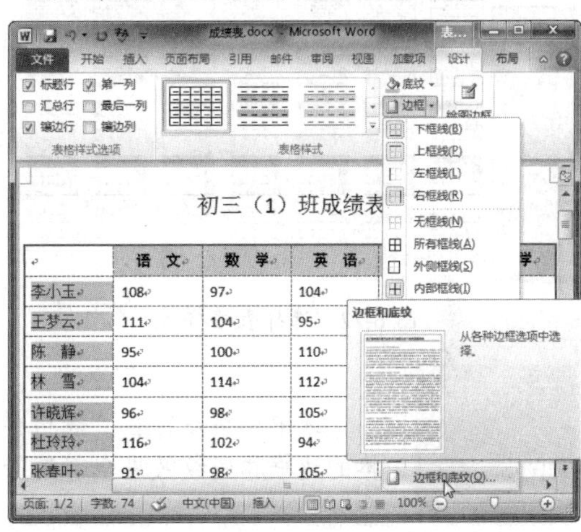

图 6-69　选择“边框和底纹”选项

Step 03 在弹出的“边框和底纹”对话框中选择“底纹”选项卡，设置填充颜色和图案，然后单击“确定”按钮，如图 6-70 所示。

Step 04 此时，即可查看设置单元格底纹后的效果，如图 6-71 所示。

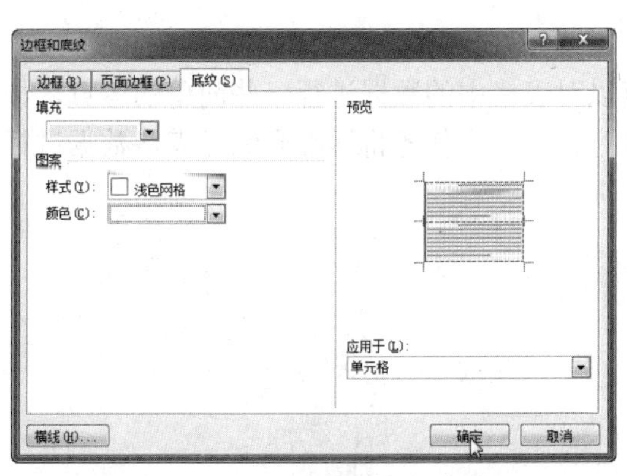

图 6-70　设置填充颜色和图案

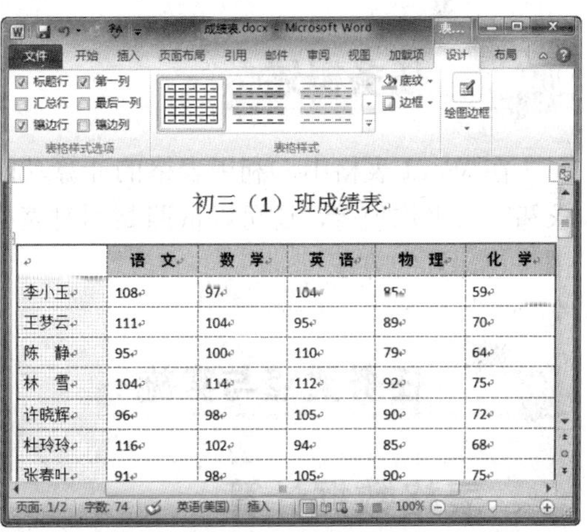

图 6-71　查看设置底纹效果

三、自动套用表格样式

在 Word 2010 中内置了多种表格样式，用户可以根据需要方便地套用这些样式。自动套用表格样式的具体操作方法如下：

Step 01 将光标定位到任意单元格中，单击“设计”选项卡下“表格样式”组中的“其他”下拉按钮，在弹出的下拉列表中选择一种表格样式，如图 6-72 所示。

Step 02 此时，即可查看套用表格后的效果，如图 6-73 所示。

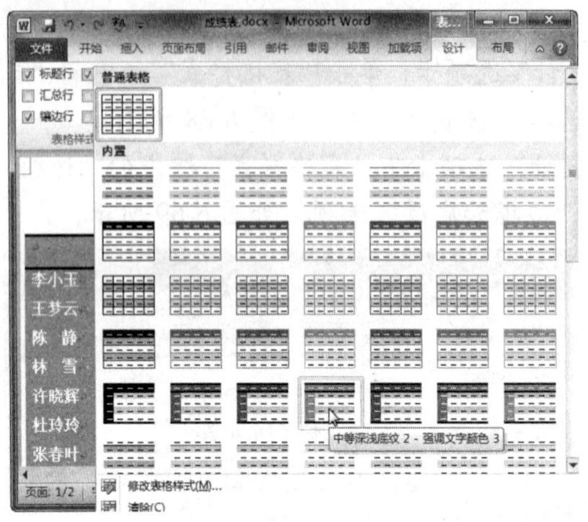

图 6-72　选择表格样式

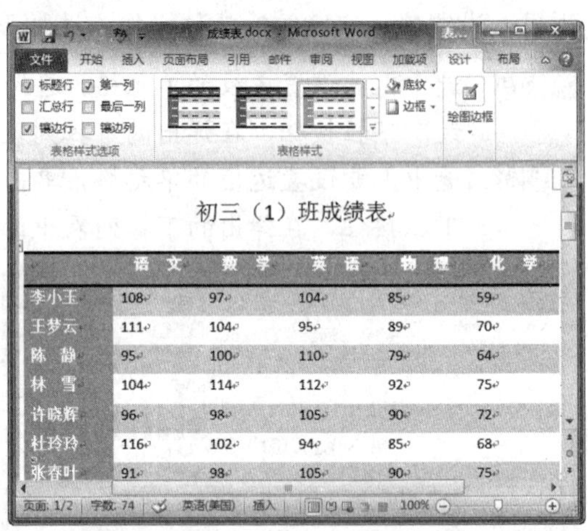

图 6-73　套用表格样式

专家指导 Expert guidance

选中表格后，在“表格样式”下拉列表中选择“清除”选项，可以将表格的边框和底纹效果全部清除。

任务四　表格排序与计算

任务概述

在 Word 表格中，利用表格的计算功能可以对表格中的数据进行一些简单的运算，如求和、求平均值等，还可以依照某列对表格进行排序。本任务将详细介绍对表格数据进行排序与计算的方法。

任务重点与实施

一、表格数据计算

下面以利用求和运算计算“总分”为例介绍表格数据的计算方法，具体操作方法如下：

Step 01 打开素材文件“成绩表.docx”，将光标定位到单元格中，单击“布局”选项卡下“行和列”组中的“在右侧插入”按钮，如图 6-74 所示。

Step 02 设置插入列的单元格对齐方式，然后在单元格中输入内容，如图 6-75 所示。

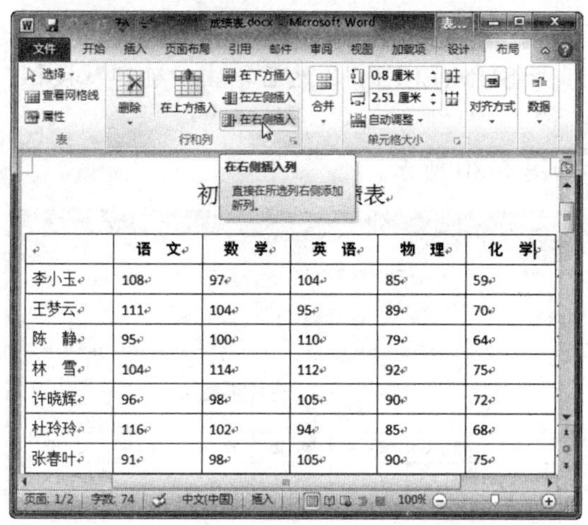

成绩表.docx - Microsoft Word
在右侧插入列
直接在所选列右侧添加新列。
语 文 数 学 英 语 物 理 化 学
李小玉 108 97 104 85 59
王梦云 111 104 95 89 70
陈 静 95 100 110 79 64
林 雪 104 114 112 92 75
许晓辉 96 98 105 90 72
杜玲玲 116 102 94 85 68
张春叶 91 98 105 90 75

图 6-74 单击“在右侧插入”按钮

成绩表.docx - Microsoft Word
初三（1）班成绩表
语 文 数 学 英 语 物 理 化 学 总 分
李小玉 108 97 104 85 59
王梦云 111 104 95 89 70
陈 静 95 100 110 79 64
林 雪 104 114 112 92 75
许晓辉 96 98 105 90 72
杜玲玲 116 102 94 85 68
张春叶 91 98 105 90 75

图 6-75 设置单元格对齐方式并输入内容

Step 03 将光标定位到需要求和的单元格中，然后单击“布局”选项卡下“数据”组中的“公式”按钮，如图 6-76 所示。

Step 04 弹出“公式”对话框，保持默认设置，单击“确定”按钮，如图 6-77 所示。

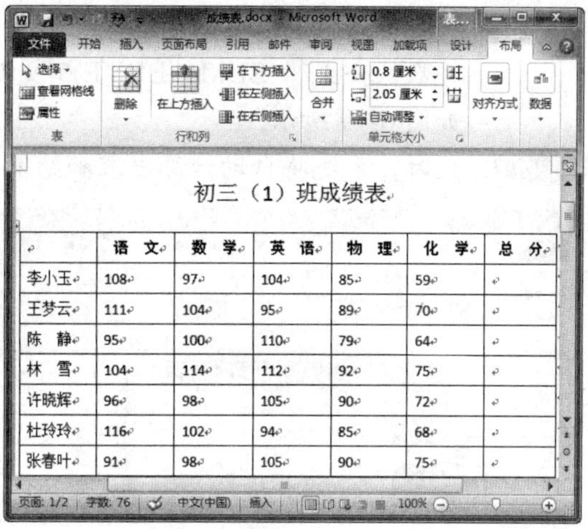

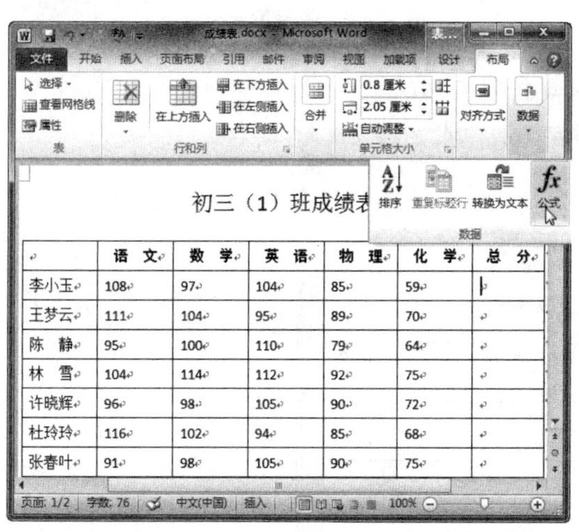

成绩表.docx - Microsoft Word
排序 重复标题行 转换为文本 公式
数据
初三（1）班成绩表
语 文 数 学 英 语 物 理 化 学 总 分
李小玉 108 97 104 85 59
王梦云 111 104 95 89 70
陈 静 95 100 110 79 64
林 雪 104 114 112 92 75
许晓辉 96 98 105 90 72
杜玲玲 116 102 94 85 68
张春叶 91 98 105 90 75

图 6-76 单击“公式”按钮

成绩表.docx - Microsoft Word
公式
公式(F):
=SUM(LEFT)
编号格式(N):
粘贴函数(U):
粘贴书签(B):
确定
取消

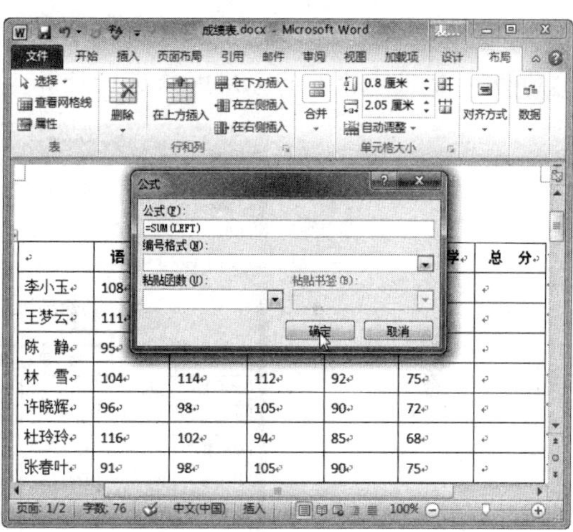

图 6-77 设置公式

Step 05 此时，系统将自动计算出求和结果，如图 6-78 所示。

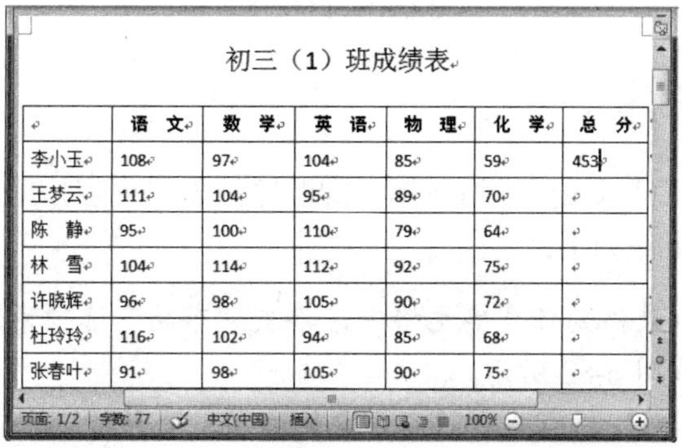

初三（1）班成绩表
语 文 数 学 英 语 物 理 化 学 总 分
李小玉 108 97 104 85 59 453
王梦云 111 104 95 89 70
陈 静 95 100 110 79 64
林 雪 104 114 112 92 75
许晓辉 96 98 105 90 72
杜玲玲 116 102 94 85 68
张春叶 91 98 105 90 75

图 6-78 计算求和结果

Step 06 将光标定位到需要求和的单元格中，单击“公式”按钮，打开“公式”对话框。将默认公式“=SUM(ABOVE)”更改为“=SUM(LEFT)”，然后单击“确定”按钮，如图 6-79 所示。

Step 07 此时，系统将自动计算出求和结果，如图 6-80 所示。

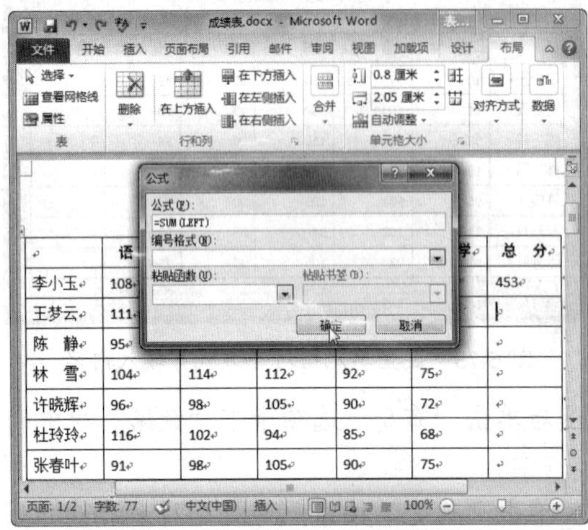

图 6-79　更改公式

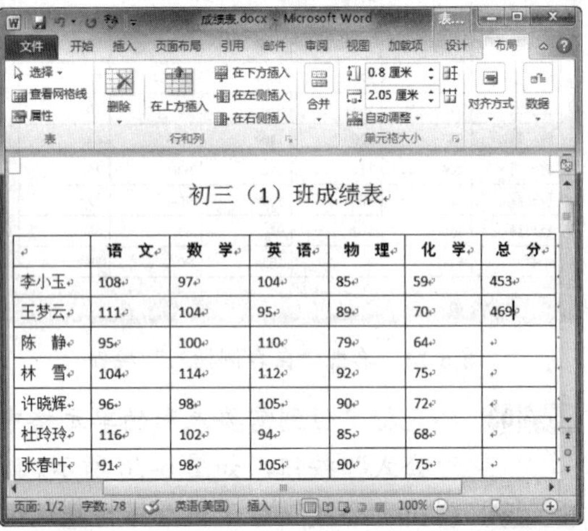

图 6-80　计算求和结果

Step 08 参照步骤 6 的方法继续进行计算，如图 6-81 所示。

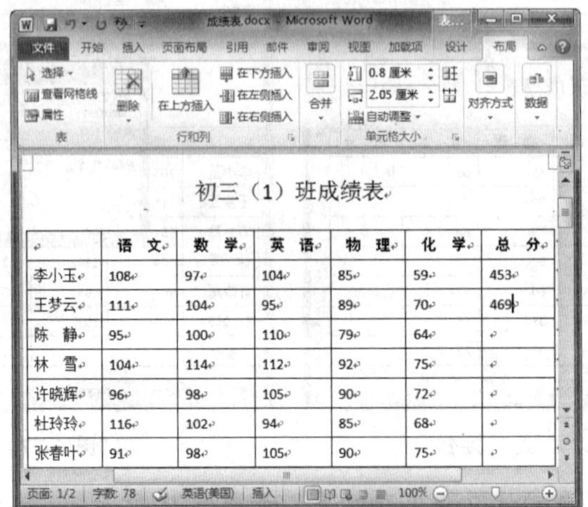

图 6-81　继续计算

二、表格数据排序

在 Word 2010 中，可以按照递增或递减的顺序把表格内容按笔画、数字、拼音或日期进行排序，具体操作方法如下：

Step 01 将光标定位到表格的任意单元格中，单击“布局”选项卡下“数据”组中的“排序”按钮，如图 6-82 所示。

Step 02 在弹出的“排序”对话框中将“主要关键字”设置为“总分”，并选中右侧的“降序”单选按钮，如图 6-83 所示。

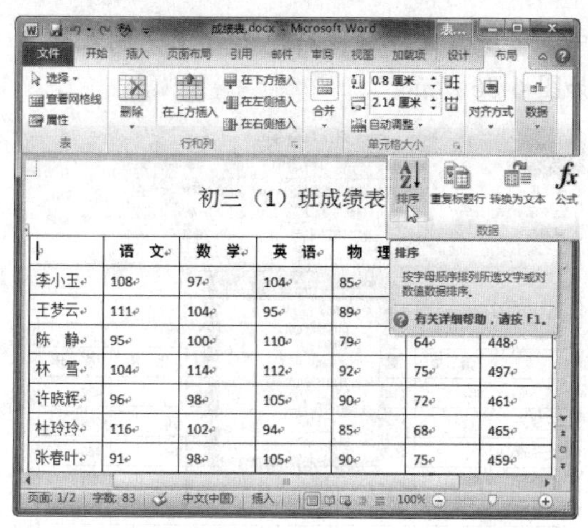

图 6-82　单击“排序”按钮

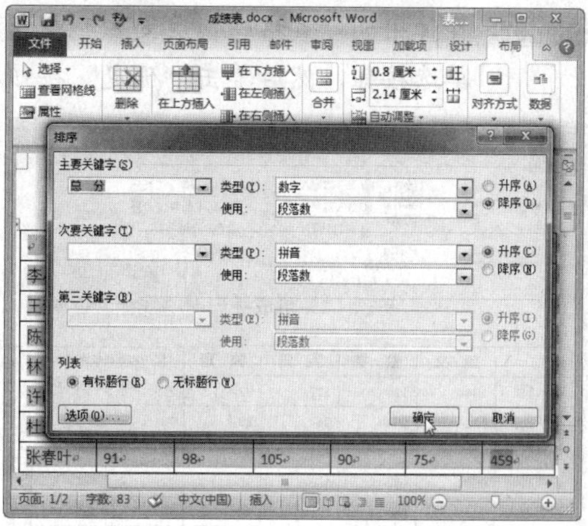

图 6-83　设置排序选项

Step 03　此时，系统将按照总分从高到低对表格数据进行排序，效果如图 6-84 所示。

专家指导 Expert guidance

对于文本类的数据，将按字母进行排序；还可以通过设置“排序”对话框中的次要关键字、第三关键字等来进行多条件排序。

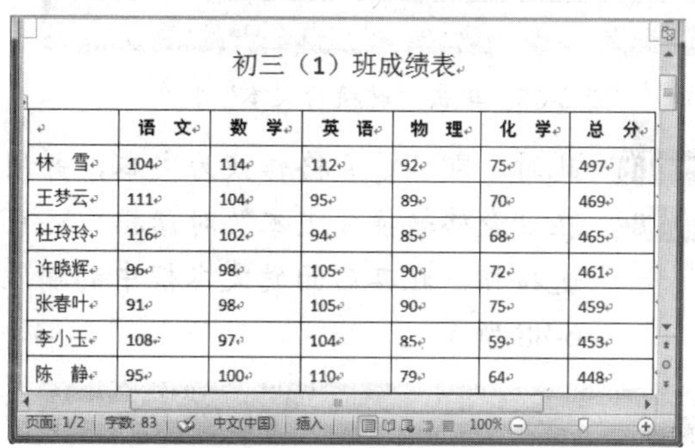
初三（1）班成绩表

	语　文	数　学	英　语	物　理	化　学	总　分
林　雪	104	114	112	92	75	497
王梦云	111	104	95	89	70	469
杜玲玲	116	102	94	85	68	465
许晓辉	96	98	105	90	72	461
张春叶	91	98	105	90	75	459
李小玉	108	97	104	85	59	453
陈　静	95	100	110	79	64	448

图 6-84　排序效果

任务五　文本与表格的相互转换

任务概述

在 Word 2010 中，可以方便地在文本和表格之间进行转换，以实现利用相同的信息源达到不同的工作目的。本任务将详细介绍文本与表格相互转换的方法。

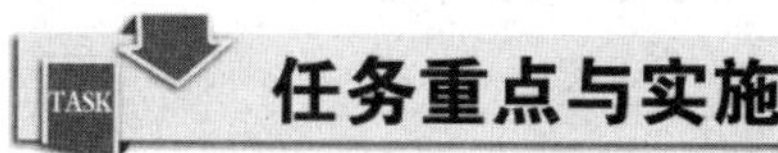

任务重点与实施

一、表格转换为文本

将表格文件转换为文本文件，是指将表格的内容转换为普通的文本段落，并用段落标记、逗号、制表符或指定的特定分隔符隔开。将表格转换为文本的具体操作方法如下：

Step 01　将光标定位到表格的任意单元格中，选择“布局”选项卡，单击“数据”组中的“转换为文本”按钮，如图 6-85 所示。

Step 02 在弹出的“表格转换成文本”对话框中选择所需文字分隔符，如选中“制表符”单选按钮，然后单击“确定”按钮，如图 6-86 所示。

图 6-85 单击“转换为文本”按钮

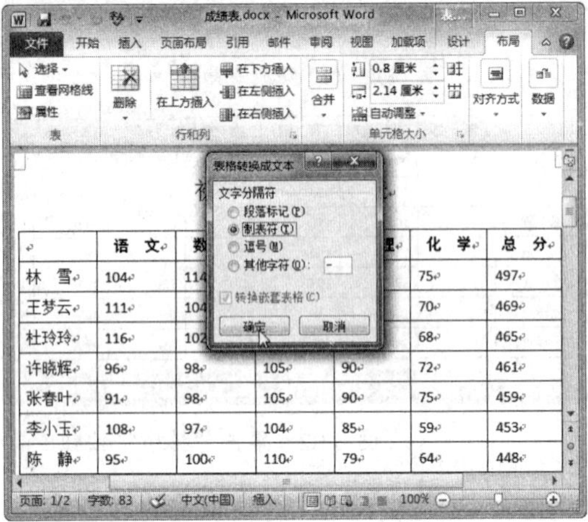

图 6-86 选择文字分隔符

Step 03 此时，即可将表格转换为文本，并用制表符将单元格内容隔开，如图 6-87 所示。

Step 04 在“表格转换成文本”对话框中还可以选择其他分隔符，如选中“其他字符”单选按钮，在其后面的文本框中的输入“|”，就会以“|”将单元格内容隔开，如图 6-88 所示。

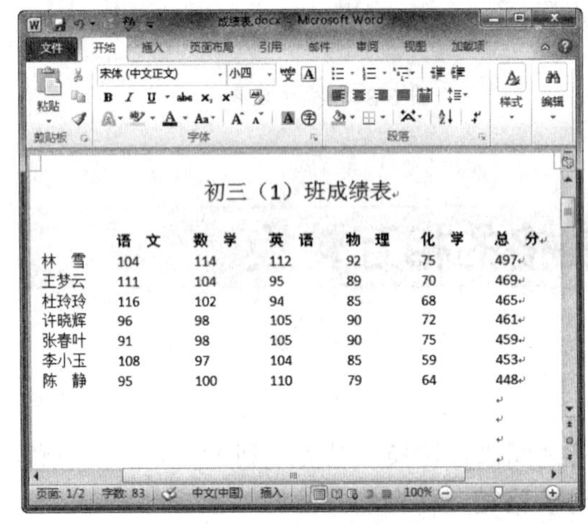

图 6-87 转换效果

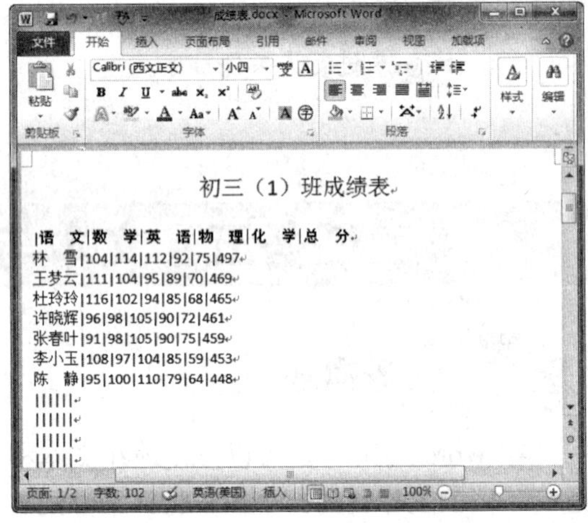

图 6-88 竖线分隔

二、文本转换为表格

在 Word 2010 中，可以将用段落标记、逗号、制表符或其他特定字符隔开的文本转换为表格，具体操作方法如下：

Step 01 打开素材文件“员工信息表.docx”，选择需要转换为表格的文本，选择“插入”选项卡，单击“表格”下拉按钮，在弹出的下拉列表中选择“文本转换成表格”选项，如图 6-89 所示。

Step 02 在弹出的“将文字转换成表格”对话框中保持默认设置，单击“确定”按钮，如图 6-90 所示。

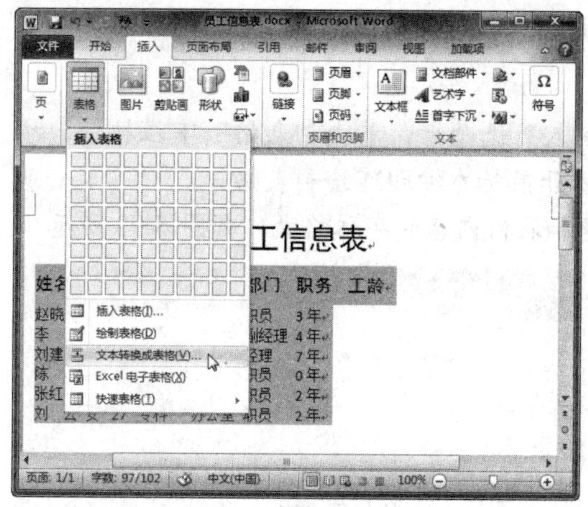

图 6-89　选择“文本转换成表格”选项

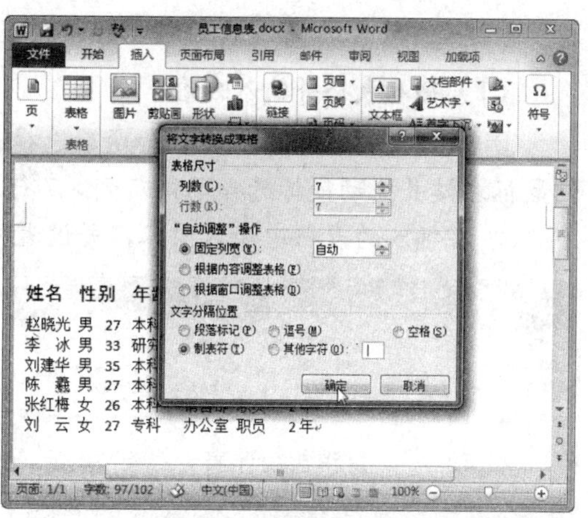

图 6-90　设置转换选项

Step 03 此时，即可将文本转换为表格，效果如图 6-91 所示。

有时将文本转换成表格后，得到的表格并不符合自己的要求，这时需要用户手动进行调整，如拆分或合并单元格、调整行高与列宽等。

员工信息表

姓名	性别	年龄	学历	部门	职务	工龄
赵晓光	男	27	本科	办公室	职员	3 年
李　冰	男	33	研究生	技术部	副经理	4 年
刘建华	男	35	本科	销售部	经理	7 年
陈　鑫	男	27	本科	财务部	职员	0 年
张红梅	女	26	本科	销售部	职员	2 年
刘　云	女	27	专科	办公室	职员	2 年

图 6-91　文本转换成表格

项目小结

本项目主要介绍了在文档中插入表格、编辑表格、美化表格的方法，以及对表格数据进行排序与计算的方法，读者应重点掌握以下知识：

（1）在文档中插入表格，并从中输入内容。

（2）插入或删除表格单元格、行、列。

（3）合并和拆分单元格，拆分和合并表格。

（4）调整表格大小和位置，设置行高和列宽。

（5）设置表格边框和底纹，自动套用表格样式。

（6）对表格中的数据进行排序和计算。

（7）对表格和文本进行相互转换。

项目习题

制作如图 6-92 所示的表格。

操作提示：

在制作表格之前，应大致计划一下表格的基本布局，这样制作起来才有条理。当然，在制作过程中如果有不满意的地方也可以随时进行修改。

（1）插入表格并输入内容

① 新建文档并保存，输入标题后选择“插入”选项卡，单击“表格”下拉按钮，按住鼠标左键并拖动鼠标选择网格 7 列 × 7 行，松开鼠标左键即可绘制表格。

② 在插入的表格中输入内容，并设置标题和表格内容的字体格式，如图 6-93 所示。

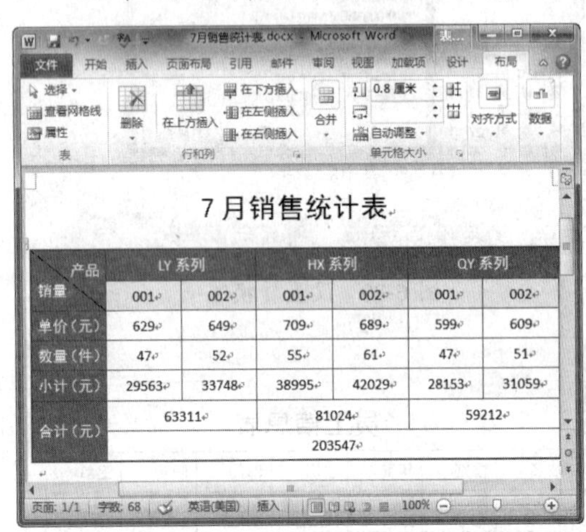

图 6-92　制作表格

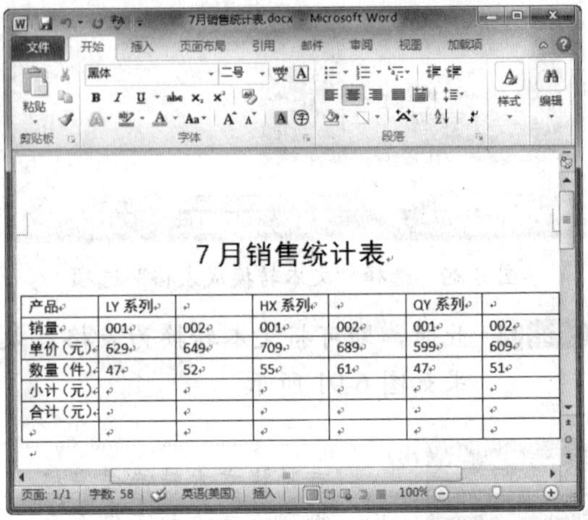

图 5-93　插入表格并输入内容

（2）合并单元格

① 选中需要合并的单元格，单击“布局”选项卡下“合并”组中的“合并单元格”按钮（如图 6-94 所示）。

② 采用同样的方法，合并其他单元格。

（3）设置行高

选中整个表格，在“布局”选项卡下“单元格大小”组中的“行高”数值框中设置行高，如图 6-95 所示。

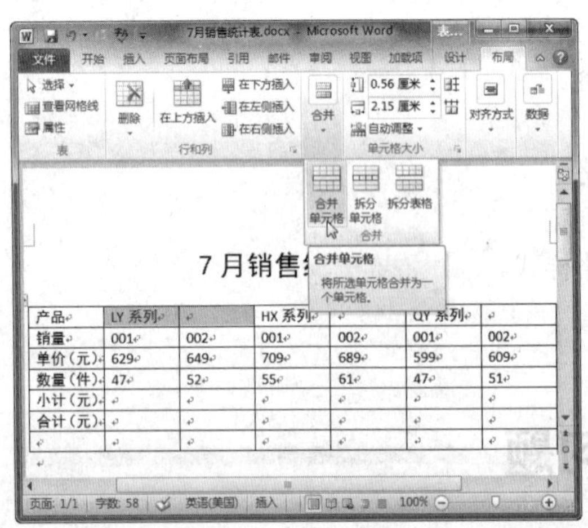

图 6-94　合并单元格

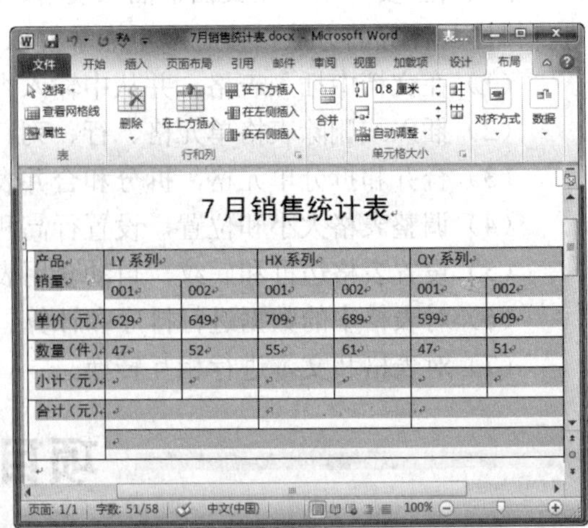

图 6-95　设置行高

（4）设置单元格对齐方式

单击“布局”选项卡下“对齐方式”组中的“水平居中”按钮，如图 6-96 所示。

（5）设置边框和底纹

在“设计”选项卡下“表格样式”组中设置边框和底纹，在“开始”选项卡中设置文字颜色，如图 6-97 所示。

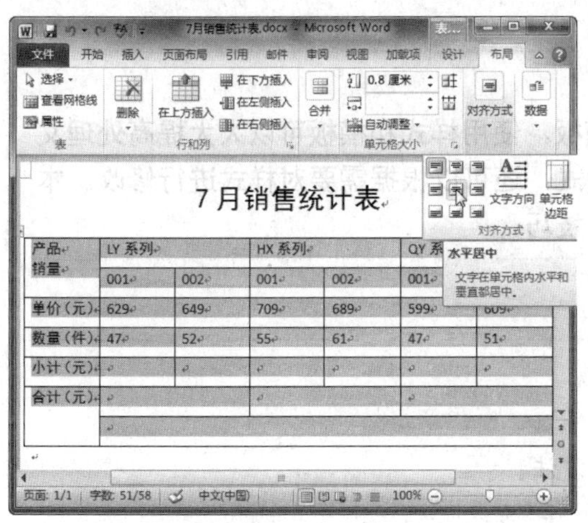

图 6-96　设置对齐方式

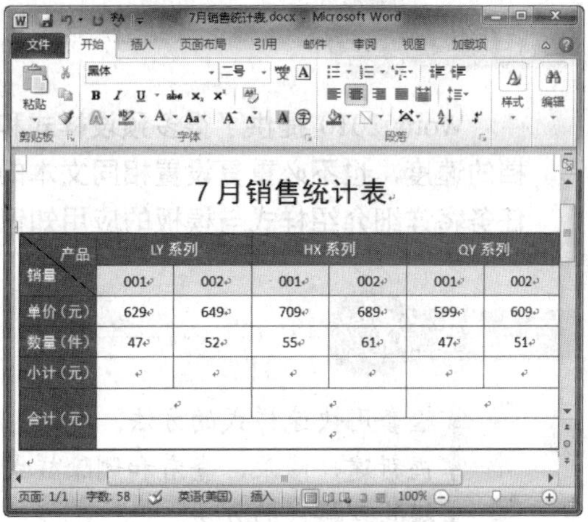

图 6-97　设置边框和底纹

（6）对数据进行计算

① 定位光标，单击“布局”选项卡下“数据”组中的“公式”按钮，在弹出的“公式”对话框中输入公式，然后单击“确定”按钮，如图 6-98 所示。

② 采用同样的方法进行乘法计算和加法计算，最终效果如图 6-99 所示。

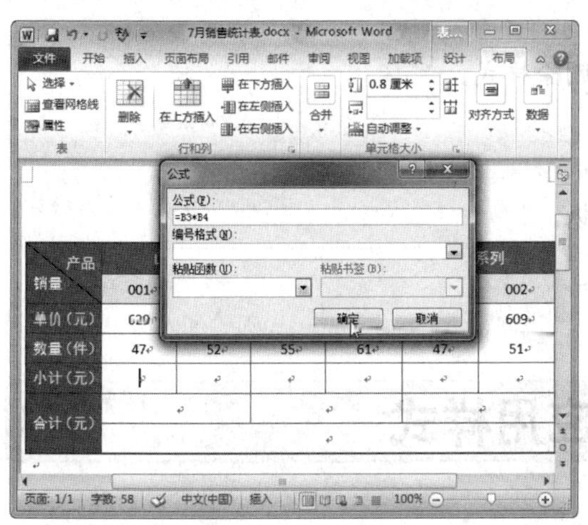

图 6-98　输入公式

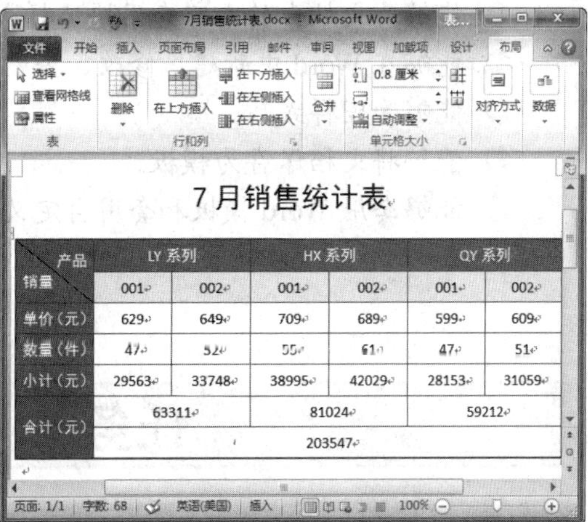

图 6-99　表格最终效果

项目七　使用样式与模板

项目概述

Word 2010 提供了很多预设样式和模板，使用样式和模板可以大大提高处理文档的速度，也不必重复设置相同文本的格式，还可以根据需要对样式进行修改。本任务将详细介绍样式与模板的应用知识与技巧。

项目重点

- 掌握套用快速样式的方法。
- 掌握新建、修改、查看和删除样式的方法。
- 掌握管理样式的方法。
- 掌握将文档保存为模板的方法。
- 掌握套用 Word 模板和套用自定义模板的方法。

项目目标

- 能够为文档中的内容套用快速样式。
- 能够在 Word 中新建、修改、查看和删除样式。
- 能够管理样式。
- 能够将文档保存为模板。
- 能够套用 Word 模板和套用自定义模板。

任务一　应用样式

Word 2010 中的样式可分为字符样式和段落样式两种。只包含字体、字形、字号、字符颜色等字符格式的样式称为字符样式；段落样式是对整个段落都起作用的样式，包括字体、段落格式、制表符、边框和编号等。使用样式可以让用户准确、迅速地统一文档格式。本任务将学习如何在 Word 文档中应用样式。

任务重点与实施

一、套用快速样式

在 Word 2010 中内置了多种快速样式，通过这些样式可以很方便地格式化文档内容。下面将详细介绍如何套用系统自带样式，具体操作方法如下：

Step 01 打开素材文件“旅游-文明篇.docx”，将光标定位到需要套用快速样式的段落，如图 7-1 所示。

Step 02 单击“开始”选项卡下“样式”组中的“快速样式”下拉按钮，在弹出的下拉列表中选择所需的样式，即可为段落套用快速样式，如图 7-2 所示。

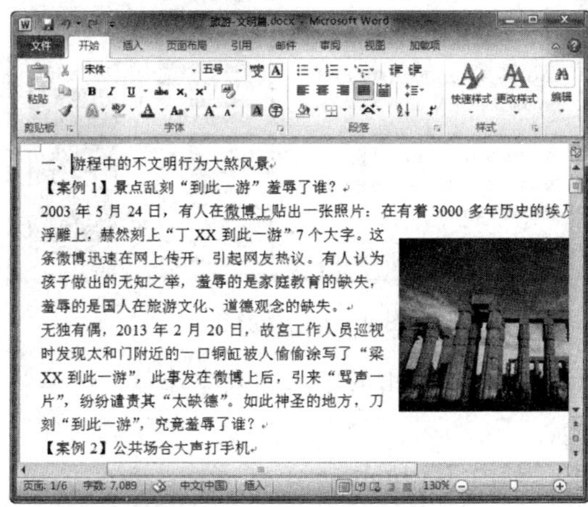

图 7-1　定位光标

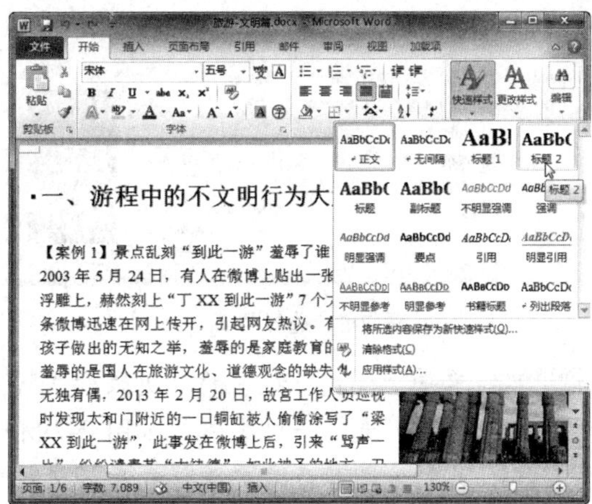

图 7-2　选择快速样式

Step 03 选择需要设置快速样式的段落，然后单击“样式”组右下角的扩展按钮，如图 7-3 所示。

Step 04 单击“样式”窗口中所需的样式，也可以应用 Word 自带的样式，如图 7-4 所示。

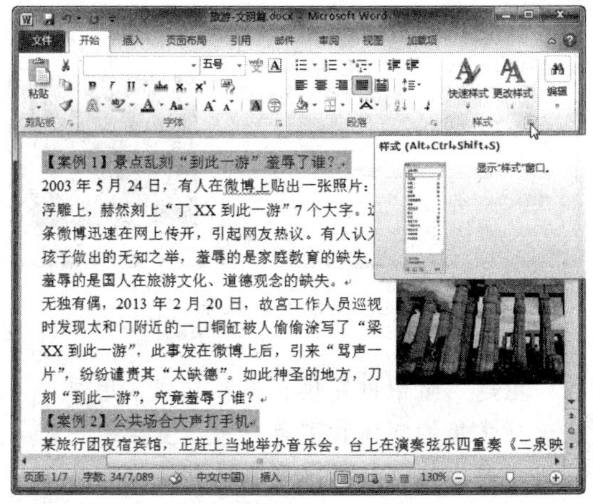

图 7-3　单击“样式”扩展按钮

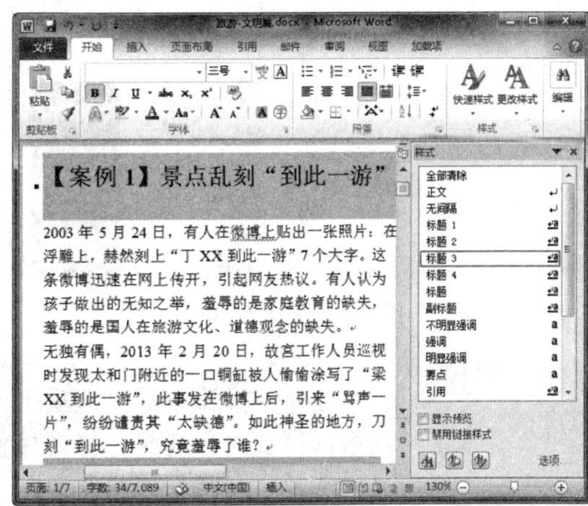

图 7-4　选择快速样式

应用样式后，还可以通过选择快速样式集、颜色、字体等内置样式来快速更改文档的外观。快速更改样式的具体操作方法如下：

Step 01 定位光标到文档任意位置，单击“样式”组中的“更改样式”下拉按钮，在弹出的下拉列表中选择“样式集”选项，选择一种样式，如图 7-5 所示。

Step 02 单击“样式”组中的“更改样式”下拉按钮，在弹出的下拉列表中选择“颜色”选项，选择一种颜色，如图 7-6 所示。

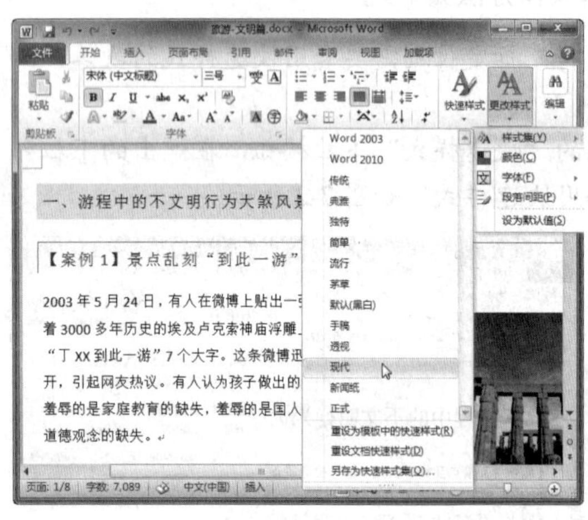

图 7-5　选择样式

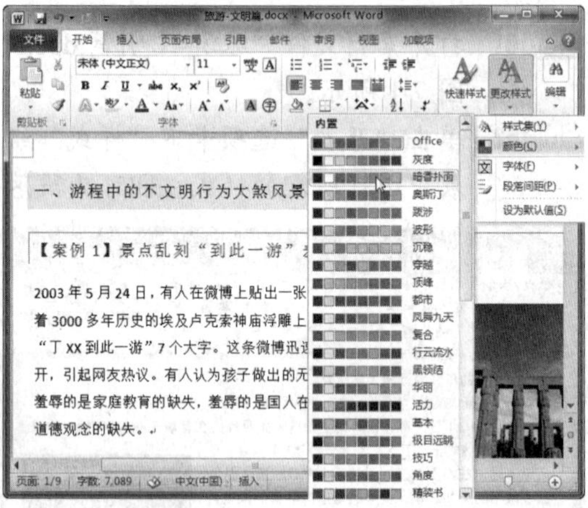

图 7-6　选择颜色

Step 03 单击“样式”组中的“更改样式”下拉按钮，在弹出的下拉列表中选择“字体”选项，选择一种字体，如图 7-7 所示。

Step 04 此时，即可查看更改样式后的文档效果，如图 7-8 所示。

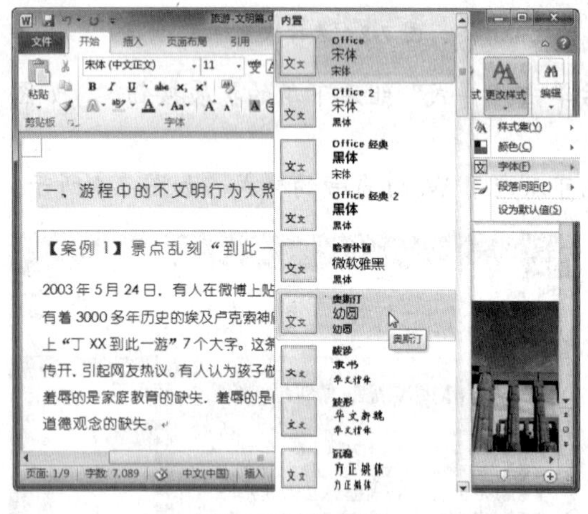

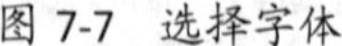
图 7-7　选择字体

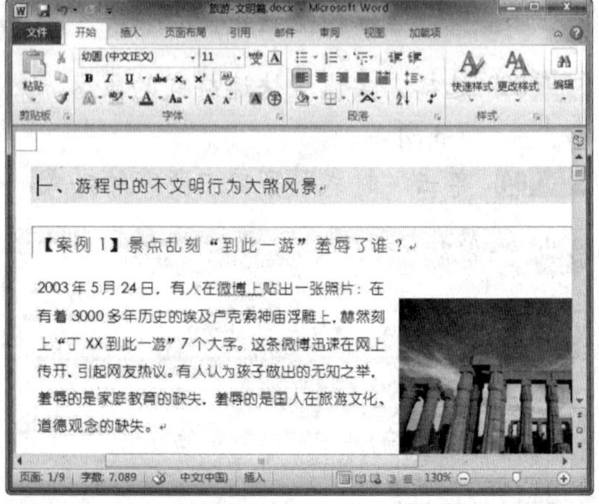

图 7-8　更改样式效果

专家指导 Expert guidance

选择“页面布局”选项卡，在“主题”组中也提供了多种样式，用户可以根据需要进行选择。主题提供快速样式集的字体和配色方案。主题是一组格式选项，包括一组主题颜色、一组主题字体（包括标题字体和正文字体）和一组主题效果（包括线条和填充效果）。

二、新建样式

用户不仅可以使用系统内置样式，还可以根据需要创建新样式，下面将介绍新建样式的方法。

方法 1：通过“样式”任务窗格新建样式

Step01 定位光标，单击“样式”组右下角的扩展按钮，打开样式窗格，单击“新建样式”按钮，如图 7-9 所示。

Step02 在弹出的对话框中输入样式名称，将“样式基准”设置为“无样式”，在“格式”选项区中设置字体和字号。单击“格式”下拉按钮，选择“边框”选项，如图 7-10 所示。

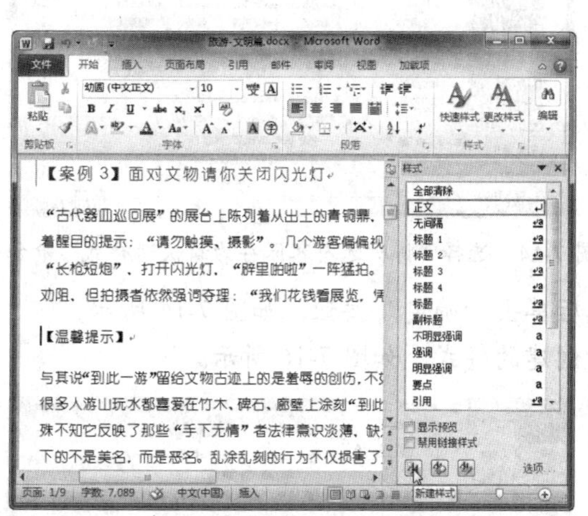

图 7-9　单击“新建样式”按钮

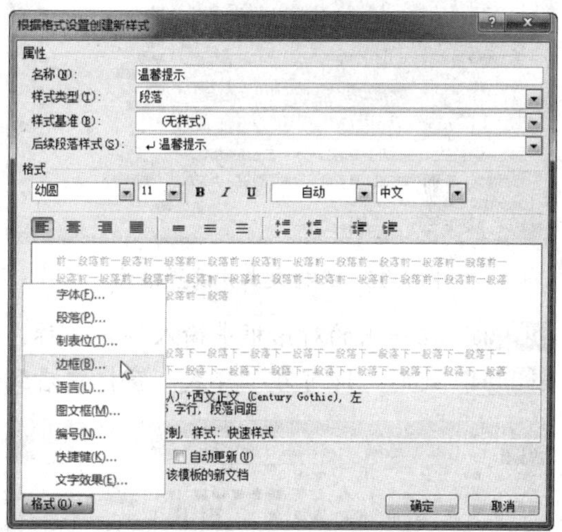

图 7-10　选择“边框”选项

Step03 在弹出的“边框和底纹”对话框中选择“底纹”选项卡，设置填充颜色，然后单击“确定”按钮，如图 7-11 所示。

Step04 返回“根据格式设置创建新样式”对话框，单击“确定”按钮。此时，即可为段落应用新样式，而且可以在“样式”窗格中看到新建的样式，如图 7-12 所示。

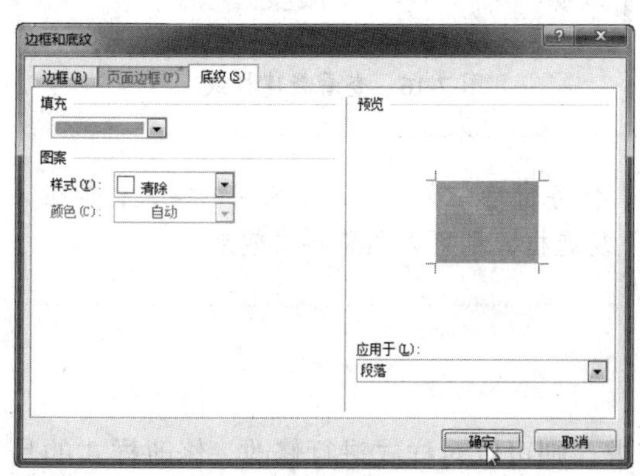

图 7-11　设置底纹

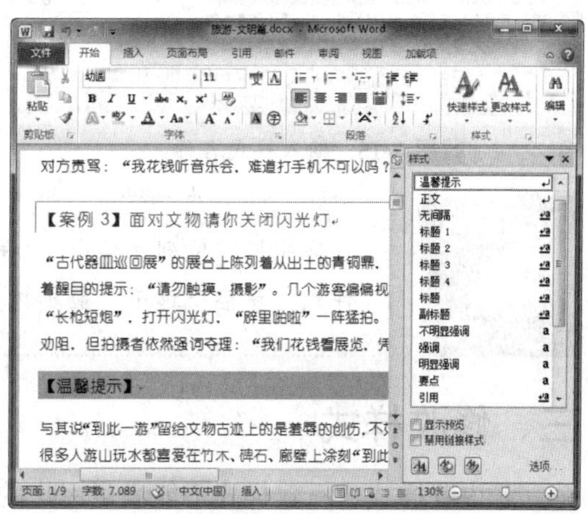

图 7-12　应用并查看新建样式

方法 2：通过快捷菜单新建样式

Step 01 选中要应用样式的文本，设置字体、字号、字体颜色以及段落首行缩进，如图 7-13 所示。

Step 02 右击选中的文本，在弹出的快捷菜单中选择“样式”|“将所选内容保存为新快速样式”命令，如图 7-14 所示。

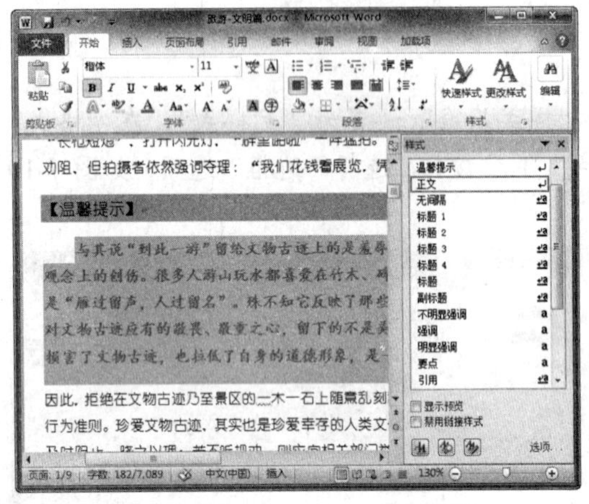

图 7-13 选择文本并设置格式

图 7-14 选择“将所选内容保存为新快速样式”命令

Step 03 在弹出的对话框中输入样式名称，然后单击“确定”按钮，如图 7-15 所示。

Step 04 此时，即可在“样式”窗格中看到新创建的样式，如图 7-16 所示。

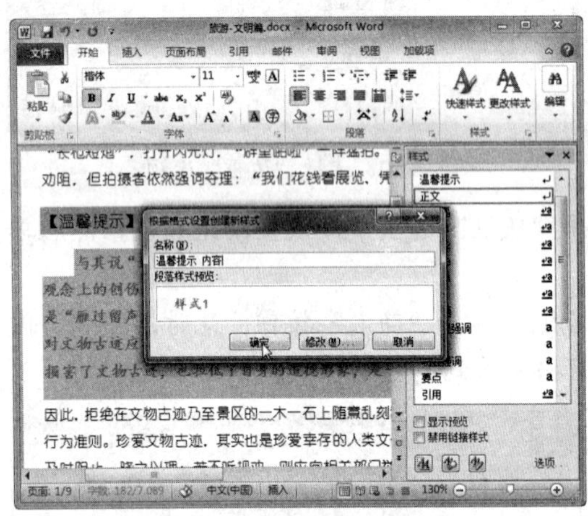

图 7-15 输入样式名称

图 7-16 查看新建样式

专家指导 Expert guidance

将光标定位到文档中，“样式”任务窗格中会自动选中相应的样式；若在“样式”窗格中选中“显示预览”复选框，则可以预览样式效果。

三、修改样式

若内置样式或新建样式不能满足用户的需求，则可以对样式进行修改。修改样式的具体操作方法如下：

Step 01 定位光标到需要修改的段落，在“样式”窗格中单击所选样式右侧的下拉按钮，在弹出的下拉列表中选择“修改”选项，如图 7-17 所示。

Step 02 在弹出的“修改样式”对话框中单击“格式”下拉按钮，在弹出的下拉列表中选择“段落”选项，如图 7-18 所示。

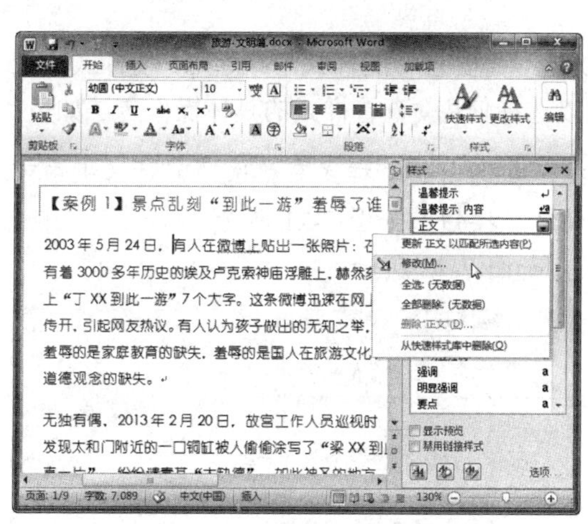

图 7-17　选择“修改”选项

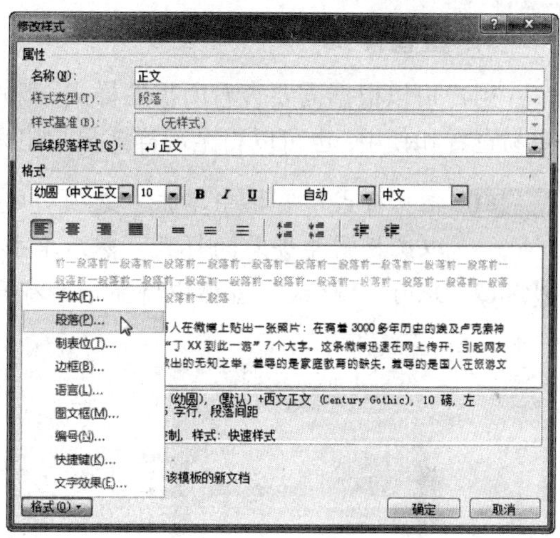

图 7-18　选择“段落”选项

Step 03 在弹出的“段落”对话框中设置“首行缩进”为“2 字符”，然后单击“确定”按钮，如图 7-19 所示。

Step 04 返回“修改样式”对话框，单击“确定”按钮。此时，即可看到正文的样式变为首行缩进，如图 7-20 所示。

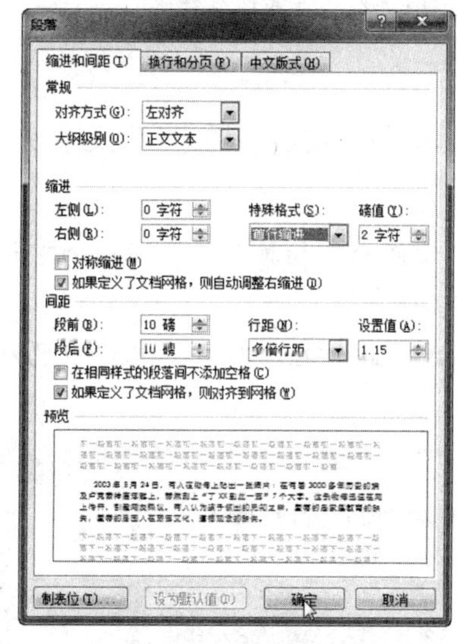

图 7-19　设置首行缩进

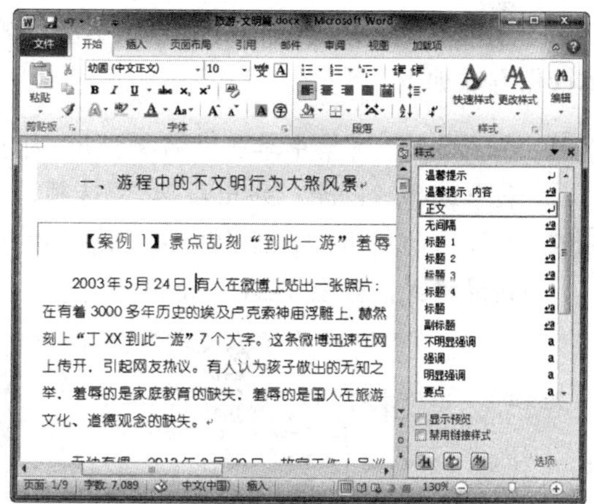

图 7-20　查看设置效果

在图 7-20 中可以看到，不仅正文样式更改为首行缩进，“标题 2”和“标题 3”也更改为首行缩进。这是因为“标题 2”和“标题 3”的样式是基于“正文”样式的。在更改“正文”样式时，“标题 2”和“标题 3”的样式也就发生了相应的变化。如果将“标题 2”和“标题 3”的“基准样式”设置为“无样式”，那么在更改“正文”时该样式便不会受到影响。

四、查看和删除样式

在编辑文档时，不需要将所有的样式都显示在“样式”任务窗格中，有选择地显示样式或删除没用的样式可以使样式列表更整洁，下面将详细介绍查看和删除样式的方法。

1．查看样式

用户可以根据需要查看所需的样式，既可以将不需要查看的样式隐藏起来，使样式列表更易查看和使用；也可以将全部样式显示出来，以选择使用。查看样式的具体操作方法如下：

Step 01 在“样式”窗格中单击“选项”超链接，在弹出的“样式窗格选项”对话框中可以选择需要查看的样式，然后单击“确定”按钮，如图 7-21 所示。

Step 02 此时，“样式”窗格中将显示所有样式，如图 7-22 所示。

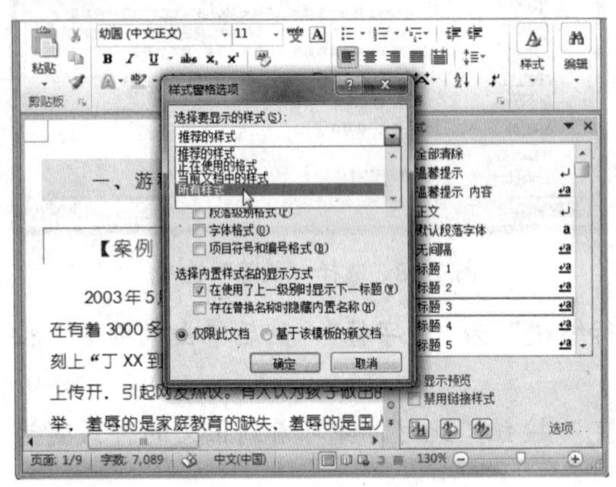

图 7-21　选择需要显示的样式

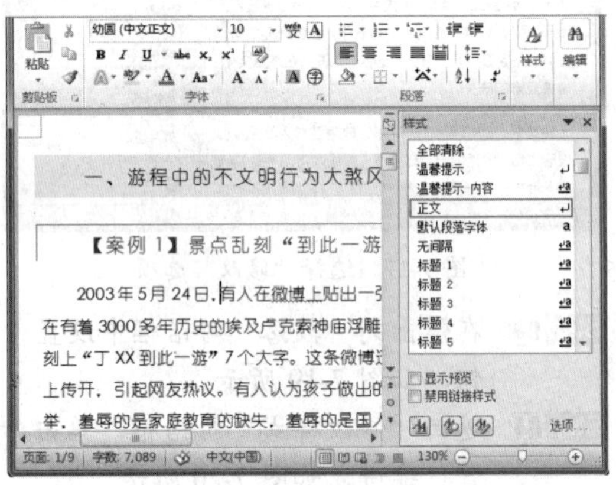

图 7-22　显示所有样式

2．删除样式

用户还可以将不需要的样式删除，下面以删除“温馨提示 内容”样式为例进行介绍，具体操作方法如下：

Step 01 在“样式”窗格中单击“温馨提示 内容”样式右侧的下拉按钮，在弹出的下拉列表中选择“删除‘列出段落’”选项，如图 7-23 所示。

Step 02 在弹出的提示信息框中单击“是”按钮删除样式，此时在“样式”窗格中已看不到该样式，如图 7-24 所示。

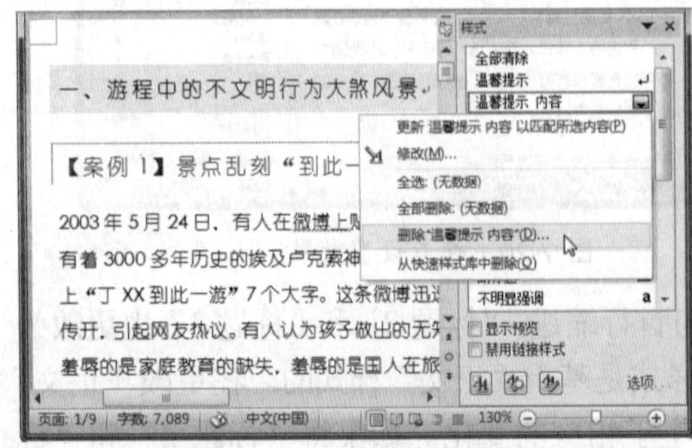

图 7-23　选择删除样式

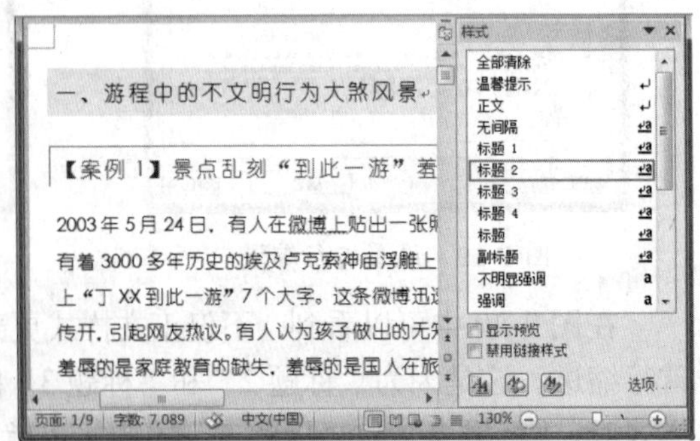

图 7-24　删除样式

在删除样式时，只能删除自定义的样式，而不能删除 Word 2010 的内置样式；在删除样式后，文档中应用了删除样式的文本将变为正文样式。

五、管理样式

单击“样式”窗格中的“管理样式”按钮（如图 7-25 所示），将弹出“管理样式”对话框，如图 7-26 所示。通过该对话框可以对样式进行管理，如复制、删除和重命名样式等，可以根据需要进行相应操作，在此不再赘述。

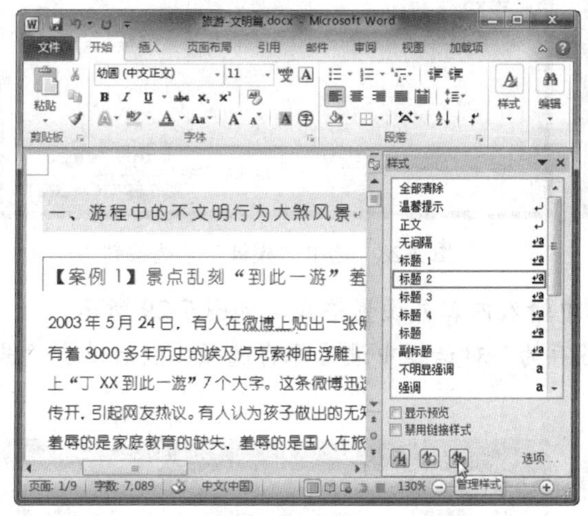

图 7-25　单击“管理样式”按钮

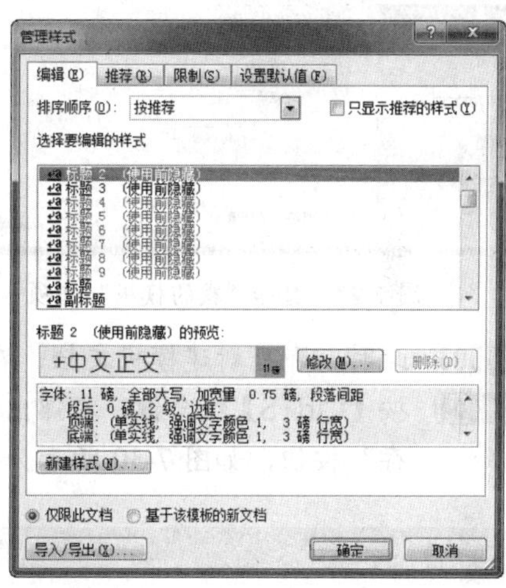

图 7-26　“管理样式”对话框

任务二　创建与使用模板

任务概述

模板是一种文档类型，其中已经包含一些内容，如文本、样式和格式、表格和图片等对象；页面布局，如页边距和行距；以及设计元素，如特殊颜色、边框和辅助颜色等。在文档处理过程中，使用模板可省去重复输入内容及设置格式的时间，可以大大缩短制作文档的时间。

Word 2010 提供了很多模板文档，通过这些模板可以快速创建特殊文档。用户也可以将自己创建的文档保存为模板。本任务将介绍创建与使用模板的方法。

任务重点与实施

一、创建模板文档

创建模板文件的具体操作方法如下：

Step 01 单击“文件”按钮，在左窗格中选择“新建”命令，在“可用模板”列表中选择“我的模板”选项，如图 7-27 所示。

Step 02 在弹出的“新建”对话框中选中“模板”单选按钮，然后单击“确定”按钮，如图 7-28 所示。

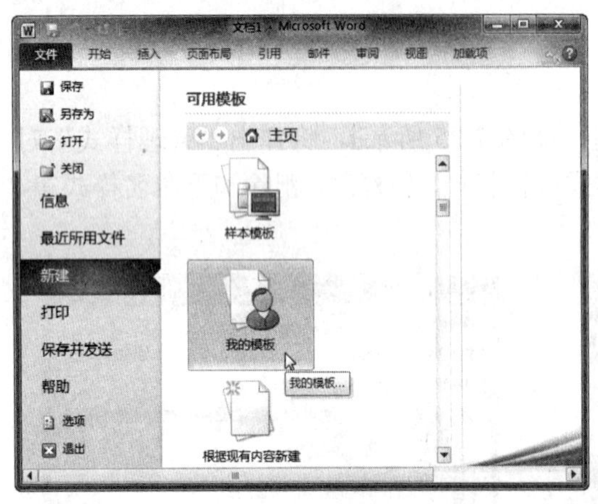

图 7-27 选择“我的模板”选项

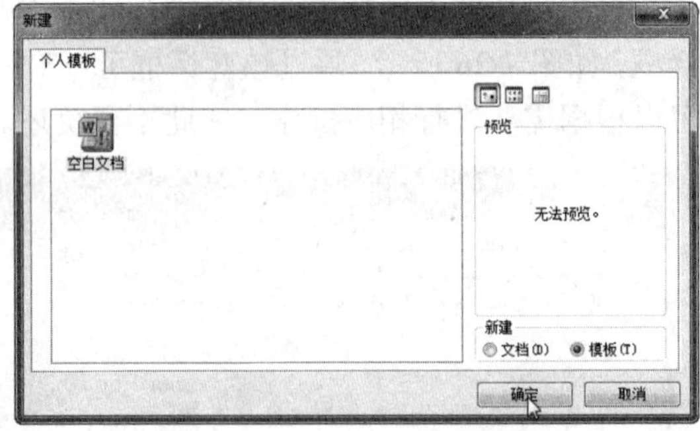

图 7-28 选中“模板”单选按钮

Step 03 此时，即可新建模板文档。在文档中输入内容并设置格式，如图 7-29 所示。

Step 04 按【Ctrl+S】组合键，在弹出的“另存为”对话框中设置保存选项，然后单击“保存”按钮，如图 7-30 所示。

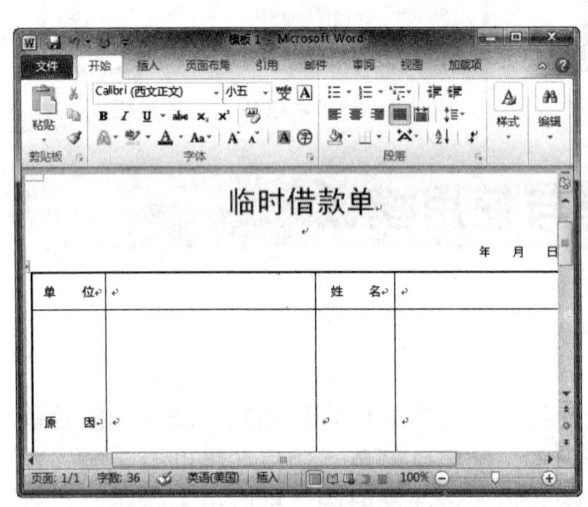
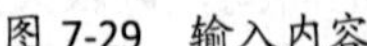

图 7-29 输入内容

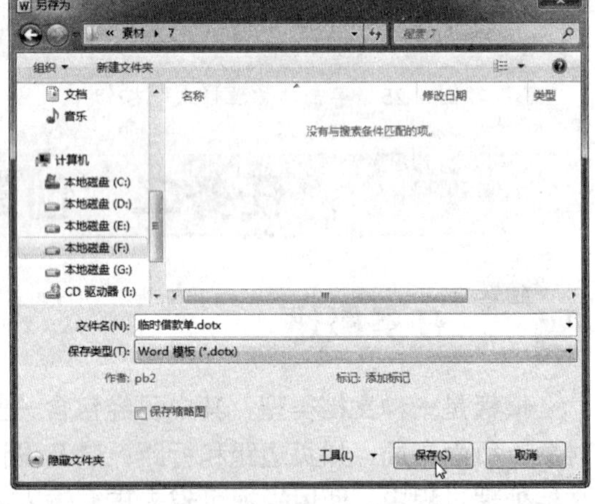

图 7-30 保存模板

二、将文档保存为模板

将文档保存为模板是指将常用文档以模板形式进行保存，具体操作方法如下：

Step 01 打开素材文件，单击“文件”按钮，在左窗格中选择“另存为”命令，如图 7-31 所示。

Step 02 在弹出的“另存为”对话框中设置保存路径和文件名，设置保存类型为“Word 模板”，然后单击“确定”按钮，如图 7-32 所示。

图 7-31　选择“另存为”命令

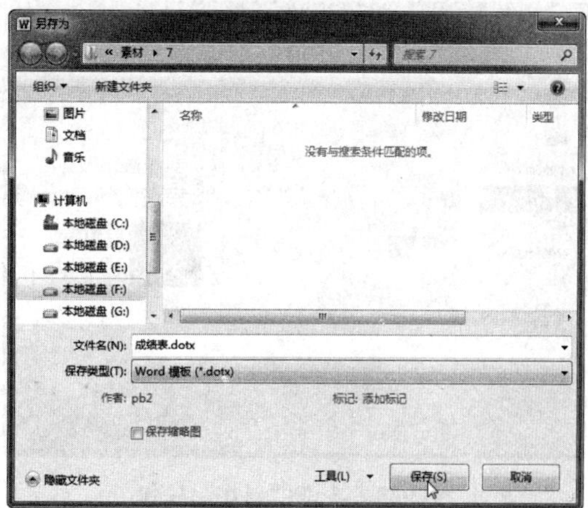

图 7-32　保存为模板

三、套用 Word 自带模板

在 Word 2010 中提供了很多专业的模板，包括信函、传真首页、指南、小册子、日历和各种商业文档。在连接互联网的情况下，也可以从 Office.com 网站下载更多模板，可以使用这些模板在很短的时间内创建十分专业的文档。套用 Word 自带模板的具体操作方法如下：

Step 01　单击“文件”按钮，在左窗格中选择“新建”命令，在“可用模板”列表中选择“样本模板”选项，如图 7-33 所示。

Step 02　在“样本模板”列表中选择需要的模板，在右侧预览框中可以查看所选样式的名称和效果，如图 7-34 所示。

图 7-33　选择“样本模板”选项

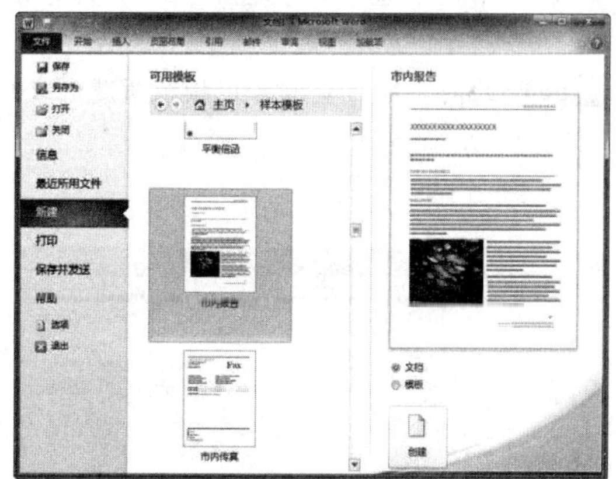

图 7-34　选择模板

Step 03　单击预览框下的“创建”按钮，如图 7-35 所示。

Step 04　此时，即可创建出基于所选模板的文档，如图 7-36 所示。

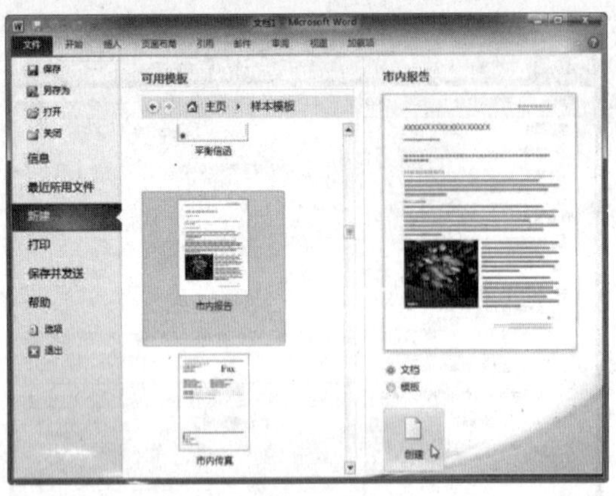

图 7-35 单击“创建”按钮

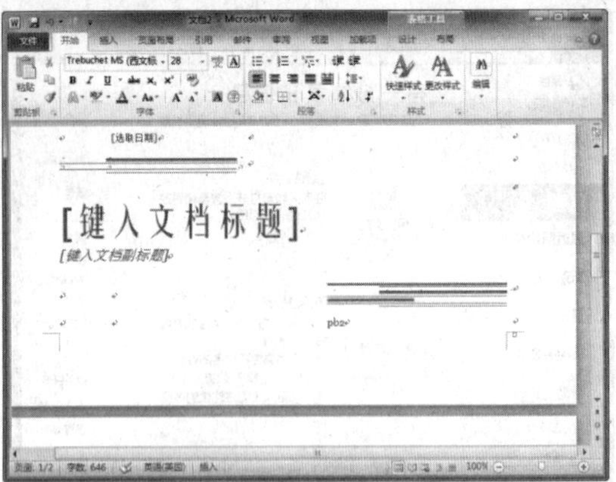

图 7-36 套用模板

四、套用自定义模板

下面以套用“成绩表.docx”文档样式为例，介绍如何套用自己创建的模板，具体操作方法如下：

Step 01 单击“文件”按钮，在左窗格中选择“新建”命令，在“可用模板”列表中选择“根据现有内容新建”选项，然后单击“创建”按钮，如图 7-37 所示。

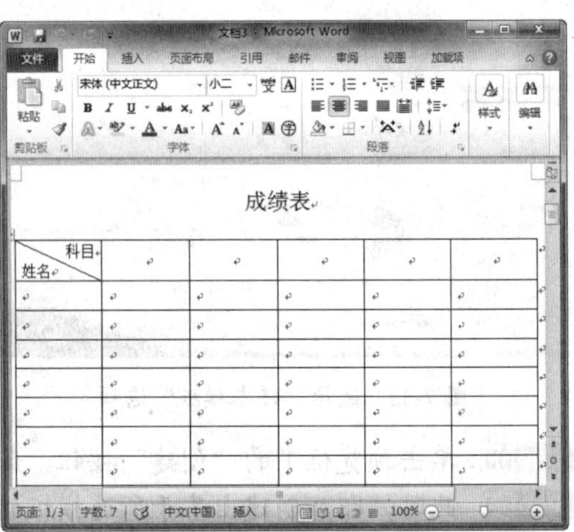

图 7-37 选择“根据现有内容新建”选项

Step 02 在弹出的“根据现有内容新建”对话框中选择现有文档，如“成绩表.dotx”文档，然后单击“新建”按钮，如图 7-38 所示。

Step 03 此时，即可查看套用模板新建的文档，如图 7-39 所示。

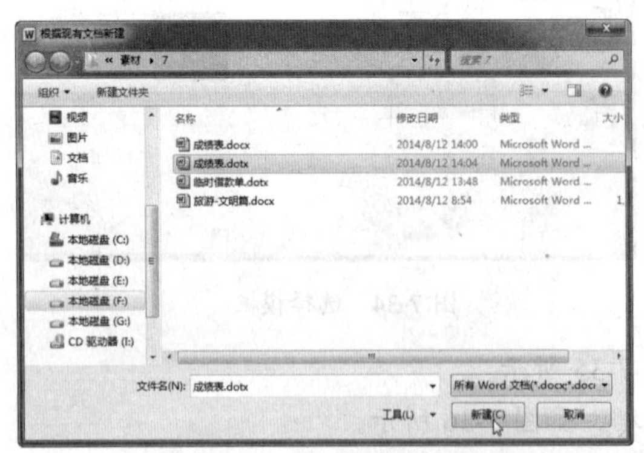

图 7-38 选择现有文档

图 7-39 套用自定义模板

项目小结

本项目主要介绍了在文档中插入表格、编辑表格、美化表格的方法，以及对表格数据进行排序与计算的方法，读者应重点掌握以下知识：

（1）在文档中应用快速样式。

（2）在文档中根据需要新建、修改、查看和删除样式。

（3）管理文档中的样式。

（4）创建模板文档，将文件保存为模板。

（5）套用自带模板和自定义模板。

项目习题

为图 7-40 所示的文档应用样式，制作出如图 7-41 所示的效果。

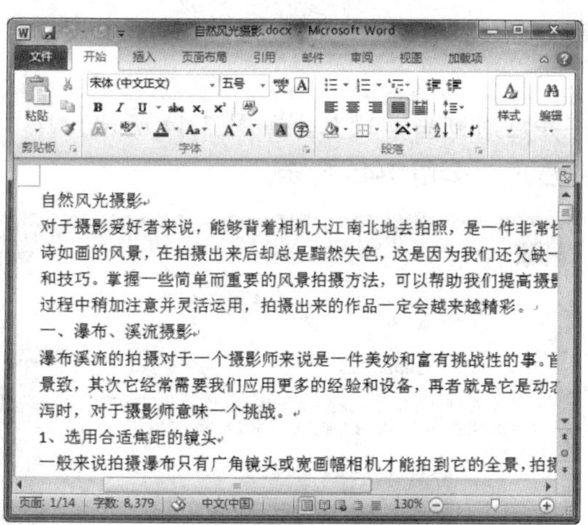

图 7-40　应用样式前的文档

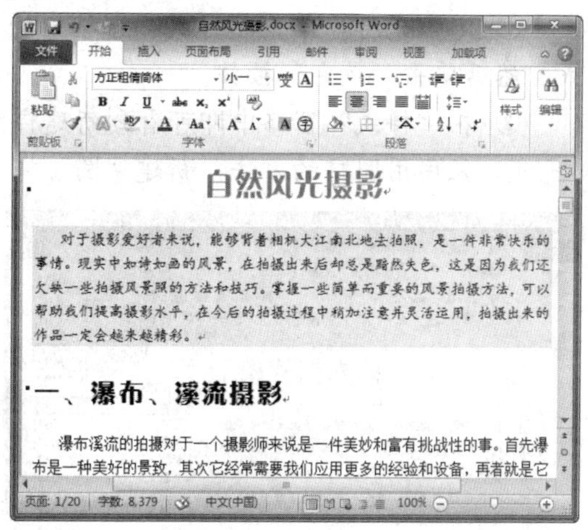

图 7-41　应用样式后的文档

操作提示：

（1）应用快速样式

将光标定位到需要套用快速样式的段落，在“开始”选项卡下“样式”组的样式列表框中单击样式，即可应用快速样式，如图 7-42 所示。

（2）修改样式

① 定位光标到需要修改的段落，单击“样式”组右下角的扩展按钮，打开“样式”窗格。

② 在“样式”窗格中单击所选样式右侧的下拉按钮，在弹出的下拉列表中选择“修改”选项，即可对样式进行修改，修改标题和正文样式后的效果如图 7-43 所示。

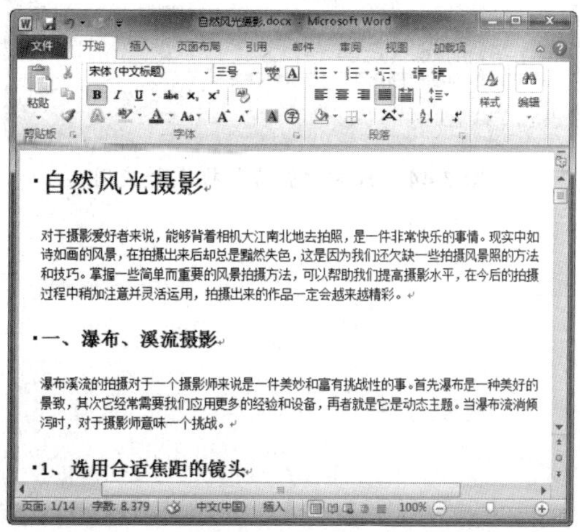

图 7-42　应用快速样式

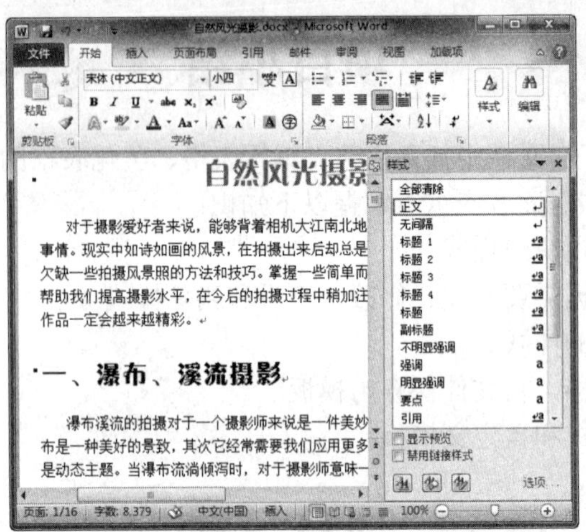

图 7-43 修改样式效果

（3）新建样式并应用

① 定位光标，单击“样式”窗格中的“新建样式”按钮，在弹出的对话框中设置样式，然后单击“确定”按钮。

② 在“样式”窗格中即可看到新建样式，并应用到当前段落，如图 7-44 所示。

③ 采用用同样的方法，新建“图”样式并应用，如图 7-45 所示。

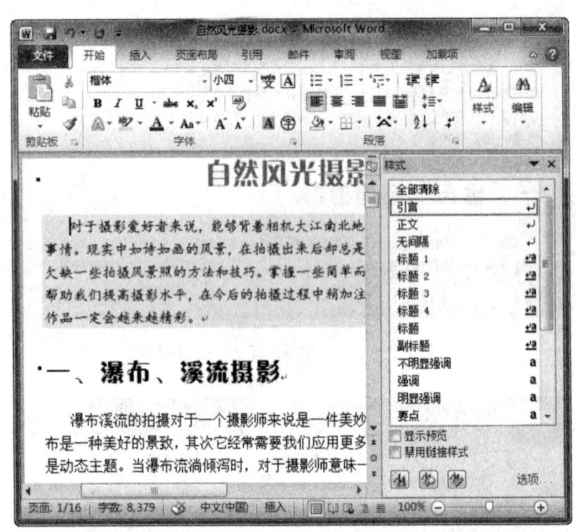

图 7-44 新建“引言”样式并应用

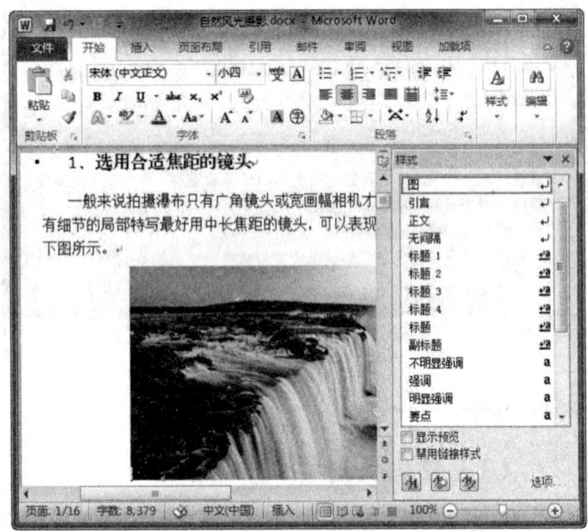

图 7-45 新建“图”样式并应用

项目八　文档审阅与安全设置

项目概述

Word 2010 提供的“审阅”功能非常实用，它不仅可以对文档进行校对、翻译、实现中文繁简转换，还可以为文档添加批注、对文档进行修订、对多个文档进行比较与合并等操作。为了使文档不被他人随意修改，用户可以对自己的文档进行限制格式和编辑设置，启动强制保护；也可以为文档设置密码来保护文档。本任务将详细介绍文档审阅与安全设置方面的知识。

项目重点

- 掌握校对文档的方法。
- 掌握在文档中插入、编辑与删除批注的方法。
- 掌握修订文档的方法。
- 掌握文档安全设置的方法。

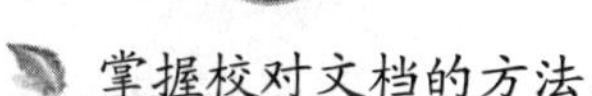

项目目标

- 能够校对文档内容。
- 能够插入、编辑与删除批注。
- 能够对文档内容进行修订。
- 能够对文档的安全性进行设置。

任务一　校对文档

任务概述

在文档处理过程中，通常需要对文档内容进行校对，以确定文档中的拼写和语法是否有误；有时还需要对文档进行翻译、统计字数、简繁转换等操作。本任务将对这些内容进行详细介绍。

任务重点与实施

一、拼写和语法检查

在文档中输入内容时，Word 2010 会自动审阅拼写或语法错误，当字符下方出现红色波浪线时为拼写错误，出现绿色波浪线时为语法错误。当然，也可以通过拼写和语法检查功能来逐条检查已制作完成的文档中的错误。检查拼写和语法的具体操作方法如下：

Step 01 打开素材文件“杜鹃花.docx”，选择“审阅”选项卡，单击“校对”组中的“拼写和语法”按钮，如图 8-1 所示。

Step 02 弹出“拼写和语法：中文（中国）”对话框，在上方文本框中分别用红色或绿色标示可能的拼写和语法错误，在下方“建议”文本框中显示更改建议。若确认标示文本为正确的，则单击“忽略一次”按钮，然后单击“下一句”按钮继续检查，如图 8-2 所示。

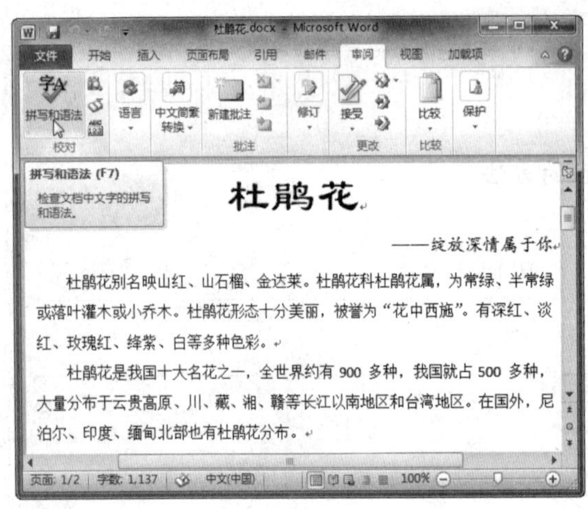

图 8-1　单击“拼写和语法”按钮　　　　图 8-2　拼写检查

Step 03 若检查到的文本确实有误，可在上方文本框中直接进行更改，修改完成后单击“下一句”按钮继续检查，如图 8-3 所示。

Step 04 依次检查完 Word 标示出的所有错误后，弹出提示信息框，单击“确定”按钮即可，如图 8-4 所示。

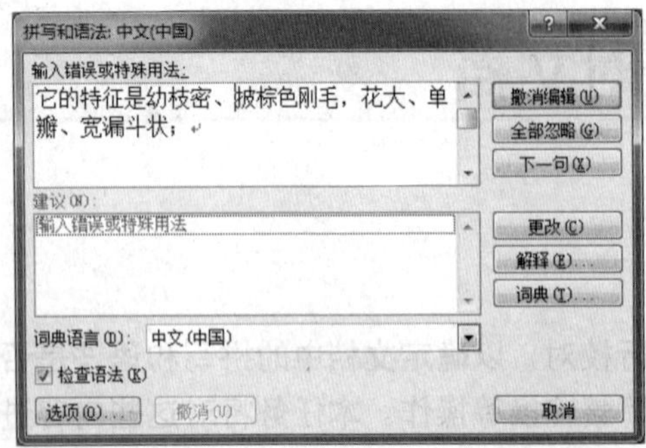

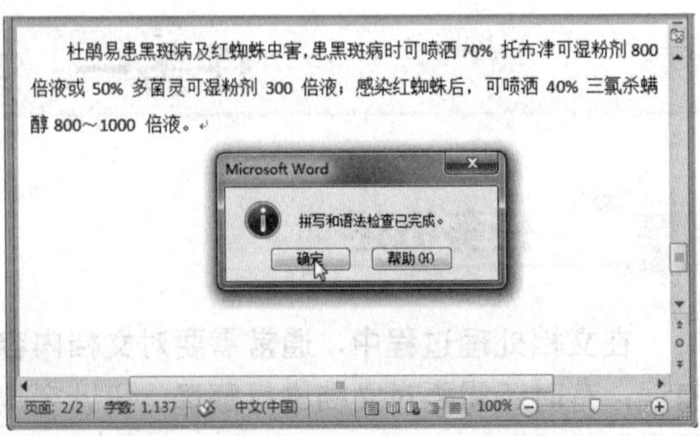

图 8-3　更改错误　　　　图 8-4　完成拼写与语法检查

Word 2010 在文档自动标出的错误有时并不一定出错，有时一些生僻的词语、汉字或不常用的语法，都会标记出来，用户需要逐条进行核对。在“拼写和语法”对话框中单击“全部忽略”按钮，可以忽略文档中所有当前标示出的错误。

二、字数统计

在 Word 2010 中可以实时统计文档中的字数，还可以统计页数、段落数和行数，以及包含或不包含空格的字符数等内容。在默认情况下，系统会自动统计脚注和文本框中的文本。统计字数的具体操作方法如下：

Step 01 选择“审阅”选项卡，在“校对”组中单击“字数统计”按钮，如图 8-5 所示。

Step 02 在弹出的“字数统计”对话框中即可查看字数的统计情况，如图 8-6 所示。

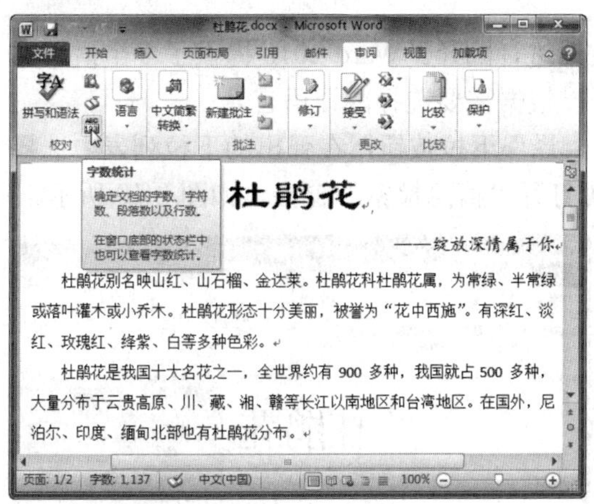

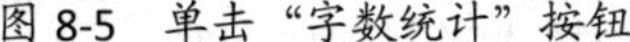
图 8-5　单击“字数统计”按钮

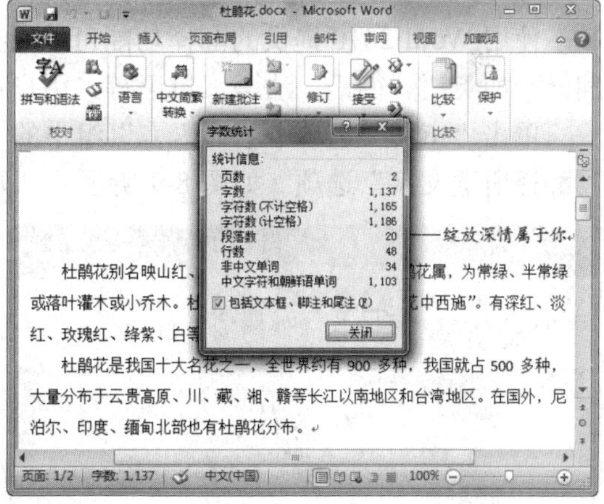

图 8-6　统计字数

在默认情况下，在打开文档的状态栏中会显示该文档的页数、当前页页码，以及总字数等统计情况。

三、中文简繁转换

用户可以根据需要对中文字符进行简体与繁体之间的转换，具体操作方法如下：

Step 01 选择“审阅”选项卡，在“中文简繁转换”组中单击“简转繁”按钮，如图 8-7 所示。

Step 02 此时，文档中的文本即被转换为繁体中文，如图 8-8 所示。

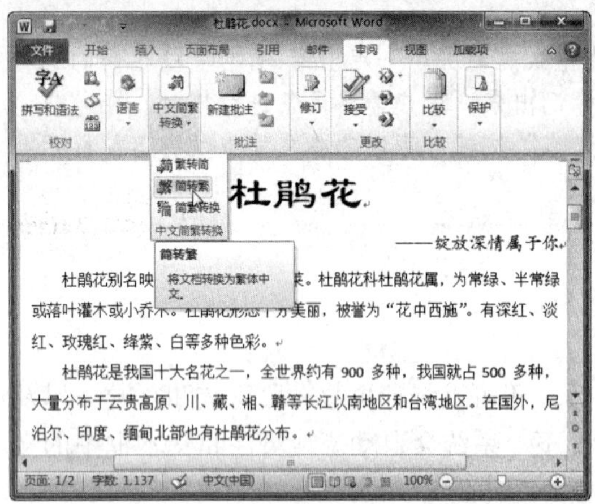

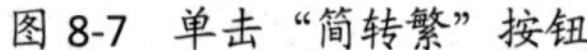
图 8-7 单击“简转繁”按钮

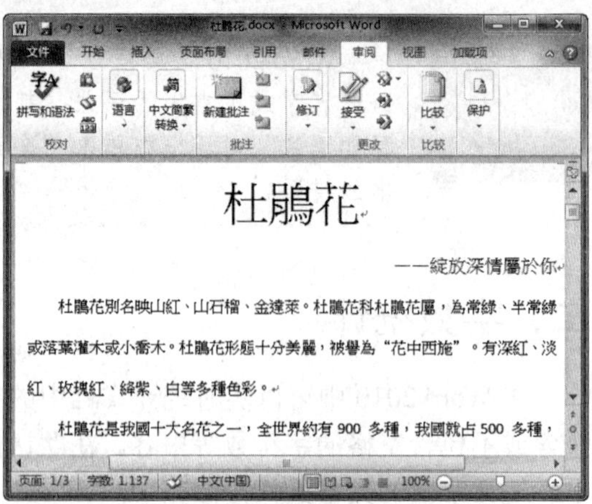

图 8-8 转换为繁体

四、文档的翻译

使用 Word 2010 提供的翻译功能可以对文档进行翻译。Word 2010 提供了多个语种的翻译，如英语、德语、法语、日语等，用户可以根据需要选择翻译语言。

单击“审阅”选项卡下“语言”组中的“翻译”下拉按钮，在弹出的下拉列表中选择“翻译所选文字”选项（如图 8-9 所示），即可打开“信息检索”窗格，如图 8-10 所示。

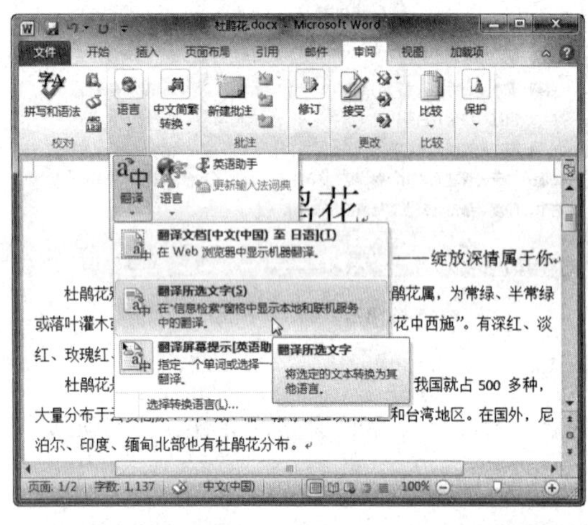

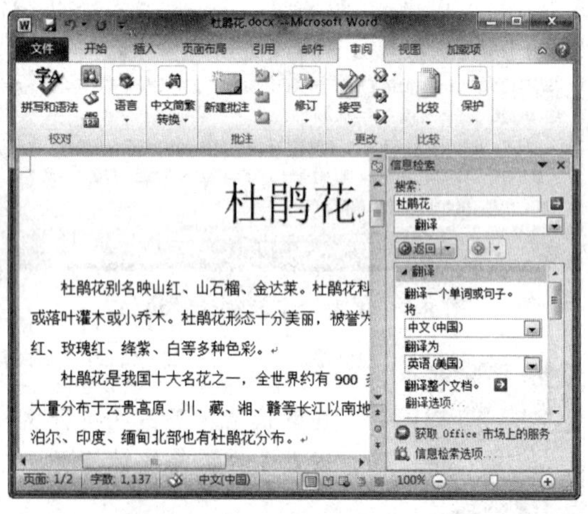

图 8-9 选择“翻译所选文字”选项

图 8-10 “信息检索”窗格

翻译不同文字的方法也不相同，下面将介绍几种文字翻译方法。

- 若要翻译某个特定的字词，可以在按住【Alt】键的同时单击该字词，结果将显示在“信息检索”任务窗格中的“翻译”列表框中。
- 若要翻译某个短语，需要先选择该短语，然后在按住【Alt】键的同时单击选定内容，结果将显示在“信息检索”任务窗格中的“翻译”列表框中。
- 若要翻译整篇文档，可以单击“信息检索”任务窗格“翻译”列表框中的“翻译整个文档”按钮，文档的翻译将显示在 Web 浏览器中。
- 若要翻译某个字词或词组，可以在“搜索”文本框中输入该字词或词组，然后单击其后面的“开始搜索”按钮。

任务二 应用批注

任务概述

在审阅电子文档并对其进行标记时，就需要插入批注。批注是隐藏的文字，并不影响文档的实际内容。本任务将详细介绍应用批注的方法，其中包括插入批注、查看批注、编辑批注和删除批注等知识。

任务重点与实施

一、插入批注

批注是指审阅者添加到独立批注窗口中的文档注释或者注解，适用于审阅者只评论文档，而不直接修改文档。Word 会为每个批注自动赋予不重复的编号和名称。插入批注的具体操作方法如下：

Step 01 打开素材文件“旅游-文明篇.docx”，选中需要添加批注的文本，选择“审阅”选项卡，在“批注”组中单击“新建批注”按钮，如图 8-11 所示。

Step 02 此时将出现批注框，在批注框中输入批注内容，然后单击编辑窗口的任意位置确认输入，如图 8-12 所示。

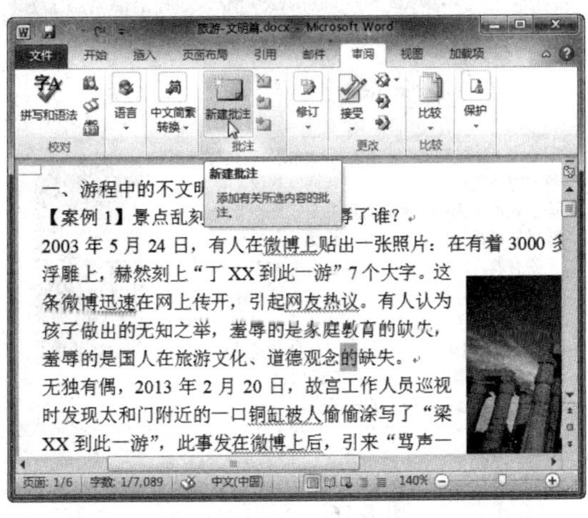

图 8-11 单击“新建批注”按钮

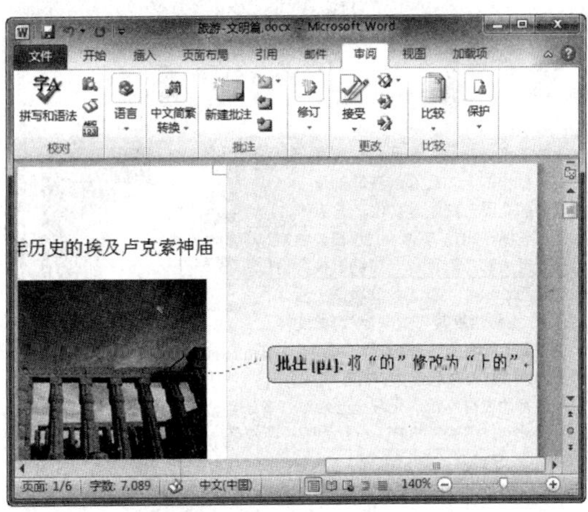

图 8-12 输入批注内容

Step 03 采用同样的方法，在文档中添加其他批注，如图 8-13 所示。

Step 04 单击“上一条批注”按钮，可以定位到上一条批注；单击“下一条批注”按钮，可以定位到下一条批注，如图 8-14 所示。

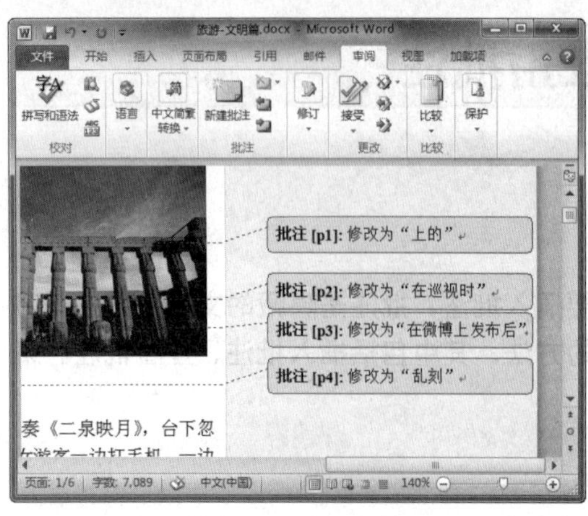

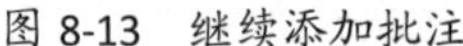
图 8-13　继续添加批注

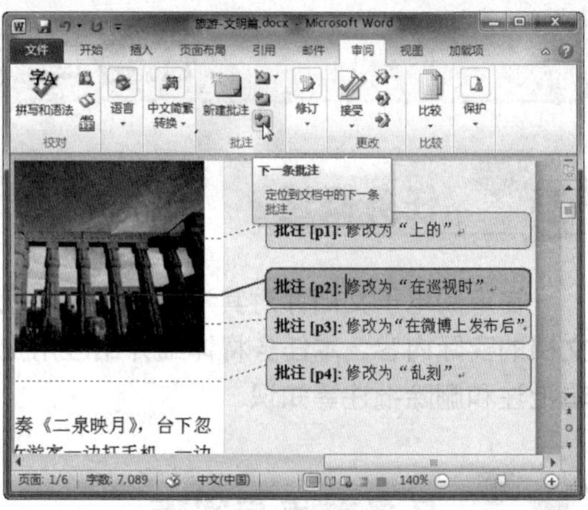

图 8-14　定位批注

二、隐藏与查看批注

在实际编辑文档的过程中，用户可以根据需要隐藏批注或查看批注。

1. 隐藏批注

如果在文档中添加的批注较多，就可能会影响用户的阅读，此时可以将添加的批注隐藏起来，以便阅读。隐藏批注的具体操作方法如下：

Step 01　选择“审阅”选项卡，单击“修订”组中的“显示标记”下拉按钮，在弹出的下拉列表中取消选择“批注”选项，如图 8-15 所示。

Step 02　此时，即可将添加的批注隐藏起来，效果如图 8-16 所示。

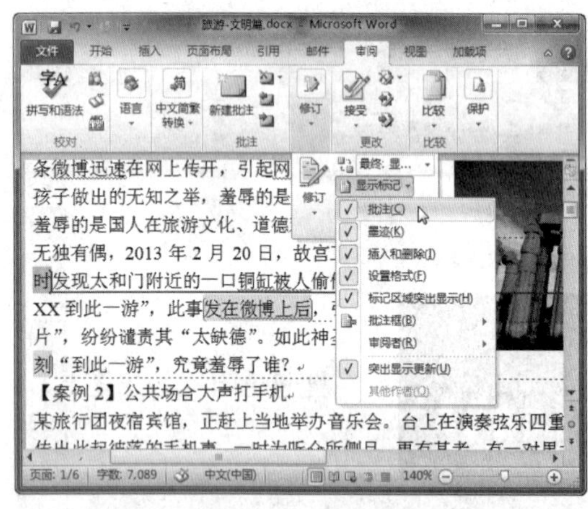

图 8-15　取消选择“批注”选项

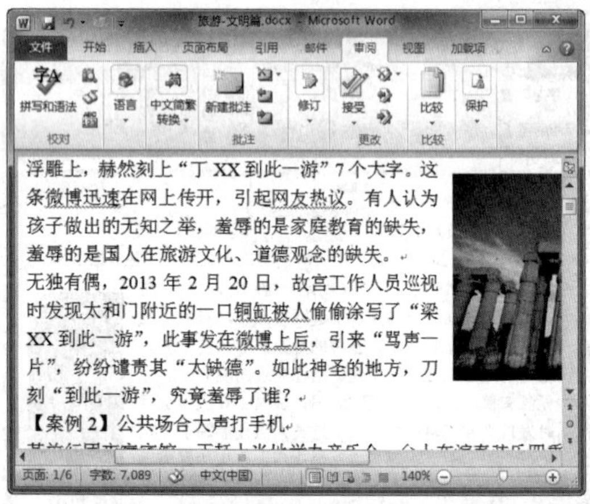

图 8-16　隐藏批注

2. 查看批注

隐藏批注只是将批注隐藏起来而不会删除它们，若要查看批注，还可以将其显示出来，具体操作方法如下：

Step 01　选择“审阅”选项卡，单击“修订”组中的“显示标记”下拉按钮，在弹出的下拉列表中选中“批注”选项即可，如图 8-17 所示。

Step 02　此时，即可将添加的批注显示出来。除了向右拖动滚动条，在批注框中进行查看外，还可以把鼠标指针放在有批注的文本上，文本上方将显示出包含批注内容以及审阅者名称的提示框，如图 8-18 所示。

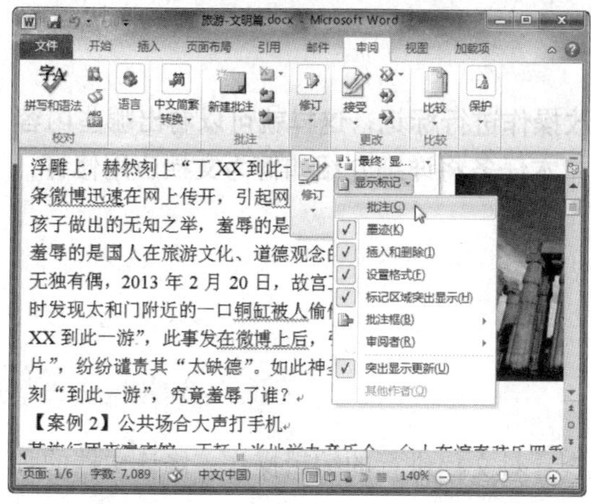

图 8-17　选中“批注”选项

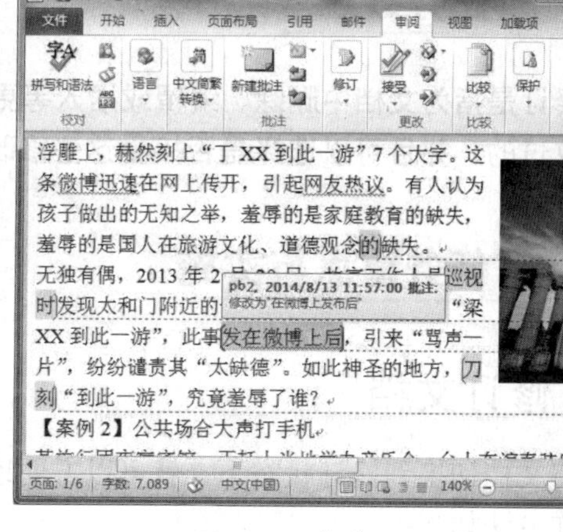

图 8-18　查看批注

三、删除批注

根据批注修改文档后，或者不再需要批注时，可以将批注删除。删除批注的具体操作方法如下：

Step 01　选择“审阅”选项卡，单击“批注”组中的“删除批注”下拉按钮，在弹出的下拉列表中选择“删除文档中的所有批注”选项，如图 8-19 所示。

Step 02　此时，即可看到文档中的所有批注都已被删除，效果如图 8-20 所示。

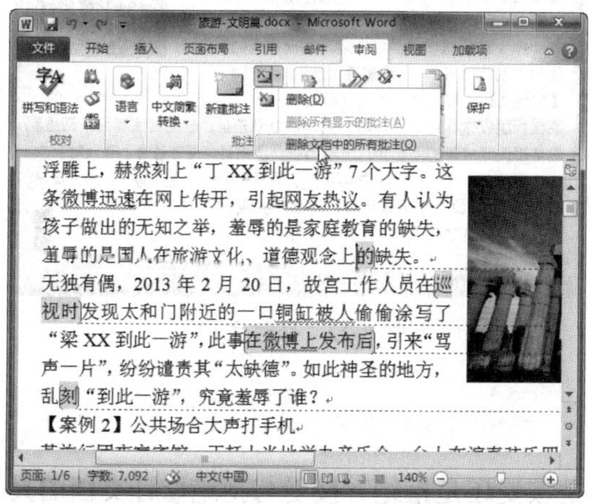

图 8-19　选择“删除文档中的所有批注”选项

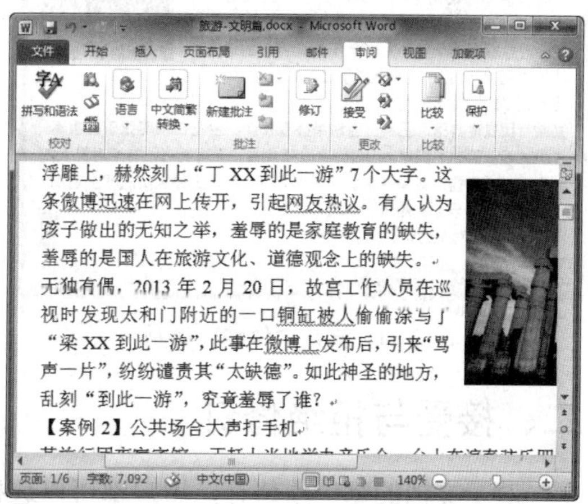

图 8-20　删除批注

选中批注后，直接单击“删除批注”按钮，或者在“删除批注”下拉列表中选择“删除”选项，可以只删除所选的批注。

任务三　应用修订

任务概述

修订是指为文档中删除、编辑或插入等更改操作进行标记，这样就可以看出哪些内容是修改过的，并且可以选择是否接受这些修改。本任务将详细介绍如何为文档应用修订。

任务重点与实施

一、修订文档

将文档切换到修订状态下，就可以方便地查看对文档进行的编辑操作。修订文档的具体操作方法如下：

Step 01 选择“审阅”选项卡，单击“修订”组中的“修订”下拉按钮，在弹出的下拉列表中选择“修订”选项，如图 8-21 所示。

Step 02 进入修订状态后对文档内容进行编辑，此时编辑后的内容都添加了修订标记，如图 8-22 所示。

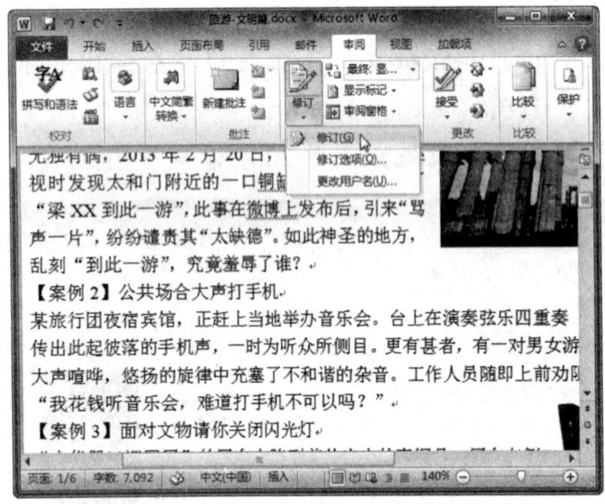

图 8-21　选择“修订”选项

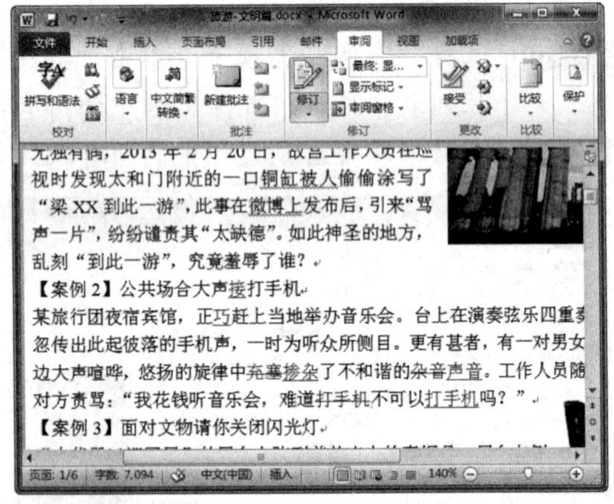

图 8-22　修订文档

二、接受与拒绝修订

对于文档的每一项修订，用户都可以选择是接受还是拒绝。接受与拒绝修订文档的具体操作方法如下：

Step 01 选中修订项，选择“审阅”选项卡，单击“更改”组中的“接受”下拉按钮，在弹出的下拉列表中选择“接受并移到下一条”选项，如图 8-23 所示。

Step 02 此时，即可对选中的修订项执行接受操作，并自动选中下一个修订项，如图 8-24 所示。

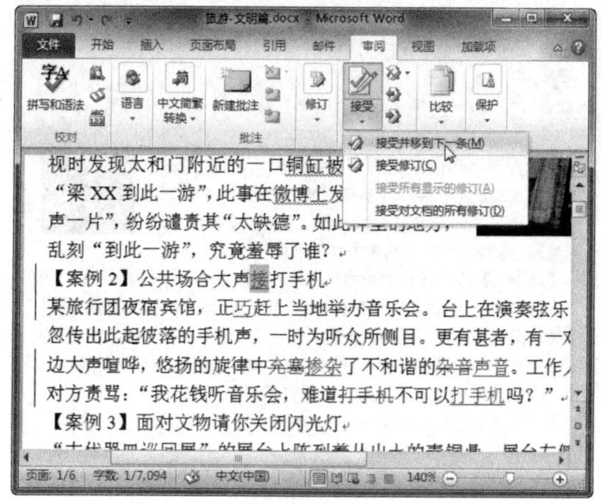

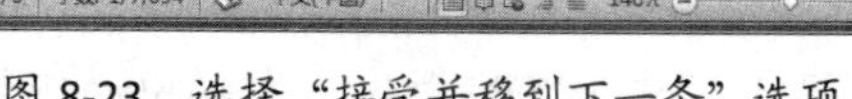

图 8-23　选择“接受并移到下一条”选项

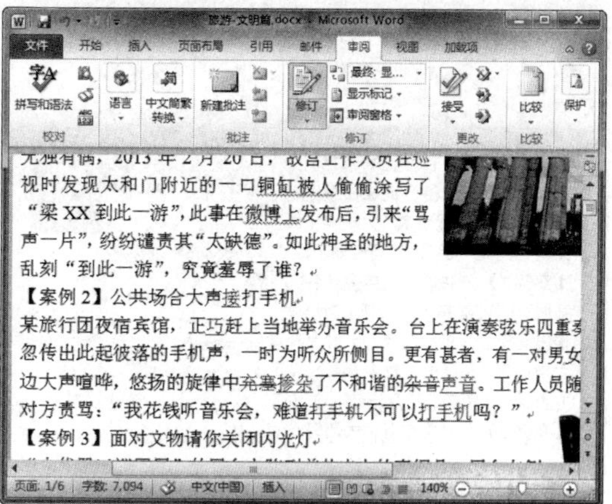

图 8-24　接受修订并定位到下一条

Step 03 单击“审阅”选项卡下“更改”组中的“拒绝”下拉按钮，在弹出的下拉列表中选择“拒绝修订”选项，如图 8-25 所示。

Step 04 此时，即可对选中的修订项执行拒绝操作，并自动选中下一个修订项，如图 8-26 所示。

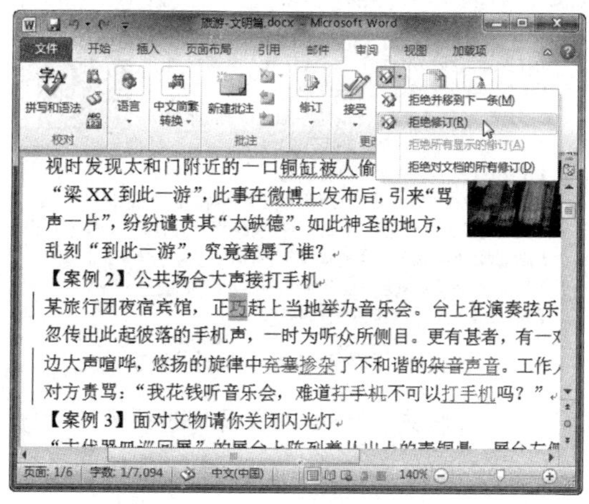

图 8-25　选择“拒绝”选项

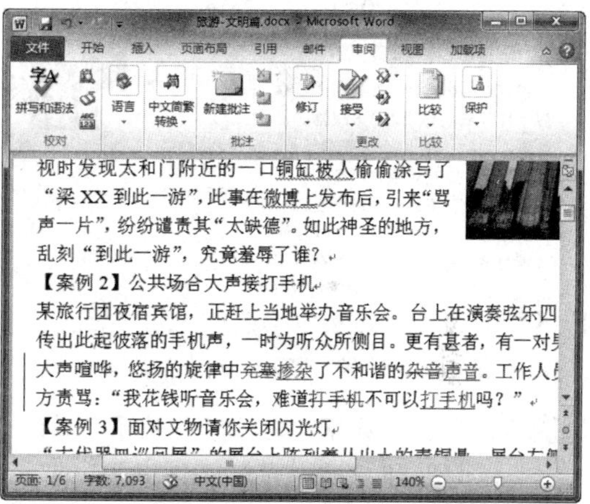

图 8-26　拒绝修订

在“接受”或“拒绝”下拉列表中选择“接受对文档的所有修订”或“拒绝对文档的所有修订”选项，即可接受或拒绝对当前文档中的所有修订。

三、隐藏与显示修订标记

在对文档进行修订后，若不想显示修订标记，可以将其隐藏起来；若想查看或编辑修订，可以再将其显示出来。用户可以根据需要隐藏或显示修订标记，具体操作方法如下：

Step 01 单击“审阅”选项卡下“修订”组中的“显示标记”下拉按钮，在弹出的下拉列表中取消选择“插入和删除”选项，如图 8-27 所示。

Step 02 此时，对文档所作的插入和删除标记即被隐藏，如图 8-28 所示。

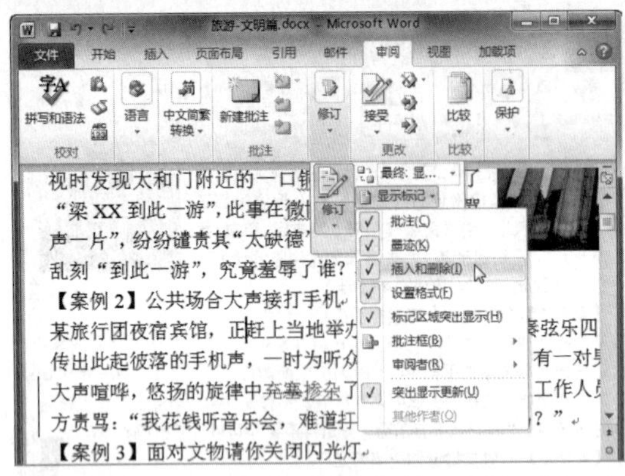

图 8-27 取消选择“插入和删除”选项

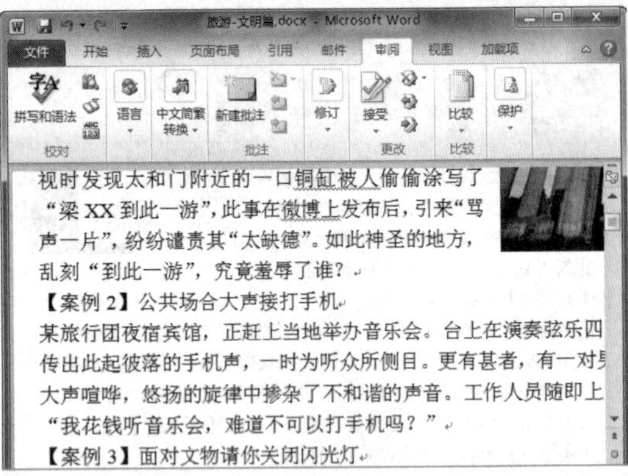

图 8-28 隐藏插入和删除标记

Step03 单击“审阅”选项卡下“修订”组中的“显示标记”下拉按钮，在弹出的下拉列表中选择“插入和删除”选项，如图 8-29 所示。

Step04 此时，对文档所作的插入和删除标记即可显示出来，如图 8-30 所示。

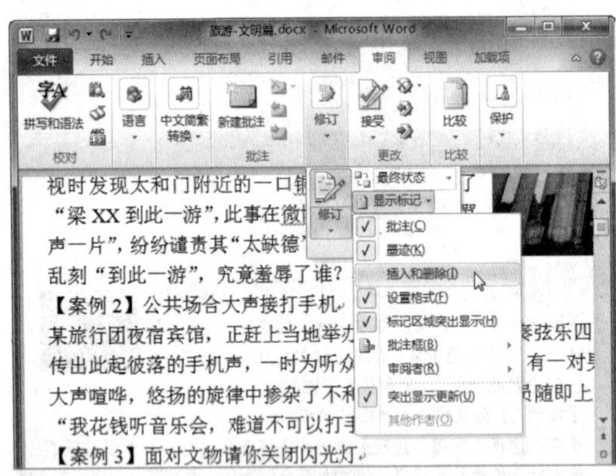

图 8-29 选择“插入和删除”选项

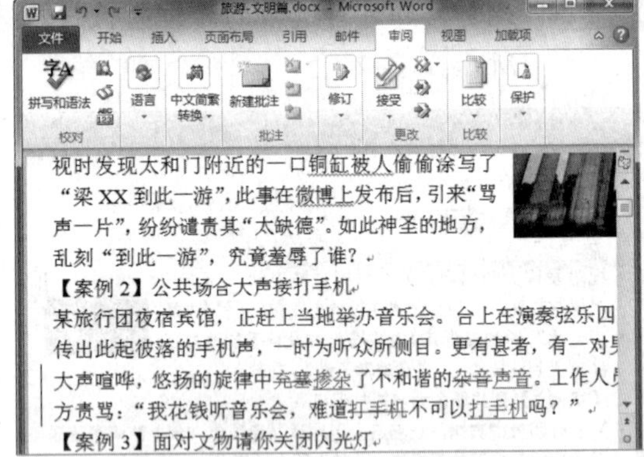

图 8-30 显示插入和删除标记

Step05 默认情况下，文档修订处于“最终：显示标记”状态。单击“审阅”选项卡下“修订”组中的“显示以供审阅”下拉按钮，在弹出的下拉列表中选择“原始状态”选项，如图 8-31 所示。

Step06 此时，对文档所作的插入和删除标记即可恢复为原始未修订状态，如图 8-32 所示。

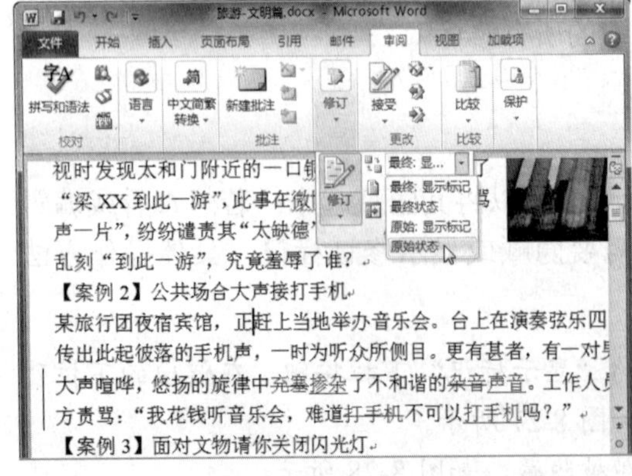

图 8-31 选择“原始状态”选项

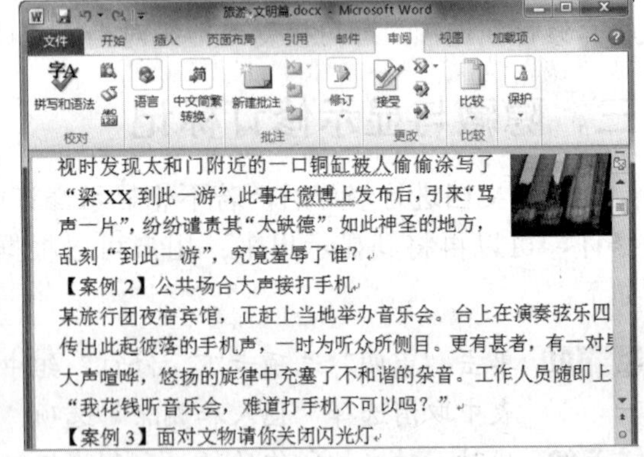

图 8-32 恢复为原始未修订状态

任务四　设置文档的安全性

任务概述

为了使文档不被他人随意修改，用户可以对自己的文档进行限制格式和编辑设置，启动强制保护；也可以为文档设置密码来保护文档。本任务将详细介绍设置保护文档格式和设置文档密码的操作方法。

任务重点与实施

一、限制格式和编辑

如果不想自己的文档被别人修改，可以对文档进行保护设置，具体操作方法如下：

Step 01 打开素材文件“7 月份销售统计表.docx”，选择“审阅”选项卡，单击“保护”组中的“限制编辑”按钮，如图 8-33 所示。

Step 02 弹出“限制格式和编辑”窗格，选中“限制对选定的样式设置格式”和“仅允许在文档中进行此类型的编辑”复选框，然后单击“是，启动强制保护”按钮，如图 8-34 所示。

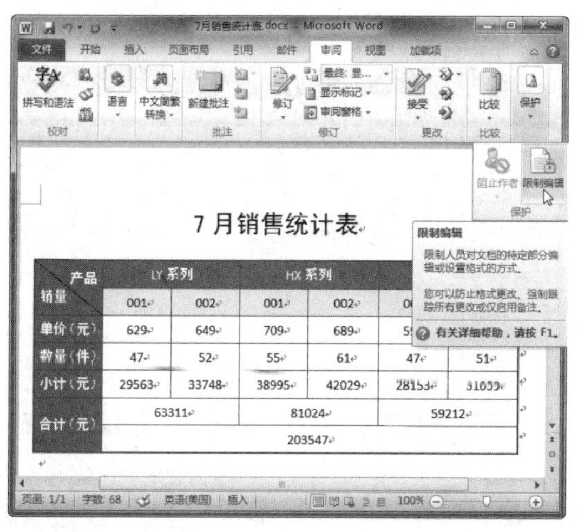

图 8-33　单击“限制编辑”按钮

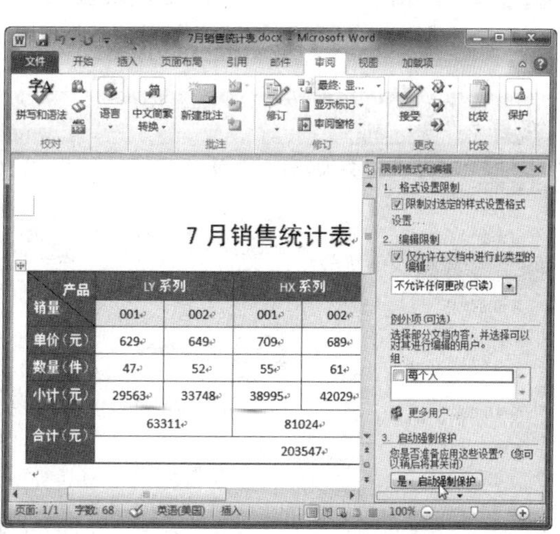

图 8-34　限制格式和编辑

Step 03 在弹出的“启动强制保护”对话框中输入密码，单击“确定”按钮，如图 8-35 所示。

Step 04 此时，文档格式处于被保护状态，无法对其进行编辑操作。若想停止保护，可单击“停止保护”按钮，在弹出的对话框中输入密码后单击“确定”按钮即可，如图 8-36 所示。

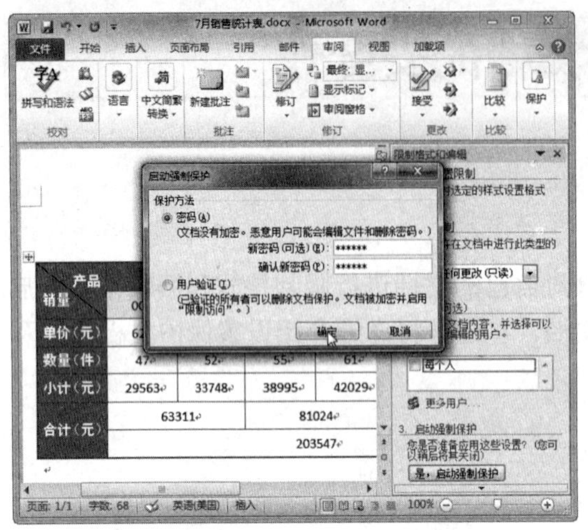

图 8-35　输入密码

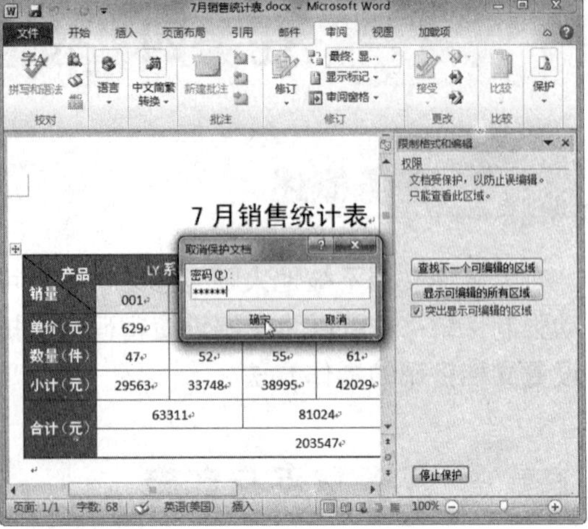

图 8-36　停止保护

二、文档密码的设置

当文档属于保密性文件时，就需要对其进行密码设置，以阻止别人随意打开和修改。设置文档密码的具体操作方法如下：

Step 01 新建文档并输入内容，单击“文件”按钮，在左窗格中选择“另存为”命令，如图 8-37 所示。

Step 02 弹出“另存为”对话框，设置文件保存路径和文件名称。单击“工具”下拉按钮，在弹出的下拉列表中选择“常规选项”选项，如图 8-38 所示。

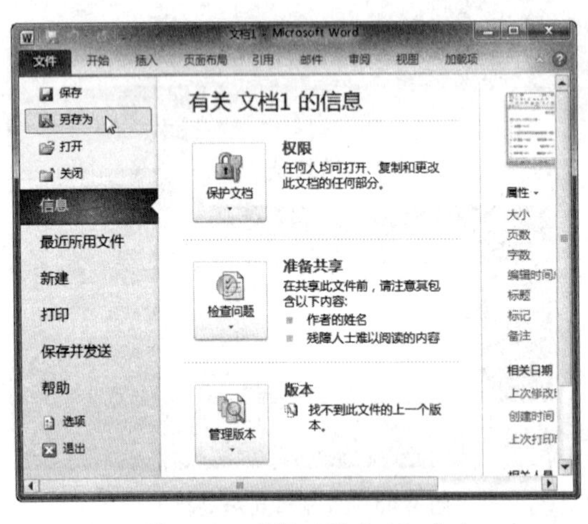

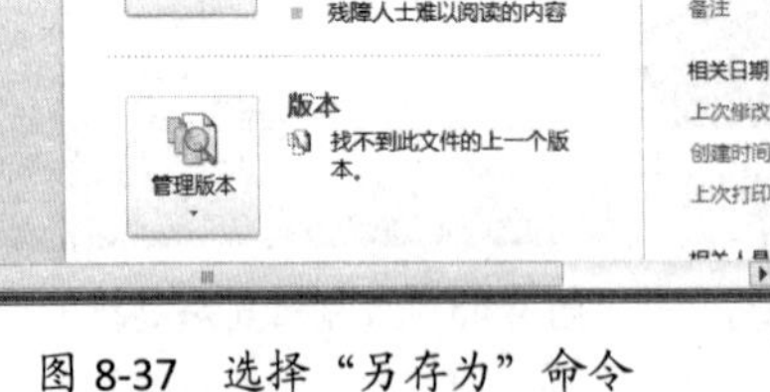

图 8-37　选择“另存为”命令

图 8-38　选择“常规选项”选项

Step 03 在弹出的“常规选项”对话框中输入打开和修改密码，然后单击“确定”按钮，如图 8-39 所示。

Step 04 在弹出的“确认密码”对话框中再次输入打开文件时的密码，然后单击“确定”按钮，如图 8-40 所示。

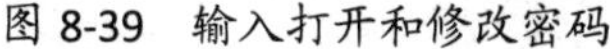

图 8-39　输入打开和修改密码

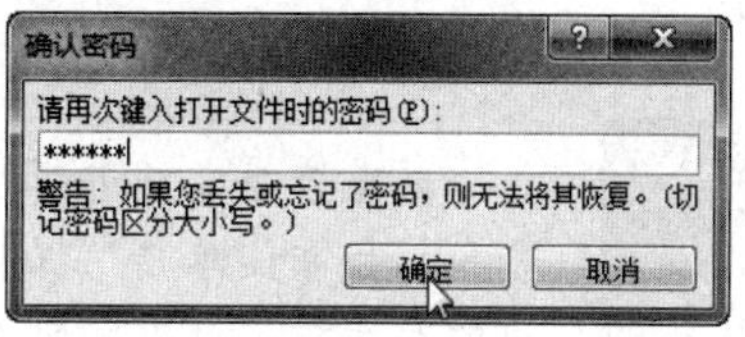

图 8-40　再次输入打开密码

Step 05　在弹出的“确认密码”对话框中再次输入修改文件时的密码，然后单击“确定”按钮，如图 8-41 所示。

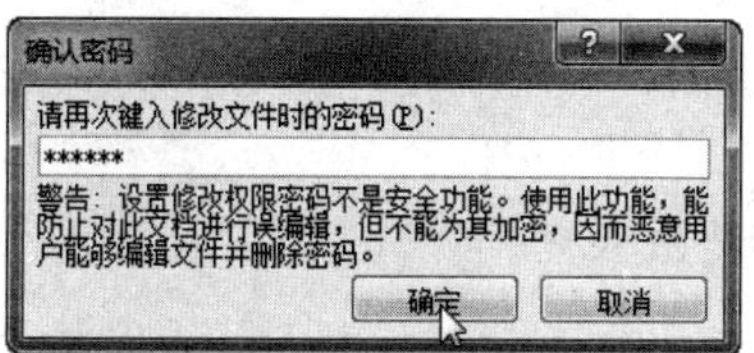

图 8-41　再次输入修改密码

Step 06　返回“另存为”对话框，单击“保存”按钮，如图 8-42 所示。

图 8-42　单击“保存”按钮

Step 07　打开加密文件时，将会提示输入打开文件密码，输入密码后单击“确定”按钮，如图 8-43 所示。

Step 08 提示输入修改文件密码，输入密码后单击“确定”按钮，即可打开文件进行查看和编辑；若不输入密码，单击“只读”按钮，则将以只读方式打开文件，不可对文件进行编辑操作，如图 8-44 所示。

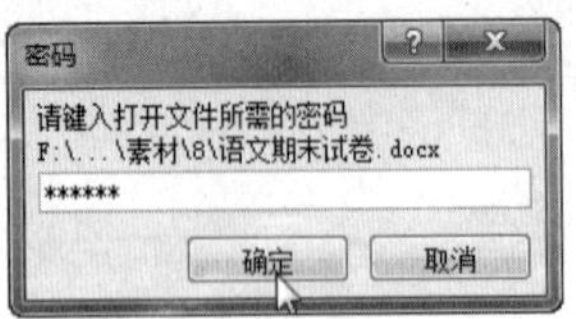

图 8-43　输入打开文件密码

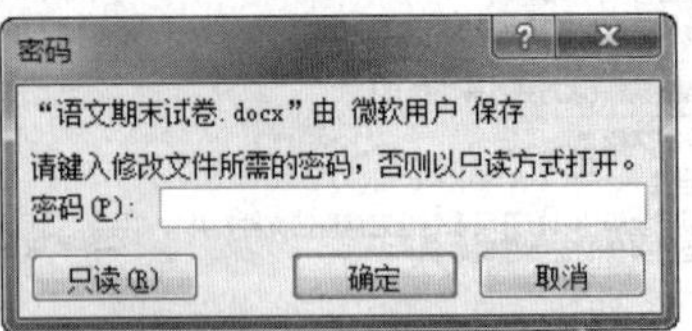

图 8-44　输入修改文件密码

要直接对文档进行加密可单击“文件”按钮，在左窗格中选择“信息”命令，在右侧单击“保护文档”按钮，选择“用密码加密文档”选项，在弹出的对话框中设置密码即可。

项目小结

本项目主要介绍了校对文档、应用批注、应用修订和设置文档安全性的方法，读者应重点掌握以下知识：

（1）对文档进行拼写和语法检查。

（2）在文档中插入批注。

（3）修订文档。

（4）对文档格式进行保护。

（5）为文档设置打开和修改密码。

项目习题

对素材文件“如何在旅游中拍出满意的照片.docx”（如图 8-45 所示）进行拼写和语法检查、添加批注和应用修订，审阅后的文档效果如图 8-46 所示。

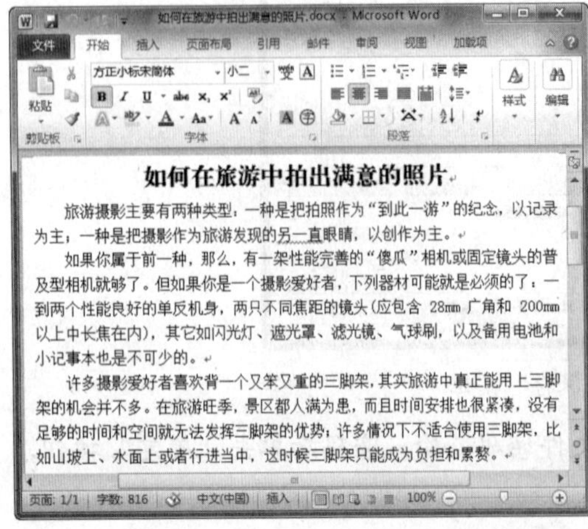

图 8-45　素材文件

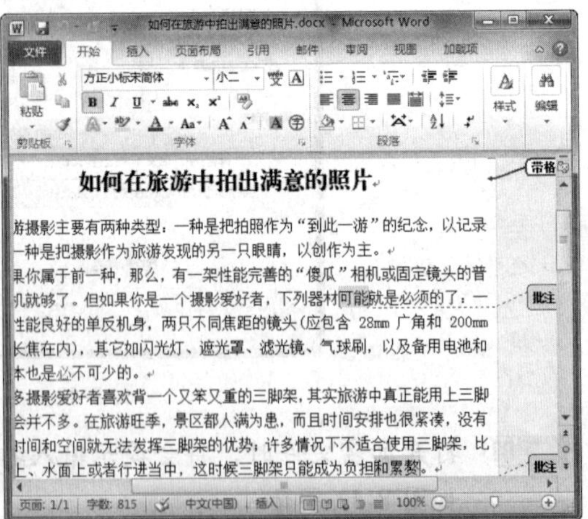

图 8-46　审阅文档效果

操作提示：

（1）拼写和语法检查

① 打开素材文件，选择“审阅”选项卡，单击“校对”组中的“拼写和语法”按钮，如图 8-47 所示。

② 弹出“拼写和语法：中文（中国）”对话框，若检查到的文本确实有误，可在上方文本框中直接进行更改，修改完成后单击“下一句”按钮继续检查；若确认标示文本正确，则单击“忽略一次”按钮，然后单击“下一句”按钮继续检查，如图 8-48 所示。

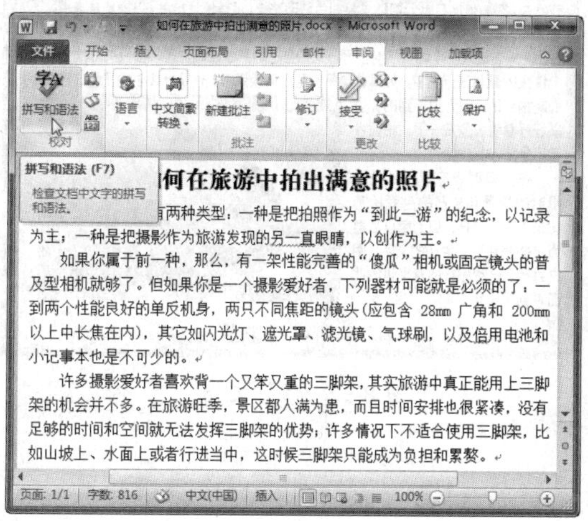

图 8-47　单击“拼写和语法”按钮

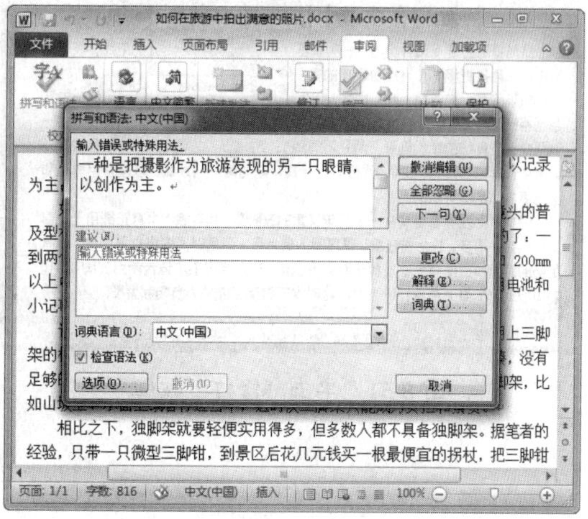

图 8-48　拼写和语法检查

（2）插入批注

① 选中需要添加批注的文本，在“审阅”选项卡下“批注”组中单击“新建批注”按钮，如图 8-49 所示。

② 此时将出现批注框，在批注框中输入批注内容，输入完成后单击编辑窗口的任意位置确认输入，如图 8-50 所示。

③ 采用同样的方法，添加其他批注。

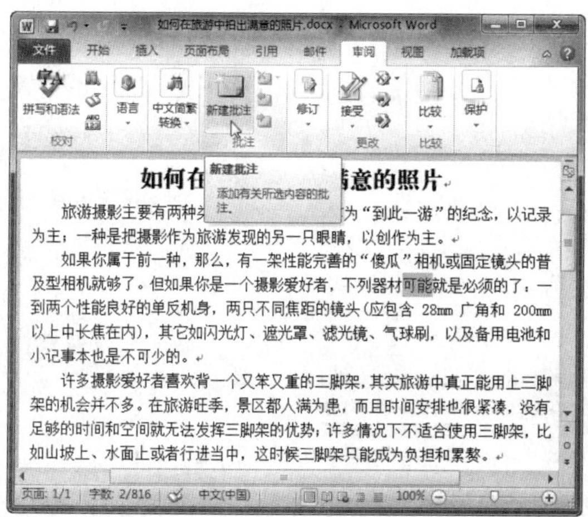

图 8-49　单击“新建批注”按钮

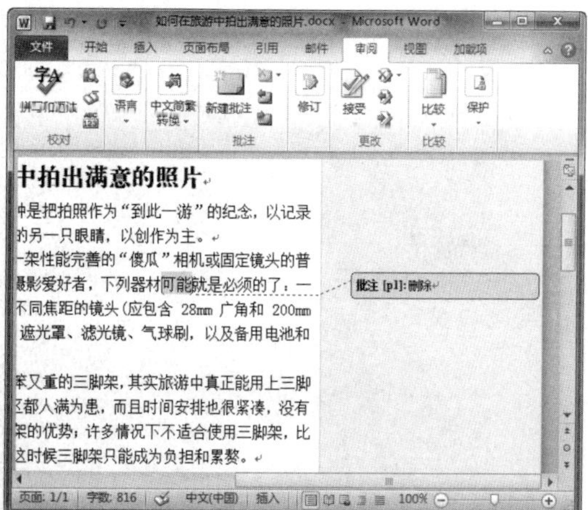

图 8-50　添加批注

（3）修订文档

① 单击“审阅”选项卡下“修订”组中的“修订”按钮，如图 8-51 所示。

② 进入修订状态后对文档内容进行编辑，此时编辑后的内容都添加了修订标记，如图 8-52 所示。

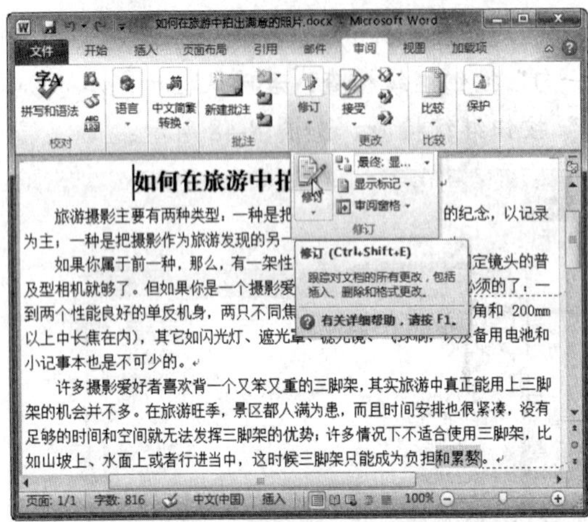

图 8-51 单击“修订”按钮

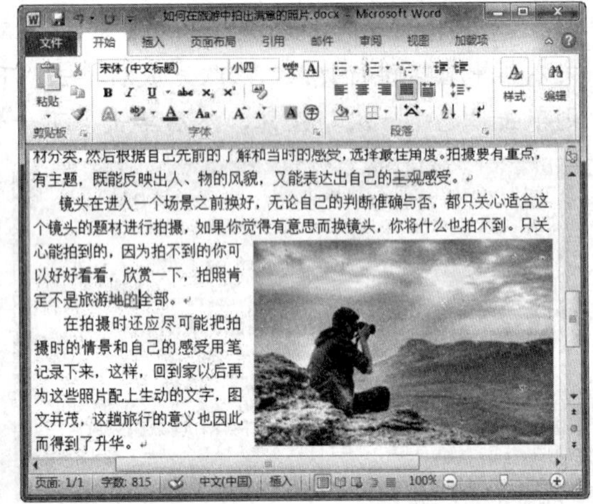

图 8-52 修订文档

项目九　长文档的编辑

项目概述

在 Word 2010 中编辑一些长达几十或几百页的长文档时，往往需要使用书签进行定位，通过大纲视图和导航窗格进行浏览，创建目录和索引，添加题注，以及插入脚注与尾注等。本任务将详细介绍长文档的一些特定的编辑操作，以提高处理文档的效率。

项目重点

- 掌握书签的使用方法。
- 掌握查看文档结构的方法。
- 掌握使用导航窗格浏览并定位文档的方法。
- 掌握创建索引和目录的方法。
- 掌握插入题注的方法。
- 掌握插入脚注和尾注的方法。

项目目标

- 能够添加书签，定位书签，显示与隐藏书签，删除书签。
- 能够通过大纲视图查看文档结构。
- 能够使用导航窗格浏览并定位文档。
- 能够为文档创建索引和目录。
- 能够为文档中的图片、表格、图表等项目添加题注。
- 能够在文档中插入脚注和尾注。

任务一　使用书签

在编辑长文档时，常常需要快速定位到某一位置，使用 Word 2010 提供的书签功能可以快速实现文档的定位。书签是一种用来帮助记录位置而插入的符号，使用它可以迅速找到目标位置。本任务将详细介绍书签的使用方法，如添加书签、定位书签和编辑书签等。

任务重点与实施

一、添加书签

在使用 Word 查看或编辑篇幅较长的文档时，中途退出后，若想找到之前阅读的地方继续查看，不太容易查找，而在该位置插入书签，则可以很好地解决这一问题。在文档中添加书签的具体操作方法如下：

Step 01 打开素材文件“自然风光摄影.docx”，定位光标到要添加书签的位置，选择“插入”选项卡，单击“链接”组中的“书签”按钮，如图 9-1 所示。

Step 02 在弹出的“书签”对话框中输入书签名，然后单击“添加”按钮，即可在光标所在位置添加书签，如图 9-2 所示。

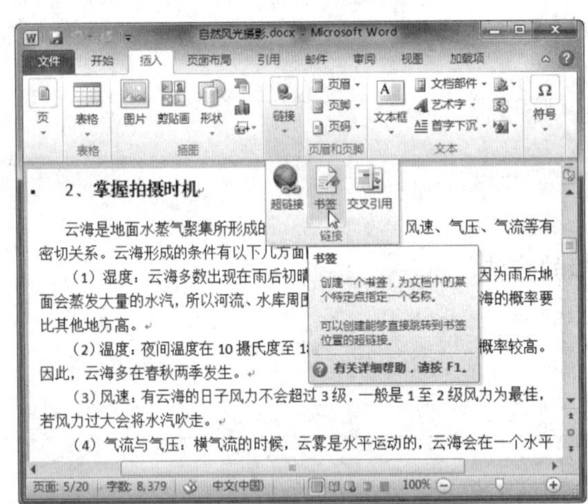

图 9-1 单击“书签”按钮

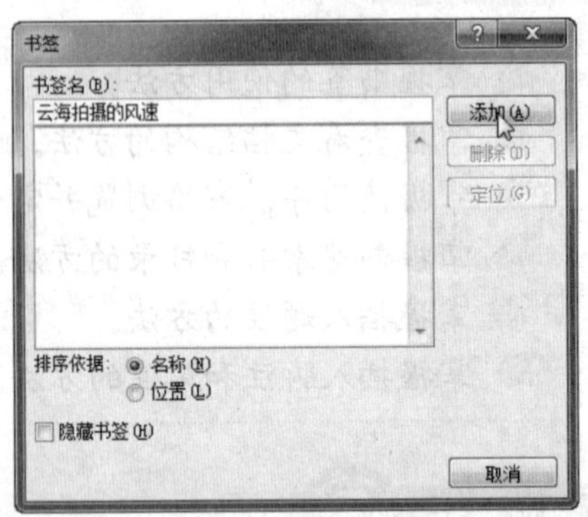

图 9-2 输入书签名

Step 03 选中需要添加书签的内容，然后单击“书签”按钮，如图 9-3 所示。

Step 04 在“书签”对话框中输入书签名，单击“添加”按钮，即可为所选内容添加书签，如图 9-4 所示。

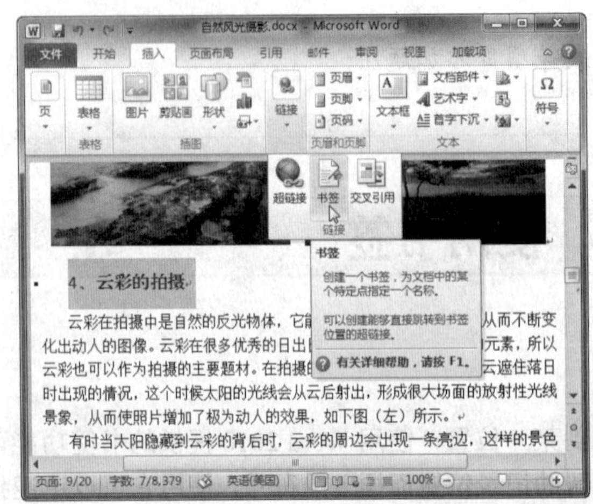

图 9-3 单击“书签”按钮

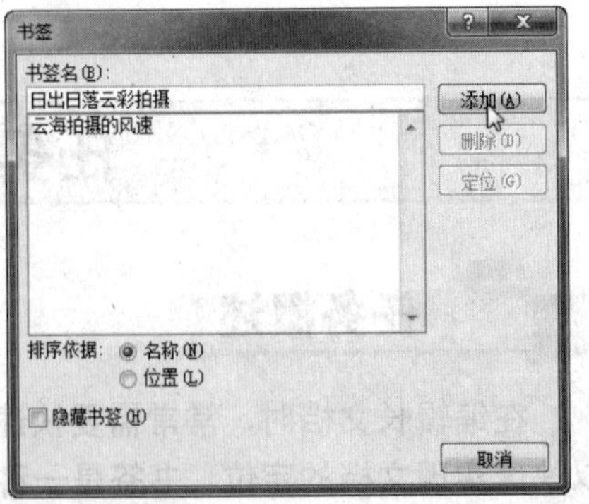

图 9-4 输入书签名

二、定位书签

在文档中插入书签后，可以很方便地定位到书签所在的位置，方便读者阅读。定位书签时，主要有以下两种常用方法：

方法 1：通过“查找和替换”对话框进行定位

Step 01 单击“开始”选项卡下“编辑”组中的“替换”按钮，在弹出的“查找和替换”对话框中选择“定位”选项卡，在“定位目标”列表框中选择“书签”选项，在“请输入书签名称”下拉列表框中选择书签，单击“定位”按钮，然后单击“关闭”按钮，如图 9-5 所示。

Step 02 此时，即可定位到指定的书签位置，如图 9-6 所示。

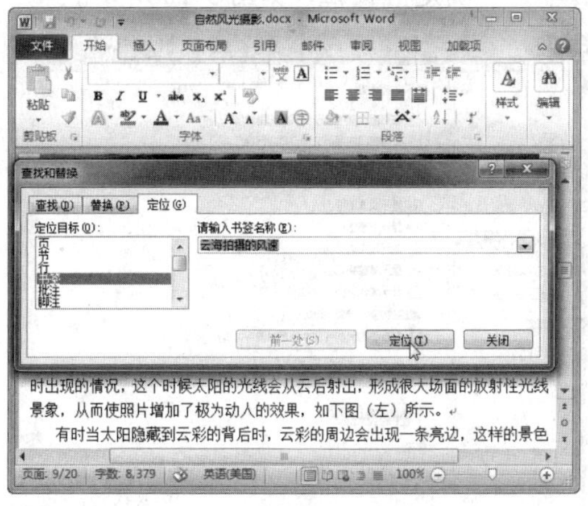

图 9-5　选择定位书签

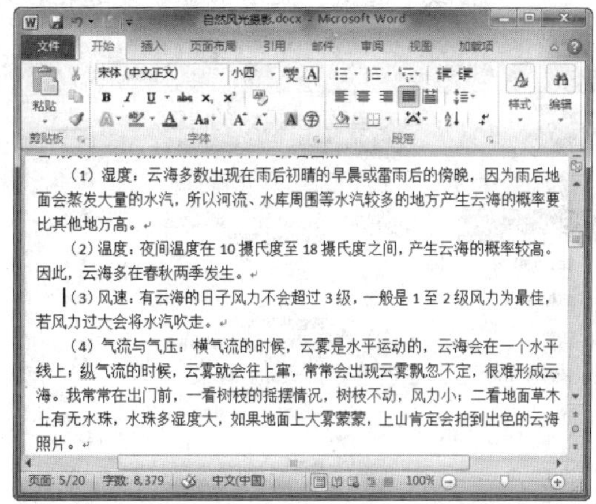

图 9-6　定位书签

方法 2：通过“书签”对话框进行定位

Step 01 选择“插入”选项卡，单击“链接”组中的“书签”按钮，弹出“书签”对话框。在“书签名”列表中选择要定位到的目标书签，然后单击“定位”按钮，如图 9-7 所示。

Step 02 此时，即可定位到指定的书签位置，然后单击“关闭”按钮，如图 9-8 所示。

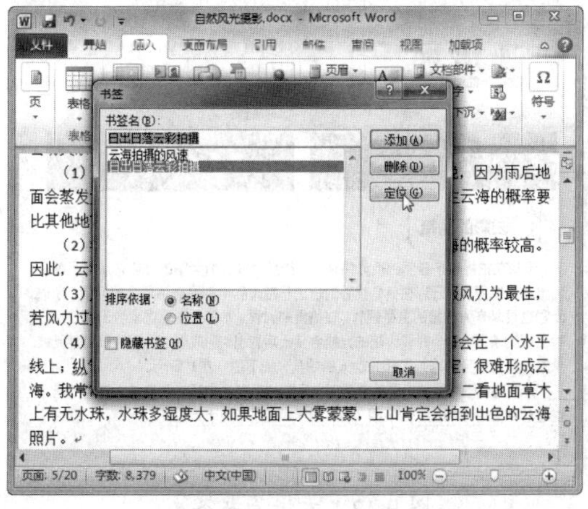

图 9-7　选择定位书签

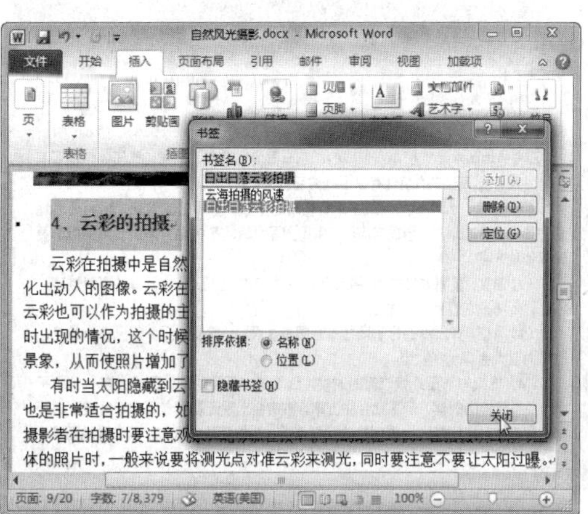

图 9-8　定位书签

三、编辑书签

下面将详细介绍如何在文档中编辑书签，其中包括如何显示与隐藏书签，以及如何删除书签等。

1. 显示书签

插入到文档中的书签默认是不显示的，用户可以根据需要将其显示出来，具体操作方法如下：

Step 01 单击“文件”按钮，在左窗格中选择“选项”命令，如图 9-9 所示。

Step 02 在弹出的“Word 选项”对话框中选择“高级”选项卡，在“显示文档内容”选项区域中选中“显示书签”复选框，然后单击“确定”按钮，如图 9-10 所示。

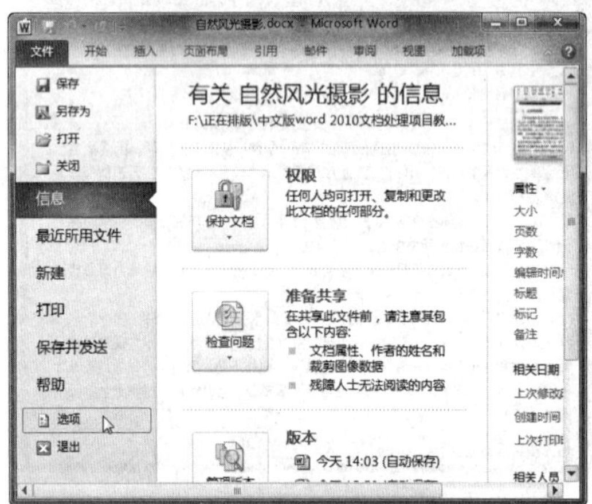

图 9-9 选择“选项”命令

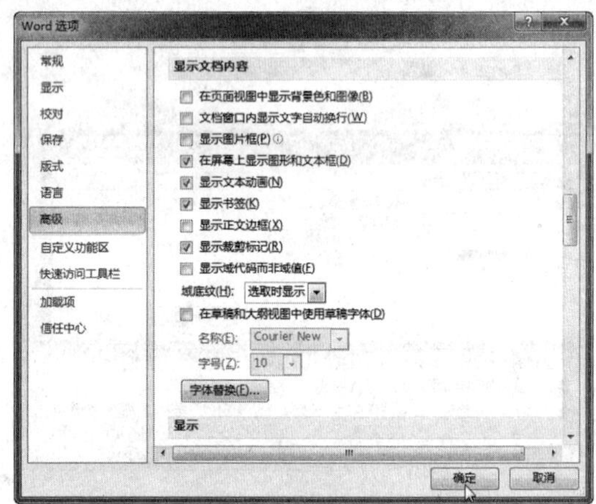

图 9-10 选中“显示书签”复选框

Step 03 此时，即可在文档中显示书签标记。如果在插入书签时没有选中文字，那么书签标记就在一个位置，方括号的两边会合在一起，成为“I”形，如图 9-11 所示；如果选中了文字，就会在选中文字的开始和末尾显示一个方括号，如图 9-12 所示。在打印时，书签标记不会被打印出来。

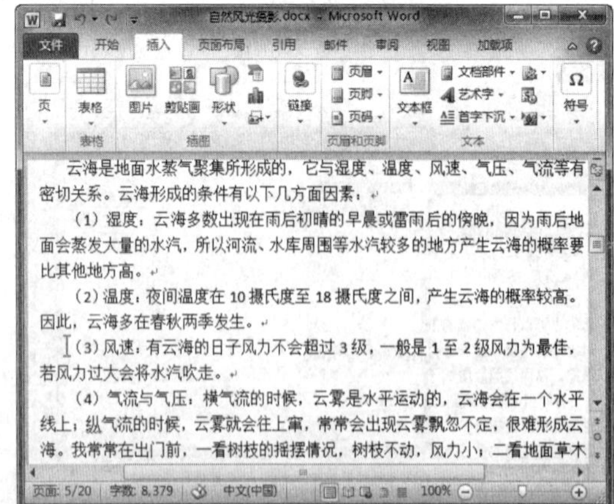

图 9-11 “I”形书签

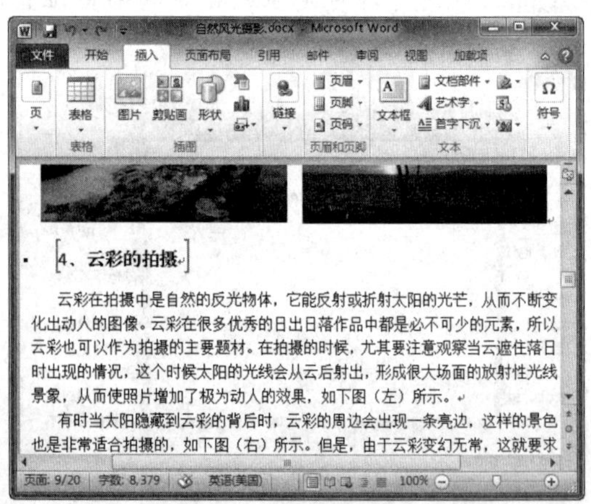

图 9-12 方括号书签

将某个带书签标记的项或该项的一部分复制到同一文档的其他位置，书签仍在原来的项上，复制的部分没有标记；将某个带书签标记的项整个复制到另一文档，则两个文档中的项和书签相同。将某个带标记的项整个剪切并粘贴到同一文档中，项和书签都将移到新位置。删除带标记项的一部分，书签将保留在剩下的文本上。

2. 隐藏书签

如果需要隐藏书签，只需在“Word 选项”对话框中取消选择“显示标签”复选框，然后单击“确定”按钮即可，如图 9-13 所示。

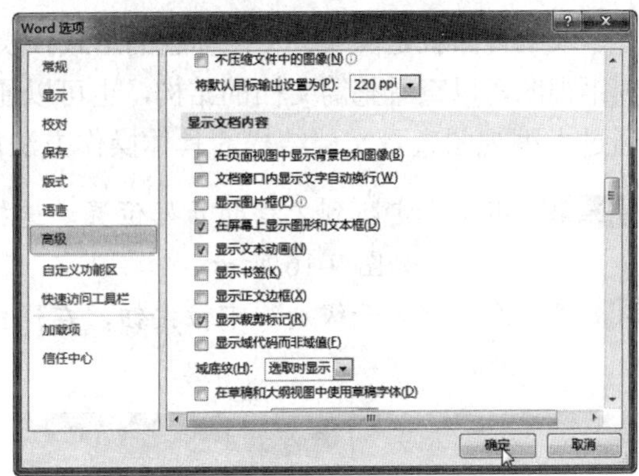

图 9-13　取消选择“显示标签”复选框

3. 删除书签

若要删除文档中的书签，具体操作方法如下：

Step 01　选择“插入”选项卡，单击“链接”组中的“书签”按钮，在弹出的“书签”对话框中选择需要删除的书签，单击“删除”按钮，然后单击“关闭”按钮，如图 9-14 所示。

Step 02　此时，即可删除所选择的书签，如图 9-15 所示。

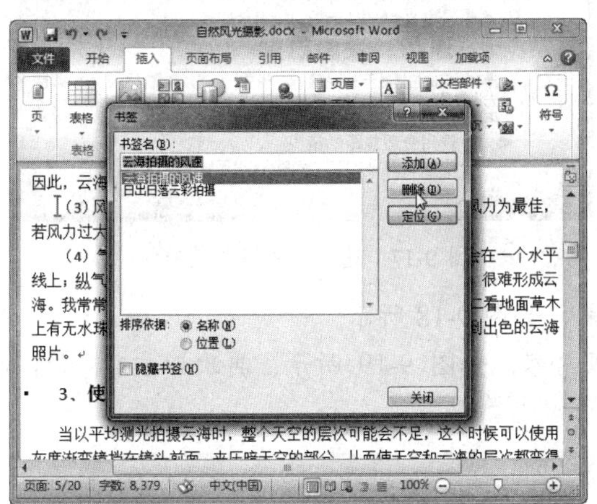

图 9-14　单击“删除”按钮

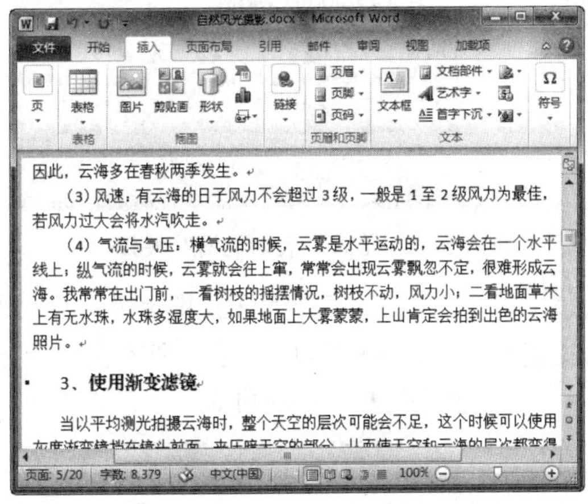

图 9-15　删除书签

任务二　视图操作

任务概述

用户可以通过切换文档的视图方式来方便地查看文档的结构，并且可以快速定位所要查找文档的位置。本任务将介绍如何通过大纲视图来查看文档结构，以及使用导航窗格浏览并定位文档的方法。

任务重点与实施

一、通过大纲视图查看文档结构

大纲视图就是以缩进文档标题的形式代表标题在文档结构中级别的页面浏览方式。使用大纲视图可以查看整篇文档的结构，也可以通过折叠或展开大纲文档显示需要查看的内容。通过大纲视图查看文档结构的具体操作方法如下：

Step 01 将光标定位到文档的开始位置，选择“视图”选项卡，然后单击“大纲视图”按钮，如图 9-16 所示。

Step 02 单击“显示级别”下拉按钮，在弹出的下拉列表中选择“3 级”选项，如图 9-17 所示。

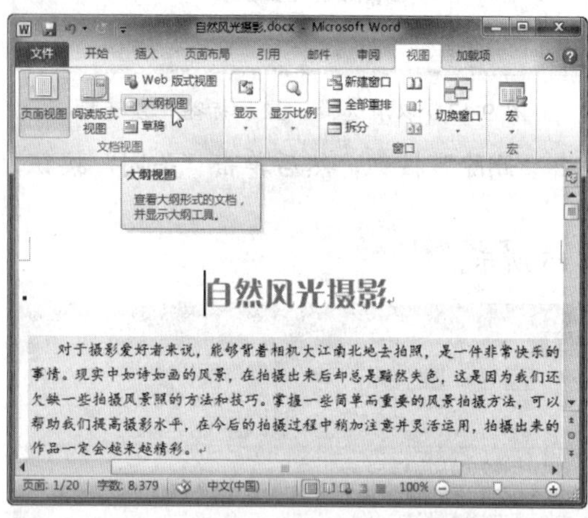

图 9-16 单击“大纲视图”按钮

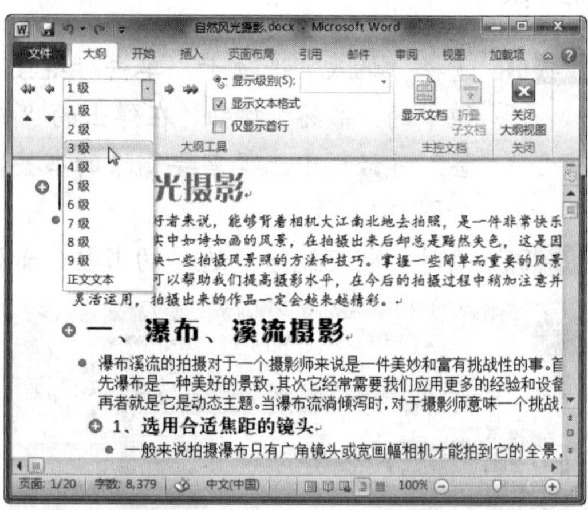

图 9-17 选择“3 级”选项

Step 03 此时，即可查看设置显示级别后的效果，如图 9-18 所示。

Step 04 双击标题前的⊕符号，即可查看下一级内容，如图 9-19 所示。再次双击⊕符号，即可收起下一级内容。

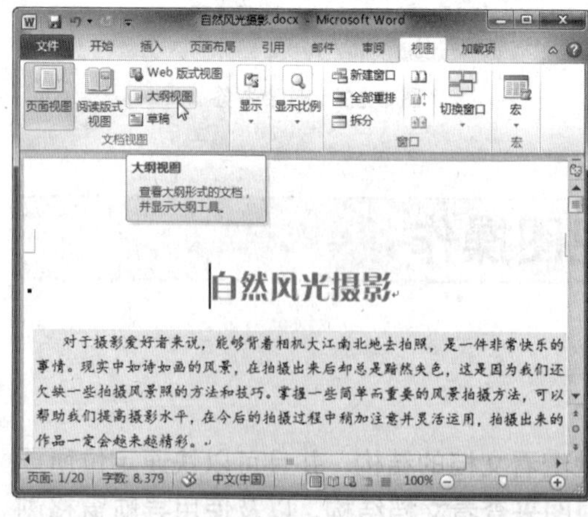

图 9-18 显示效果

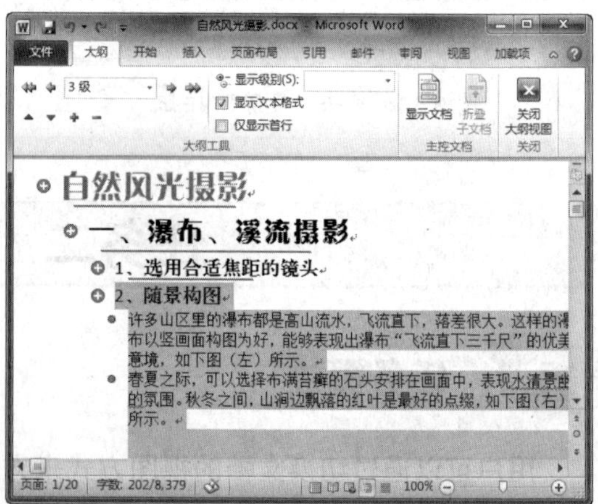

图 9-19 查看下一级内容

将光标定位到标题中，单击“展开”按钮，可以展开下一级内容；单击“折叠”按钮，可以折叠下一级内容。

将光标到定位到某级标题或某个段落中，单击“上移”按钮，可以将内容上移；单击“下移”按钮，可以将内容下移。

若要提升段落级别，可单击按钮；若要降低段落级别，可单击按钮；若要提升为“标题 1”，可单击按钮；若要降级为“正文”，可单击按钮。也可以直接在“大纲级别”列表框 3 级 中更改级别。

二、使用导航窗格浏览并定位文档

用户可以通过导航窗格浏览并迅速定位文档，具体操作方法如下：

Step 01 返回页面视图，选择“视图”选项卡，选中“显示”组中的“导航窗格”复选框，即可打开导航窗格，如图 9-20 所示。

Step 02 在导航窗格中可以看到文档的标题大纲，单击某个标题，即可快速定位到对应的文档内容中，如图 9-21 所示。

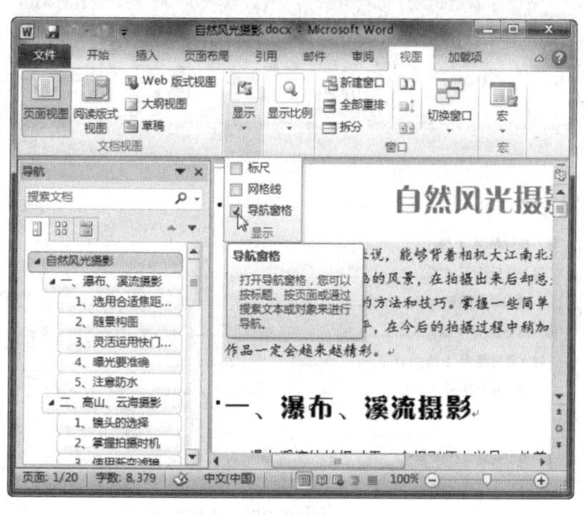

图 9-20　打开导航窗格

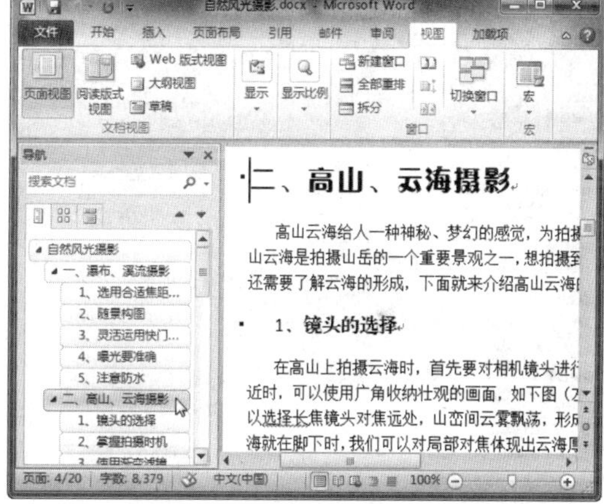

图 9-21　定位文档

在导航窗格中，单击标题左侧的“展开”按钮，可以展开下一级标题，单击“折叠”按钮，可以折叠下 级标题。

任务三　创建目录和索引

任务概述

目录是文档中标题的列表，它的作用有两个：一是单击目录可以快速定位到文档相应的具体位置；二是可以使读者掌握文档的整体结构。索引是根据一定的需要把文档中的主要概念或各种题名摘录下来，标明出处、页码，按一定次序分条排列，以供用户查阅资料。下面将详细介绍目录和索引的创建方法。

任务重点与实施

一、创建目录

通过给文档创建目录，可以清楚地看到文档的各级标题，了解文档的大致结构。在Word 文档中插入目录的方式有“手动键入目录”和“自动创建目录”两种方式。下面将介绍创建目录和更新目录的方法。

1. 手动键入目录

在着手写一篇长文档前，需要先列出其大纲结构，此时可以手动键入目录。手动键入目录的具体操作方法如下：

Step 01 新建文档，选择“引用”选项卡，单击“目录”组中的“目录”下拉按钮，在弹出的下拉列表中选择“手动目录”选项，如图 9-22 所示。

Step 02 此时，即可在文档中创建目录，效果如图 9-23 所示。

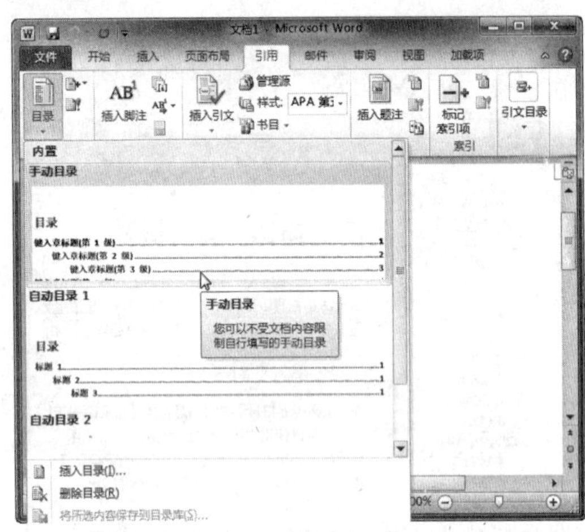

图 9-22 打开导航窗格

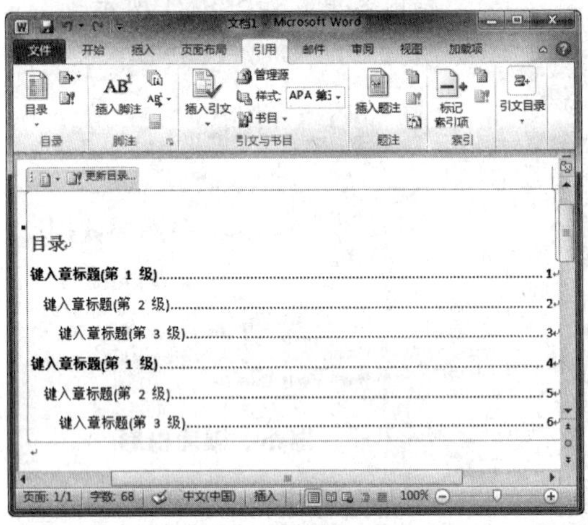

图 9-23 创建目录

Step 03 在文档中可以看到插入的目录标题数量有限，如果不够使用，可以根据需要进行复制，如图 9-24 所示。

Step 04 此时，即可根据需要输入目录内容及页码等，如图 9-25 所示。

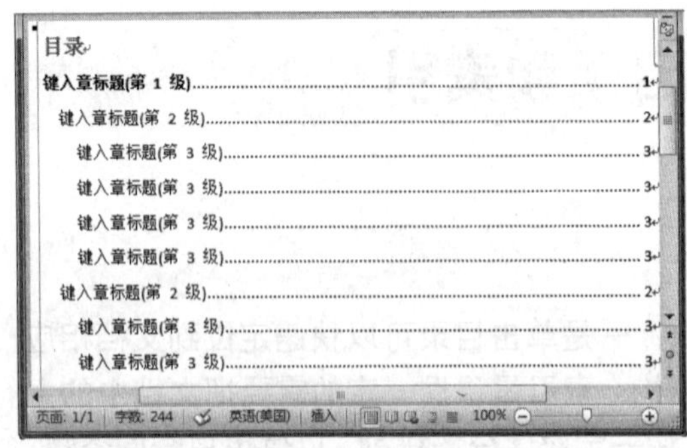

图 9-24 复制目录标题

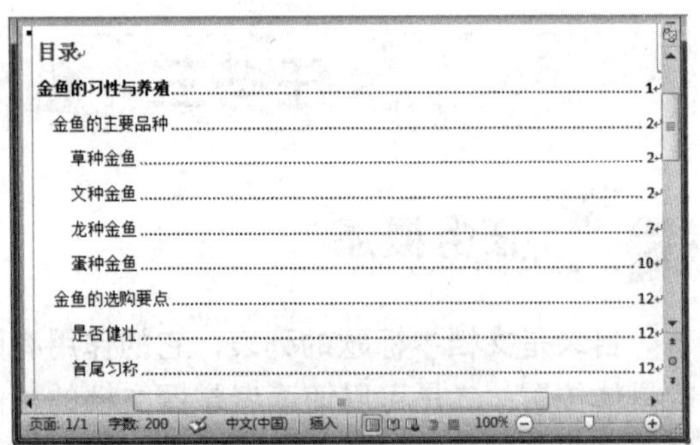

图 9-25 输入目录内容及页码

2. 自动创建目录

若要为已完成的文档添加目录，可以使用 Word 2010 的“自动创建目录”功能。在创建目录时，Word 将自动搜索文档中的标题，然后在文档中插入目录。当然，也可以为不是标题样式的文本项指定目录级别，从而将其添加到目录中。如果文档的结构比较清晰，那么为文档创建目录就会变得非常快捷、简便。为文档创建目录的具体操作方法如下：

Step 01 打开素材文件“自然风光摄影.docx”，将光标定位到文档末尾处，选择“引用”选项卡，单击“目录”组中的“目录”下拉按钮，在弹出的下拉列表中选择“自动目录 1”选项，如图 9-26 所示。

Step 02 此时，即可在文档中创建目录，如图 9-27 所示。

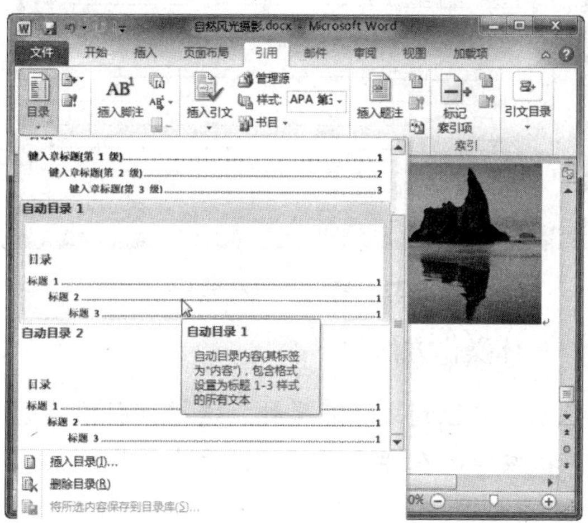

图 9-26　选择“自动目录 1”选项

图 9-27　创建目录

Step 03 若要查看某一章节内容，只需在按住【Ctrl】键的同时单击要查看的目录标题即可，如图 9-28 所示。

Step 04 此时，即会自动跳转到该目录标题对应的位置，如图 9-29 所示。

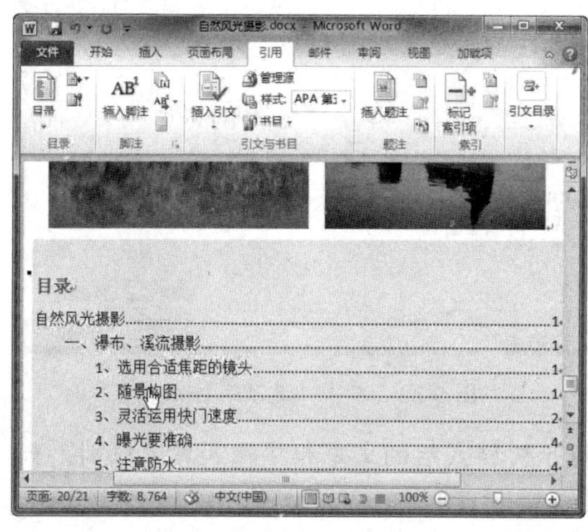

图 9-28　单击目录标题

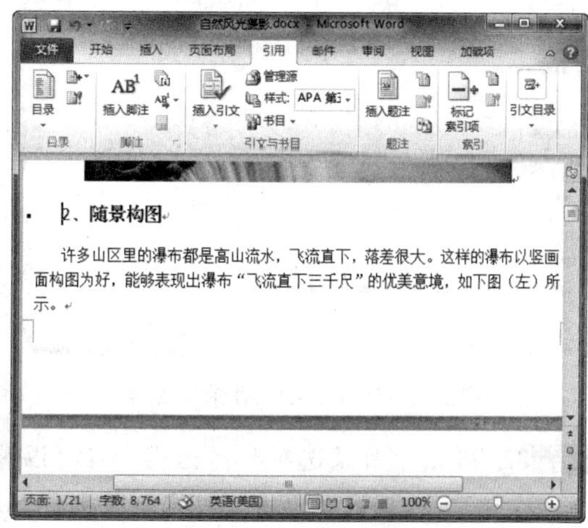

图 9-29　自动跳转

Step 05 若想取消目录与正文之间的链接，可以选中目录，然后按【Ctrl+Shift+F9】组合键，如图 9-30 所示。

Step 06 此时，即可取消目录与正文之间的链接，目录变为无链接的普通文本，如图 9-31 所示。

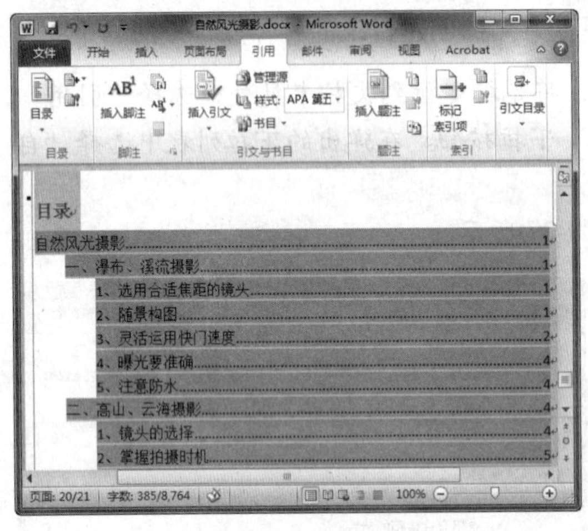

图 9-30 选中目录

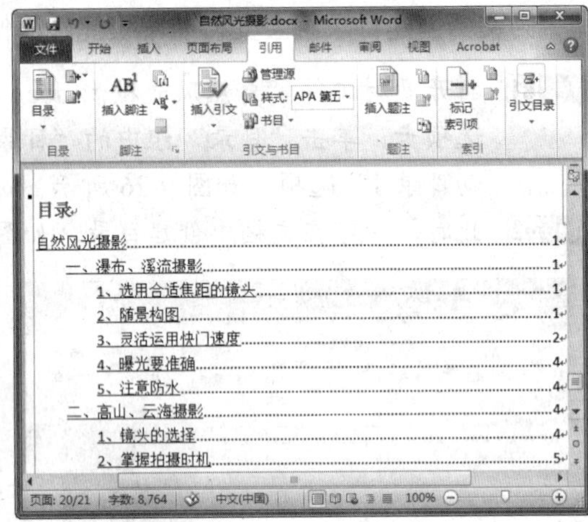

图 9-31 取消目录超链接

若想将不是标题样式的文本项添加到目录，具体操作方法如下：

Step 01 打开素材文件“旅游-文明篇.docx”，将光标定位到文档末尾处，选择“引用”选项卡，单击“目录”组中的“目录”下拉按钮，在弹出的下拉列表中选择“插入目录”选项，如图 9-32 所示。

Step 02 在弹出的“目录”对话框中单击“选项”按钮，如图 9-33 所示。

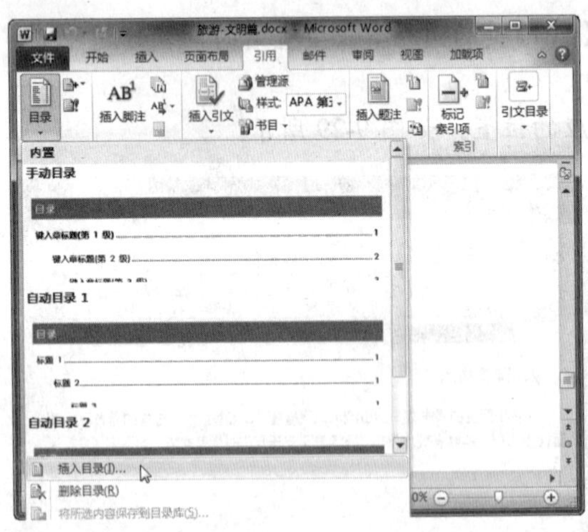
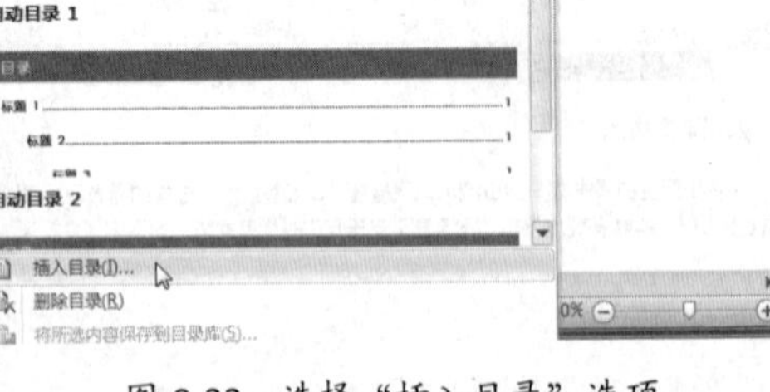

图 9-32 选择“插入目录”选项

图 9-33 单击“选项”按钮

Step 03 弹出“目录选项”对话框，在“温馨提示”样式后的文本框中输入目录级别，如 3，然后依次单击“确定”按钮，如图 9-34 所示。

Step 04 此时，即可将不是标题级别的“温馨提示”样式也以三级标题的级别添加到了目录中，如图 9-35 所示。

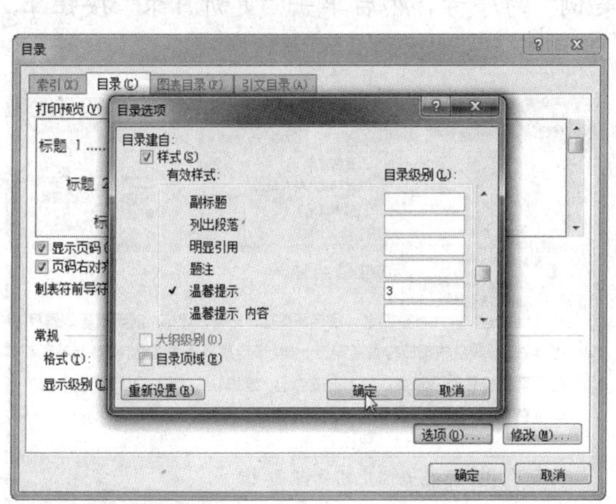

图 9-34　设置目录级别

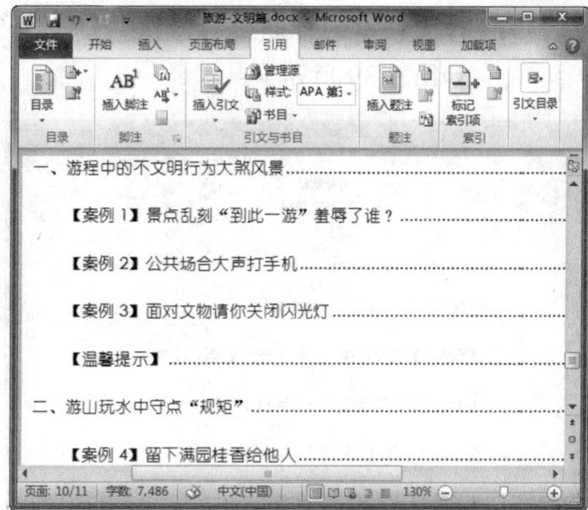

图 9-35　创建目录

> **专家指导 Expert guidance**
>
> 如果没有特殊要求，一般生成三级目录即可满足要求。选中目录后，按【Ctrl+Shift+F9】组合键，可以取消目录的超链接，使其变为普通文字。

3．更新目录

Word 所创建的目录是以文档的内容为依据的，如果文档的内容发生了变化，如页码或者标题发生了变化，就需要更新目录，使其与文档的内容保持一致。更新目录的具体操作方法如下：

Step 01　选中文档中的内容，按【Delete】键删除内容，如图 9-36 所示。

Step 02　删除文档内容后，目录并不会自动更新。单击“引用”选项卡下“目录”组中的“更新目录”按钮，如图 9-37 所示。

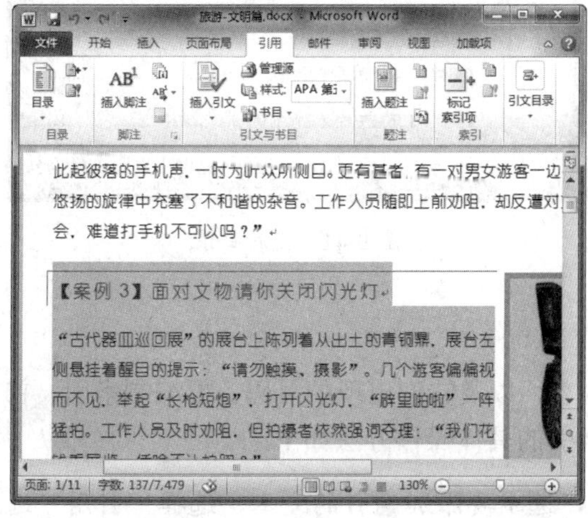

图 9-36　删除内容

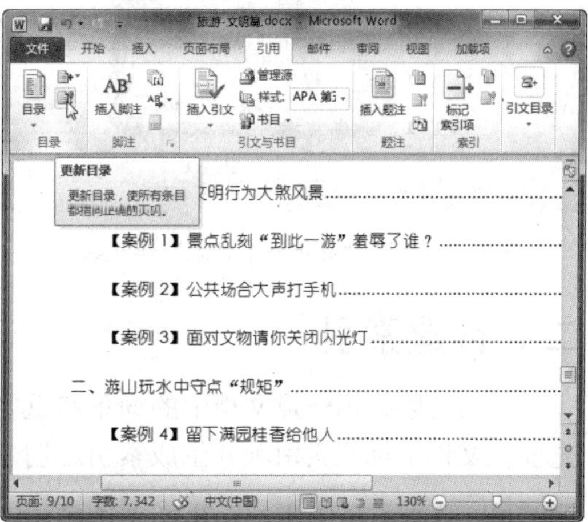

图 9-37　单击“更新目录”按钮

Step 03　此时，文档目录已经进行了更新，被删除内容的标题已经从目录中消失，如图 9-38 所示。

Step 04 对文档中的标题进行修改，如修改“案例”的序号，然后单击“更新目录”按钮，如图 9-39 所示。

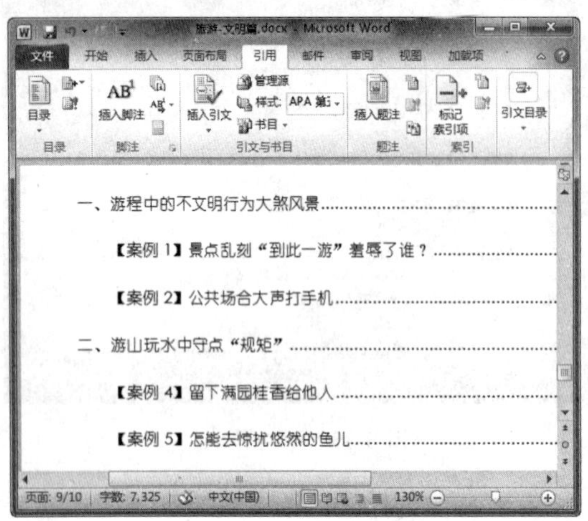
图 9-38 更新目录

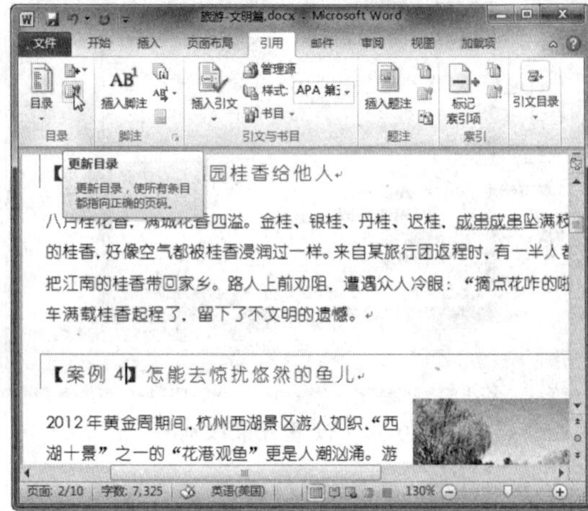
图 9-39 单击“更新目录”按钮

Step 05 在弹出的“更改目录”对话框中选中“更新整个目录”单选按钮，然后单击“确定”按钮，如图 9-40 所示。

Step 06 此时，文档目录已经进行了更新，如图 9-41 所示。

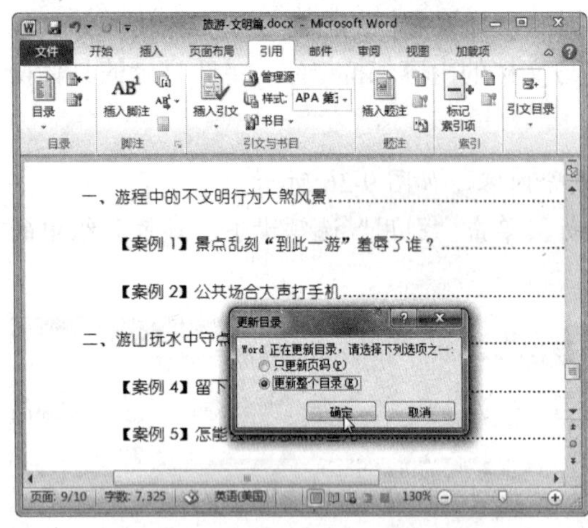
图 9-40 选中“更新整个目录”单选按钮

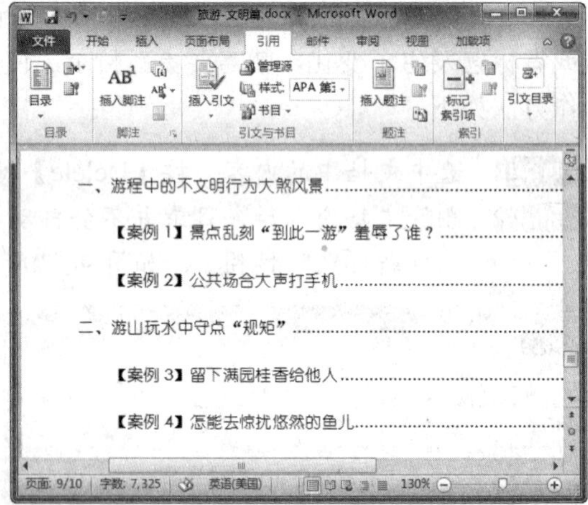
图 9-41 更新目录

二、创建索引

索引可以显示一篇文档中的词条和重要内容，以及它们出现的页码。要编制索引，首先要在文档中标记索引项并生成索引。创建索引的具体操作方法如下：

Step 01 打开素材文件“自然风光摄影.docx”，选中要添加索引的文本，选择“引用”选项卡，单击“索引”组中的“标记索引项”按钮，如图 9-42 所示。

Step 02 在弹出的“标记索引项”对话框中选中“倾斜”复选框，单击“标记”按钮，然后单击“关闭”按钮，如图 9-43 所示。

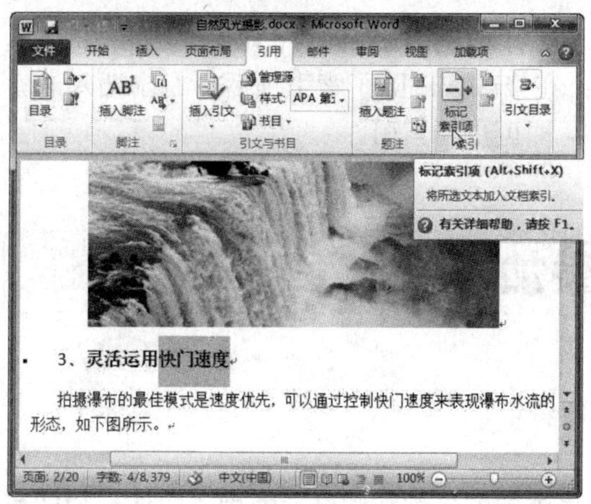

图 9-42　单击“标记索引项”按钮

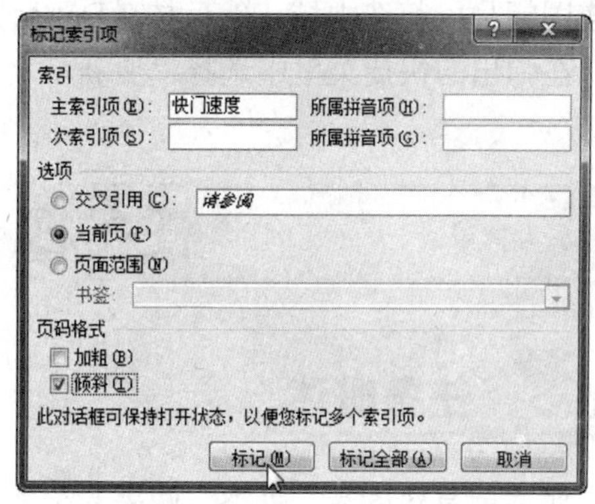

图 9-43　设置标记索引项

Step03　此时，即可看到标记后的索引项，如图 9-44 所示。

Step04　定位光标到文档末尾，然后单击“插入索引”按钮，如图 9-45 所示。

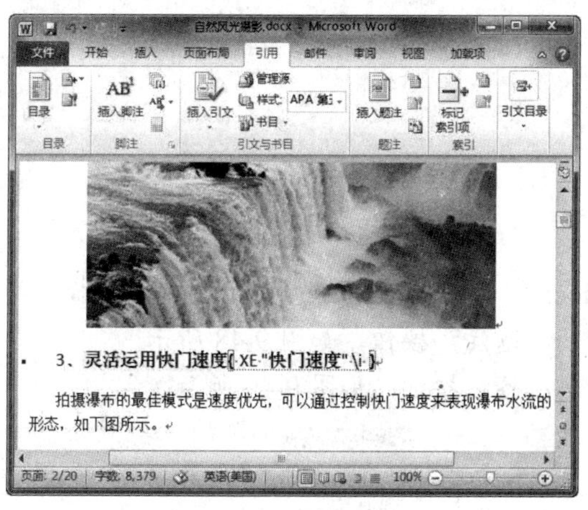

图 9-44　标记索引项

图 9-45　单击“插入索引”按钮

Step05　弹出“索引”对话框，保持默认设置，单击“确定”按钮，如图 9-46 所示。

Step06　此时，即可在文档中插入索引，效果如图 9-47 所示。

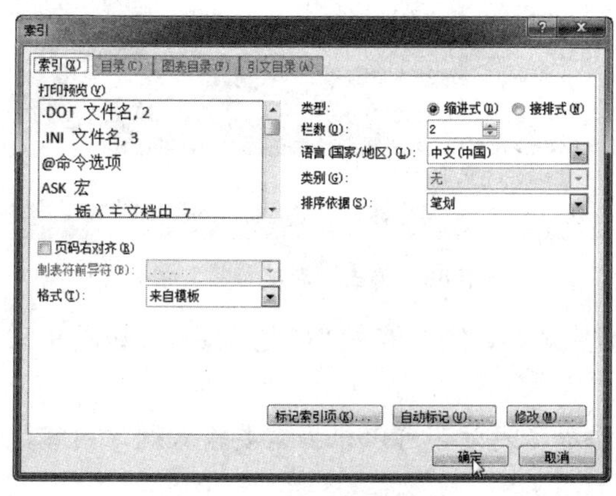

图 9-46　设置索引项

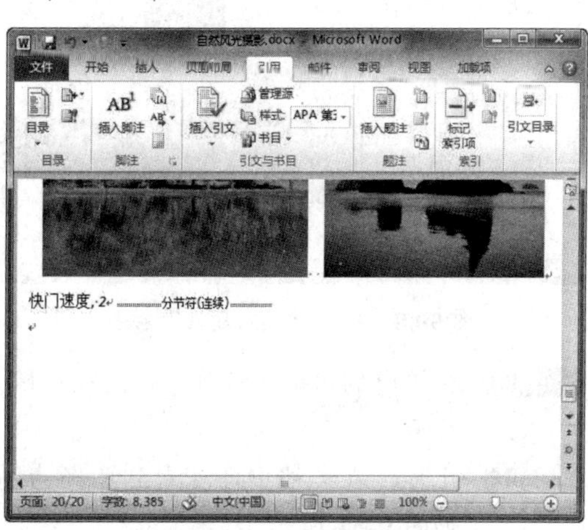

图 9-47　插入索引

如果想修改索引项的内容，只需在域中修改双引号中的内容即可；如果要删除索引项，则连同括号一起选中域，然后按【Delete】键；在修改或删除了索引项后，右击插入的索引，在弹出的快捷菜单中选择“更新域”命令，即可更新索引。

任务四　添加题注

任务概述

题注就是给图片、表格、图表和公式等项目添加的名称和编号。使用“题注”功能可以保证长文档中图片、表格或图表等项目能够按顺序进行编号。本任务将详细介绍添加题注的方法与技巧。

任务重点与实施

一、为图片添加题注

为图片添加题注的具体操作方法如下：

Step 01 打开素材文件“摄影技巧-突出主题.docx”，选中需要添加题注的图片，选择“引用”选项卡，单击“题注”组中的“插入题注”按钮，如图 9-48 所示。

Step 02 在弹出的“题注”对话框中单击“新建标签”按钮，如图 9-49 所示。

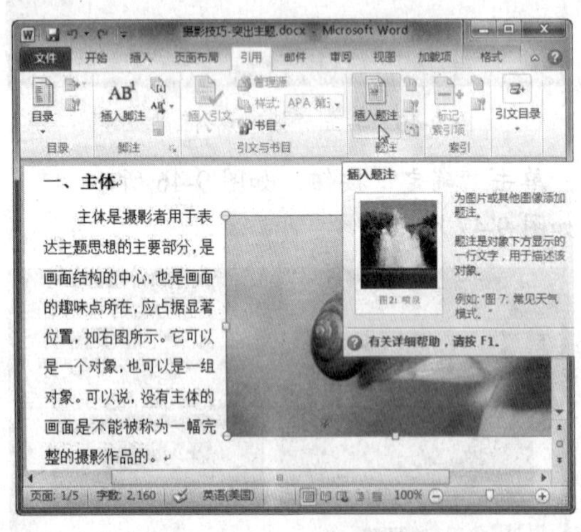

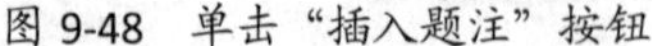

图 9-48　单击“插入题注”按钮

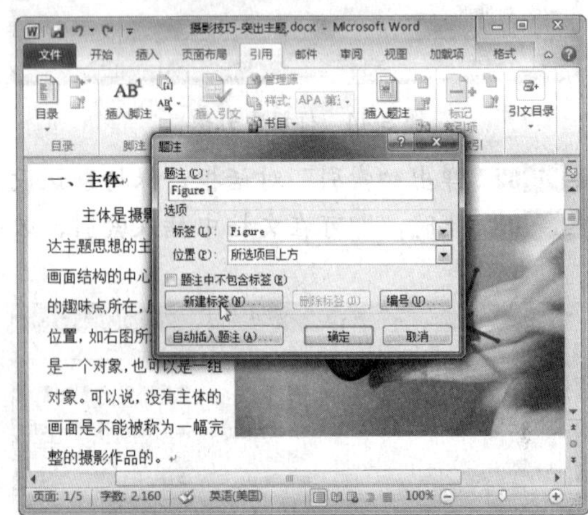

图 9-49　单击“新建标签”按钮

Step 03 在弹出的“新建标签”对话框中输入标签名称，依次单击“确定”按钮，如图 9-50 所示。

Step 04 此时，在文档中即可看到已经为图片添加了题注，可以根据需要输入题注内容，如图 9-51 所示。

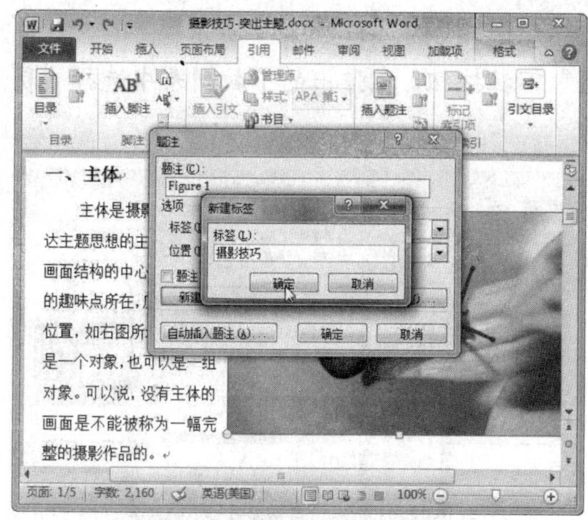

图 9-50　输入标签名称

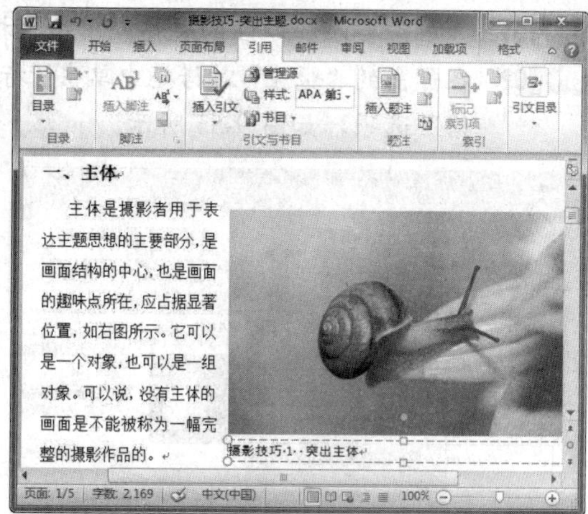

图 9-51　输入题注内容

Step 05 选中文档中的第 2 张图片，单击“插入题注”按钮，弹出“题注”对话框，可以看到标签中已经自动添加了标签名和编号，然后单击“确定”按钮，如图 9-52 所示。

Step 06 此时，即可为图片添加相同标签和自动编号的题注，输入题注内容，如图 9-53 所示。

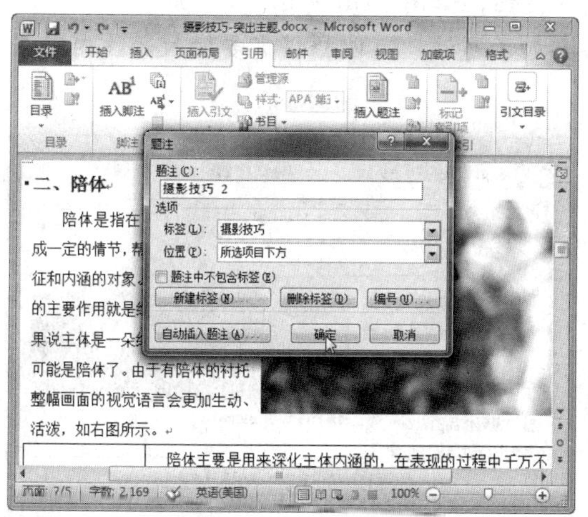

图 9-52　自动添加题注

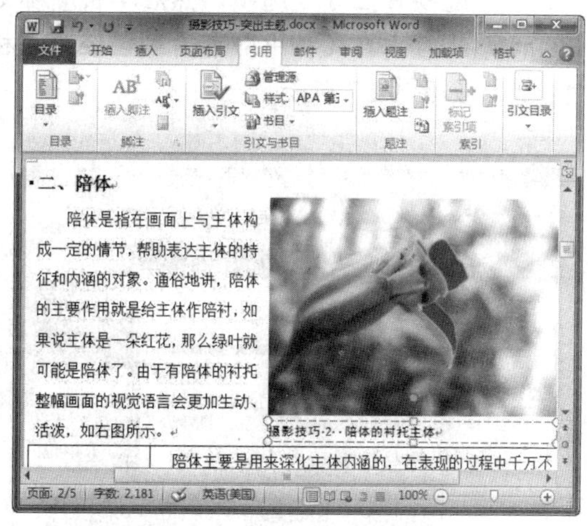

图 9-53　输入题注内容

在“题注”对话框中单击“编号”按钮，可在弹出的对话框中设置题注的编号格式；如果不需要显示标签，可以在“题注”对话框中选中“题注中不包含标签”复选框；在“标签”下拉列表框中选择创建的标签后，单击“删除标签”按钮，即可将标签删除。

二、为表格添加题注

为表格添加题注的具体操作方法如下：

Step 01 选中需要添加题注的表格，单击“插入题注”按钮，如图 9-54 所示。

Step 02 在弹出的“题注”对话框中单击“标签”下拉按钮，在弹出的下拉列表中选择“表格”选项，如图 9-55 所示。

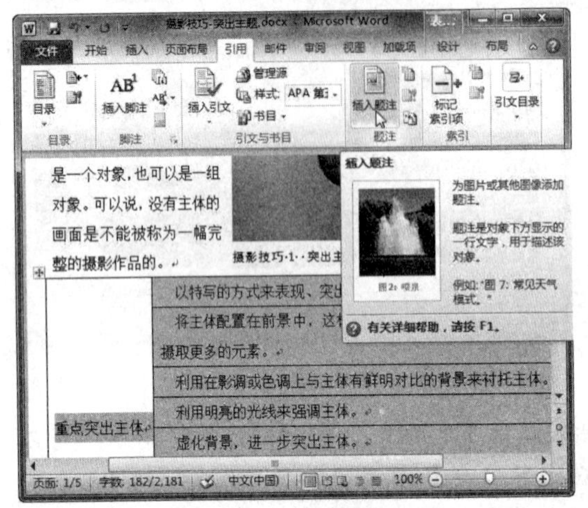

图 9-54 单击“插入题注”按钮

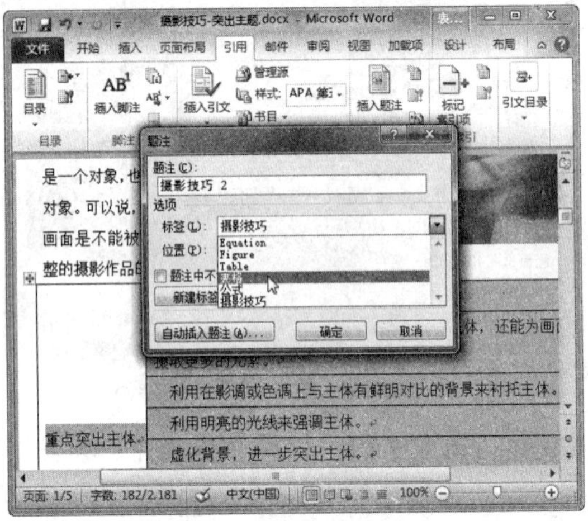

图 9-55 选择“表格”选项

Step 03 单击“位置”下拉按钮，在弹出的下拉列表中可以选择题注位置，在此选择“所选项目上方”选项，然后单击“确定”按钮，如图 9-56 所示。

Step 04 此时，在文档中即可看到已经为表格添加了题注，可以根据需要输入题注内容，如图 9-57 所示。

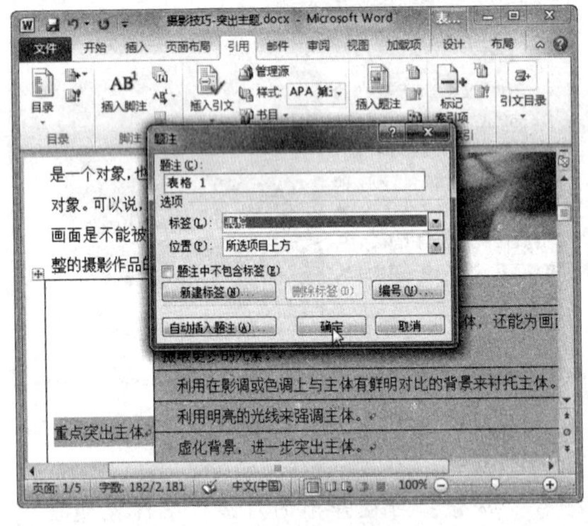

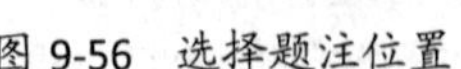

图 9-56 选择题注位置

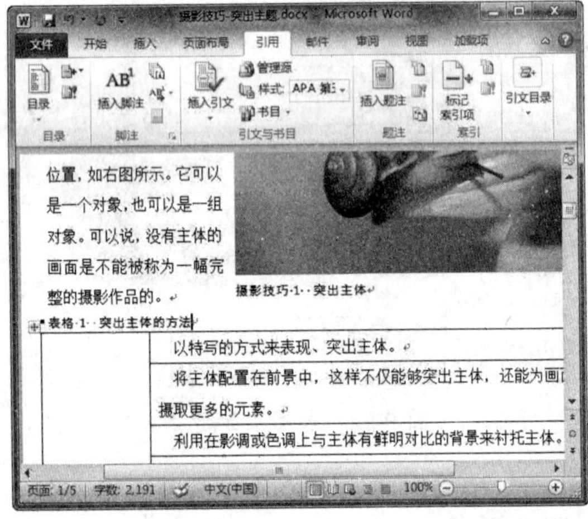

图 9-57 输入题注内容

Step 05 选中文档中的第 2 个表格，单击“插入题注”按钮，在弹出的“题注”对话框中可以看到标签中已经自动添加了标签名和编号，单击“确定”按钮，如图 9-58 所示。

Step 06 此时，即可为图片添加相同标签和自动编号的题注，输入题注内容，如图 9-59 所示。

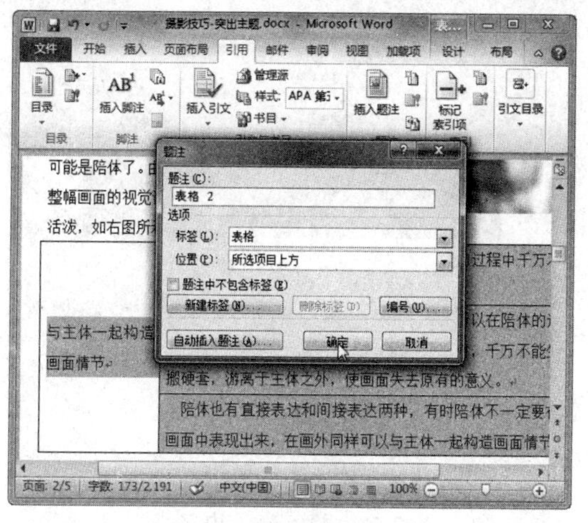

图 9-58　自动添加标签名和编号

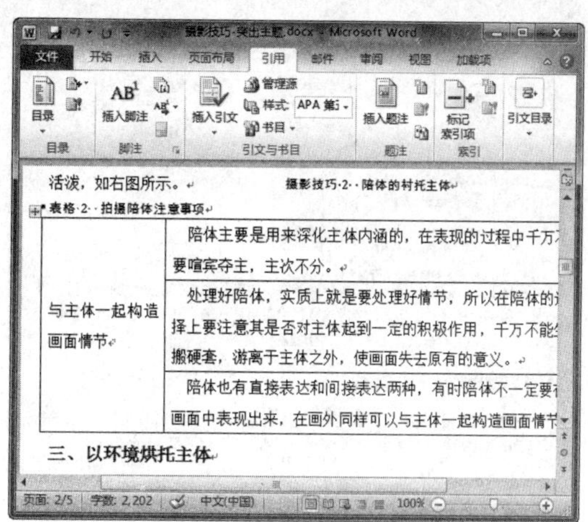

图 9-59　输入题注内容

在“题注”组中单击“插入表目录”按钮，在弹出的对话框中设置图表目录，然后单击“确定”按钮，即可插入题注目录。按住【Ctrl】键的同时单击目录，即可跳转到相应的位置。

任务五　插入脚注与尾注

任务概述

脚注和尾注都不是文档正文，但仍然是文档的组成部分。它们在文档中的作用相同，都是对文档中的文本进行补充说明，如单词解释、备注说明或标注文档中引用内容的来源等。它们由两个相互链接的部分组成：注释引用标记和与其对应的内容。本任务将详细介绍在文档中插入脚注与尾注的方法与技巧。

任务重点与实施

一、插入脚注

脚注一般位于页面的底部，对文档内容起注释的作用。在文档中插入脚注的具体操作方法如下：

Step 01 打开素材文件“自然风光摄影.docx”，选择要添加脚注的文本，选择“引用”选项卡，单击“脚注”组中的“插入脚注”按钮，如图 9-60 所示。

Step 02 此时，即可在页面底端插入编号 1，输入脚注内容即可，如图 9-61 所示。

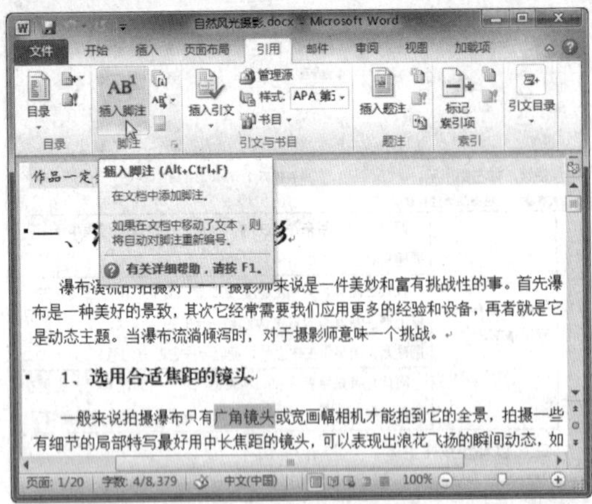

图 9-60 单击“插入脚注”按钮

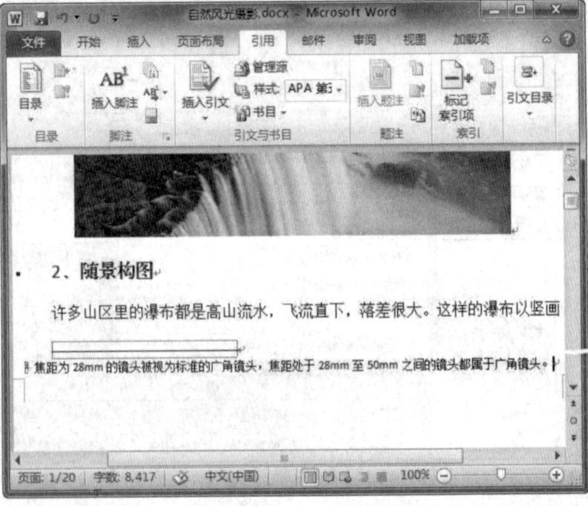

图 9-61 输入脚注内容

Step 03 采用同样的方法继续添加脚注，如图 9-62 所示。

Step 04 单击“脚注”组右下角的扩展按钮，如图 9-63 所示。

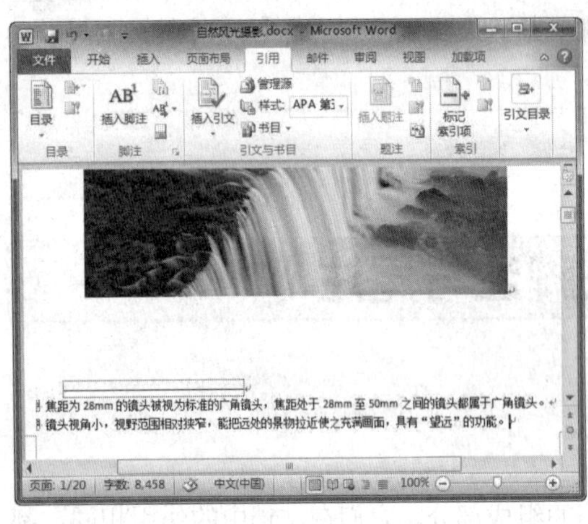

图 9-62 添加脚注

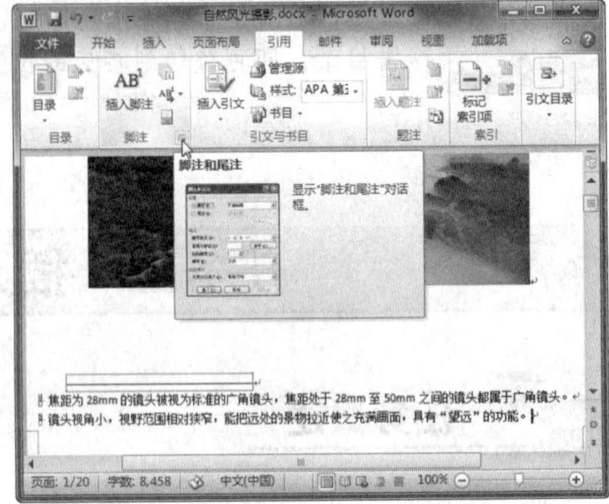

图 9-63 单击“脚注”扩展按钮

Step 05 在弹出的“脚注和尾注”对话框中选择编号格式，然后单击“应用”按钮，如图 9-64 所示。

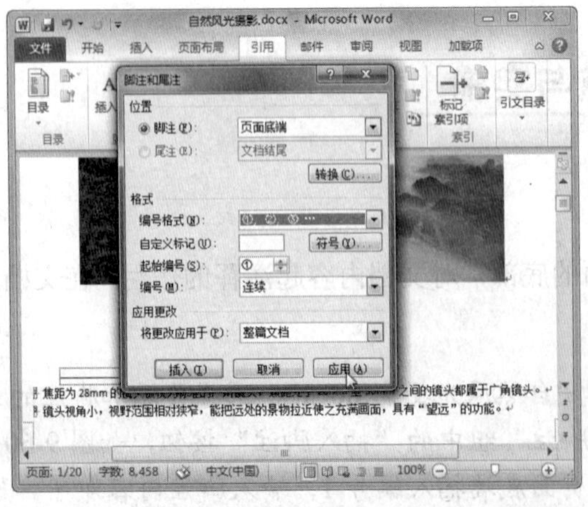

图 9-64 选择编号格式

Step 06 此时，即可将新编号样式应用到文档的脚注中，如图 9-65 所示。

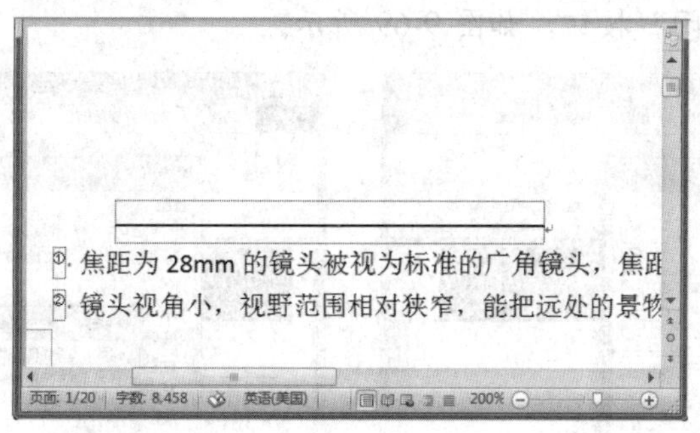

图 9-65　应用编号样式

二、插入尾注

尾注一般位于文档结尾处，用来集中解释文档中要注释的内容或标注文档中所引用的其他文章的名称。在文档中插入尾注的具体操作方法如下：

Step 01 打开素材文件“自然风光摄影.docx”，选择要添加尾注的文本，选择“引用”选项卡，单击“脚注”组中的“插入尾注”按钮，如图 9-66 所示。

Step 02 输入尾注内容，采用同样的方法添加其他尾注，如图 9-67 所示。

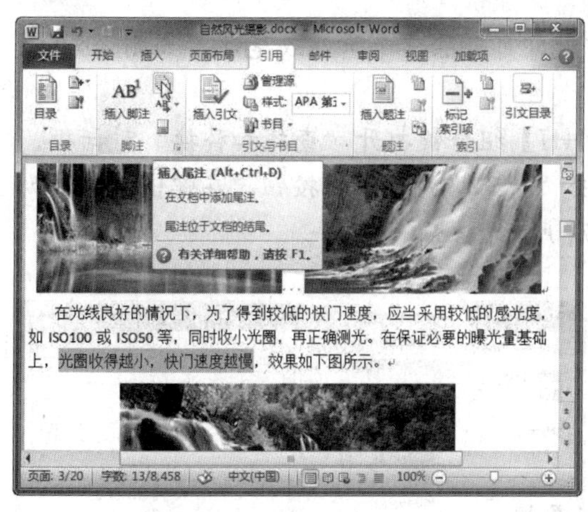

图 9-66　单击“插入尾注”按钮

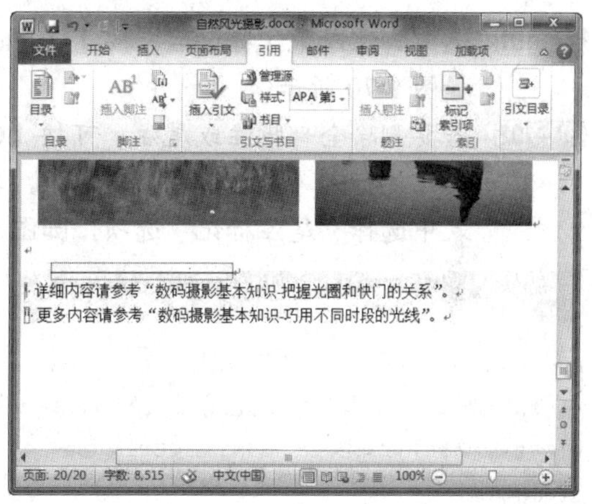

图 9-67　添加尾注

将鼠标指针置于标记了脚注（或尾注）的文本上，就会出现一个提示框显示注释内容。双击文档中标记的文本，可以跳转到注释区相应的脚注（或尾注）上；将光标置于注释区的脚注或尾注中右击，在弹出的快捷菜单中选择“定位至脚注（或尾注）”命令，即可快速定位到文本上。

三、脚注和尾注相互转换

脚注和尾注之间可以互相转换，具体操作方法如下：

Step 01 单击“脚注”组中的扩展按钮，在弹出的“脚注和尾注”对话框中单击“转换”按钮，如图 9-68 所示。

Step 02 在弹出的“转换注释”对话框中可以根据需要选择转换选项，单击“确定”按钮，然后单击“关闭”按钮，如图 9-69 所示。

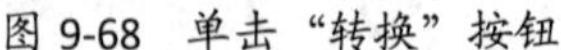

图 9-68 单击“转换”按钮

图 9-69 设置转换选项

四、删除脚注和尾注

用户可以根据需要删除不需要的脚注和尾注，具体操作方法如下：

Step 01 选中脚注或尾注标记后，按【Delete】键即可删除单个脚注或尾注，如删除脚注，如图 9-70 所示。

Step 02 若要删除全部脚注或尾注，可按【Ctrl+H】组合键打开“查找和替换”对话框。定位光标到“查找内容”文本框，单击“特殊格式”下拉按钮，在弹出的下拉列表中选择“尾注标记”选项，如图 9-71 所示。

图 9-70 删除脚注

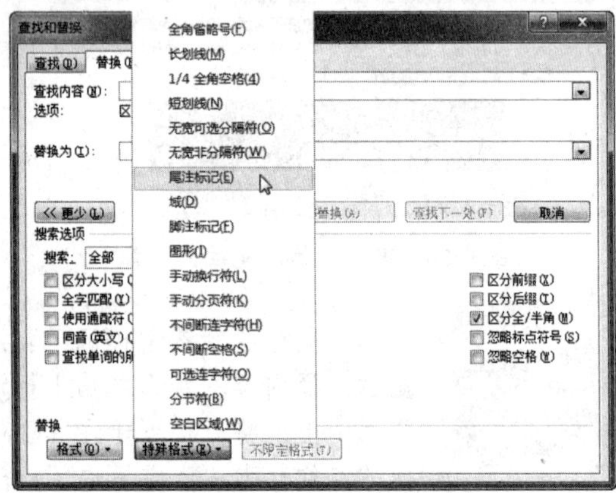

图 9-71 选择“尾注标记”选项

Step 03 “替换为”文本框设置为空，然后单击“全部替换”按钮，如图 9-72 所示。

Step 04 将光标定位到文档结尾位置，此时即可看到文档中的尾注已全部删除，如图 9-73 所示。

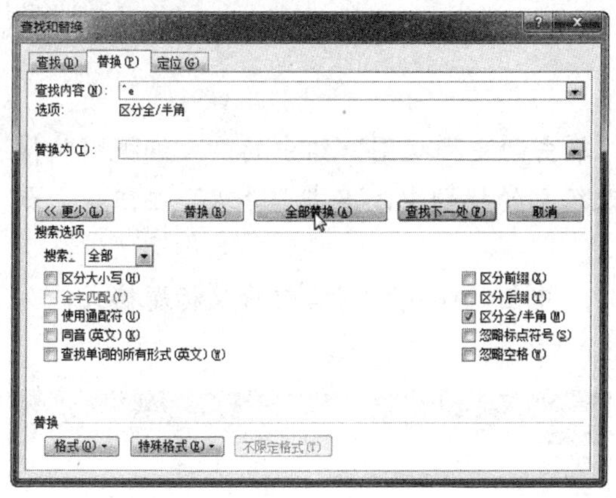

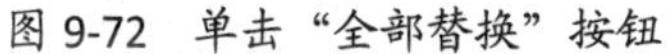
图 9-72　单击“全部替换”按钮

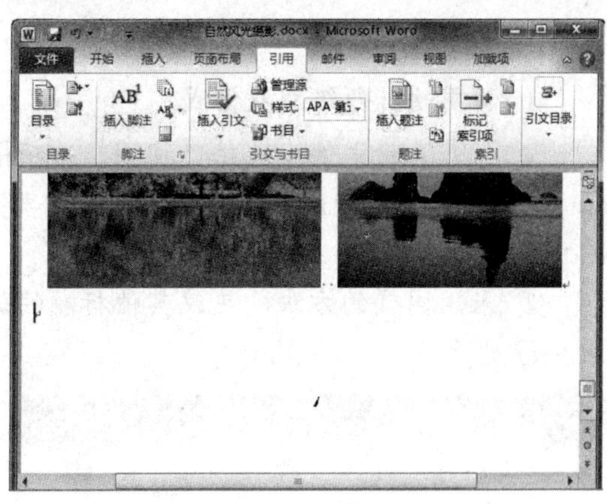

图 9-73　删除尾注

项目小结

本项目主要介绍了在长文档中使用书签、查看文档结构、使用导航窗格浏览并定位文档、为长文档创建索引和目录等方法，以及为文档项目插入题注、在文档中插入脚注和尾注等知识，读者应重点掌握以下知识：

（1）在文档中使用书签。

（2）查看文档结构图。

（3）使用导航窗格浏览并定位文档。

（4）在长文档中创建索引和目录。

（5）为文档项目添加题注。

（6）在文档中插入脚注和尾注。

项目习题

更改素材文件“员工手册.docx”（如图 9-74 所示）中的标题级别，为文档创建目录，并插入脚注和尾注，文档效果如图 9-75 所示。

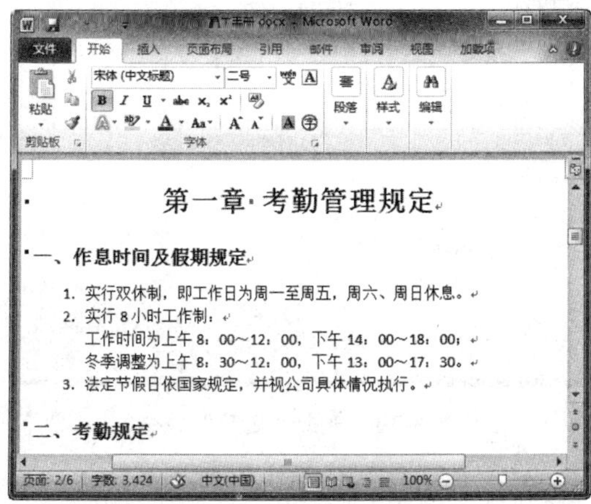

图 9-74　素材文件

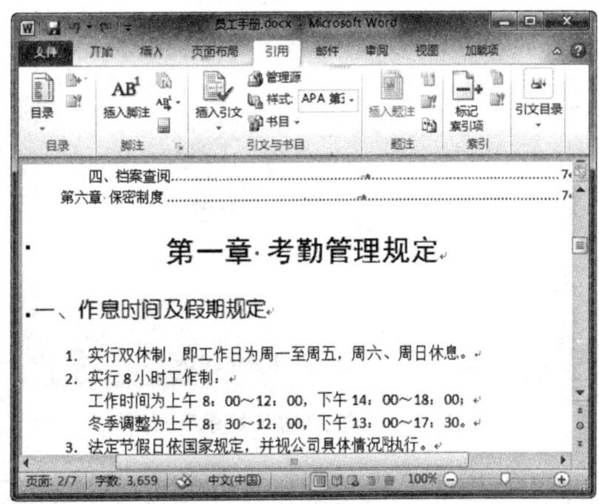

图 9-75　效果文件

操作提示：

（1）更改标题级别及格式

① 打开素材文件，选择“视图”选项卡，单击“文档视图”组中的“大纲视图”按钮，切换到大纲视图，将光标定位到需要更改级别的标题中，单击“降级”按钮，如图 9-76 所示。

② 采用同样的方法，更改其他标题的级别，并在“样式”窗格中修改标题格式，如图 9-77 所示。

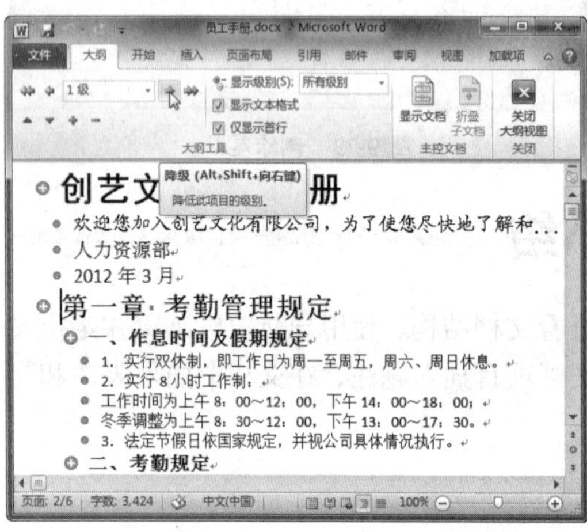

图 9-76 单击“降级”按钮

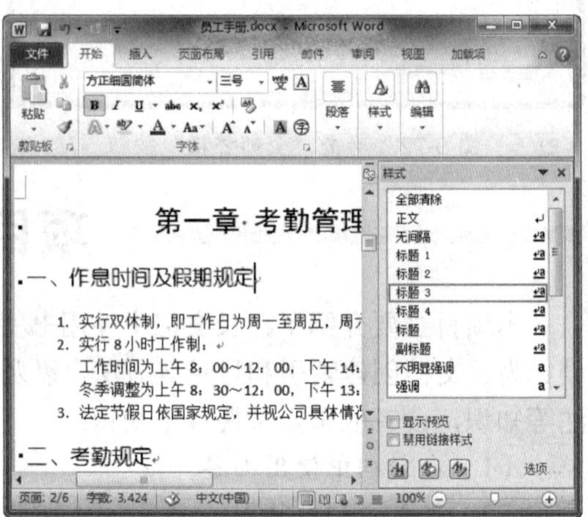

图 9-77 更改标题级别及格式

（2）创建目录

① 输入“目录”并设置格式，将光标定位到需要插入目录的位置，选择“引用”选项卡，单击“目录”组中的“目录”下拉按钮，在弹出的下拉列表中选择“插入目录”选项，如图 9-78 所示。

② 在弹出的“目录”对话框中单击“选项”按钮，如图 9-79 所示。

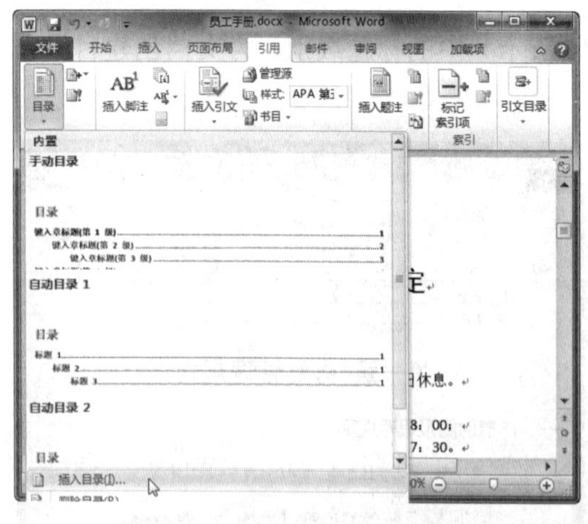

图 9-78 选择“插入目录”选项

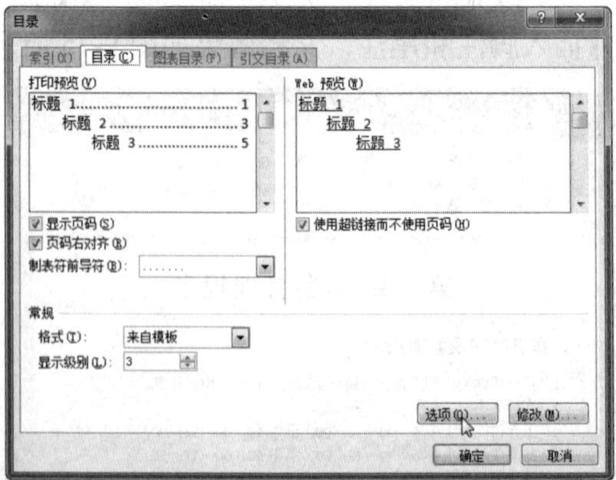

图 9-79 单击“选项”按钮

③ 弹出“目录选项”对话框，删除“标题 1”样式后的目录级别，然后依次单击“确定”按钮，如图 9-80 所示。此时，即可创建二、三级标题目录，如图 9-81 所示。

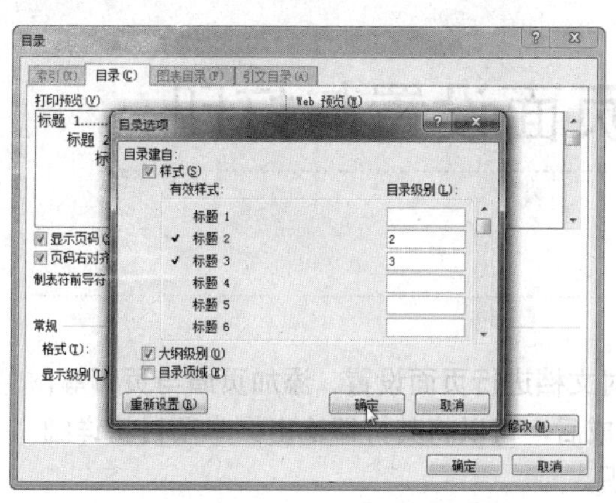

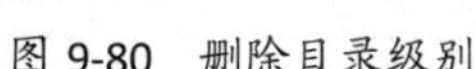
图 9-80　删除目录级别

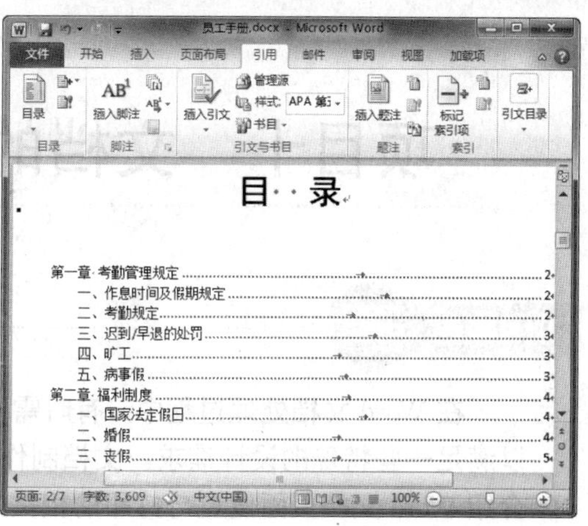

图 9-81　创建目录

（3）插入脚注

① 选择要添加脚注的文本，单击“引用”选项卡下“脚注”组中的“插入脚注”按钮，如图 9-82 所示。此时，即可在页面底端插入编号 1，输入脚注内容即可，如图 9-83 所示。

② 采用同样的方法，插入其他脚注。

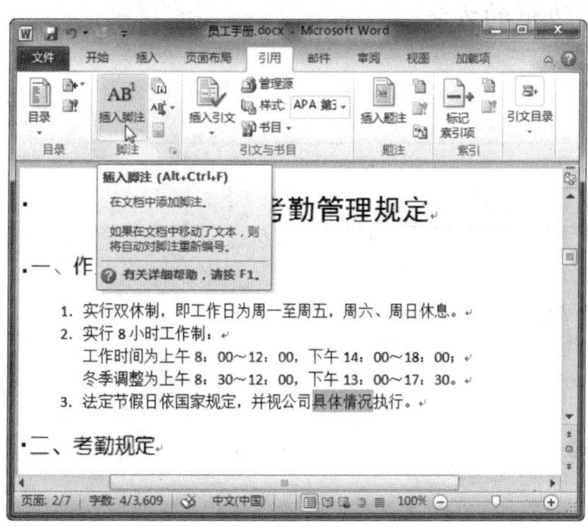

图 9-82　单击“插入脚注”按钮

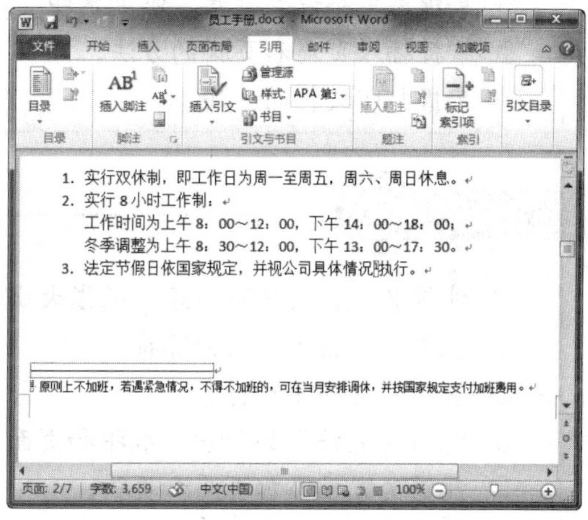

图 9-83　插入脚注

项目十　文档的页面设置与打印

项目概述

在 Word 文档处理过程中，有时需要对文档进行页面设置、添加页眉与页脚等，以满足一些特殊的设计需求。文档制作完成后，可以将其打印输出。本项目将详细介绍 Word 文档页面设置与打印的相关知识。

项目重点

- 掌握设置页边距、纸张大小和方向的方法。
- 掌握插入分隔符的方法。
- 掌握添加与设置行号的方法。
- 掌握为文档设置背景、添加水印、设置边框的方法。
- 掌握插入页眉和页脚的方法。
- 掌握打印文档的方法。

项目目标

- 能够为文档设置页边距、纸张大小和方向。
- 能够在文档中插入分隔符。
- 能够为文档添加行号。
- 能够为文档添加背景、水印和页面边框。
- 能够为文档添加页眉和页脚。
- 能够打印文档。

任务一　页面设置

任务概述

文档的用途有所不同，所以需要的纸张大小、页边距等也会有所不同，因此应该根据需要对文档页面进行设置。本任务将详细介绍有关页面设置的知识，包括设置页边距、设置纸张大小和方向、在文档中插入分隔符、为文档添加与设置行号等。

任务重点与实施

一、设置页边距

页边距指的是页面中文字与页面上下左右边线的距离，默认情况下，Word 文档的上端和下端各留 2.54 厘米、左右两侧各留 3.18 厘米的页边距。用户可以根据需要修改页边距，下面将介绍在文档中设置页边距的方法。

1. 套用页边距类型

用户可以根据需要直接套用 Word 2010 预设的页边距类型，具体操作方法如下：

Step 01 打开素材文件“自然风光摄影.docx”，选择“页面布局”选项卡，单击“页边距”下拉按钮，在弹出的下拉列表中提供了多种页边距选项，例如，选择“窄”选项，如图 10-1 所示。

Step 02 此时，即可查看设置页边距后的文档效果，如图 10-2 所示。

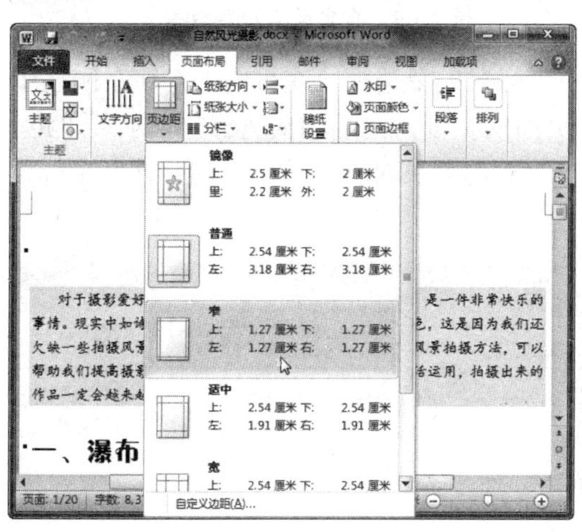

图 10-1　选择页边距

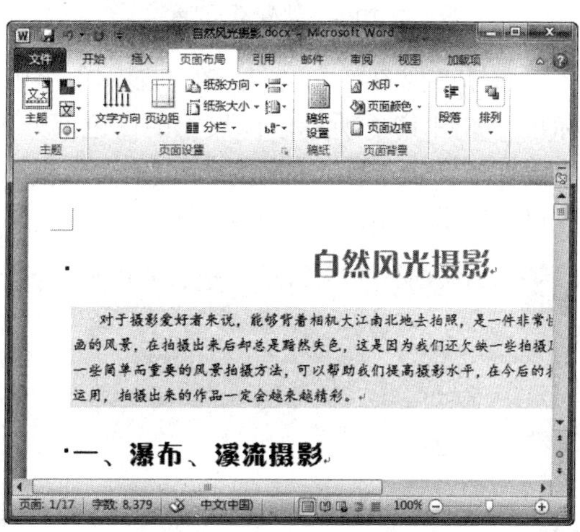

图 10-2　设置页边距效果

2. 自定义页边距

用户可以根据需要自定义页边距，具体操作方法如下：

Step 01 在“页面设置”组中单击“页边距”下拉按钮，在弹出的下拉列表中选择“自定义边距”选项，如图 10-3 所示。

Step 02 在弹出的“页面设置”对话框中设置页边距，然后单击“确定”按钮，如图 10-4 所示。

Step 03 此时，即可查看自定义页边距后的文档效果，如图 10-5 所示。

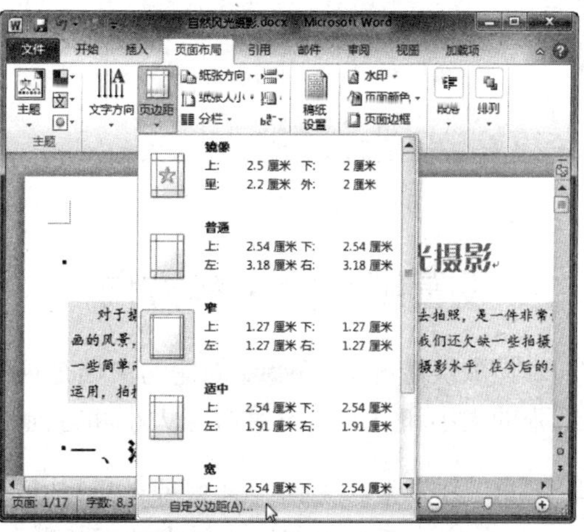

图 10-3　选择“自定义边距”选项

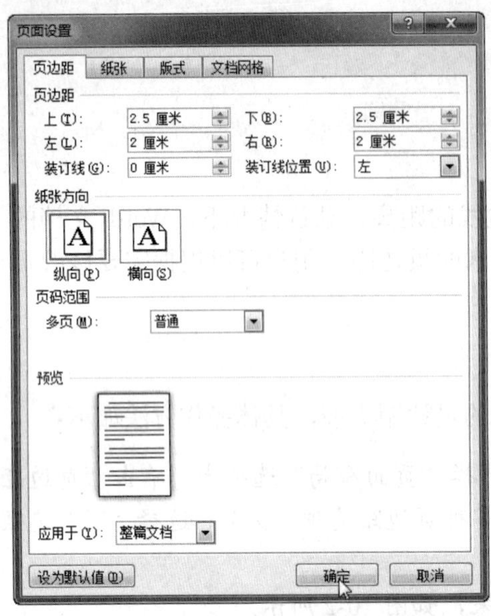

图 10-4 设置页边距

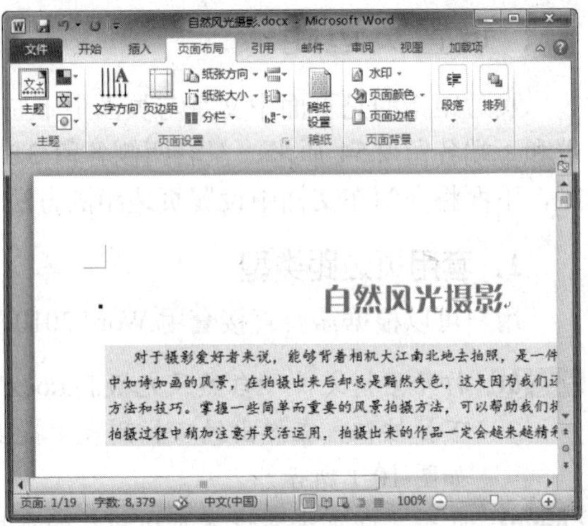

图 10-5 自定义页边距效果

选择“视图”选项卡，在“显示”组中选中“标尺”复选框，在页面上方和左侧显示标尺，如图 10-6 所示。标尺上的白色部分表示页面的宽度，两端的灰色部分表示页边距。将鼠标指针置于标尺的边距标记上，当鼠标指针呈双向箭头时按住鼠标左键并拖动鼠标，即可更改页边距，如图 10-7 所示。

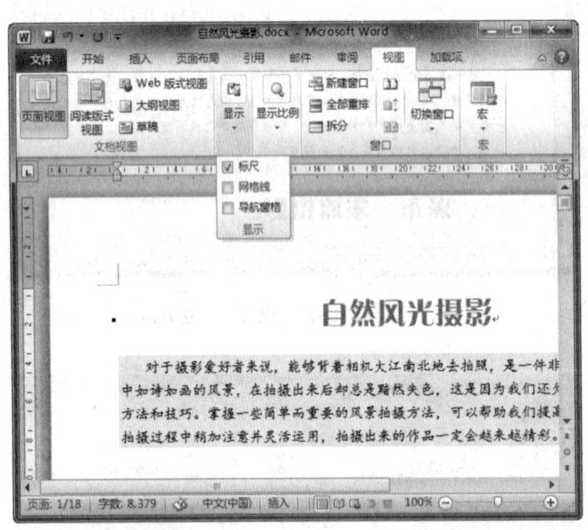

图 10-6 选中“标尺”复选框

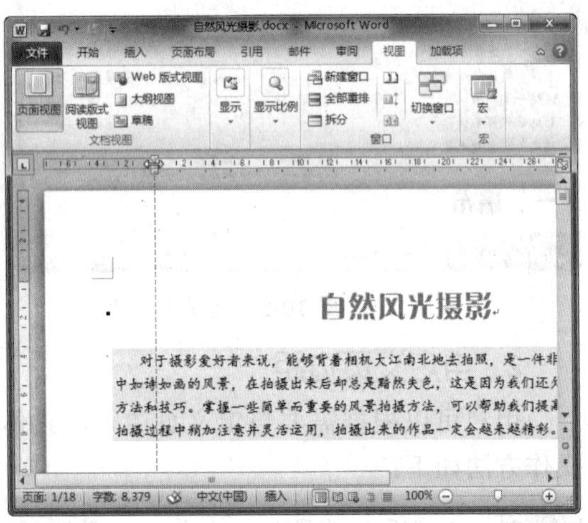

图 10-7 更改页边距

二、设置纸张大小和方向

在默认情况下，Word 创建的文档是 A4 大小并纵向排列的，用户可以根据需要来改变纸张的大小和方向。设置纸张大小和方向的具体操作方法如下：

Step 01 打开素材文件“自然风光摄影.docx”，选择“页面布局”选项卡，单击“纸张大小”下拉按钮，在弹出的下拉列表中列出了常用纸张大小，如图 10-8 所示。

Step 02 例如，选择“B5（JIS）”选项，文档将改为宽 18.2 厘米，高 25.7 厘米，效果如图 10-9 所示。

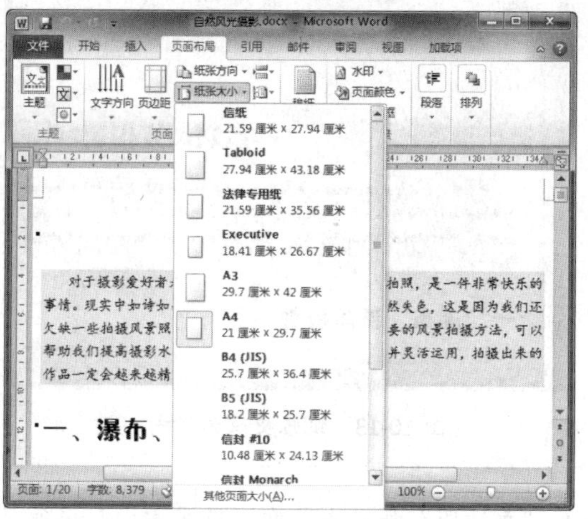

图 10-8　纸张大小选项

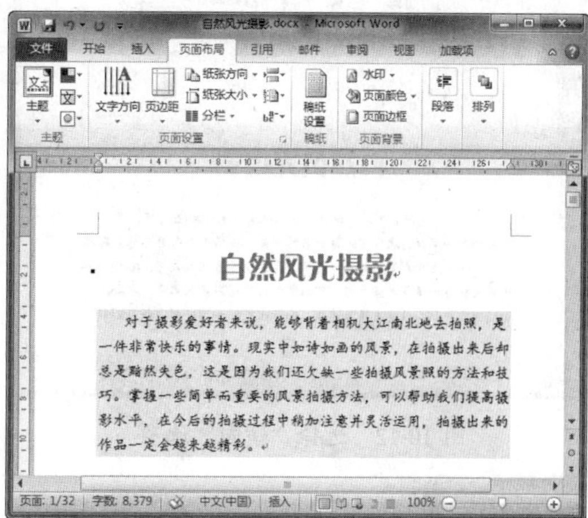

图 10-9　设置纸张大小效果

Step 03 选择“其他页面大小”选项，在弹出的“页面设置”对话框中可以根据需要自定义纸张大小，在此设置“宽度”为 19 厘米，“高度”为 26 厘米，如图 10-10 所示。

Step 04 此时，即可查看自定义纸张大小后的文档效果，如图 10-11 所示。

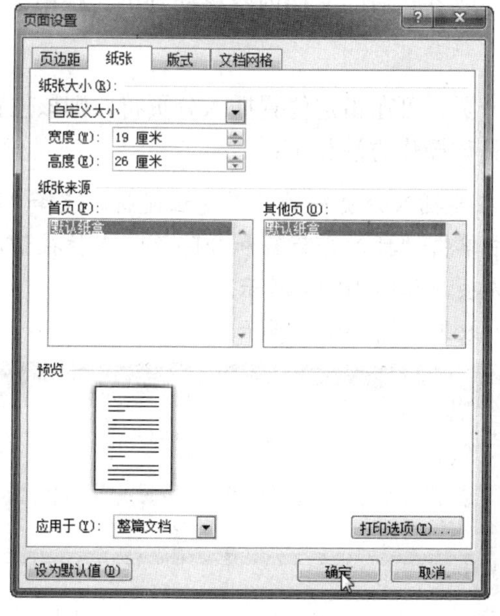

图 10-10　设置纸张大小

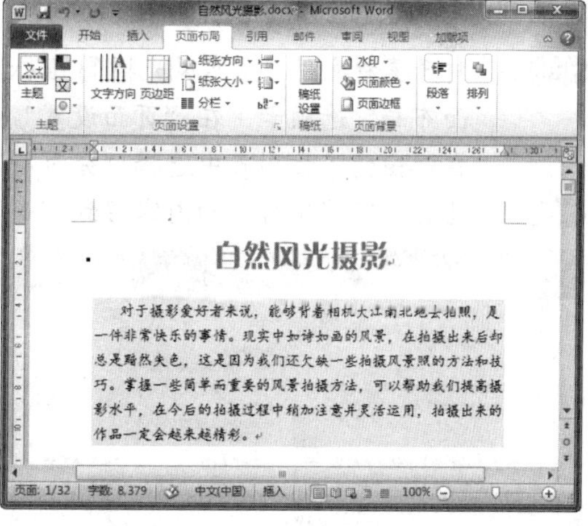

图 10-11　自定义纸张大小效果

Step 05 若要改变纸张方向，可单击“纸张方向”下拉按钮，在弹出的下拉列表中选择“横向”选项，如图 10-12 所示。

Step 06 此时，文档的纸张方向即可由纵向更改为横向，如图 10-13 所示。

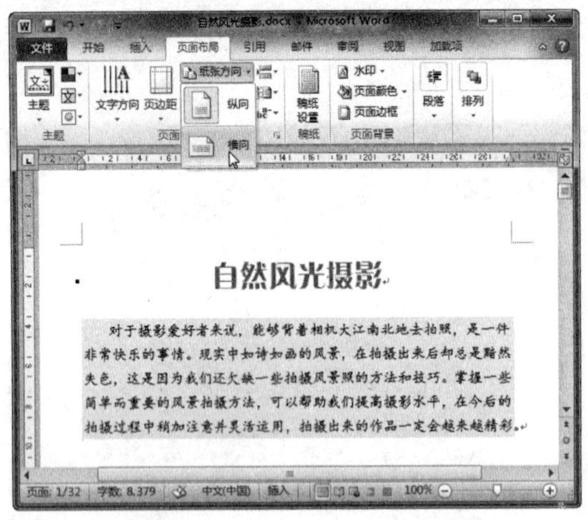

图 10-12　选择“横向”选项

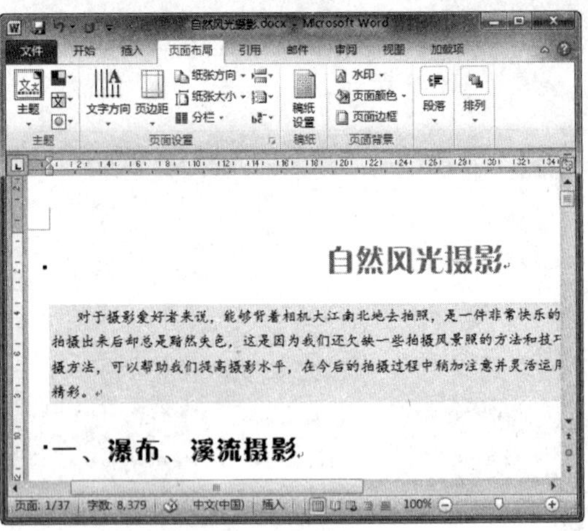

图 10-13　纸张更改为横向

在“页面设置”对话框中选择“页边距”选项卡，在“纸张方向”选项区域中也可以设置纸张方向。

三、插入分隔符

在 Word 2010 中，分隔符包括分页符、分栏符、自动换行符及分节符等。插入分隔符后，文档内容将会在该位置分页、换行、分节，或者其后的文档内容移动到下一栏中。

1．插入分页符

若想将文档中指定位置以后的内容排到下一页，可在指定位置插入分页符，则该位置之后的内容将会排到下一页中。插入分页符的具体操作方法如下：

Step 01 打开素材文件“自然风光摄影.docx”，在要插入分页符的位置定位光标，选择“页面布局”选项卡，在“页面设置”组中单击“插入分节符和分隔符”下拉按钮，在弹出的下拉列表中选择“分页符”选项，如图 10-14 所示。

Step 02 此时，可将光标后的内容移到下一页，效果如图 10-15 所示。

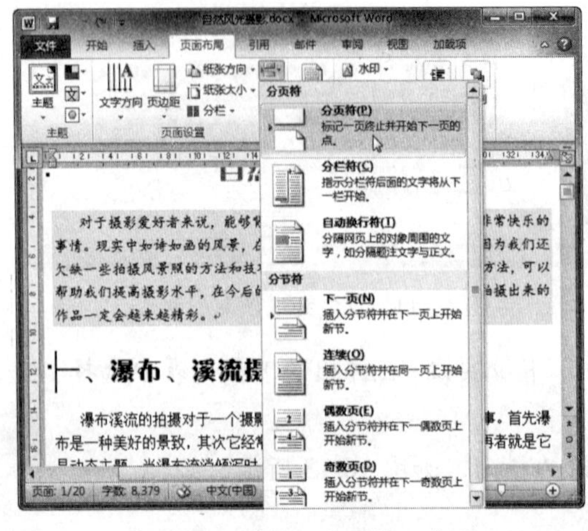

图 10-14　选择“分页符”选项

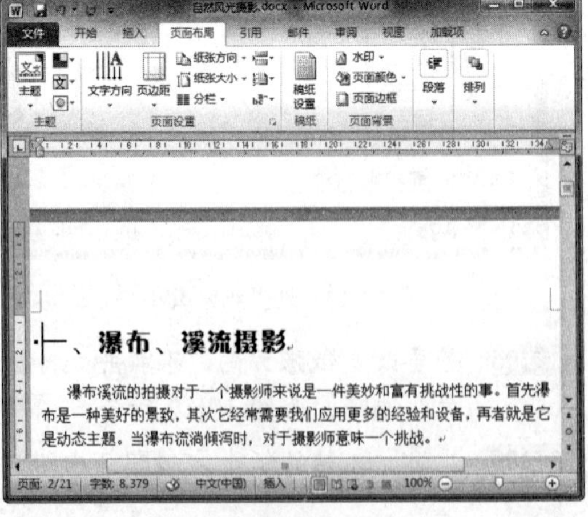

图 10-15　插入分页符效果

单击“文件”按钮，在左窗格中选择“选项”命令，在弹出的对话框的左窗格中选择“显示”选项，在右窗格中选中“显示所有格式标记”复选框，可以查看文档中的格式标记。

2. 插入分节符

分节符是指为表示节的结尾插入的标记，起着分隔其前面文本格式的作用。在文档中插入分节符，可以便于用户对文档中特定的某一部分进行设置。在 Word 2010 中可插入不同形式的分节符，包括“下一页”、“连续”、“偶数页”和“奇数页”等。添加分节符与添加分页符的方法类似，具体操作方法如下：

Step 01 在要插入分节符的位置定位光标，单击“插入分节符和分隔符”下拉按钮，在弹出的下拉列表中选择“分节符”中的“奇数页”选项，如图 10-16 所示。

Step 02 插入分节符后，光标后面的内容将从下一奇数页开始新节，如图 10-17 所示。

图 10-16　选择“奇数页”选项

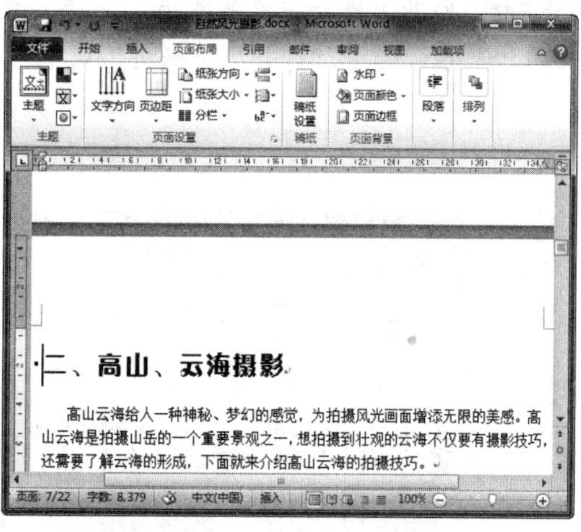

图 10-17　插入分节符效果

在 Word 2010 中，节是用来划分文档的一种方式。在文档的不同节中可以设置不同的页眉/页脚、页边距、纸张方向、文字方向或分栏等格式。

四、添加与设置行号

默认情况下页面中是不显示行号的，在需要显示行号时，可以通过设置将其显示出来。添加与设置行号的具体操作方法如下：

Step 01 打开素材文件“自然风光摄影.docx”，选择“页面布局”选项卡，在“页面设置”组中单击“行号”下拉按钮，在弹出的下拉列表中提供了设置行号的选项，如图 10-18 所示。

Step 02 例如，选择“连续”选项，则在每行左侧显示连续的行号，如图 10-19 所示。

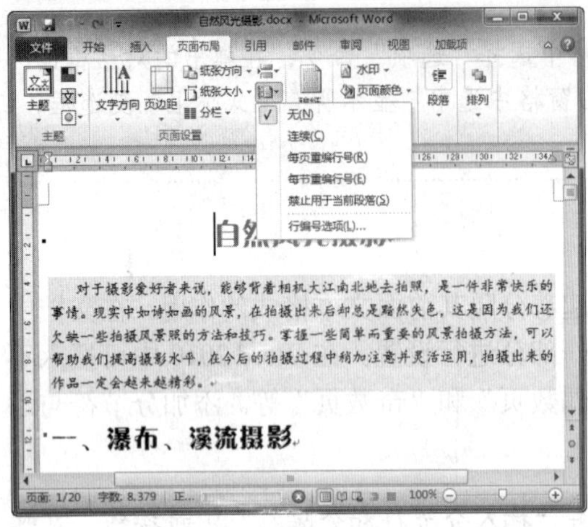
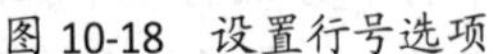

图 10-18 设置行号选项

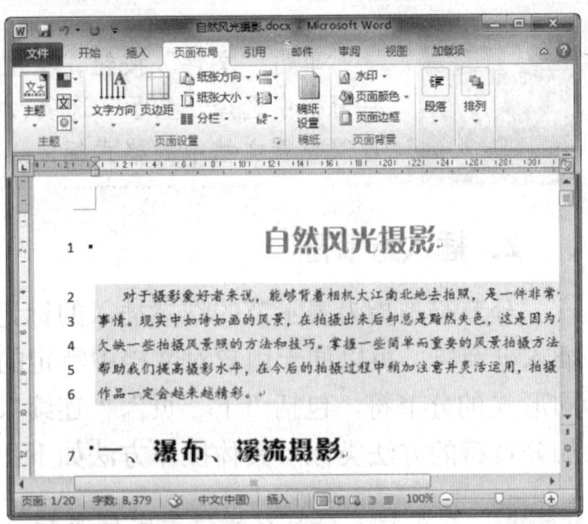

图 10-19 显示连续行号

Step 03 如果选择"每页重新编号"选项，则每页的行号都将重新编号，如图 10-20 所示。

Step 04 如果选择"行编号选项"选项，在弹出的"页面设置"对话框中单击"行号"按钮，弹出"行号"对话框，从中可以详细设置有关行号的选项，如图 10-21 所示。

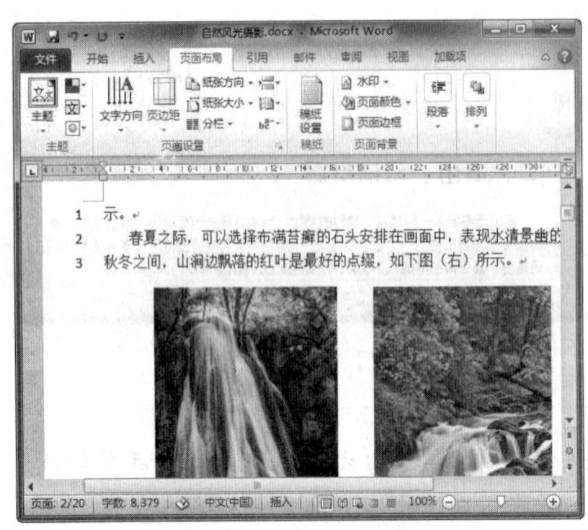

图 10-20 每页行号重新编号

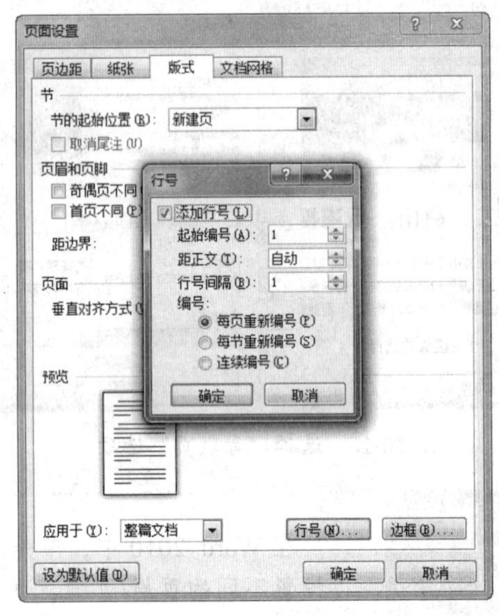

图 10-21 设置行号

任务二 设置页面背景

任务概述

用户可以根据需要对文档页面背景进行相关设置，如使用颜色或图案填充文档背景、为文档添加页面边框、为文档添加水印等。本任务将详细介绍页面背景的设置方法。

任务重点与实施

一、设置文档背景

用户可以通过颜色、图案、纹理和图片等对文档背景进行填充，添加页面背景的具体操作方法如下：

Step 01 打开素材文件“文明旅游.docx”，选择“页面布局”选项卡，单击“页面背景”组中的“页面颜色”下拉按钮，在弹出的下拉列表中选择所需的颜色，如图 10-22 所示。

Step 02 此时，即可看到文档背景已经填充了所选的颜色，如图 10-23 所示。

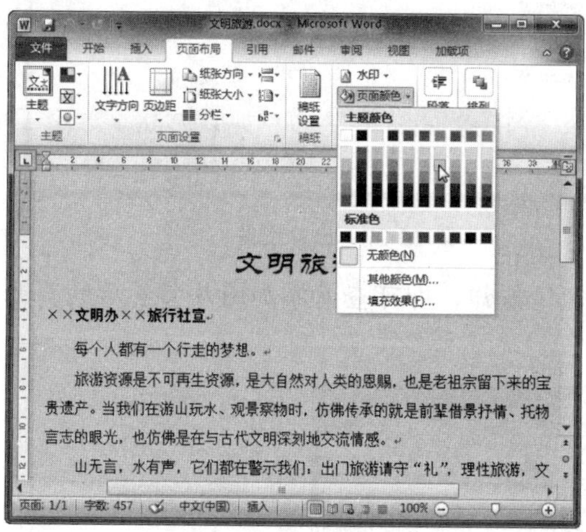

图 10-22　选择页面背景颜色

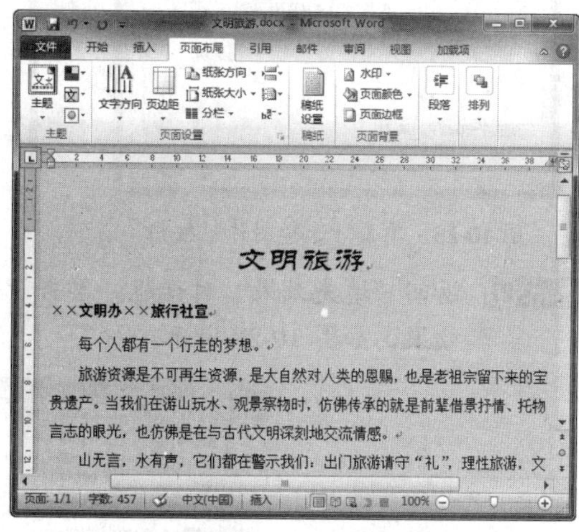

图 10-23　填充背景颜色效果

Step 03 若在“页面颜色”下拉列表中选择“填充效果”选项，将弹出“填充效果”对话框。在“渐变”选项卡中设置渐变，然后单击“确定”按钮，如图 10-24 所示。

Step 04 此时，即可查看应用渐变背景后的文档，如图 10-25 所示。

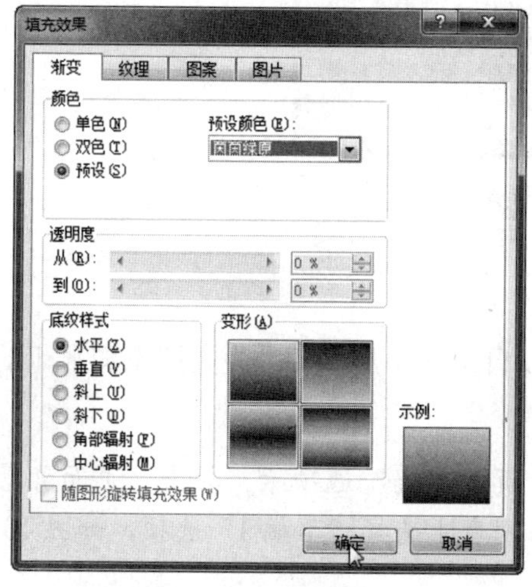

图 10-24　设置渐变

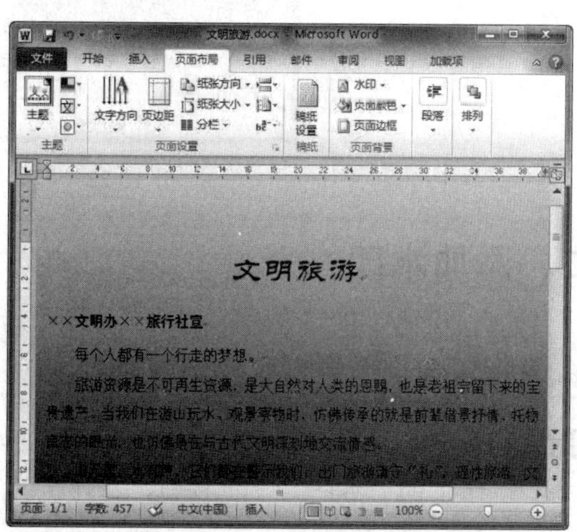

图 10-25　渐变背景效果

Step05 在“填充效果”对话框中还可以设置纹理、图案或图片填充，如选择“图片”选项卡，然后单击“选择图片”按钮，如图 10-26 所示。

Step06 弹出“选择图片”对话框，从文件夹中选择所需的图片，然后单击“插入”按钮，如图 10-27 所示。

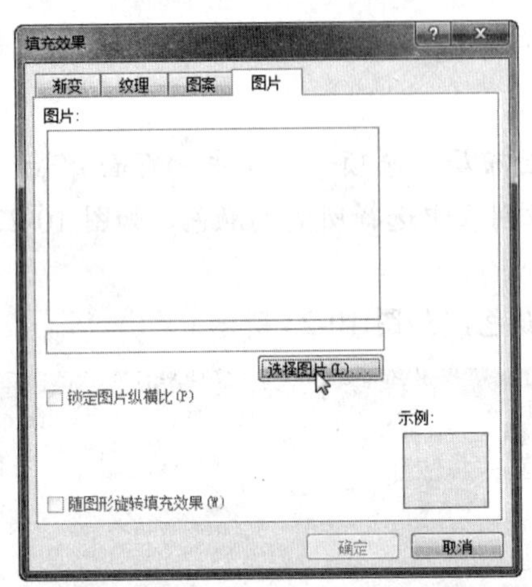

图 10-26 单击“选择图片”按钮

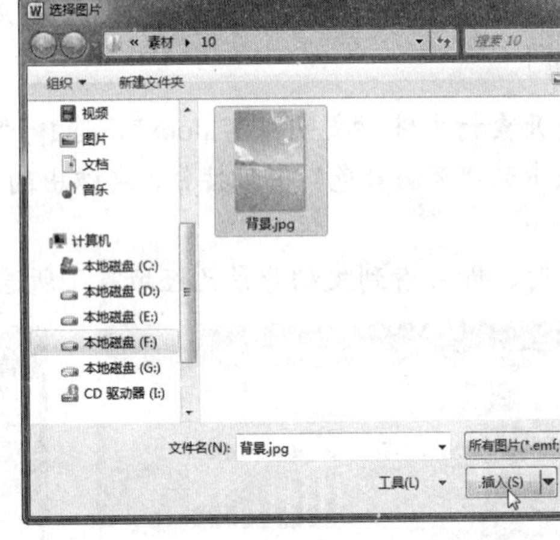

图 10-27 选择图片

Step07 返回“填充效果”对话框，单击“确定”按钮，即可查看添加图片背景后的页面效果，如图 10-28 所示。

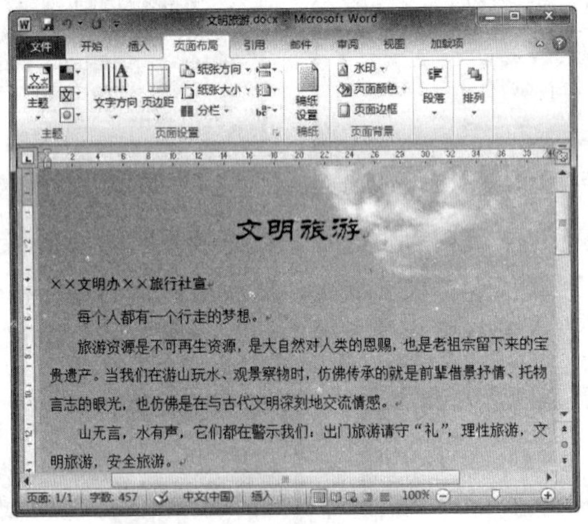

图 10-28 添加图片背景效果

二、添加水印

用户可以为文档添加预设的文字水印，也可以自定义添加水印。为文档添加水印的具体操作方法如下：

Step01 打开素材文件“文明旅游.docx”，选择“页面布局”选项卡，单击“页面背景”组中的“水印”下拉按钮，在弹出的下拉列表中选择“草稿 1”选项，如图 10-29 所示。

Step02 此时，即可看到文档中已经添加了水印效果，如图 10-30 所示。

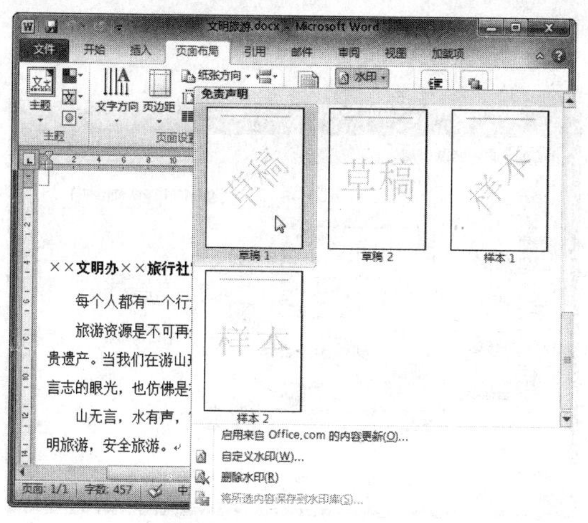

图 10-29　选择水印

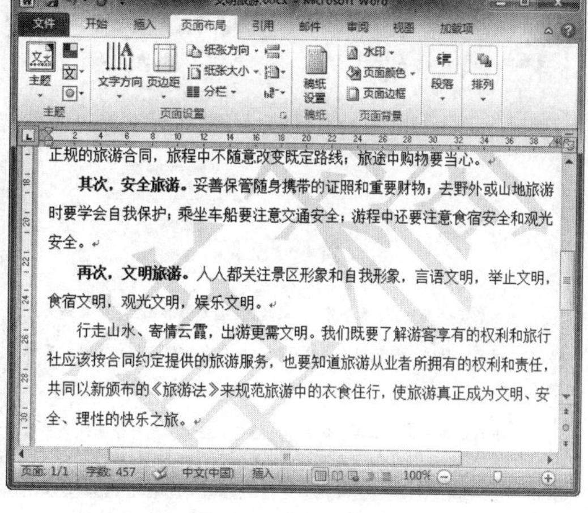

图 10-30　添加水印效果

Step 03 若要自定义水印，可在“水印”下拉列表中选择“自定义水印”选项，在弹出的“水印”对话框中可以根据需要设置水印，然后单击“确定”按钮，如图 10-31 所示。

Step 04 此时，即可看到自定义水印效果，如图 10-32 所示。

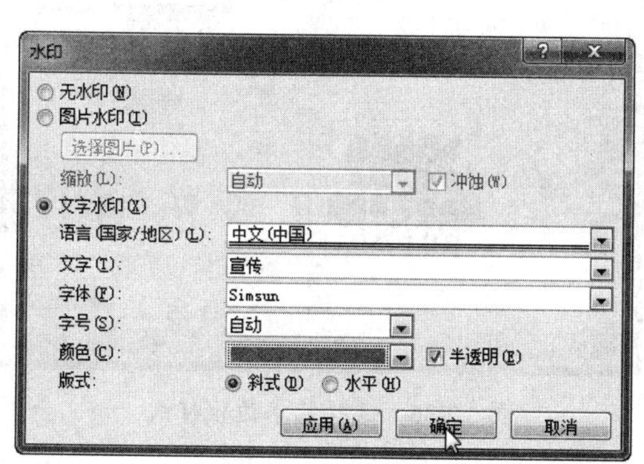

图 10-31　设置自定义水印

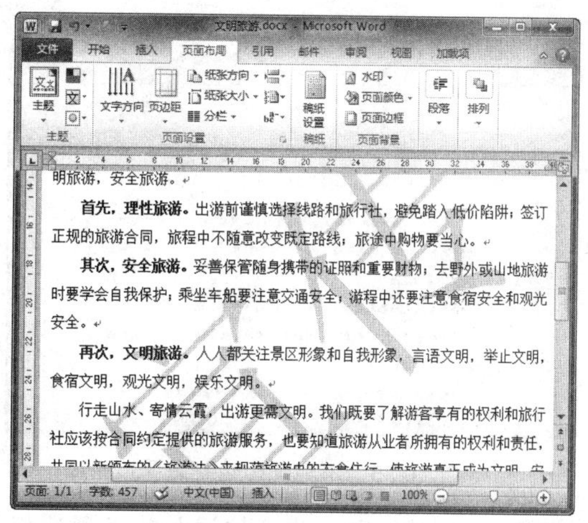

图 10-32　自定义水印效果

在“水印”下拉列表中选择“删除水印”选项，即可将水印删除。

三、设置页面边框

为了使页面更加美观，可以为页面设置边框。在 Word 2010 中，可以设置普通线型的页面边框，也可以设置艺术类型的页面边框，具体操作方法如下：

Step 01 打开素材文件“文明旅游.docx”，选择“页面布局”选项卡，单击“页面背景”组中的“页面边框”按钮，如图 10-33 所示。

Step 02 在弹出的对话框中设置页面边框的样式、颜色和宽度等，然后单击“确定”按钮，如图 10-34 所示。

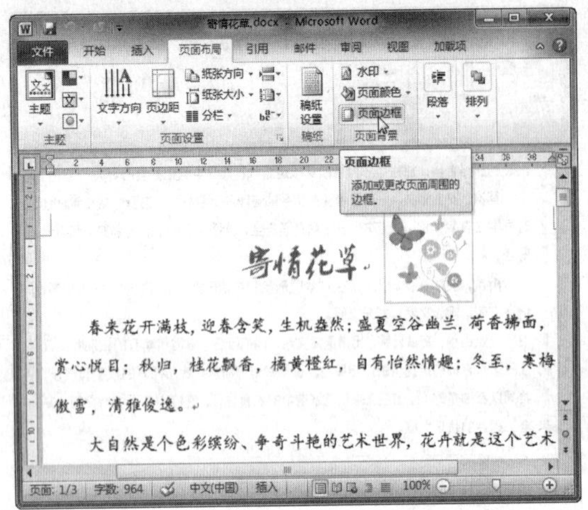

图 10-33 单击“页面边框”按钮

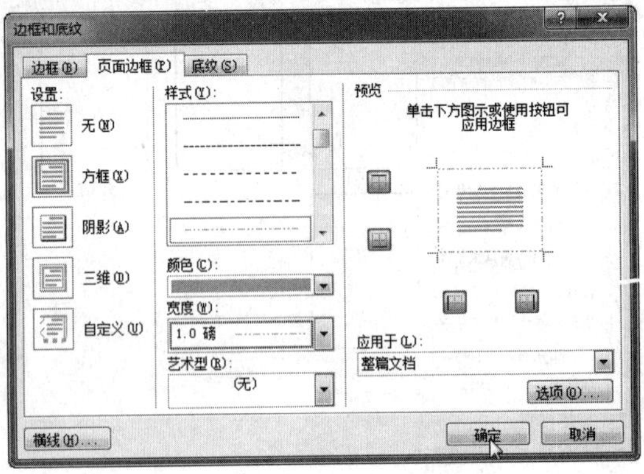

图 10-34 设置页面边框

Step03 此时，即可为文档添加页面边框，效果如图 10-35 所示。

Step04 还可以为文档添加艺术边框，在“边框和底纹”对话框的“页面边框”选项卡中单击“艺术型”下拉按钮，在弹出的下拉列表中选择艺术边框样式，如图 10-36 所示。

图 10-35 添加页面边框效果

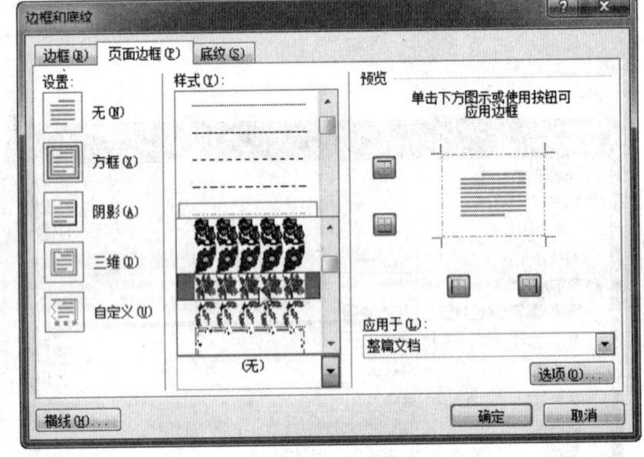

图 10-36 选择艺术边框样式

Step05 此时，即可为文档添加艺术型边框，如图 10-37 所示。

Step06 部分艺术型边框还可以设置颜色、宽度等，如图 10-38 所示。

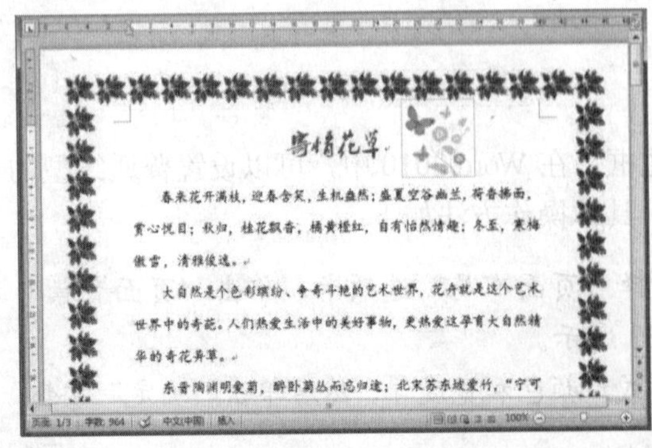

图 10-37 添加艺术型页面边框效果

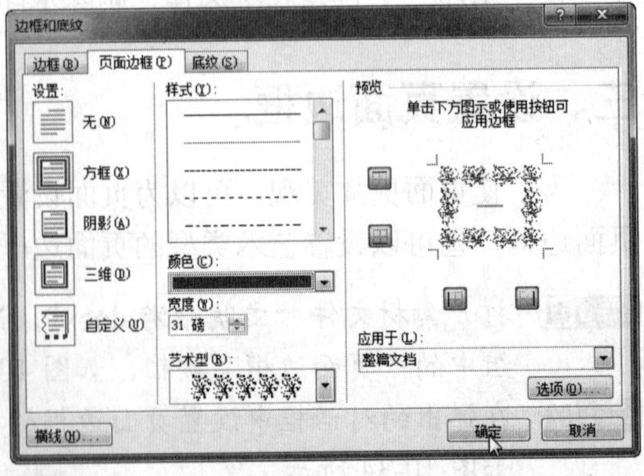

图 10-38 设置艺术型页面边框

任务三　插入页眉和页脚

任务概述

页眉和页脚分别位于文档页面的顶部和底部的页边距中，经常用来插入标题、页码和日期，或者插入公司徽标等图形和符号，在日常使用中非常重要。本任务将详细介绍插入页眉和页脚的方法与技巧。

任务重点与实施

一、插入页眉

在页眉中不仅可以输入文字，也可以插入图片、文本框和艺术字等对象。插入页眉的具体操作方法如下：

Step 01 打开素材文件“自然风光摄影.docx”，选择“插入”选项卡，单击“页眉和页脚”组中的“页眉”下拉按钮，在弹出的下拉列表中选择“编辑页眉”选项，如图 10-39 所示。

Step 02 选择“设计”选项卡，在“选项”组中选中“奇偶页不同”复选框，如图 10-40 所示。

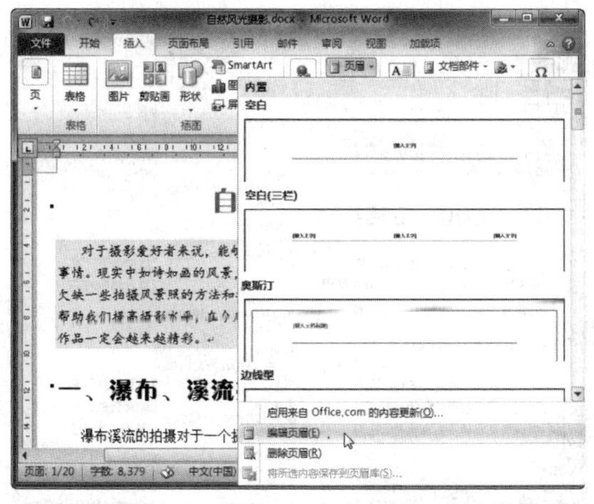

图 10-39　选择“编辑页眉”选项

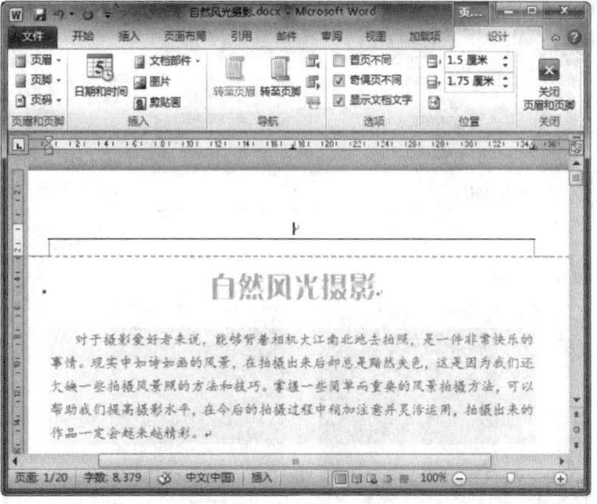

图 10-40　选中“奇偶页不同”复选框

Step 03 在页眉中输入文字，并设置文字的字体、字号，然后设置段落对齐方式为“右对齐”，如图 10-41 所示。

Step 04 将光标定位到下一页的页眉中，输入页眉文字，设置文字的字体、字号，然后设置段落对齐方式为“左对齐”，如图 10-42 所示。

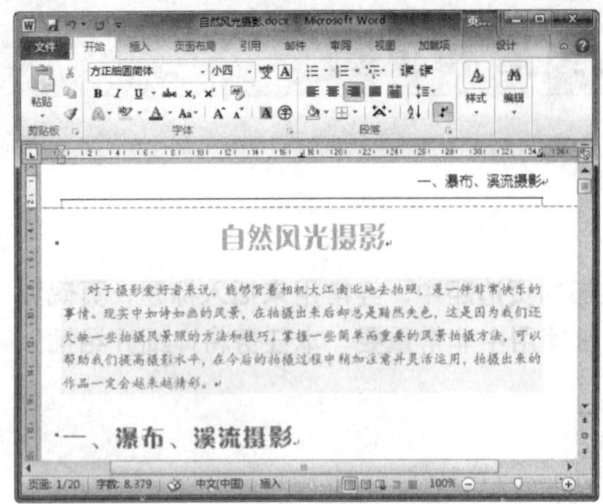

图 10-41　设置奇数页页眉

图 10-42　设置偶数页页眉

> **专家指导 Expert guidance**
>
> 添加页眉后会出现一条横线，若想将该横线去掉，可在“开始”选项卡下“段落”组中单击“边框”下拉按钮，选择“下框线”选项，即可去掉横线。

Step 05 单击“设计”选项卡下“关闭”组中的“关闭页眉和页脚”按钮，即可退出页眉编辑状态，如图 10-43 所示。

Step 06 将光标定位到二级标题位置，选择“页面布局”选项卡，单击“页面设置”组中的“插入分页符和分节符”下拉按钮，在弹出的下拉列表中选择“连续”选项，如图 10-44 所示。

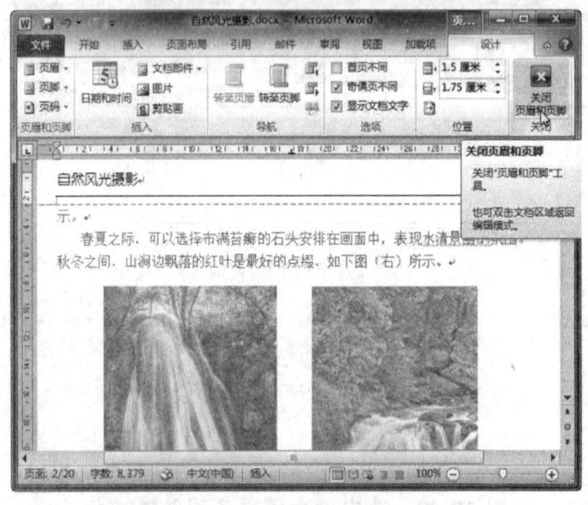

图 10-43　单击“关闭页眉和页脚”按钮

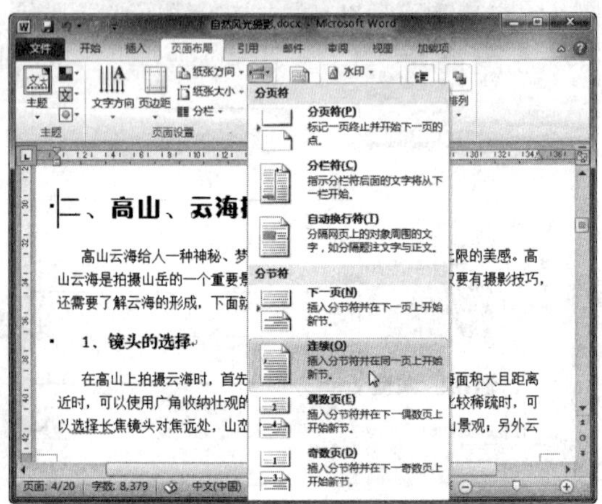

图 10-44　选择“连续”选项

Step 07 单击“页眉”下拉按钮，在弹出的下拉列表中选择“编辑页眉”选项，进入页眉编辑状态。将光标定位到第二节的奇数页页眉中，选择“设计”选项卡，单击“导航”组中的“链接到前一条页眉”按钮，如图 10-45 所示。

Step 08 此时，即可断开与前一条页眉的链接，重新输入内容，即可为文档设置不同的奇数页页眉，如图 10-46 所示。

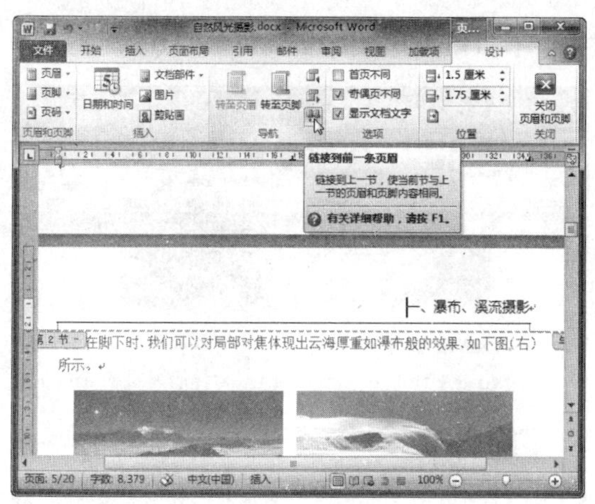

图 10-45　单击“链接到前一条页眉”按钮

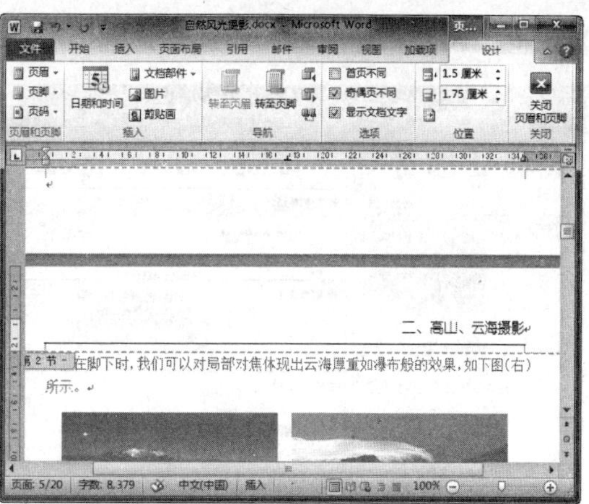

图 10-46　设置不同的奇数页页眉

二、插入页脚

插入页脚的方法与插入页眉的方法类似，具体操作方法如下：

Step 01　将光标定位到文档的第 1 页，选择“插入”选项卡，单击“页眉和页脚”组中的“页脚”下拉按钮，在弹出的下拉列表中选择“拼版型（奇数页）”选项，如图 10-47 所示。

Step 02　此时，即可插入奇数页页脚，对页脚进行编辑，如图 10-48 所示。

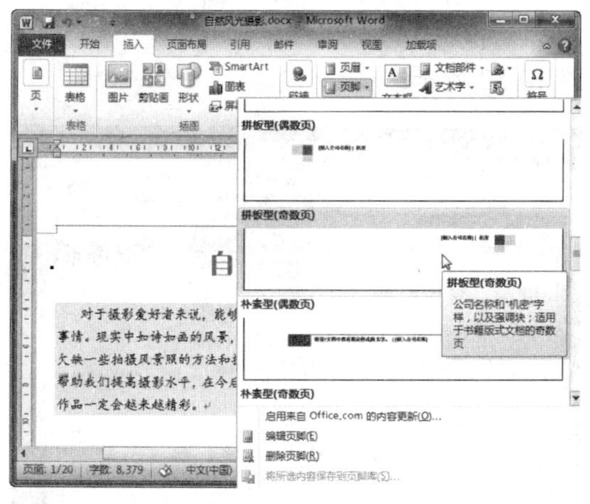

图 10-47　选择“拼版型（奇数页）”选项

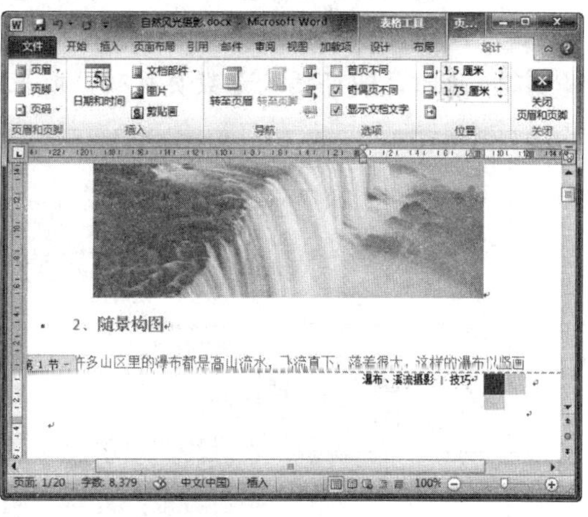

图 10-48　编辑奇数页页脚

双击页眉或页脚位置，也可以进入页眉和页脚的编辑状态；按【Esc】键或双击正文文档编辑区域，也可以退出页眉和页脚的编辑状态。

Step 03　将光标定位到下一页的页脚中，单击“页眉和页脚”组中的“页脚”下拉按钮，在弹出的下拉列表中选择“拼版型（偶数页）”选项，如图 10-49 所示。

Step 04 此时，即可插入奇数页页脚，对页脚进行编辑，如图 10-50 所示。

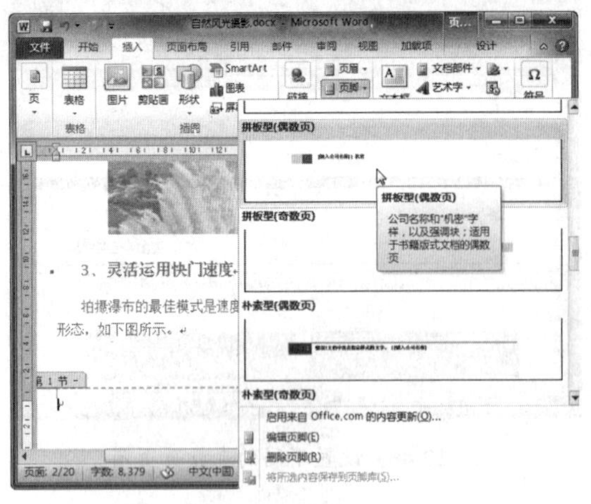

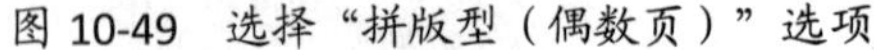

图 10-49 选择“拼版型（偶数页）”选项

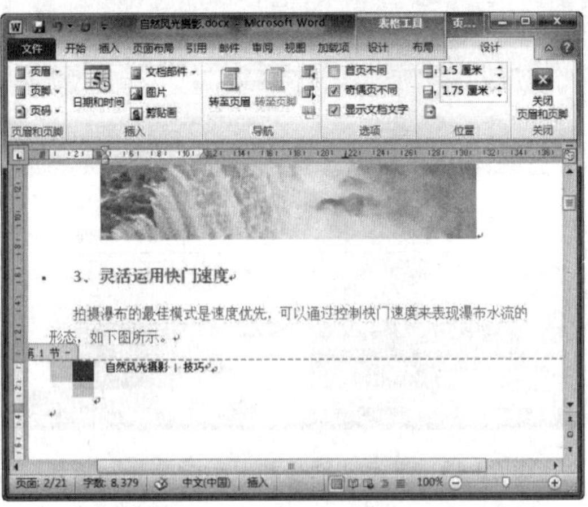

图 10-50 编辑偶数页页脚

三、插入页码

页码是一种特殊的页眉或页脚，也是多页文档中必要的内容。在文档中插入页码的具体操作方法如下：

Step 01 将光标定位到第 1 页，选择“插入”选项卡，单击“页眉和页脚”组中的“页码”下拉按钮，在弹出的下拉列表中选择“页边距”|“框线（右侧）”选项，如图 10-51 所示。

Step 02 此时，即可插入奇数页页码，效果如图 10-52 所示。

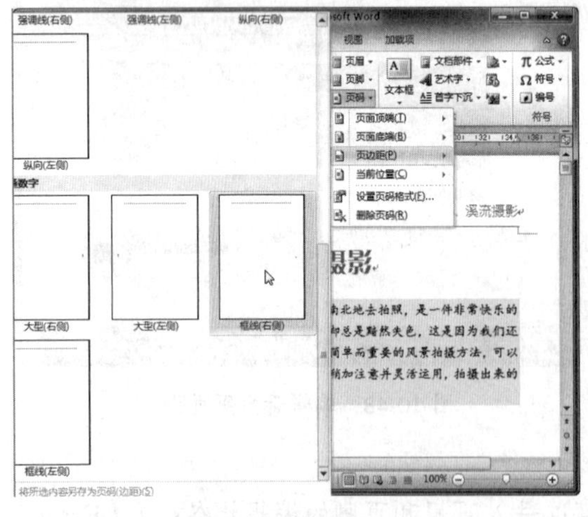

图 10-51 选择“框线（右侧）”选项

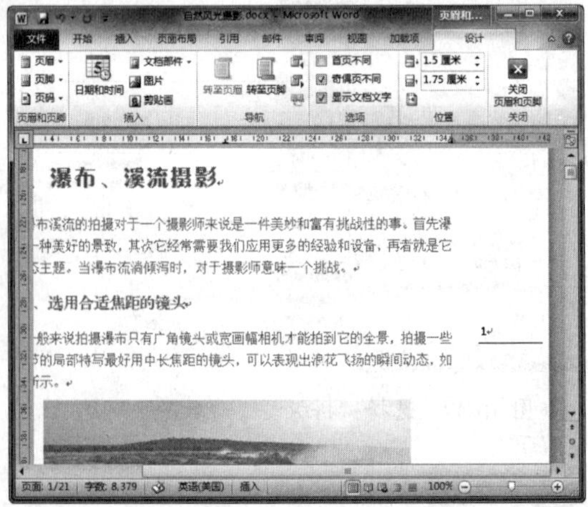

图 10-52 插入奇数页页码

Step 03 将光标定位到下一页，选择“插入”选项卡，单击“页眉和页脚”组中的“页码”下拉按钮，在弹出的下拉列表中选择“页边距”|“框线（左侧）”选项，如图 10-53 所示。

Step 04 此时，即可插入偶数页页码，效果如图 10-54 所示。

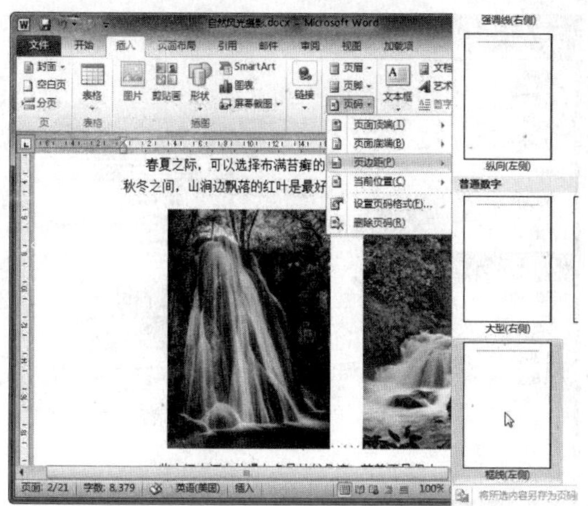

图 10-53　选择“框线（左侧）”选项

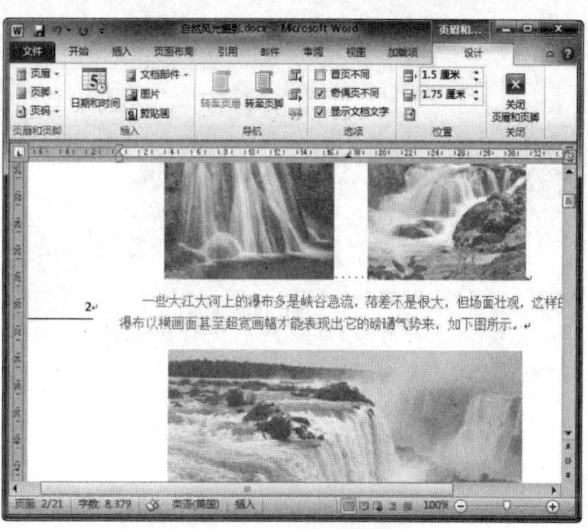

图 10-54　插入偶数页页码

单击“页眉和页脚”组中的“页码”下拉按钮，在“页码”下拉列表中选择“设置页码格式”选项，将弹出“页码格式”对话框（如图 10-55 所示），可以对页码格式进行详细设置。

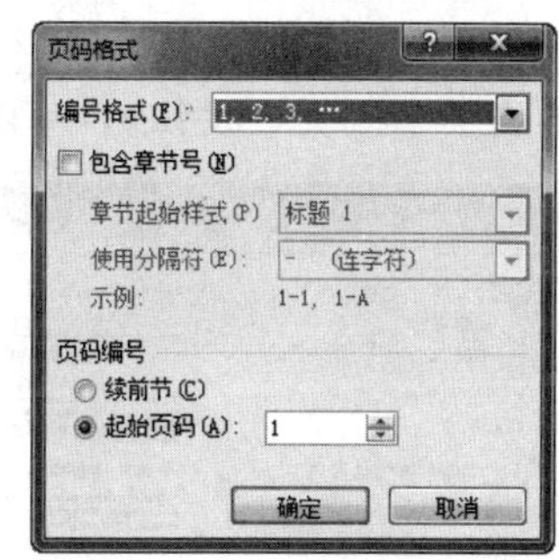

图 10-55　“页码格式”对话框

任务四　打印文档

任务概述

文档制作完成后，可以将其打印出来。打印文档也是 Word 常用的操作，本任务将详细介绍打印文档的方法与技巧。

任务重点与实施

一、预览打印效果

在打印文档之前，一般需要对文档的打印效果进行查看，以免出现错误。预览打印效果的具体操作方法如下：

Step 01 单击“文件”按钮，在左窗格中选择“打印”命令，如图 10-56 所示。

Step 02 此时，即可在窗口右侧预览打印效果，如图 10-57 所示。

图 10-56 选择“打印”命令

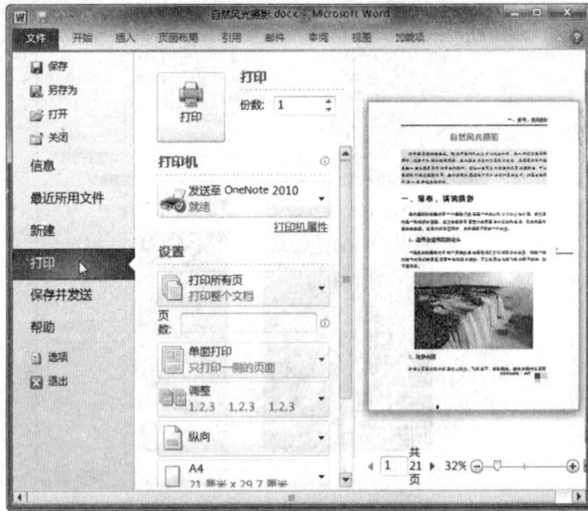

图 10-57 预览打印效果

Step 03 拖动预览区中的滑块，可以改变预览视图的大小，如图 10-58 所示。

Step 04 单击“下一页”按钮▶，可以预览下一页的打印效果，如图 10-59 所示。

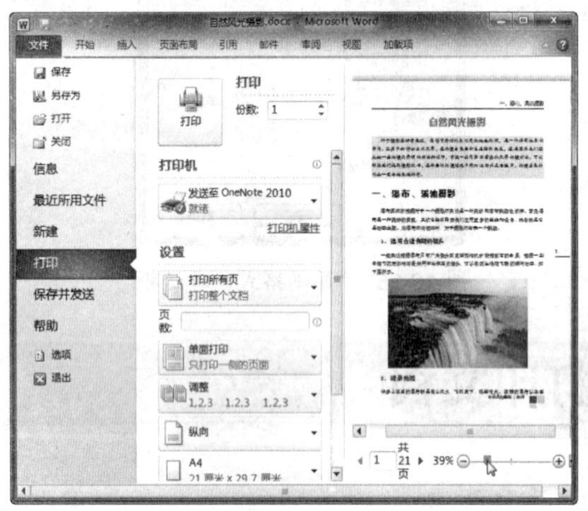

图 10-58 设置预览视图大小

图 10-59 预览下一页打印效果

若在预览过程中发现有需要修改的地方，可以返回文档中进行更改。

二、打印文档

要将 Word 文档打印到纸张上，电脑必须要连接打印机或连接网络打印机。用户可以根据需要进行文档的打印。

1. 选取打印范围

在 Word 2010 中打印文档时默认打印所有页，用户可以根据需要选择打印范围，如只打印当前页、某几页、奇数页、偶数页等。选取打印范围的具体操作方法如下：

Step 01 单击打印范围下拉按钮，在弹出的下拉列表中可以根据需要选择所需打印的范围，如图 10-60 所示。

Step 02 在“页数”文本框中输入需要打印的页码，即可打印指定页码，如图 10-61 所示。

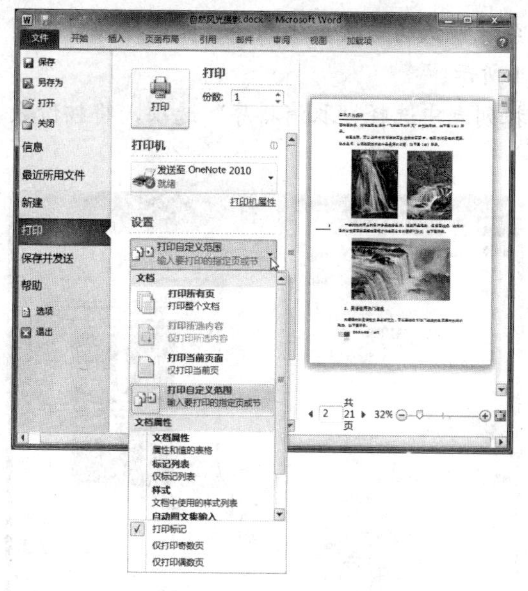
图 10-60　选择打印范围

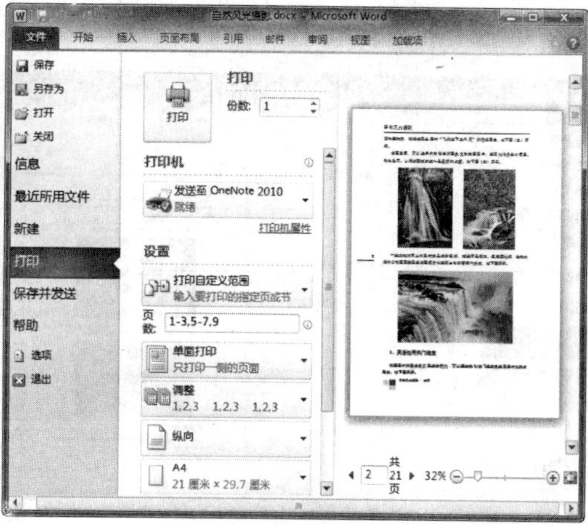
图 10-61　输入页码

在输入页数时，不连续的页用“,”（半角）隔开，连续的页用“-”连接。

在文档中选中需要打印的内容，然后在打印范围下拉列表中选择“打印所选内容”选项，即可打印选中的文档内容。

2. 单双面打印设置

系统默认是单面打印，根据实际需要可以进行手动双面打印，具体操作方法如下：

Step 01　系统默认的是单面打印，即按顺序自动进行打印，如图 10-62 所示。

Step 02　单击“单面打印”下拉按钮，在弹出的下拉列表中选择“手动双面打印”选项，即可双面打印，如图 10-63 所示。

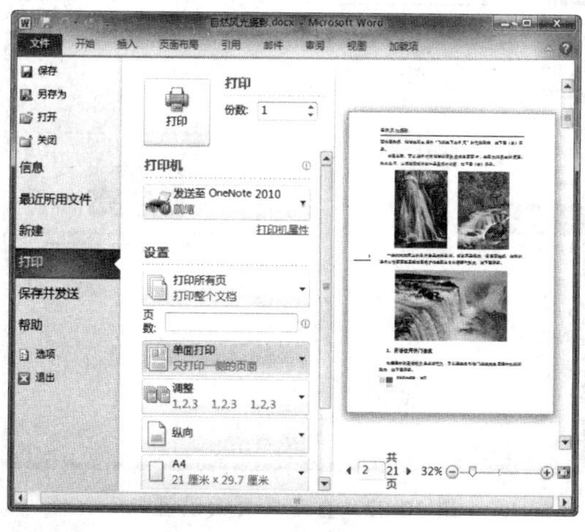
图 10-62　单面打印

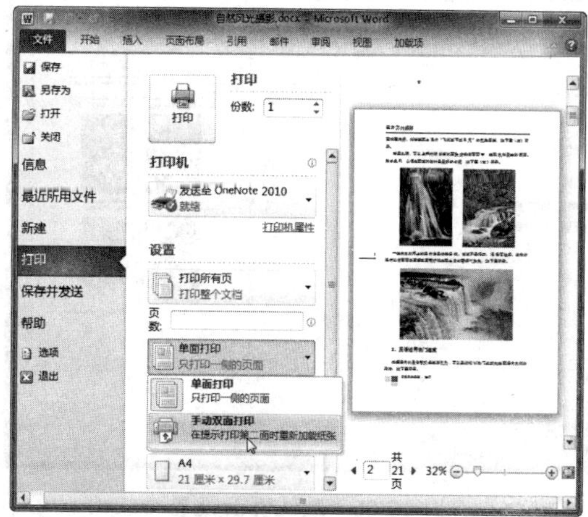
图 10-63　双面打印

3. 设置多份打印的顺序

如果文档包含多页，并且要打印多份时，可以按份数打印，也可按页码顺序打印，具体操作方法如下：

Step 01 在“份数”数值框中设置打印份数。系统默认的是按页码顺序打印，即按页码顺序打完 1 份后再继续打印，如图 10-64 所示。

Step 02 单击“调整”下拉按钮，在弹出的下拉列表中选择“取消排序”选项，将按份数打印，如图 10-65 所示。

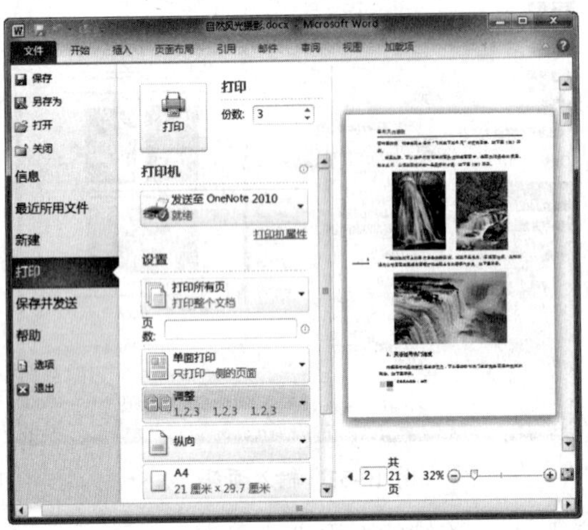
图 10-64 按页码顺序打印

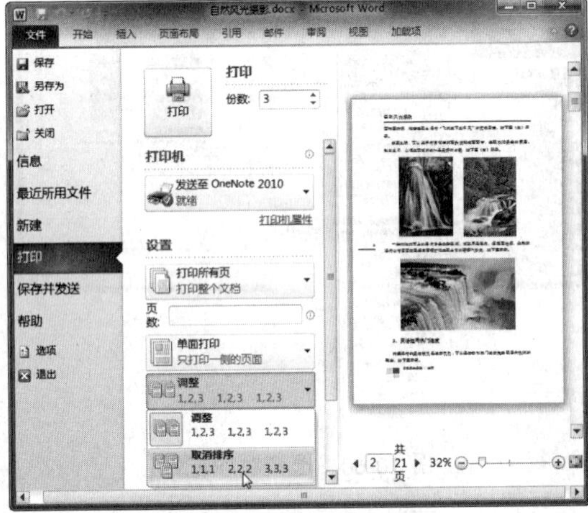
图 10-65 按份数打印

4. 设置页面方向、大小和边距

用户可以在打印窗口中对页面方向、页面大小和页边距进行设置，具体操作方法如下：

Step 01 系统默认的打印纸张方向与文档的纸张方向、大小和边距是一致的，如图 10-66 所示。

Step 02 根据实际需要可以更改页面方向、大小和边距，如图 10-67 所示。

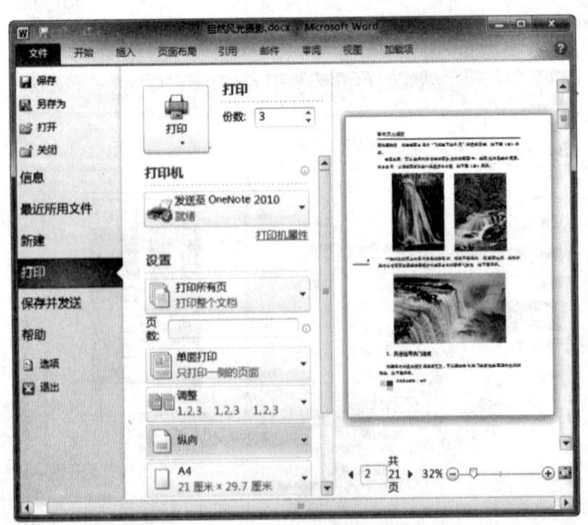
图 10-66 默认页面设置

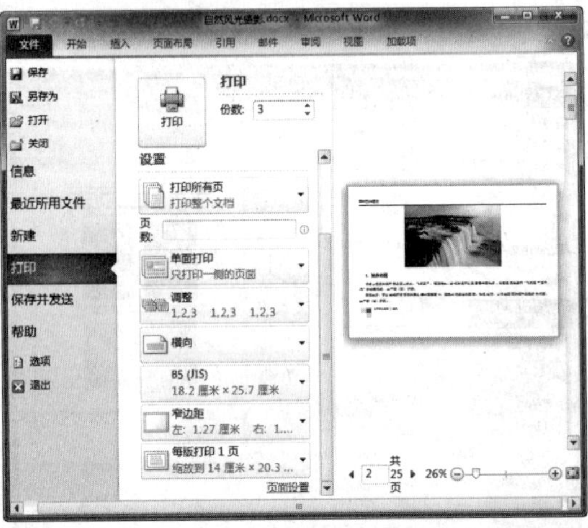
图 10-67 自定义页面设置

需要注意的是，在“打印”窗口中设置纸张方向、纸张大小和页边距后，文档也将发生相应的变化。

5. 缩放打印

一般情况下，都是每版打印 1 页，而有时需要把多页文档缩到一页中打印，或将文档进行缩放以适应纸张的大小，这时就会用到缩放打印，具体操作方法如下：

Step 01 系统默认的每版打印页数为 1 页，如图 10-68 所示。

Step 02 单击“每版打印 1 页”下拉按钮，在弹出的下拉列表中可以选择缩放打印选项，如图 10-69 所示。

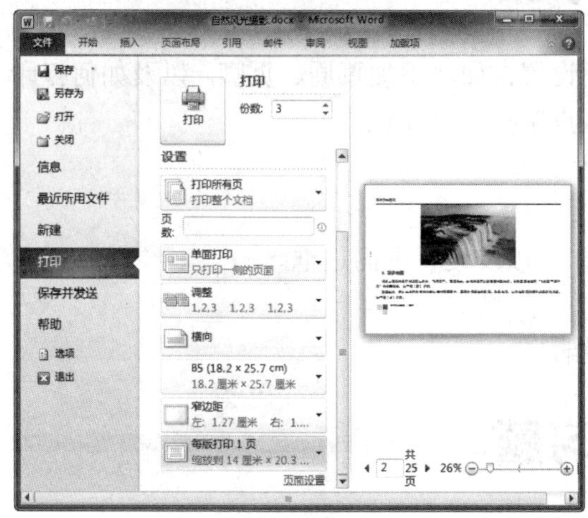

图 10-68　默认每版打印 1 页

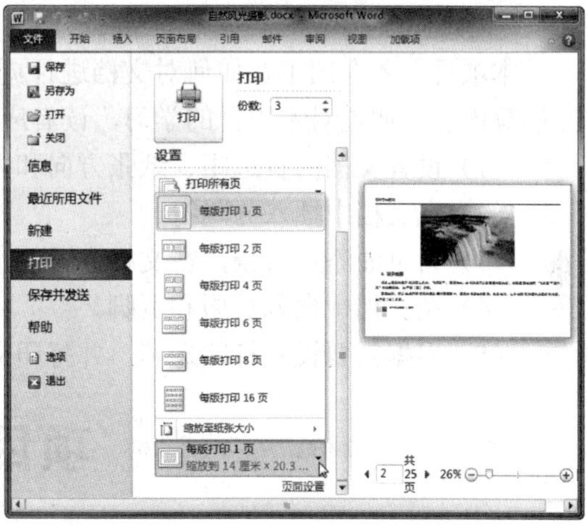

图 10-69　设置缩放打印

6. 打印文档

前面学习了如何进行打印设置，下面就可以对文档进行打印了。打印文档的具体操作方法如下：

Step 01 单击“打印机”下拉按钮，在弹出的下拉列表中选择所需的打印机，如图 10-70 所示。

Step 02 单击“打印”按钮，即可打印文档，如图 10-71 所示。

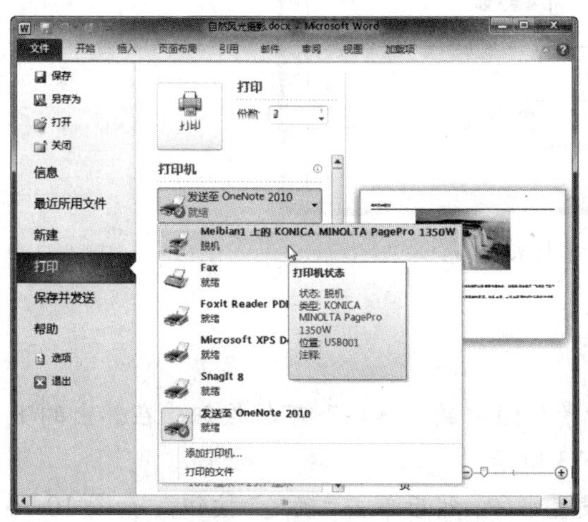

图 10-70　选择打印机

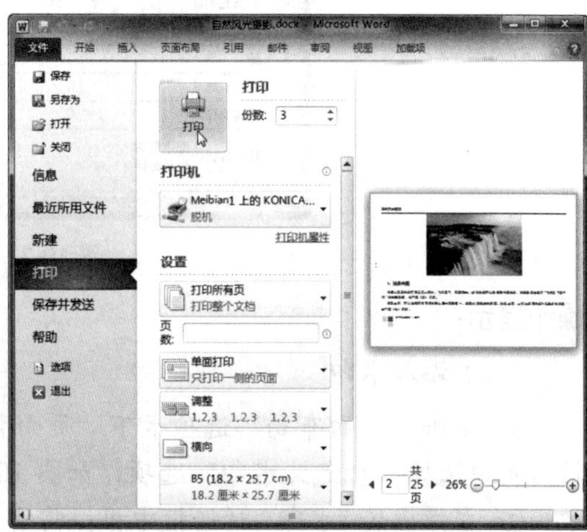

图 10-71　单击“打印”按钮

专家指导 Expert guidance

若电脑中还没有添加打印机，可在“打印”窗口中单击“打印机”下拉按钮，在弹出的下拉列表中选择“添加打印机”选项进行添加。

项目小结

本项目主要介绍了在如何对文档进行页面设置，如何添加页眉、页脚，以及如何打印文档等内容，通过对本项目的学习，读者应重点掌握以下知识：

（1）设置文档的页边距、纸张方向和大小。

（2）在文档中插入分隔符。

（3）为页面添加背景，在文档中添加水印，以及设置页面边框。

（4）在文档中插入页眉和页脚。

（5）根据需要设置打印选项，并打印文档。

项目习题

为素材文件“应聘人员登记表.docx”（如图 10-72 所示）添加水印、页眉和页脚，然后打印 10 份。

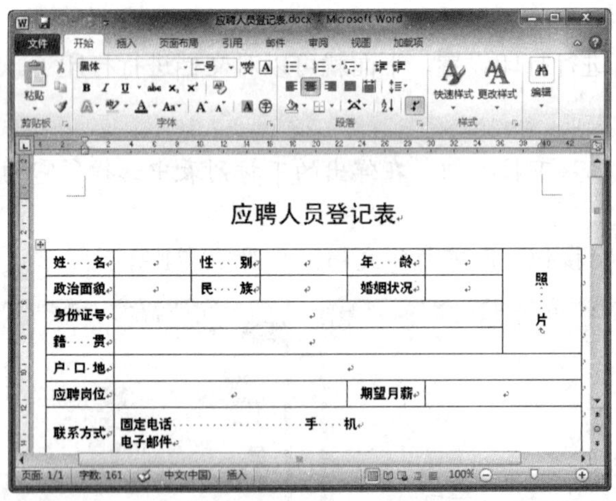

应聘人员登记表

姓　名		性　别		年　龄		照　片
政治面貌		民　族		婚姻状况		
身份证号						
籍　贯						
户口地						
应聘岗位				期望月薪		
联系方式	固定电话　手　机 电子邮件					

图 10-72　素材文件

操作提示：

（1）添加水印

① 单击“页面布局”选项卡下“页面背景”组中的“水印”下拉按钮，在弹出的下拉列表中选择“自定义水印”选项，如图 10-73 所示。

② 在弹出的“水印”对话框中根据需要设置水印，然后单击“确定”按钮，，如图 10-74 所示。

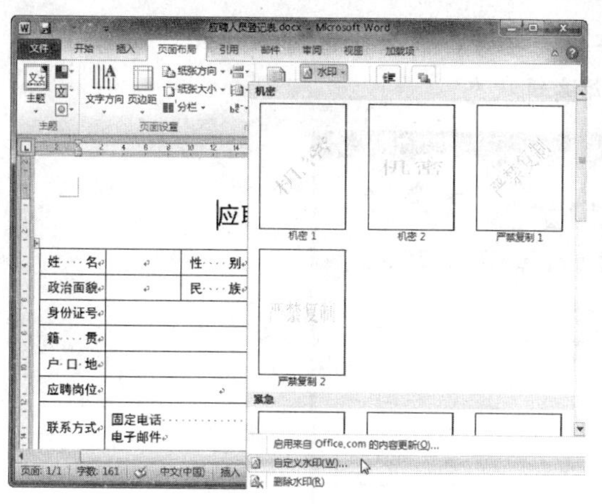

图 10-73　选择“自定义水印”选项

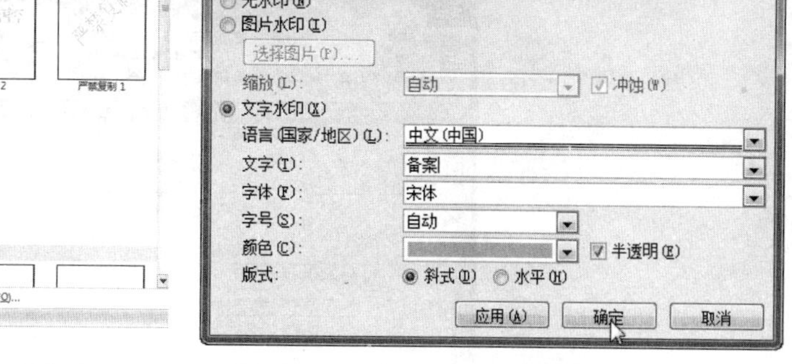

图 10-74　设置水印

（2）添加页眉和页脚

① 选择“插入”选项卡，单击“页眉和页脚”组中的“页眉”下拉按钮，在弹出的下拉列表中选择“编辑页眉”选项，如图 10-75 所示。

② 单击“插入”选项卡下的“图片”按钮，在弹出的对话框中选择需要插入的图片，然后单击“插入”按钮，如图 10-76 所示。

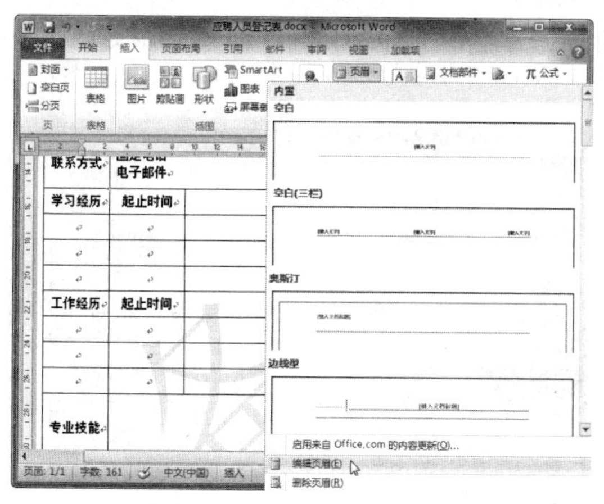

图 10-75　选择“编辑页眉”选项

图 10-76　选择图片

③ 调整图片大小并在图片后输入公司名称，设置字体与字号，设置段落对齐方式，并将下划线去掉，如图 10-77 所示。

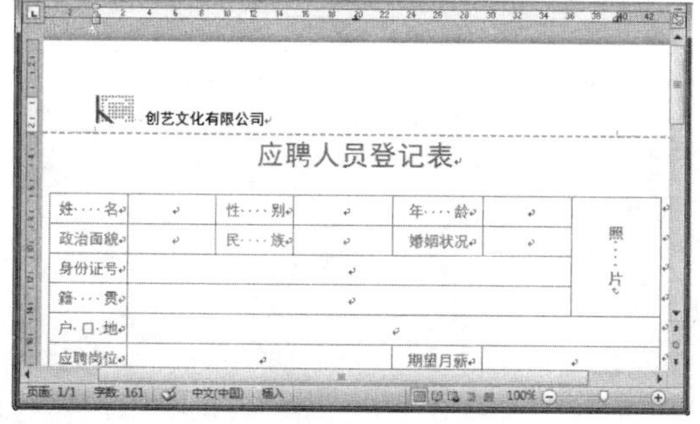

图 10-77　编辑页眉

④ 切换到页脚位置，输入文字，设置字体与字号，设置段落对齐方式，如图 10-78 所示。双击正文文档编辑区域，退出页眉页脚编辑状态。

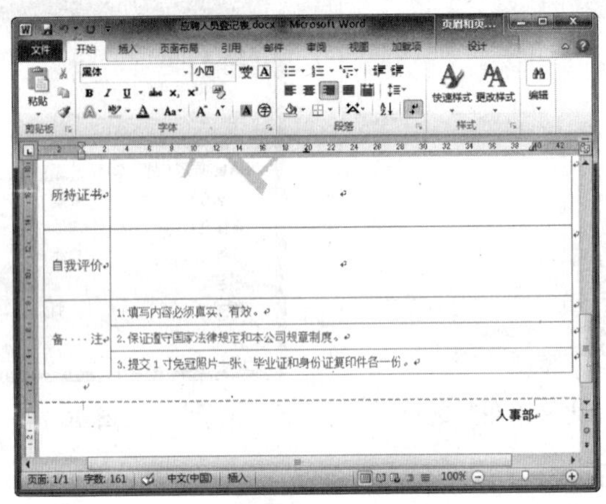

图 10-78 编辑页脚

（3）打印文档

①单击“文件”按钮，在左窗格中选择“打印”命令，单击“页边距”下拉按钮，在弹出的下拉列表中选择“窄”选项，如图 10-79 所示。

②在“份数”数值框中输入 10，选择打印机后单击“打印”按钮，即可打印文档，如图 10-80 所示。

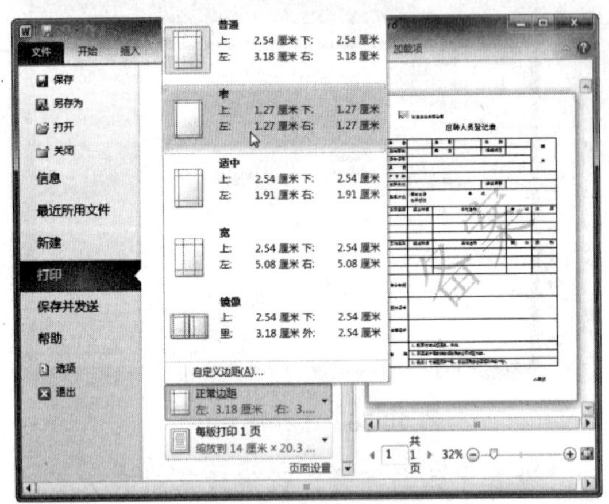

图 10-79 设置页边距

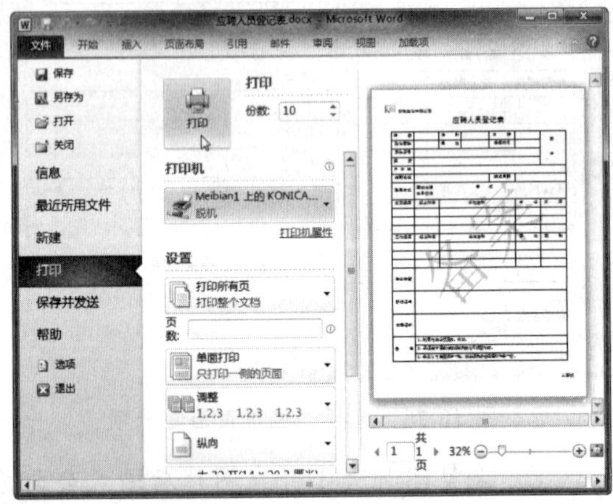

图 10-80 打印文档